实战从入门到精通 人邮云课堂 许永超 编著

Excel 2019办公应用实战从入门到精通

人民邮电出版社

北京

图书在版编目（CIP）数据

Excel 2019办公应用实战从入门到精通 / 许永超编著. -- 北京 : 人民邮电出版社, 2019.4
ISBN 978-7-115-50568-2

Ⅰ. ①E… Ⅱ. ①许… Ⅲ. ①表处理软件 Ⅳ. ①TP391.13

中国版本图书馆CIP数据核字(2019)第022883号

内容提要

本书通过精选案例引导读者深入学习，系统地介绍了 Excel 2019 的相关知识和应用方法。

全书共 15 章。第 1～5 章主要介绍 Excel 的基础知识，包括 Excel 2019 入门、工作簿和工作表的基本操作、数据的高效输入方法、工作表的查看与打印，以及工作表的美化方法等；第 6～9 章主要介绍利用 Excel 进行数据分析的具体方法，包括公式和函数的应用、数据的分析、数据图表，以及数据透视表和数据透视图等；第 10~12 章主要介绍 Excel 2019 的具体行业应用案例，包括人事行政、财务管理和市场营销等；第 13~15 章主要介绍 Excel 2019 的高级应用方法，包括宏与 VBA 的应用、Excel 2019 的协同办公以及跨平台移动办公等。

本书提供了 11 小时与图书内容同步的教学录像及所有案例的配套素材和结果文件。此外，还赠送了大量相关学习内容的教学录像、Office 实用办公模板及扩展学习电子书等。

本书不仅适合 Excel 2019 的初、中级用户学习使用，也可以作为各类院校相关专业学生和电脑培训班学员的教材或辅导用书。

◆ 编　　著　许永超
责任编辑　张　翼
责任印制　马振武
◆ 人民邮电出版社出版发行　　北京市丰台区成寿寺路 11 号
邮编　100164　　电子邮件　315@ptpress.com.cn
网址　http://www.ptpress.com.cn
北京九州迅驰传媒文化有限公司印刷
◆ 开本：787×1092　1/16
印张：18　　2019 年 4 月第 1 版
字数：456 千字　　2024 年 8 月北京第 8 次印刷

定价：45.00 元

读者服务热线：(010)81055410　印装质量热线：(010)81055316
反盗版热线：(010)81055315
广告经营许可证：京东市监广登字 20170147 号

Foreword 前言

随着社会信息化的不断普及，电脑已经成为人们工作、学习和日常生活中不可或缺的工具，而电脑的操作水平也成为衡量一个人综合素质的重要标准之一。为满足广大读者的实际应用需要，我们针对不同学习对象的接受能力，总结了多位电脑高手、国家重点学科教授及计算机教育专家的经验，精心编写了这套“实战从入门到精通”系列图书。

一、系列图书主要内容

本套图书涉及读者在日常工作和学习中各个常见的电脑应用领域，在介绍软硬件的基础知识及具体操作时，均以读者经常使用的版本为主，在必要的地方也兼顾了其他版本，以满足不同读者的需求。本套图书主要包括以下品种。

《Windows 7实战从入门到精通》	《Windows 8实战从入门到精通》
《Photoshop CS5实战从入门到精通》	《Photoshop CS6实战从入门到精通》
《Photoshop CC实战从入门到精通》	《Office 2003办公应用实战从入门到精通》
《Excel 2003办公应用实战从入门到精通》	《Word/Excel 2003办公应用实战从入门到精通》
《跟我学电脑实战从入门到精通》	《黑客攻击与防范实战从入门到精通》
《笔记本电脑实战从入门到精通》	《Word/Excel 2010办公应用实战从入门到精通》
《电脑组装与维护实战从入门到精通》	《Word 2010办公应用实战从入门到精通》
《Excel 2010办公应用实战从入门到精通》	《PowerPoint 2010办公应用实战从入门到精通》
《Office 2010办公应用实战从入门到精通》	《Word/Excel/PowerPoint 2007三合一办公应用实战从入门到精通》
《Office 2016办公应用实战从入门到精通》	《Word/Excel/PowerPoint 2003三合一办公应用实战从入门到精通》
《电脑办公实战从入门到精通》	《Word/Excel/PowerPoint 2010三合一办公应用实战从入门到精通》
《Excel 2019办公应用实战从入门到精通》	《Word/Excel/PPT 2016三合一办公应用实战从入门到精通》
《Office 2019办公应用实战从入门到精通》	《Word/Excel/PPT 2019办公应用实战从入门到精通》

二、写作特色

从零开始，循序渐进

无论读者是否从事计算机相关行业的工作，是否接触过Excel 2019，都能从本书中找到合适的学习起点，循序渐进地完成学习过程。

紧贴实际，案例教学

全书内容均以实例为主线，在此基础上适当扩展知识点，真正实现学以致用。

紧凑排版，图文并茂

本书采用紧凑排版方式，既美观大方又能够突出重点、难点。所有实例的每一步操作，均配有对应的插图和注释，以便读者在学习过程中能够直观、清晰地看到操作过程和效果，提高学习效率。

单双混排，超大容量

本书采用单、双栏混排的形式，大大扩充了信息容量，在不足300页的篇幅中容纳了传统图书400多页的内容，从而在有限的篇幅中为读者奉送了更多的知识和实战案例。

高手秘技，扩展学习

本书在每章的最后（个别章节除外），以“高手私房菜”的形式为读者提炼了各种高级操作技巧，总结了大量实用的操作方法，以便读者学习到更多内容。

视听结合，互动教学

本书配套的视频教程内容与书中知识紧密结合并相互补充，帮助读者体验实际工作环境，掌握日常所需的知识和技能，以及处理各种问题的方法，达到学以致用的目的，从而大大增强了本书的实用性。

三、赠送资源

11小时全程同步视频教程

本书配套的同步视频教程，详细讲解每个实战案例的操作过程及关键步骤，帮助读者更轻松地掌握书中所有的知识内容和操作技巧。

超多、超值资源

除与图书内容同步的视频教程外，电子资源中还赠送了大量与学习内容相关的视频教程、Office实用办公模板、扩展学习电子书及本书所有案例的配套素材和结果文件等，以方便读者扩展学习。

四、同步视频学习方法

为了方便读者学习，本书以二维码的方式提供了大量视频教程。读者使用手机上的微信、QQ等软件的“扫一扫”功能扫描二维码，即可通过手机观看视频教程。

五、海量资源获取方法

除同步视频教程外，本书还额外赠送了海量学习资源。读者可以使用微信扫描封底二维码，关注“职场研究社”公众号，发送“50568”后，将获得资源下载链接和提取码。将下载链接复制到任何浏览器中并访问下载页面，即可通过提取码下载本书的扩展学习资源。

六、创作团队

本书由龙马高新教育策划，许永超负责编著。其中，郑州航空工业管理学院的刘华老师参与编写了第10~15章。

在本书的编写过程中，我们竭尽所能地将实用的内容呈现给读者，但也难免有疏漏和不妥之处，敬请广大读者不吝指正。读者在学习过程中有任何疑问或建议，可发送电子邮件至zhangyi@ptpress.com.cn。

编者

目 录 Contents

第1章 Excel 2019 快速入门

本章视频教学时间：52分钟

第2章 工作簿和工作表的基本操作

本章视频教学时间：57分钟

第3章 在Excel中高效输入文本、数字及日期数据

本章视频教学时间：1小时2分钟

第4章 查看与打印Excel工作表

本章视频教学时间：30分钟

第5章 美化Excel工作表

本章视频教学时间：28分钟

第6章 Excel公式和函数

本章视频教学时间：1小时16分钟

第7章 数据的基本分析

本章视频教学时间：32分钟

第8章 数据图表

本章视频教学时间：39分钟

第9章 数据透视表和数据透视图

本章视频教学时间：26分钟

第10章 Excel 2019 的行业应用——人事行政

本章视频教学时间：54分钟

第11章 Excel 2019 的行业应用——财务管理

本章视频教学时间：19分钟

第12章 Excel 2019 的行业应用——市场营销

本章视频教学时间：17分钟

第13章 宏与 VBA

本章视频教学时间：1小时22分钟

第 14 章 Excel 2019 的协同办公

本章视频教学时间：19分钟

第 15 章 Excel 的跨平台应用——移动办公

本章视频教学时间：26分钟

赠送资源

配套素材库

- 本书实例素材文件
- 本书实例结果文件

视频教程库

- Windows 10 操作系统安装视频教程
- 9 小时 Windows 10 电脑操作视频教程
- 13 小时 Photoshop CC 视频教程

办公模板库

- 2000 个 Word 精选文档模板
- 1800 个 Excel 典型表格模板
- 1500 个 PPT 精美演示模板

扩展学习库

- Office 2019 快捷键查询手册
- Excel 函数查询手册
- 移动办公技巧手册
- 常用汉字五笔编码查询手册
- 电脑维护与故障处理技巧查询手册

第 1 章

Excel 2019 快速入门

本章视频教学时间：52 分钟

Excel 2019 是微软公司 Office 2019 系列办公软件的一个重要组件，主要用于电子表格的制作，可以帮助用户高效地完成各种表格和图表的设计，并进行复杂的数据计算和分析。

【学习目标】

- 通过本章的学习，掌握 Excel 2019 的基础知识。

【本章涉及知识点】

- Excel 2019 的主要功能和行业应用
- Excel 2019 的安装与卸载
- Excel 2019 的启动与退出
- Excel 2019 的操作界面
- 使用 Microsoft 账户登录 Excel 2019
- 自定义操作界面

1.1 Excel 2019的主要功能和行业应用

本节视频教学时间：10分钟

要用好Excel 2019这款重要的办公软件，首先需要了解它的主要功能和行业应用领域。

1.1.1 Excel的主要功能

随着Office版本的更迭，新版本的功能也在不断增加，Excel 2019的主要功能有以下8项。

1.建立电子表格

Excel表格处理软件能够方便地制作出各种电子表格。Excel工作簿中包含多张容量非常大的空白工作表，每张工作表由256列65 536行组成，行和列交叉处组成单元格，每一单元格可容纳32 000个不同类型的字符。可以满足大多数数据处理业务的需要。

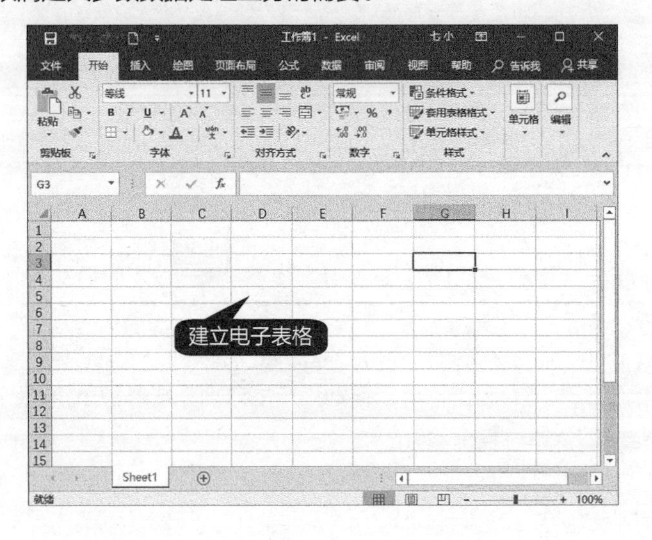

2. 数据管理

Excel 2019能够自动区分数字型、文本型、日期型、时间型、逻辑型等数据，可以方便地编辑表格，也可任意插入和删除表格的行、列或单元格，对数据进行字体、大小、颜色和底纹等修饰，还可以设置单元格和表格的样式。此外，使用Excel 2019的打印功能还可以将制作完成的数据表格打印保存。

3.数据分析功能

在Excel 2019中输入数据后，还可以使用其数据分析功能对输入的数据进行分析，使数据从静态变成动态，充分利用电脑自动、快速地进行处理，如可以使用排序、筛选、分类汇总和分类显示等功能对数据进行简单分析。此外，使用条件格式和数据的验证功能还能提高输入效率，保证输入数据的正确性；使用数据透视表和透视图还能对数据进行深入分析。

Excel 2019增加了Power Map插件，可以以三维地图的形式，编辑和播放数据。

Excel 2019数据选项卡增加了Power Query工具，用户可以跨多种数据源查找和连接数据，或从多个日志文件导入数据等；Excel 2019还增加了预测功能和预测函数，根据目前的数据信息，预测未来数据的发展态势。

另外，Excel与Power BI相结合，可用于访问大量的企业数据，从而使数据分析功能更为强大。

4.制作图表

Excel提供了16种类型的图表，包括柱形图、饼图、条形图、面积图、折线图以及曲面图等。图表能直观地表示数据间的复杂关系，同一组数据也可以使用不同类型的图表来展示。用户可以对图表中的各种对象（如标题、坐标轴、网络线、图例、数据标志和背景等）进行编辑，也可以为图表添加恰当的文字、图形或图像，从而让精心设计的图表更具说服力。

与之前版本相比，Excel 2019增加了多种图表，如用户可以创建表示相互结构关系的树状图、分析数据层次占比的旭日图、判断生产是否稳定的直方图、显示一组数据分散情况的箱形图、表达数个特定数值之间的数量变化关系的瀑布图和显示业务流程中转化情况的漏斗图等。

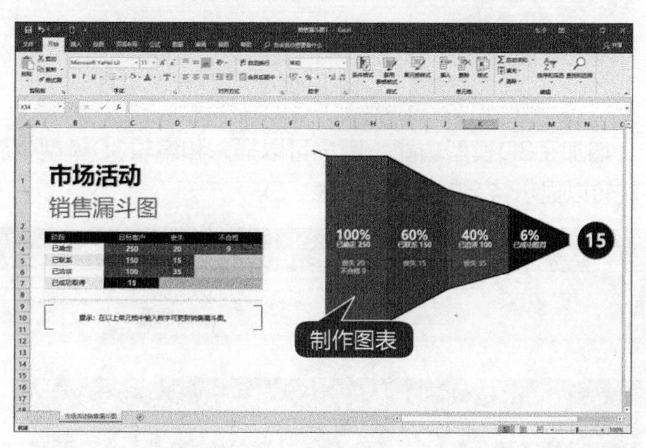

5. 计算和函数功能

Excel 2019提供了强大的数据计算功能，可以根据需要方便地对表格中的数据进行计算，如计算总和、差、平均值或者对数据进行比较等，并且还可以对输入的公式进行审核。此外，Excel 2019提供了丰富的内置函数，按照函数的应用领域分为13大类，如财务函数、日期与时间函数、数学与三角函数、统计函数、查找与引用函数、文本函数和逻辑函数等，用户可以根据需要直接进行调用。

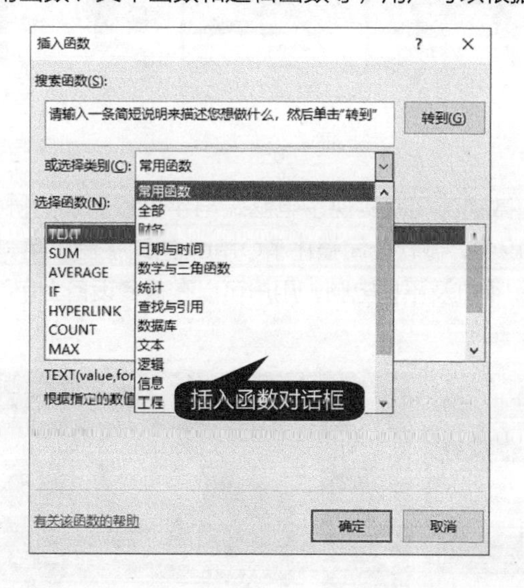

6. 数据共享功能

Excel 2019提供了强大的共享功能，用户不仅可以创建超级链接获取互联网上的共享数据，也可将自己的工作簿设置成共享文件，与其他用户分享。

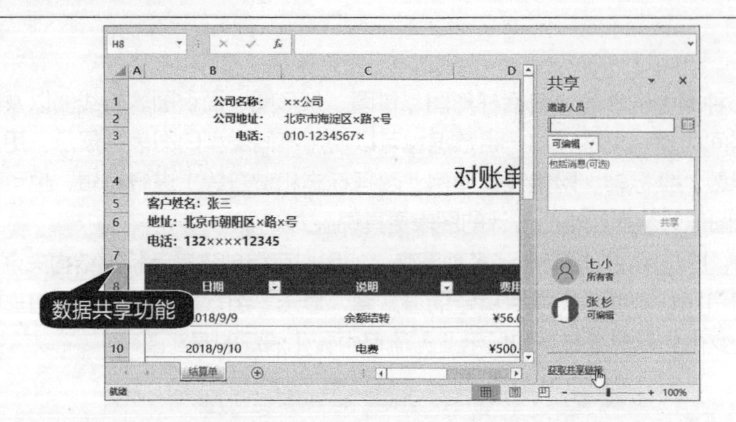

7. 3D模型应用

在Excel 2019中，增加了3D模型功能，用户可以插入和编辑3D模型，而且可以360度旋转模型，也可以向上或向下旋转以显示特定的功能和对象。

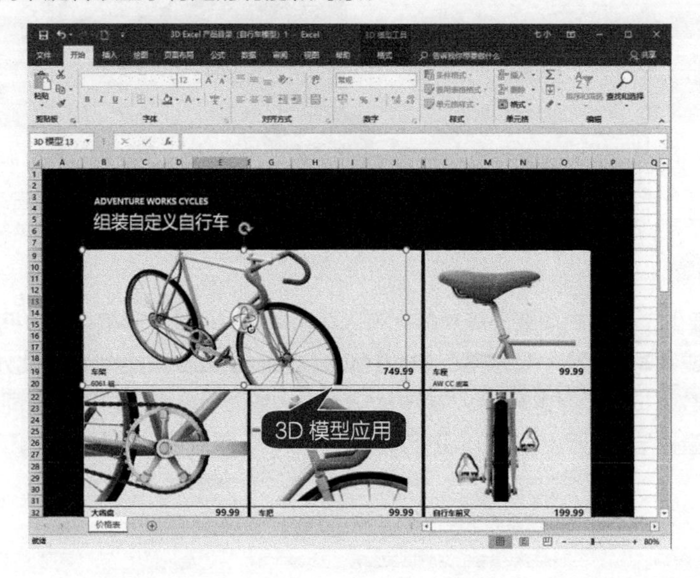

8. 跨平台应用

从Office 2013开始，微软公司就实现了电脑端与手机移动端的协作，用户可以随时随地实现移动办公。而在Office 2019中，微软公司强化了Office的跨平台应用，从台式电脑、笔记本电脑到Windows、Apple和Android手机及平板电脑，用户可以在很多设备上审阅、编辑、分析和演示Office 2019文档。

1.1.2 Excel的行业应用

Excel广泛应用于财务、会计、行政、人力资源、文秘、统计和审计等众多行业，可以大大提高用户对数据的处理效率。下面简单介绍Excel 2019在不同行业中的应用。

1.在财务管理中的应用

财务管理是一项涉及面广、综合性和制约性都很强的系统工程，它通过价值形态对资金运动进行决策、计划和控制的综合性管理，是企业管理的核心内容。在财务管理领域，使用Excel 2019可以制作企业财务查询表、成本统计表、年度预算表等。下图所示为使用Excel 2019制作的现金流量表。

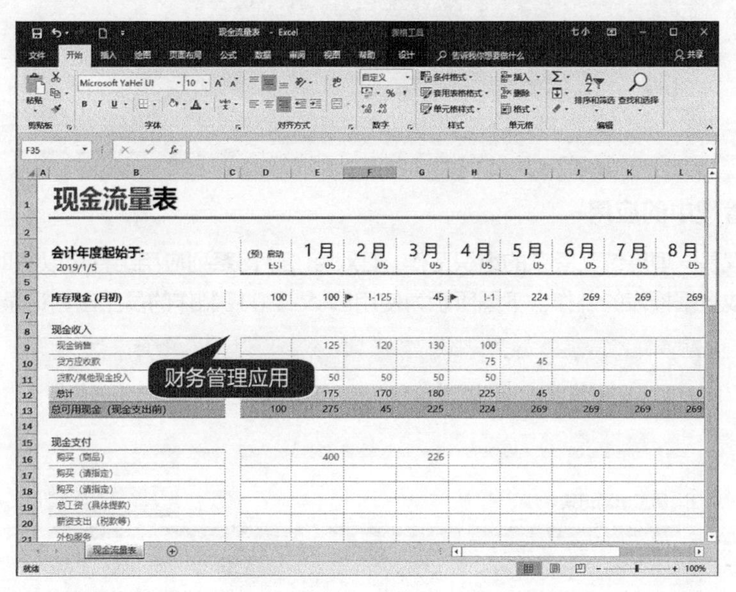

2.在会计工作中的应用

在会计工作中可以使用Excel 2019进行数据的统计和分析，以减少工作人员的劳动量，提高数据计算的精准性。下图所示为使用Excel 2019制作的企业月度预算表。

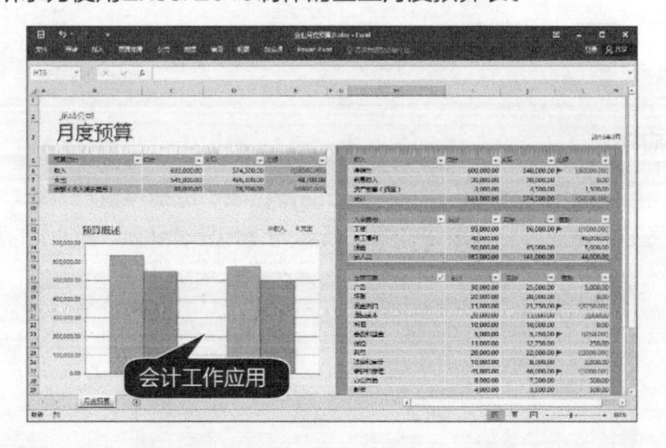

3.在行政管理中的应用

在行政管理领域需要制作出各类严谨的文档，Excel 2019提供的批注以及错误检查等功能，可以方便地核查制作的报表。下图所示为使用Excel 2019制作的项目待办事项列表。

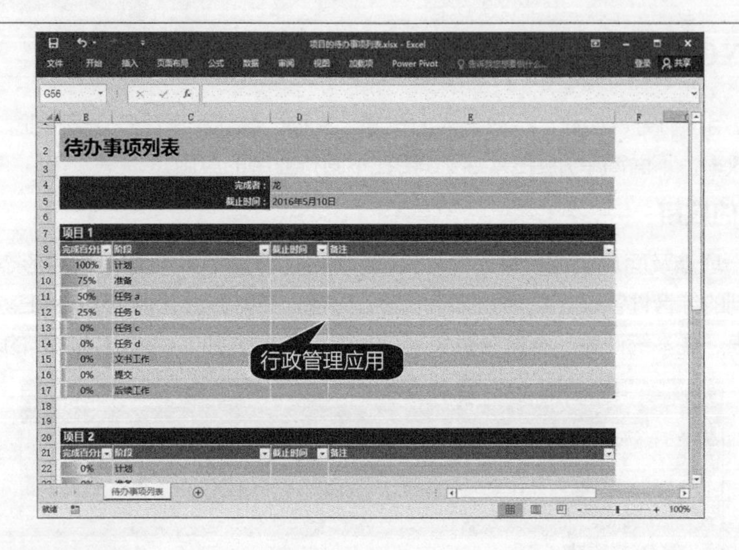

4. 在人力资源管理中的应用

人力资源管理是一项系统又复杂的组织工作。Excel 2019系列应用组件可以帮助人力资源管理者轻松、快速地完成数据报表的制作。下图所示为使用Excel 2019制作的员工出勤记录表。

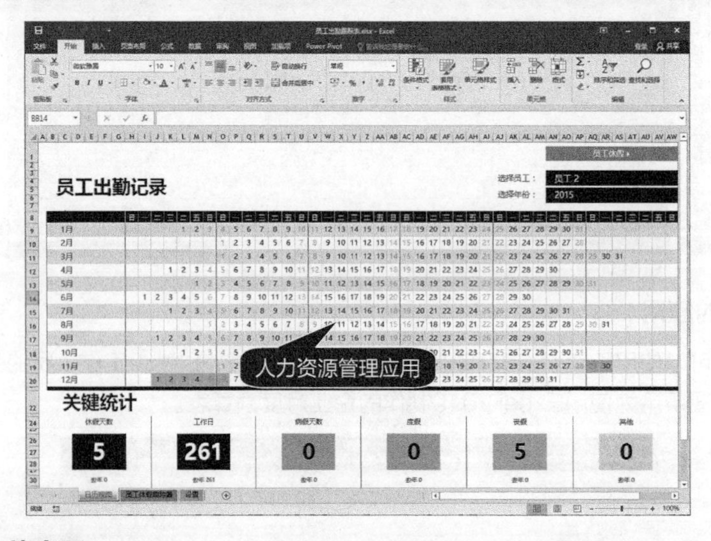

5. 在市场营销中的应用

在市场营销领域，可以使用Excel 2019制作产品价目表、进销存管理系统、年度销售统计表、市场渠道选择分析以及员工销售业绩分析表等。下图所示为使用Excel 2019制作的营销计划数据表。

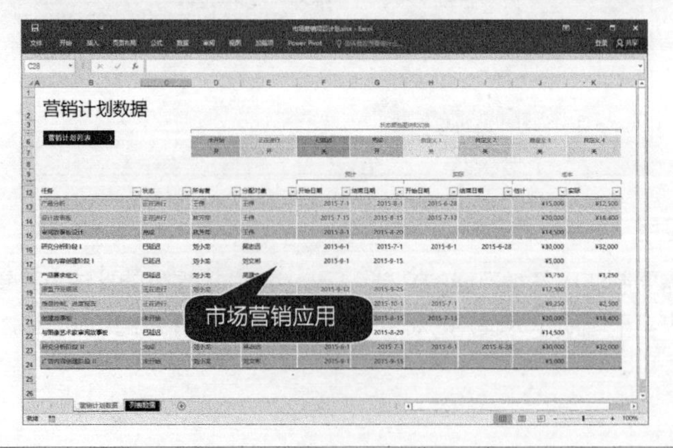

1.2 Excel 2019的安装与卸载

本节视频教学时间：5分钟

使用Excel 2019之前，首先要将软件安装到电脑中。如果不想再使用此软件，也可以将软件从电脑中清除，即卸载Excel 2019。本节主要介绍Excel 2019的安装与卸载方法。

1.2.1 电脑配置要求

Office 2019对电脑硬件和软件的配置要求具体如下表所示。

项目	配置要求
处理器	1GHz 或更快的 x86 或 x64 位处理器（采用 SSE2 指令集）
内存	2GB RAM
硬盘	3GB 可用空间
显示器	图形硬件加速需要 DirectX10 显卡和 1280×800 分辨率
操作系统	Windows 10
浏览器	最新版本或上一个版本的 Internet Explorer、Safari、Chrome、Firefox 或 Microsoft Edge
.NET 版本	3.5、4.0 或 4.5
多点触控	使用任何多点触控功能都需要启用具有触控功能的设备
其他	Excel 2019 网络功能需要网络连接，即时搜索功能需要安装 Windows Search 4.0

小提示

Microsoft.NET是微软的新一代技术平台，可以为敏捷商务构建互联互通的应用系统。对于Office软件来讲，Microsoft.NET平台使用户能够进行Excel自动化数据处理，并对窗体和控件、菜单和工具栏、智能文档编程、图形与图表等进行操作。一般系统都会自带Microsoft.NET，如果不小心删除了，可自行下载安装。

1.2.2 安装Excel 2019

Excel 2019是Office 2019的组件之一。若要安装Excel 2019，首先要安装Office 2019程序。与之前版本相比，Office 2019的安装更为方便。微软公司不再提供MSI本地安装包，仅通过Click-to-Run网络安装包的方式在线下载组件并自动执行安装。具体安装步骤如下。

1 双击启动安装包

在Office官网中下载Office 2019的在线安装包，并双击启动该安装包。

2 安装程序界面

此时，即会弹出下图所示界面，安装程序正在准备。

3 安装的 Office 组件

安装程序准备好后，即可进行安装，如下图界面上显示了安装的Office组件。

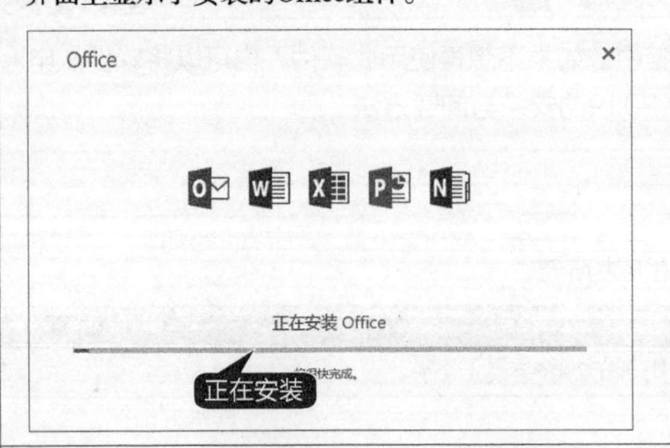

4 单击【关闭】按钮

安装完成后，单击【关闭】按钮，关闭安装对话框。

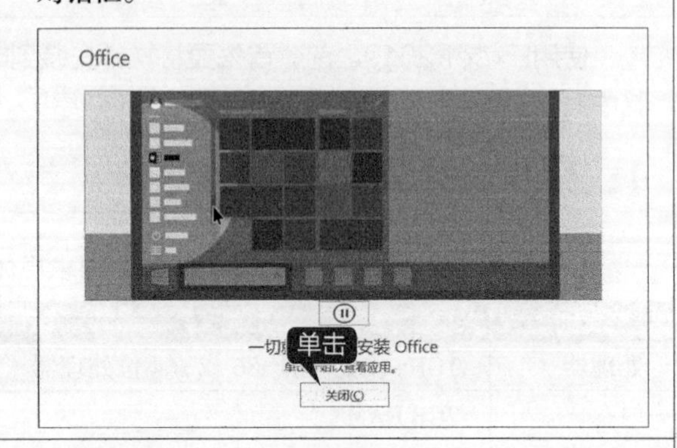

1.2.3 卸载Excel 2019

不需要Excel 2019时，用户可以将其卸载。具体操作步骤如下。

1 单击【卸载】按钮

按【Win+I】组合键，打开【设置】界面，单击【系统】➤【应用和功能】选项，在右侧的应用程序列表中，选择Office 2019，单击【卸载】按钮。

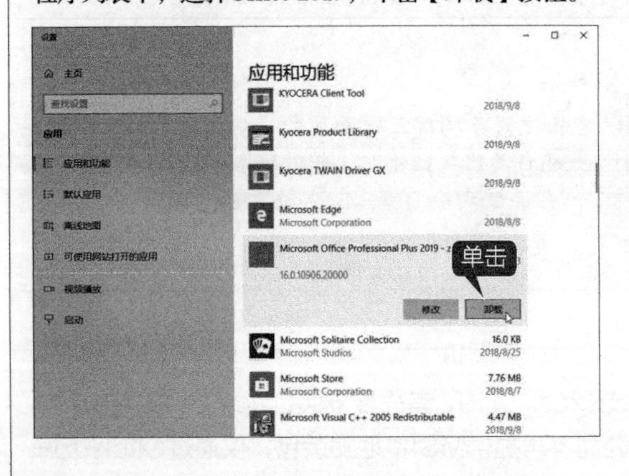

2 卸载 Office 2019

在弹出的提示框中，单击【卸载】按钮。

3 显示【准备卸载】对话框

弹出【准备卸载】对话框，单击【卸载】按钮即可卸载Office 2019。

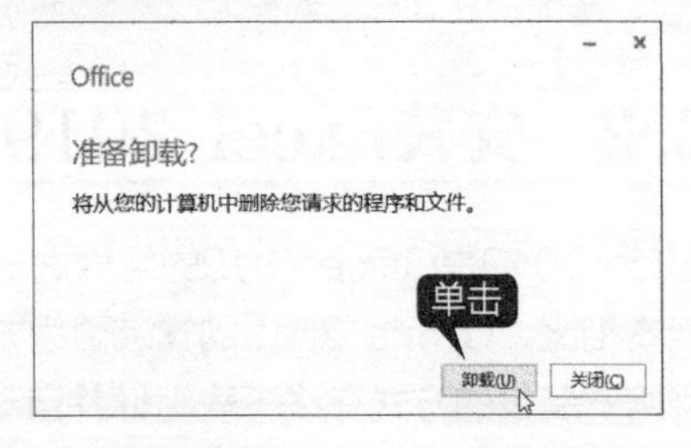

4 显示卸载进度

此时，即会弹出如下对话框，并显示卸载进度。

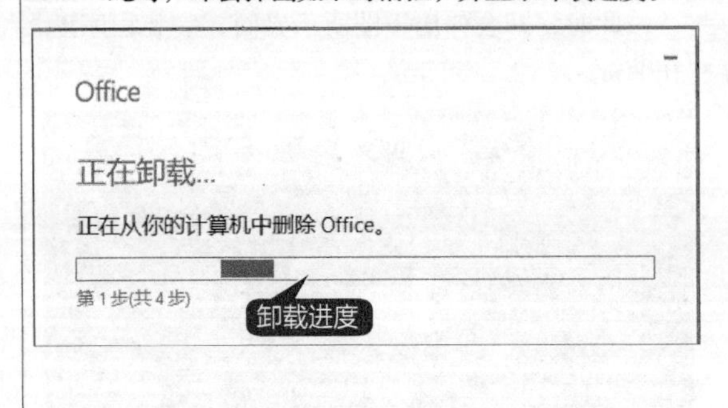

5 单击【关闭】按钮

卸载完成后，单击【关闭】按钮，关闭当前对话框。

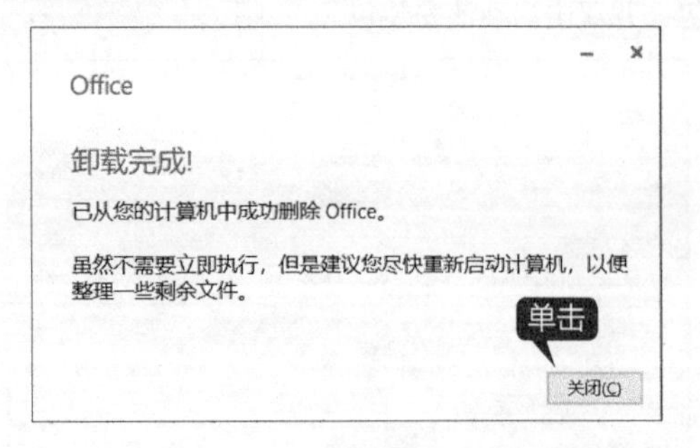

1.3 Excel 2019的启动与退出

本节视频教学时间：4分钟

完成Excel 2019的安装后，就可以使用Excel 2019了。首先需要启动Excel 2019。

1.3.1 启动Excel的3种方法

确保在Windows系统环境下已经安装了Excel 2019，则执行下列3种操作，均可以启动Excel 2019。

方法1：从【开始】菜单启动。

单击Windows桌面任务栏上的【开始】按钮，在弹出的程序列表中选择【Excel】选项启动Excel 2019。

方法2：打开Excel文档来启动。

在相应的文件窗口中找到并双击一个已保存的Excel文档的图标，可以启动Excel 2019。

方法3：使用快捷方式启动。

双击Excel 2019快捷图标即可启动Excel 2019。

1.3.2 退出Excel的4种方法

退出Excel 2019，同退出其他应用程序一样，通常有以下4种方法。

方法1：单击窗口右上角的【关闭】按钮。

方法2：单击【文件】选项卡下的【关闭】选项。

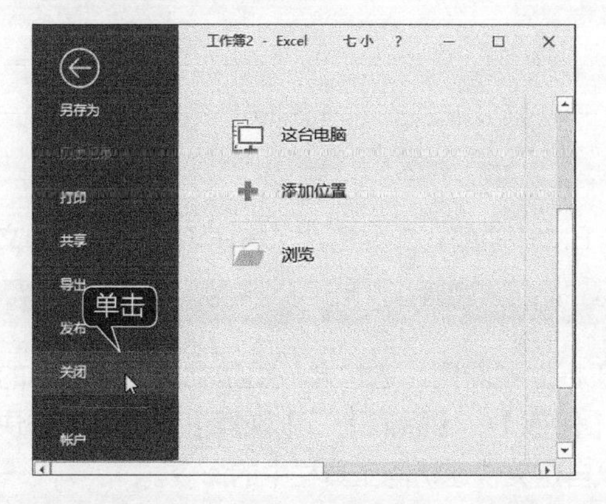

方法3：在文档标题栏上单击鼠标右键，在弹出的控制菜单中单击【关闭】命令。

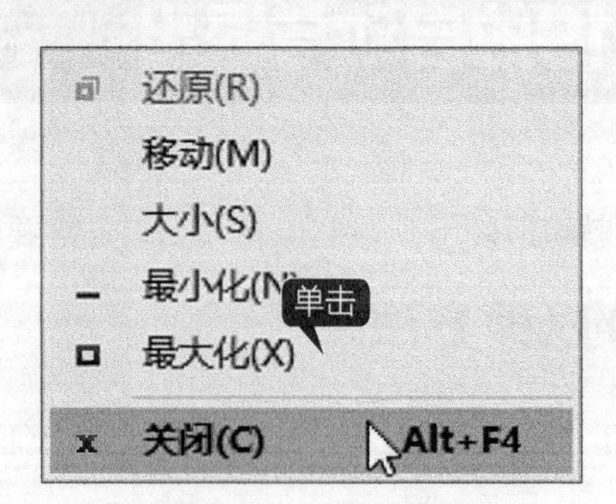

方法4：按【Alt+F4】组合键，可以直接关闭当前Excel窗口。

1.4 Excel 2019的操作界面

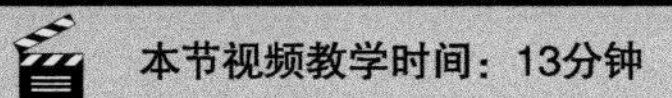

本节视频教学时间：13分钟

每个Windows应用程序都有其独立的操作界面，Excel 2019也不例外。启动Excel 2019后将打开Excel的操作界面，Excel 2019的操作界面主要由工作区、标题栏、功能区、编辑栏、状态栏等部分组成。

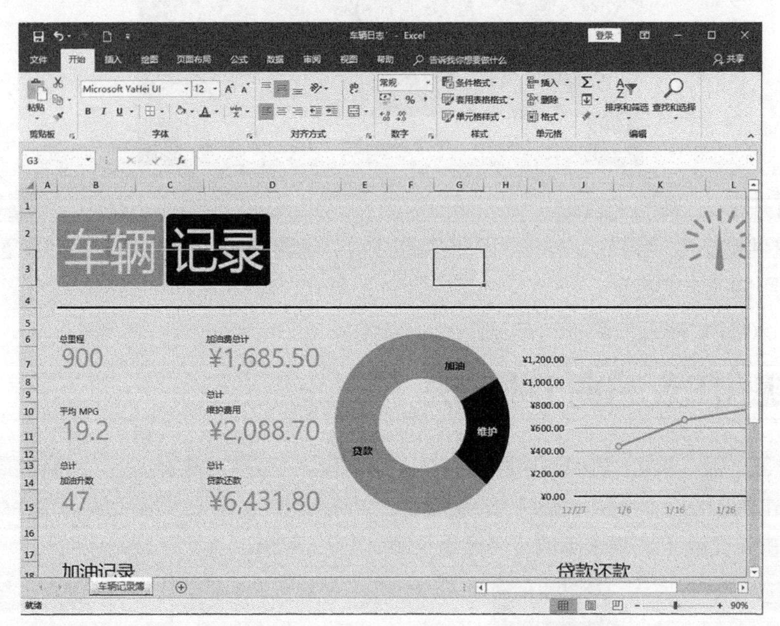

1.4.1 标题栏

默认状态下，标题栏位于Excel顶部，主要包含了快速访问工具栏、文件名和窗口控制按钮。

【快速访问工具栏】位于标题栏左侧，它包含一组独立于当前显示的功能区上选项卡的命令。默认的快速访问工具栏中包含【保存】、【撤消】、【恢复】命令。单击快速访问工具栏右边的下拉箭头▾，在弹出的菜单中，可以自定义快速访问工具栏中的命令。

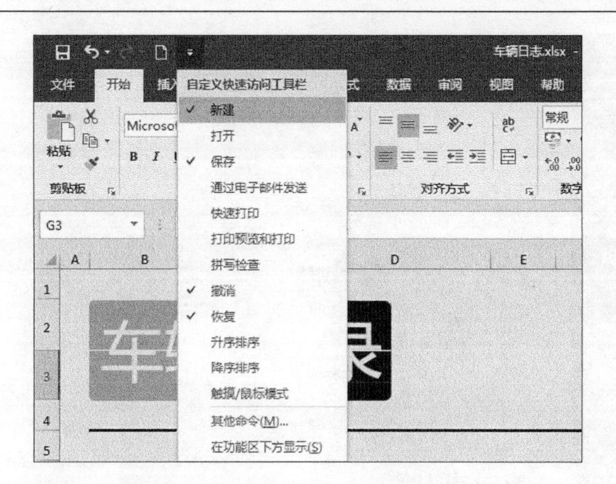

标题栏中间显示当前表格的文件名称。启动Excel时，默认的文件名为“工作簿1”。

标题栏右侧为Excel的功能区显示选项按钮和程序窗口控制按钮，这些按钮包含了自动隐藏功能区、显示选项卡、显示选项卡和命令、最小化/最大化、还原和关闭等功能。

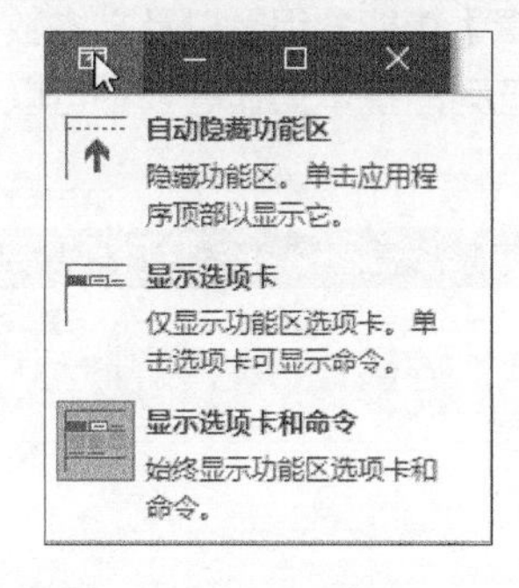

1.4.2 功能区

Excel功能区位于标题栏下方，使用Ribbon风格，采用选项卡标签和功能区的形式，是Excel窗口中的重要组成部分。功能区由各种选项卡和包含在选项卡中的各种命令按钮组成，利用它可以轻松地查找以前隐藏在复杂菜单和工具栏中的命令和功能。在功能区右侧还包含有【登录】和【共享】按钮，可以登录Microsoft账户，实现多人协同处理该工作簿。

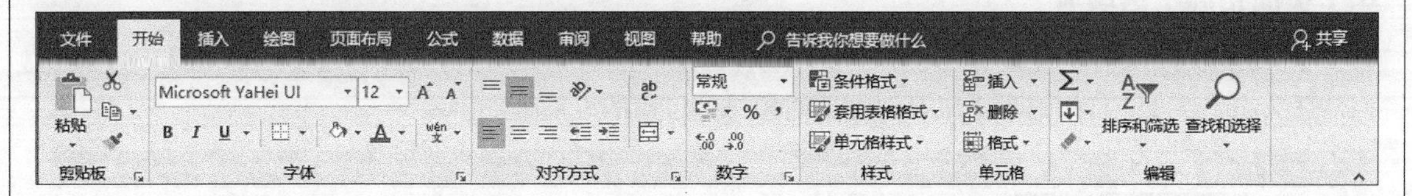

Excel功能区主要包含【文件】、【开始】、【插入】、【页面布局】、【公式】、【数据】、【审阅】和【视图】等8个选项卡，另外用户也可以通过【文件】➤【选项】➤【自定义功能区】进行添加或删除，具体操作方法会在本章的1.6节讲述。下面介绍几个主要选项卡。

1.【文件】选项卡

单击【文件】选项卡后，会显示一些基本命令，包括【信息】、【新建】、【打开】、【保存】、【另存为】、【打印】、【共享】、【导出】、【关闭】、【账户】、【选项】等命令。

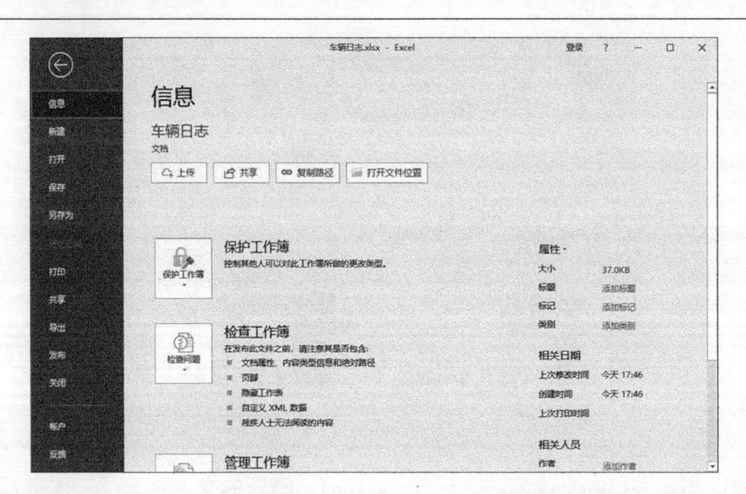

2.【开始】选项卡

【开始】选项卡主要包含了一些常用的命令，如【剪贴板】、【字体】、【对齐方式】、【数字】、【样式】、【单元格】和【编辑】功能分组，以及文本数据的粘贴和复制、字体和段落的格式化、表格和单元格的样式、单元格和行列的基本操作等，都可以在该选项卡下找到对应的功能按钮或菜单命令。

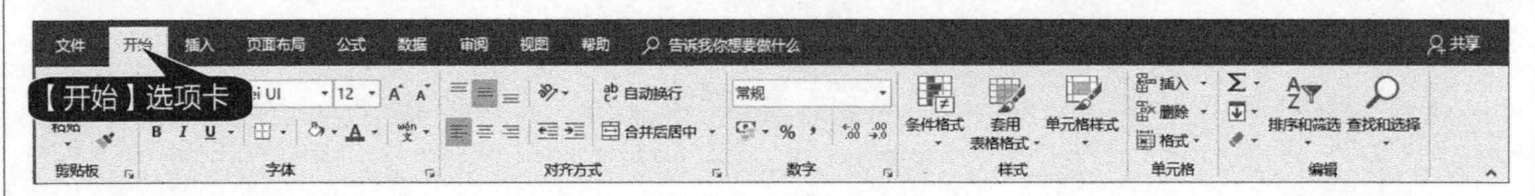

3.【插入】选项卡

【插入】选项卡主要包含插入Excel对象的操作，如在Excel中插入表格、透视表、插图、图表、迷你图、文本框、符号等。

4.【页面布局】选项卡

【页面布局】选项卡主要包含了Excel外观界面的设置功能，如【主题】、【页面设置】、【调整为合适大小】、【工作表选项】以及对图形对象排列位置的设置等。

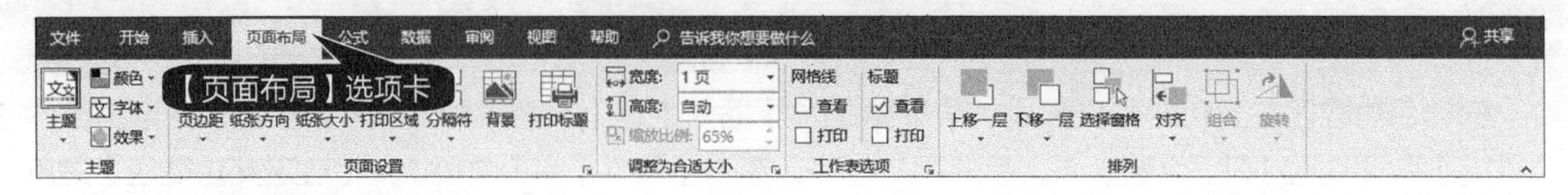

5.【公式】选项卡

【公式】选项卡主要包含了函数、公式等与计算相关的功能，如【插入函数】、【自动求和】、【定义名称】、【公式审核】以及【计算】选项等。

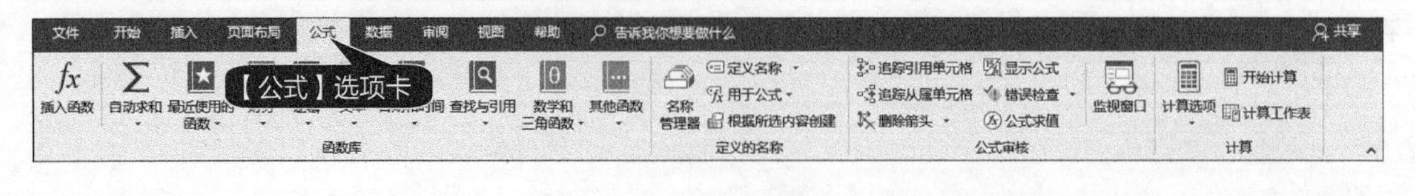

6.【数据】选项卡

【数据】选项卡主要包含了数据的处理和分析功能，如获取和转换数据、查询和连接数据、数据的排序和筛选、数据的验证和数据的预测等。

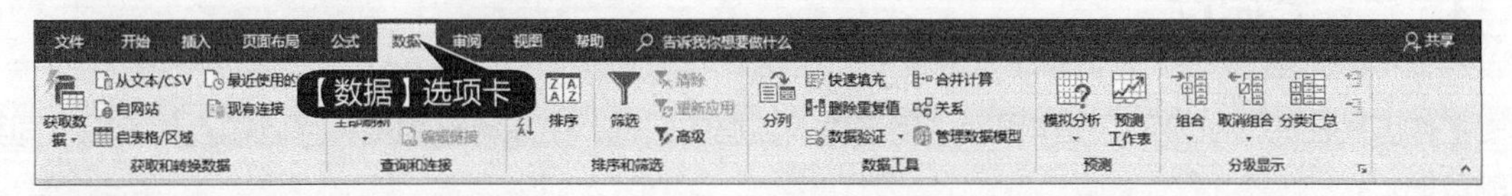

7.【审阅】选项卡

【审阅】选项卡主要包含了校对、中文简繁转换、智能查找、批注管理及工作表、工作簿的保护和墨迹等。

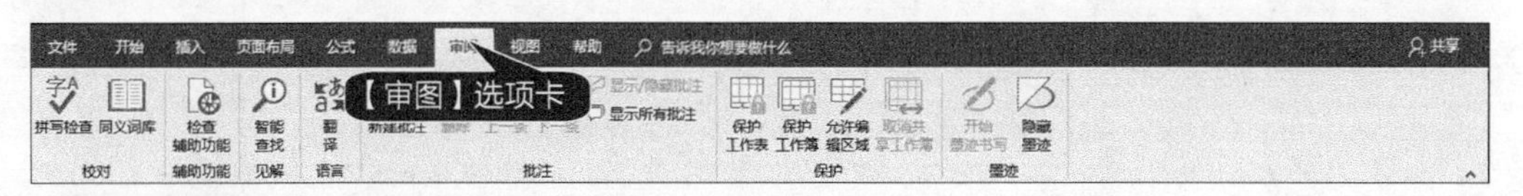

8.【视图】选项卡

【视图】选项卡主要包含了切换工作簿视图、显示与显示比例、窗口的相关操作以及查看和录制宏等功能。

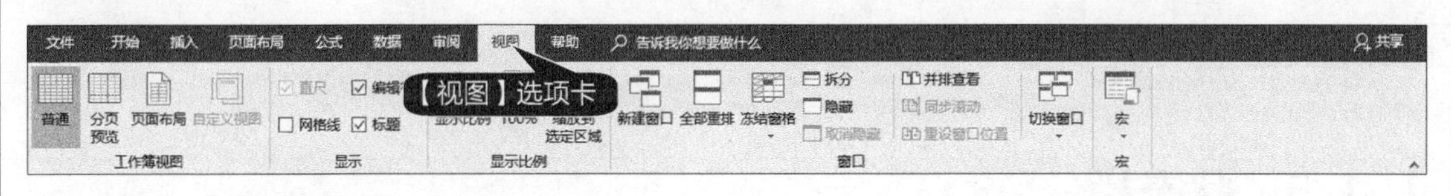

1.4.3 编辑栏

编辑栏位于功能区的下方，工作区的上方，用于显示和编辑当前活动单元格的名称、数据或公式。

名称框用于显示当前单元格的地址和名称。当选择单元格或区域时，名称框中将出现相应的地址名称。使用名称框可以快速转到目标单元格中。例如，在名称框中输入“B3”，按【Enter】键即可将活动单元格定位为第B列第3行。

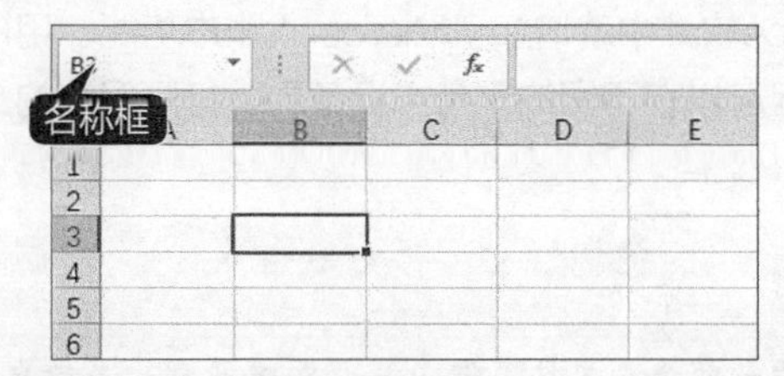

公式框主要用于向活动单元格中输入、修改数据或公式。当向单元格中输入数据或公式时，在名称框和公式框之间会出现两个按钮：单击【确定】按钮 ✓，确定输入或修改该单元格的内容，同时退出编辑状态；单击【取消】按钮 ×，取消对该单元格的编辑。

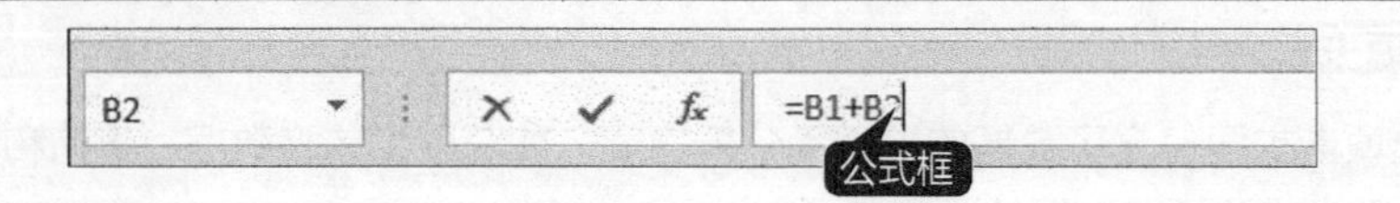

1.4.4 工作区

工作区是在Excel 2019操作界面中用于输入数据的区域，由单元格组成，用以输入和编辑不同类型的数据。

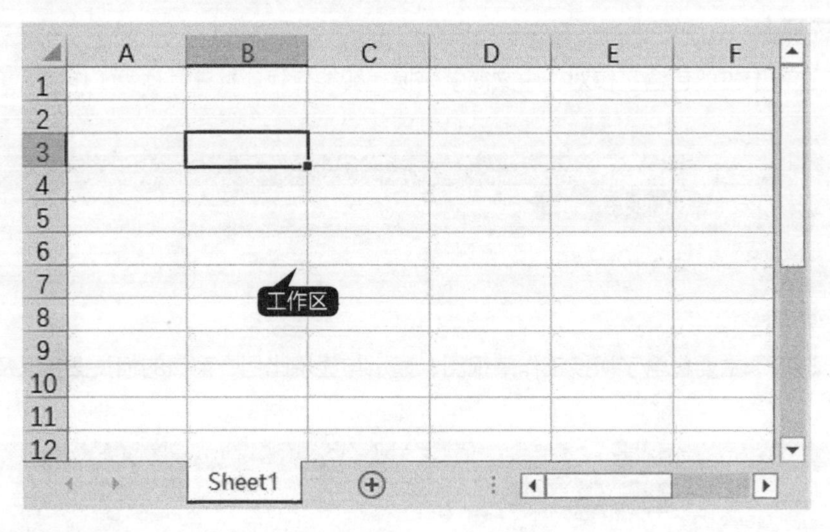

1.4.5 状态栏

状态栏位于操作界面的最下方，用于显示当前数据的编辑状态、选定数据统计区、页面显示方式以及调整页面显示比例等。

1.5 使用Microsoft账户登录Excel 2019

本节视频教学时间：3分钟

从Office 2013开始，Office软件中就增加了Microsoft账户功能。用户登录账户后，可以将文档保存到OneDrive云存储中，而且可以在不同的平台或设备中，打开保存的文档。另外，还可以共享某个文档，并与其他人协同完成这个文档。

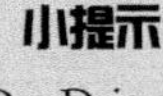

小提示

OneDrive 是微软推出的一款个人文件存储工具，也叫网盘，支持桌面端、网页版和移动端访问网盘中存储的数据，还可以借助 OneDrive for Business 将用户的工作文件与其他人共享并进行协作。Windows 10 操作系统中集成了桌面版 OneDrive，可以方便地上传、复制、粘贴、删除文件或文件夹。

1 单击【登录】按钮

单击【文件】选项卡上的【文件】按钮，在右侧单击【登录】按钮。

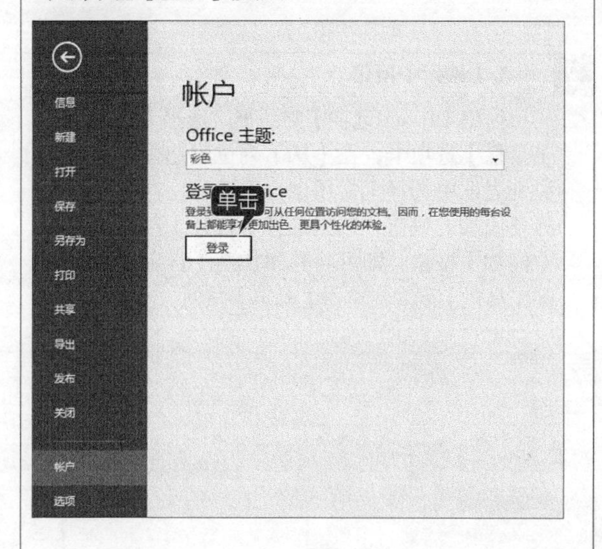

2 单击【注册】超链接

在弹出的【登录】对话框中，输入用于注册的电子邮件地址或手机号码，然后单击【下一步】按钮。如果之前没有注册过Microsoft账户，检索后会显示“无法找到使用该电子邮件地址或电话号码的账户”提示，此时单击【注册】超链接。

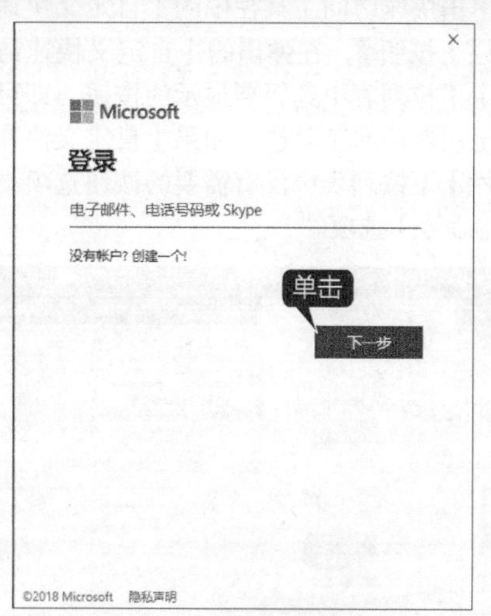

小提示

如果检索到电子邮件地址或手机号码已注册过，则会弹出【登录】对话框。在【密码】文本框中输入账号密码，单击【登录】按钮，即可登录 Excel 账户。

3 单击【登录】按钮

弹出【输入密码】对话框，输入账号密码，单击【登录】按钮。

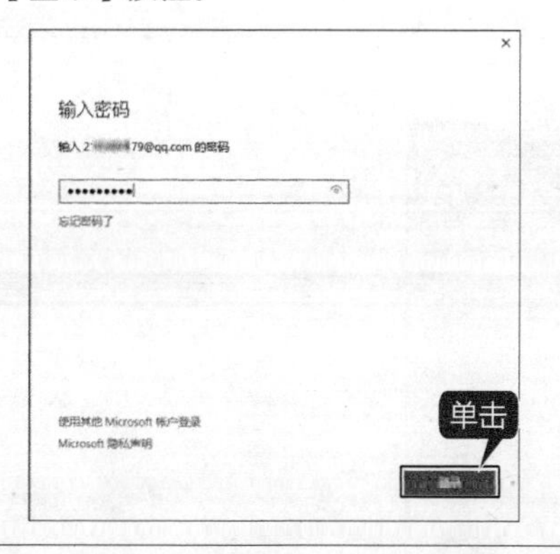

4 登录 Excel 账户

安全码验证无误后，即可登录Excel账户，并连接OneDrive服务，如下图所示。

1.6 自定义操作界面

本节视频教学时间：12分钟

用户可以根据需要自定义Excel 2019的操作界面。

1.6.1 自定义快速访问工具栏

通过自定义快速访问工具栏，可以在快速访问工具栏中添加或删除命令按钮，便于用户进行快捷操作。

1 选择【其他命令】选项

单击快速访问工具栏中的【自定义快速访问工具栏】按钮，在弹出的【自定义快速访问工具栏】下拉列表中选择要显示的按钮，即可将其添加至快速访问工具栏。如果【自定义快速访问工具栏】下拉列表中没有需要的按钮选项，选择【其他命令】选项。

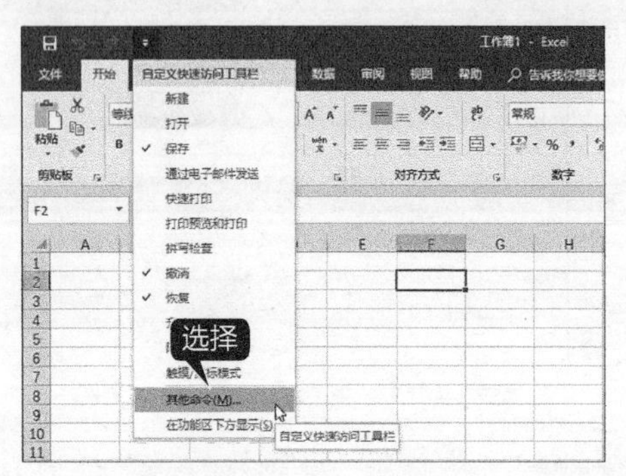

小提示

如果下方的列表中包含需要添加的按钮，则直接选择要添加的命令选项即可。如选择【打开】选项，即可快速将【打开】按钮添加至快速访问工具栏。

2 单击【确定】按钮

弹出【Excel选项】对话框，选择【快速访问工具栏】选项卡，在【从下列位置选择命令】下拉列表框中选择【常用命令】选项，在下方的选择要添加的按钮，这里选择【打开】选项，单击【添加】按钮，即可将其添加至【自定义快速访问工具栏】列表，单击【确定】按钮。

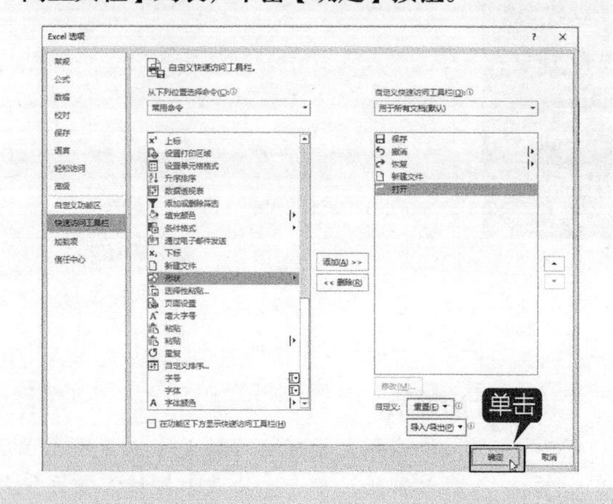

小提示

如果要删除右侧列表中的命令，选中选项后，可以单击【删除】按钮。

3 添加命令按钮

此时，即可看到快速访问工具栏中添加的命令按钮。

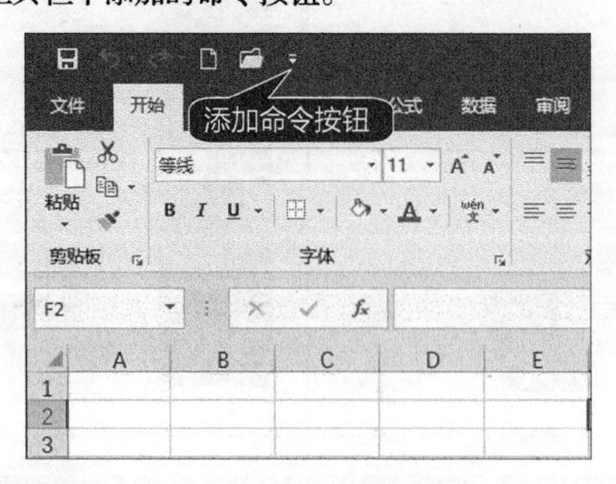

1.6.2 最小化功能区

为了获得更大的操作空间，可以最小化功能区。最小化功能区的具体操作步骤如下。

1 隐藏功能区

在Excel 2019界面任意选项卡单击鼠标右键，在弹出的快捷菜单中选择【折叠功能区】命令，即可仅显示选项卡，隐藏功能区。

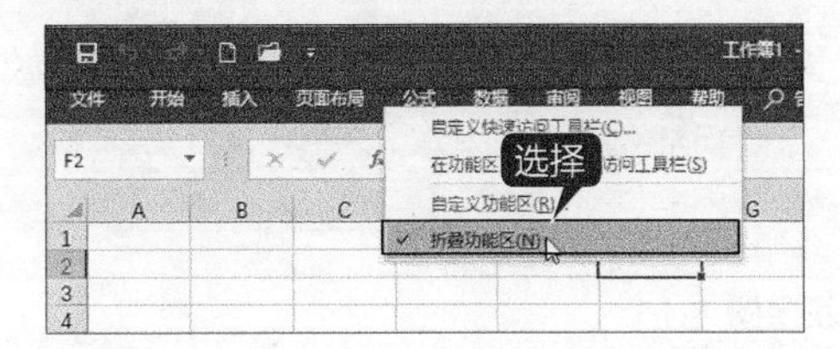

小提示

也可以按【Ctrl+F1】组合键隐藏功能区。

2 自动隐藏功能区

如果要隐藏全部选项卡和功能区，可以单击标题栏右侧的【功能区显示选项】按钮，在弹出的下拉列表中选择【自动隐藏功能区】选项。

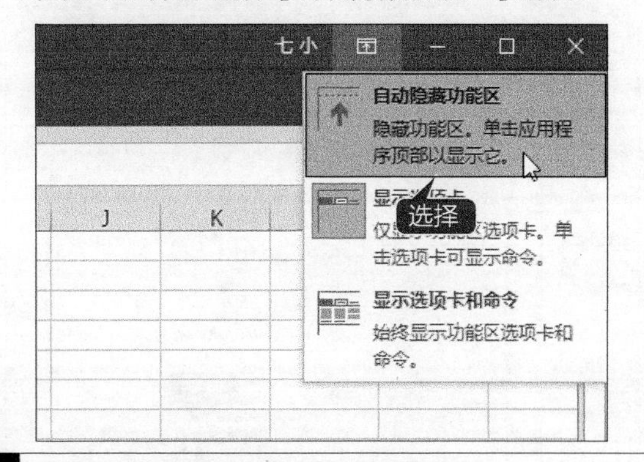

3 全部隐藏功能区

此时，即可将功能区全部隐藏，并且操作窗口最大化显示。

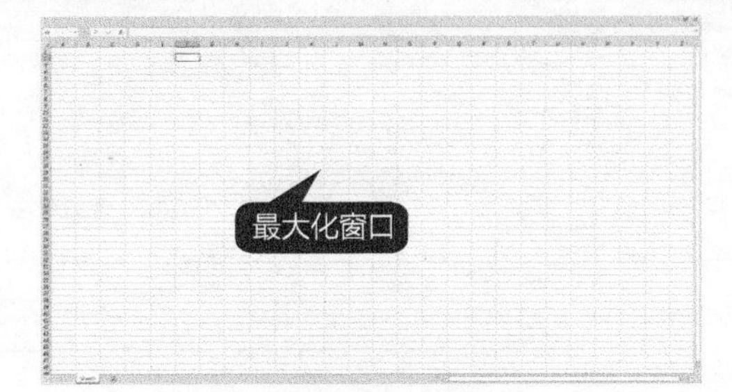

4 选择【显示选项卡和命令】选项

如果要显示选项组或者取消隐藏功能区，再次单击【功能区显示选项】按钮，在弹出的下拉列表中选择【显示选项卡和命令】选项即可。

1.6.3 自定义功能区

功能区中的各选项卡可由用户自定义，包括功能区中选项卡、组、命令的添加、删除、重命名、次序调整等。自定义功能区的步骤如下。

1 选择【自定义功能区】命令

在功能区的空白处单击鼠标右键，在弹出的快捷菜单中选择【自定义功能区】命令，或者单击【文件】➤【选项】➤【自定义功能区】选项。

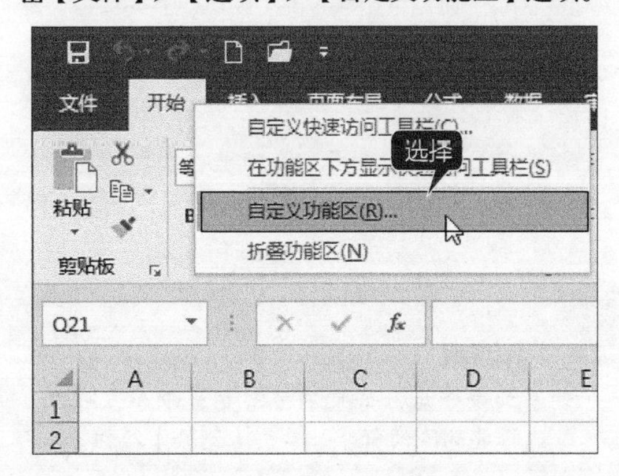

2 单击【确定】按钮

打开【Excel选项】对话框，并自动选择【自定义功能区】选项，在此对话框中右侧【主选项卡】列表中，勾选选项卡名称前的复选框，单击【确定】按钮后，则会显示在功能区。如下图中，勾选【绘图】复选框。

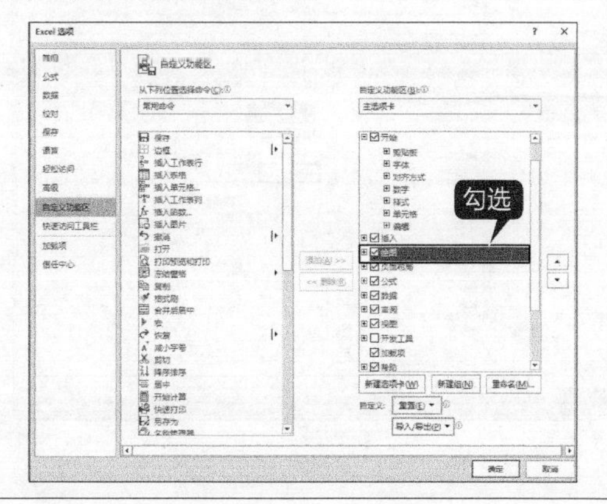

3 创建选项卡

单击【自定义功能区】区域列表下方的【新建选项卡】按钮，系统自动创建1个选项卡和1个组。

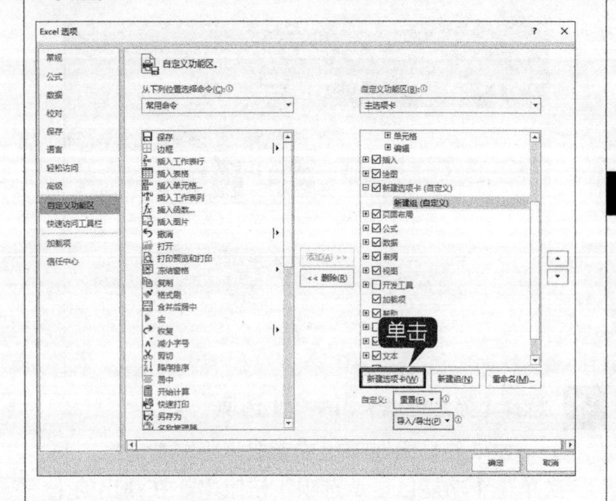

> **小提示**
> 选择要删除的选项卡或组，单击【删除】按钮，即可删除不需要的选项卡或组。

4 单击【重命名】按钮

选择新建的选项卡或新建组，单击【重命名】按钮。弹出【重命名】对话框，在【显示名称】文本框中输入选项卡名称，单击【确定】按钮。

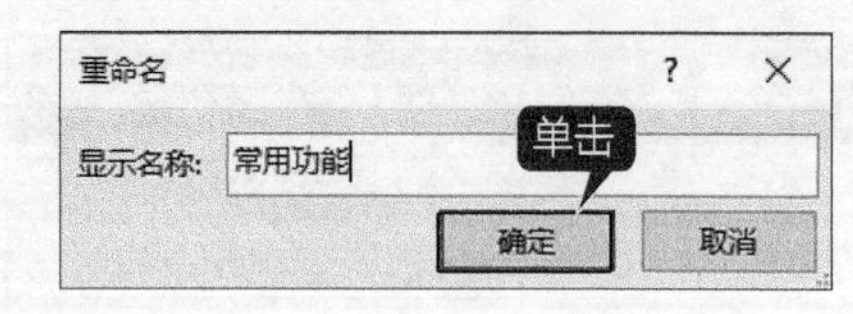

5 效果图

此时，即可看到为选项卡和组重命名后的效果，如下图所示。

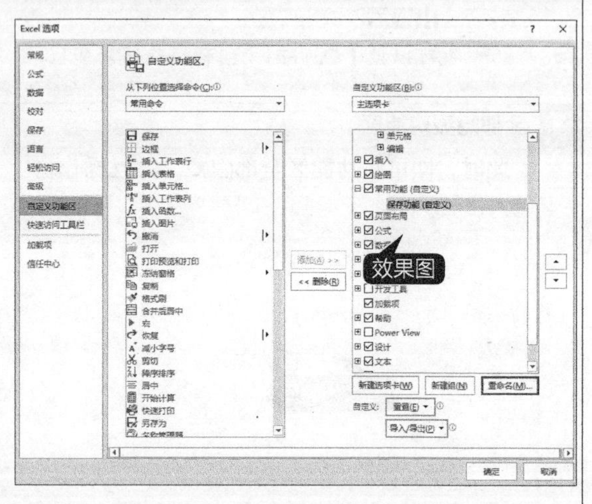

> **小提示**
> 选择要改变位置的选项卡或选项组，单击后面的[▲]或[▼]按钮，或拖曳选项卡名称，调整位置，即可调整它们的顺序。

6 单击【添加】按钮

选择【保存功能】选项组，在左侧列表中选择要添加的命令，然后单击【添加】按钮，即可将此命令添加到指定组中。

> **小提示**
> 添加命令后，如果不再需要该命令，可以选择要删除的命令，单击【删除】按钮。

7 添加其他命令

使用同样的方法添加其他命令，添加完成，单击【确定】按钮，即可看到新添加的选项卡和选项组。

小提示

用户可以在【Excel选项】对话框中，单击【重置】按钮，删除功能区和快速访问工具栏自定义的内容，恢复到软件默认界面。

1.6.4 自定义状态栏

在状态栏上单击鼠标右键，在弹出的快捷菜单中，可以通过选择或撤选菜单项，来实现在状态栏上显示或隐藏信息，菜单项前显示✓符号，则表示为选中状态，否则未显示该菜单项。

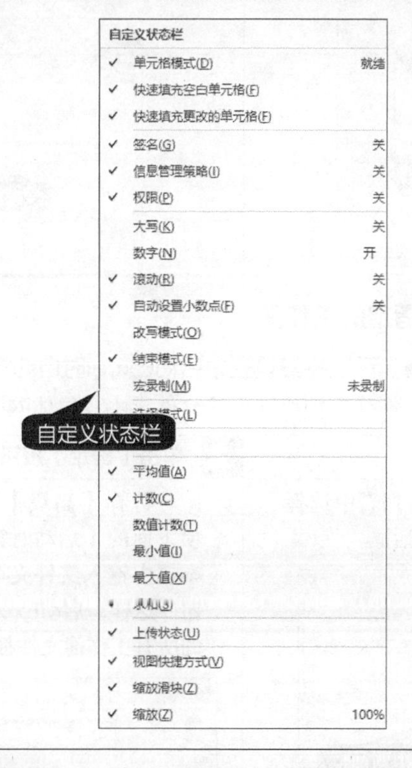

高手私房菜

技巧1：自定义Excel主题和背景

Office 2019提供了多种Office背景和4种Office主题，方便用户根据喜好进行选择。设置Office背景和主题的具体操作步骤如下。

1 打开【账户】主界面

登录Office账户后，单击【文件】选项卡下的【账户】选项，打开【账户】主界面。

2 预览背景效果

打开【Office 背景】下拉列表，选择喜欢的背景方案，也可以将鼠标放在背景方案名称上，逐个预览背景效果，确定喜欢的背景方案。

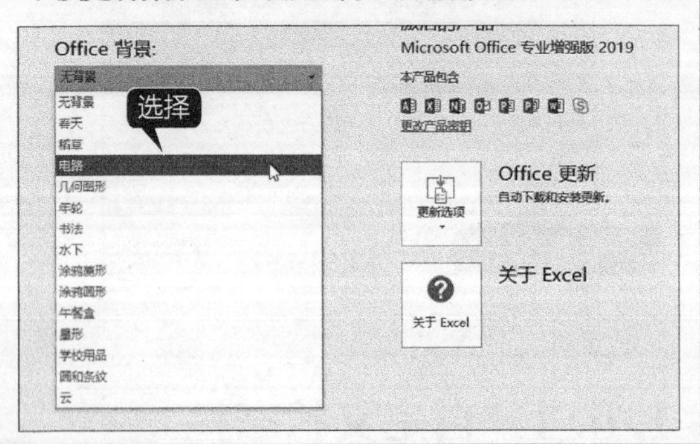

3 选择主题

打开【Office 主题】下拉列表，选择喜欢的主题。

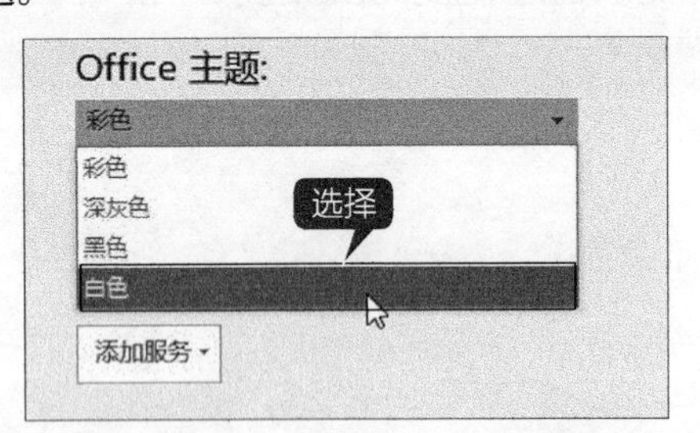

4 设置效果

设置完成后，返回文档界面，即可看到设置背景和主题后的效果。

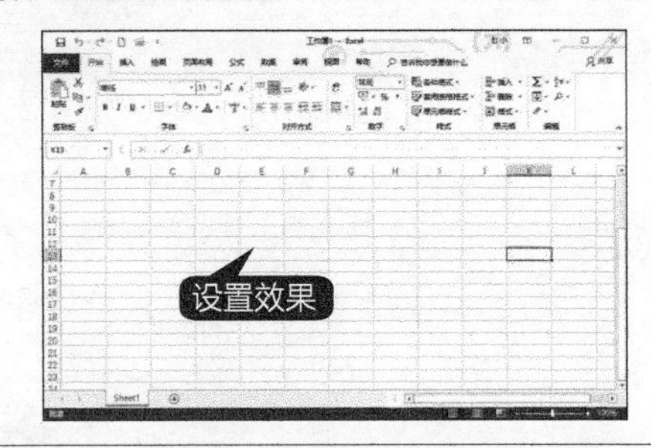

技巧2：启动Excel时自动打开指定的工作簿

如果经常需要使用某一个工作簿，可以将其设置为启动Excel时自动打开。用户可以在电脑中新建一个文件夹，并将需要自动打开的工作簿文档移动到该文件夹中，具体的操作步骤如下。

1 选择【文件】选项卡

选择【文件】选项卡，在弹出的列表中选择【选项】选项，弹出【Excel选项】对话框。

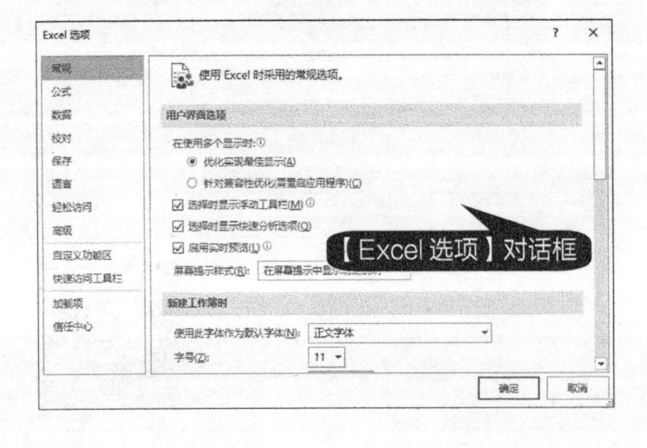

2 单击【确定】按钮

选择【高级】选项卡，在右侧【常规】选项下面的【启动时打开此目录中的所有文件】文本框中输入文件夹名称及路径，单击【确定】按钮。这样，启动Excel 2019时，位于上述文件夹中的所有工作簿文件都会被自动打开。

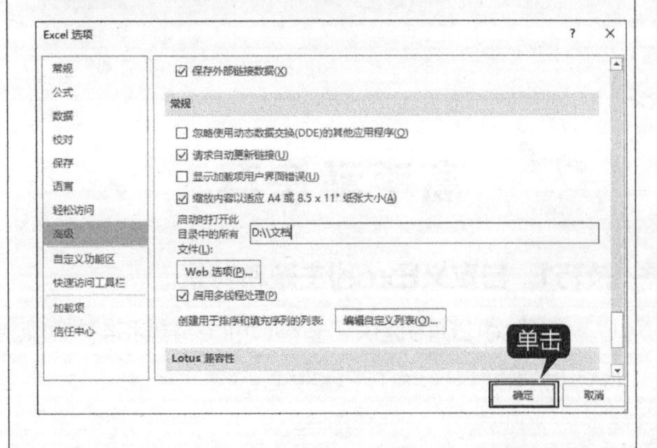

第 2 章

工作簿和工作表的基本操作

本章视频教学时间：57 分钟

Excel 2019 主要用于电子表格的制作，还可以进行复杂的数据运算。本章主要介绍工作簿和工作表的基本操作，如创建工作簿、工作表的常用操作、单元格的基本操作等内容。

【学习目标】

- 通过本章的学习，掌握工作簿和工作表的基本操作。

【本章涉及知识点】

- 创建、保存工作簿
- 移动、复制、重命名工作簿
- 单元格的选择、合并及拆分
- 行和列的插入和删除

2.1 创建《员工出勤跟踪表》

本节视频教学时间：28分钟

本节通过创建《员工出勤跟踪表》介绍工作簿及工作表的基本操作。

2.1.1 创建空白工作簿

工作簿是指在Excel中用来存储并处理工作数据的文件，在Excel 2019中，其扩展名是.xlsx。通常所说的Excel文件指的就是工作簿文件。使用Excel创建《员工出勤跟踪表》之前，首先要创建一个工作簿。

1.启动Excel时创建空白工作簿

1 启动 Excel 2019

启动Excel 2019时，在打开的界面单击右侧的【空白工作簿】选项。

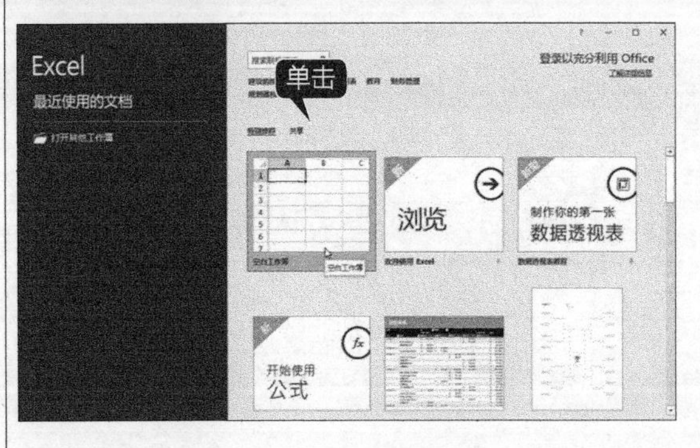

2 创建工作簿

系统会自动创建一个名称为“工作簿1”的工作簿。

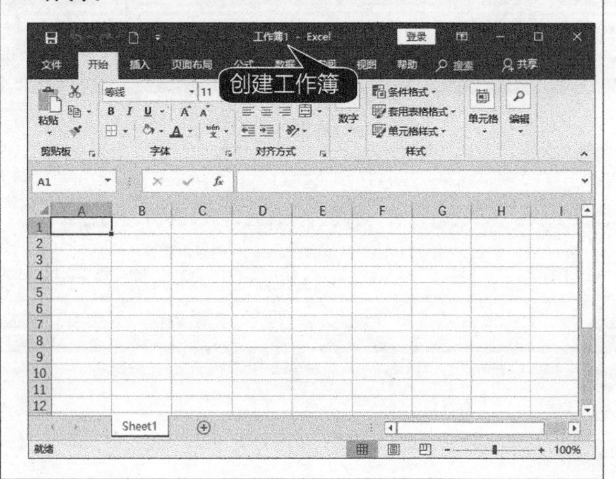

2.启动Excel后创建空白工作簿

启动Excel 2019后可以通过以下3种方法创建空白工作簿。

（1）启动Excel 2019后，选择【文件】➤【新建】➤【空白工作簿】选项，即可创建空白工作簿。

（2）单击快速访问工具栏中的【新建】按钮。

（3）按【Ctrl+N】组合键也可以快速创建空白工作簿。

2.1.2 使用模板创建工作簿

用户可以使用系统自带的模板或搜索联机模板，在模板上进行修改以创建工作簿。例如，可以通过Excel模板，创建一个《员工出勤跟踪表》，具体的操作步骤如下。

1 单击【开始搜索】按钮

单击【文件】选项卡，在弹出的下拉列表中选择【新建】选项，然后在【搜索联机模板】文本框中输入“员工出勤跟踪表”，单击【开始搜索】按钮 。

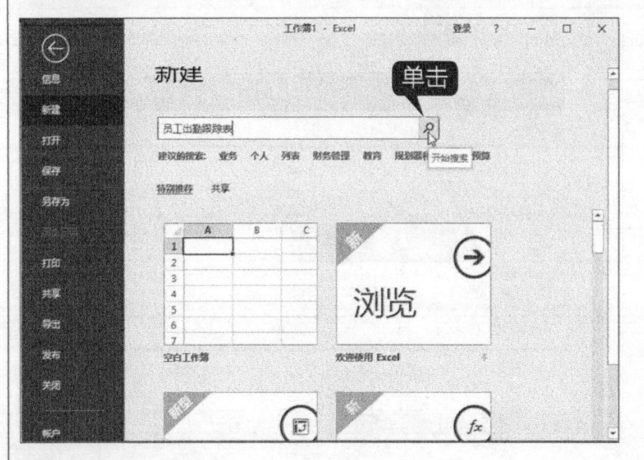

2 显示搜索结果

在下方会显示搜索结果，单击搜索到的【员工出勤跟踪表】选项。

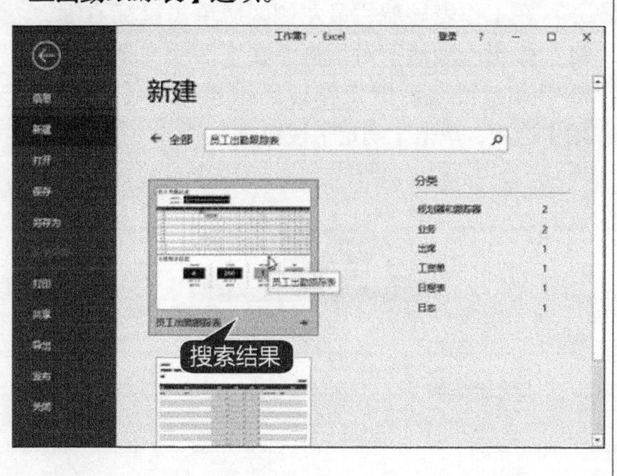

3 下载模板

弹出【员工出勤跟踪表】预览界面，单击【创建】按钮，即可下载该模板。

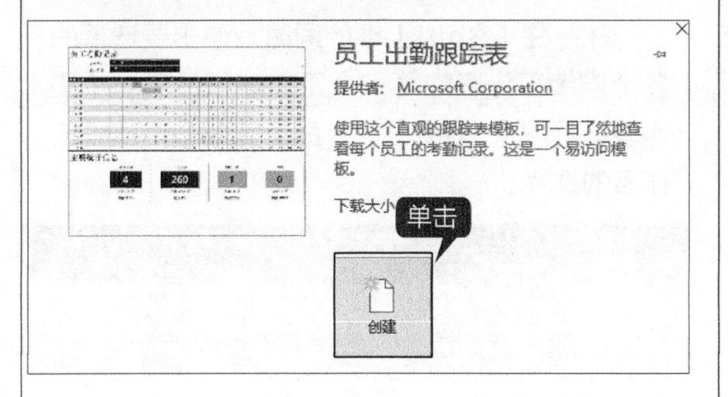

4 修改数据

下载完成后，系统会自动打开该模板，此时用户只需在表格中输入或修改相应的数据即可。

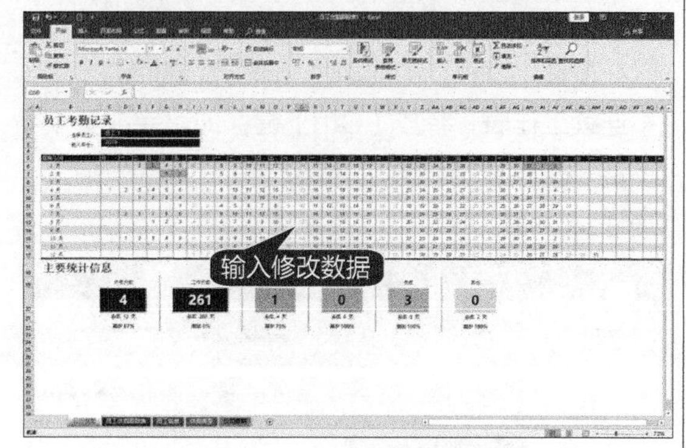

2.1.3 选择单个或多个工作表

在使用模板创建的工作簿中可以看到包含多个工作表，在编辑工作表之前首先要选择工作表，选择工作表有多种方法。

1.选择单个工作表

选择单个工作表时只需要在要选择的工作表标签上单击，即可选择该工作表。例如在“员工休假跟踪表”工作表标签上单击，即可选择“员工休假跟踪表”工作表。

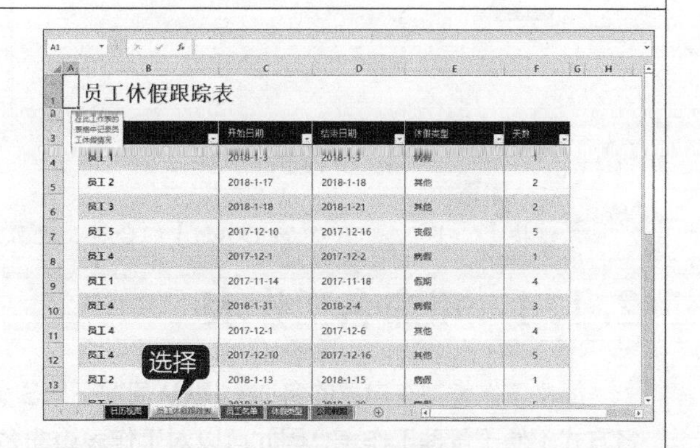

如果工作表太多，显示不完整，可以使用下面的方法快速选择工作表。具体操作步骤如下。

1 单击【确定】按钮

在工作表导航栏最左侧区域单击鼠标右键，将会弹出【激活】对话框，在【活动文档】列表框中选择要激活的工作簿，这里选择【公司假期】选项，单击【确定】按钮。

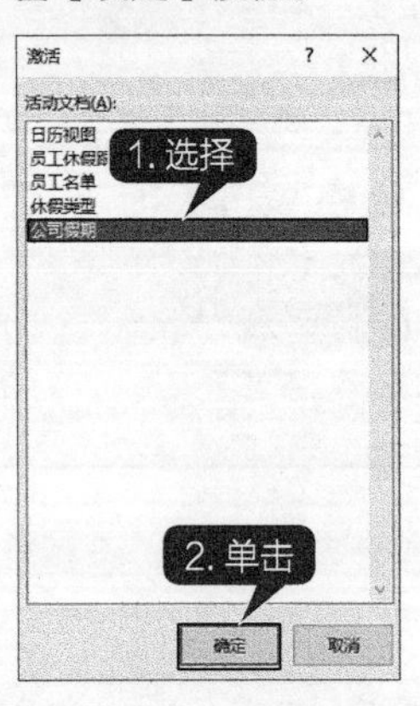

2 快速选择工作表

此时，即可快速选择“公司假期”工作表。

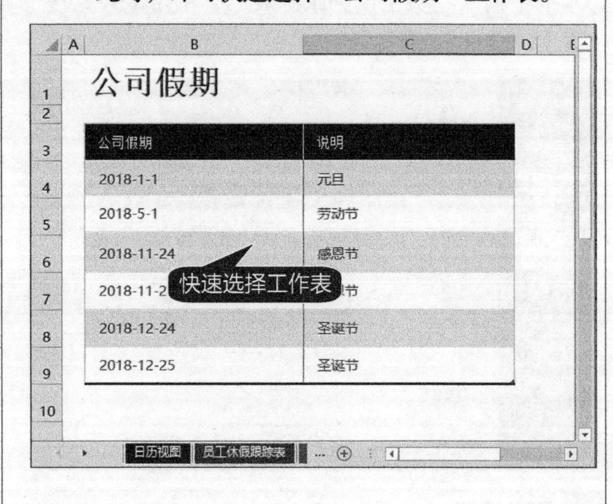

2.选择不连续的多个工作表

如果要同时编辑多个不连续的工作表，可以在按住【Ctrl】键的同时，单击要选择的多个不连续工作表，释放【Ctrl】键，即可完成多个不连续工作表的选择。标题栏中将显示“组”字样。

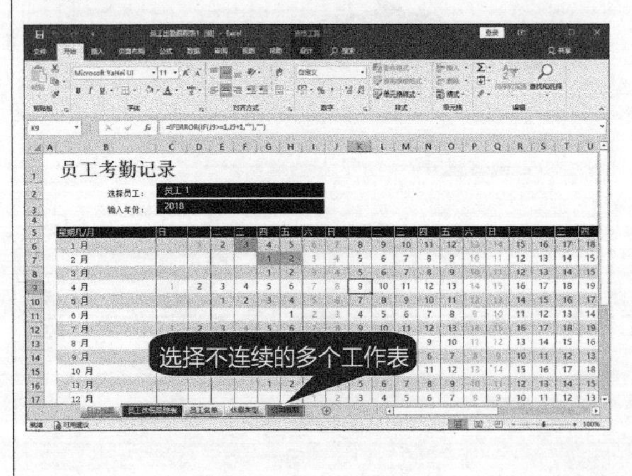

3.选择连续的多个工作表

在按住【Shift】键的同时，单击要选择的多个连续工作表的第一个工作表和最后一个工作表，释放【Shift】键，即可完成多个连续工作表的选择。

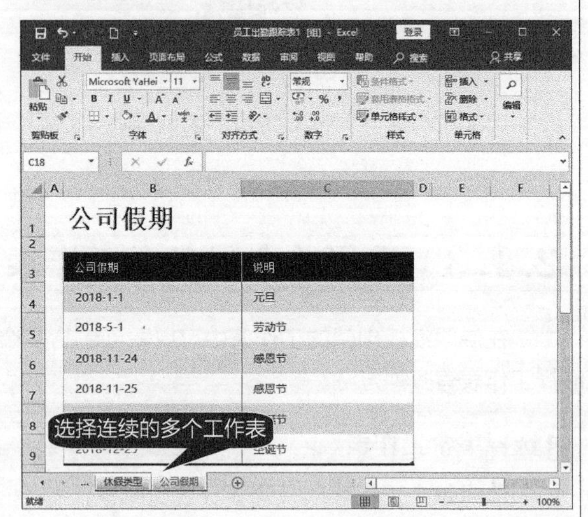

小提示

按【Ctrl+Page UP/Page Down】组合键，也可以快速切换工作表。

2.1.4 重命名工作表

每个工作表都有自己的名称，默认情况下以Sheet1、Sheet2、Sheet3……命名工作表。这种命名方式不便于管理工作表，因此可以对工作表重命名，以便更好地管理工作表。

1 进入可编辑状态

双击要重命名的工作表的标签“日历视图”，进入可编辑状态。

2 重命名操作

输入新的标签名后，按【Enter】键，即可完成对该工作表标签进行的重命名操作。

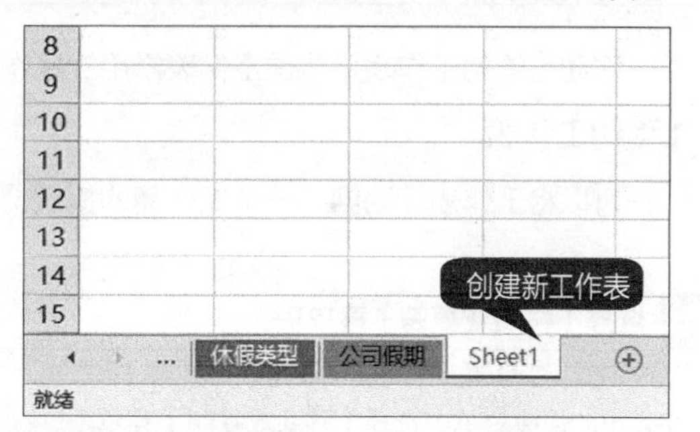

2.1.5 新建和删除工作表

如果编辑Excel表格时，需要使用更多的工作表，则需要新建工作表。对于不需要的工作表也可以将其删除。本节讲述新建和删除工作表的方法。

1.新建工作表

1 打开 Excel 工作表

在打开的Excel工作表中，单击【新工作表】按钮⊕。

2 创建新工作表

此时，即可创建一个名为“Sheet1”的新工作表。

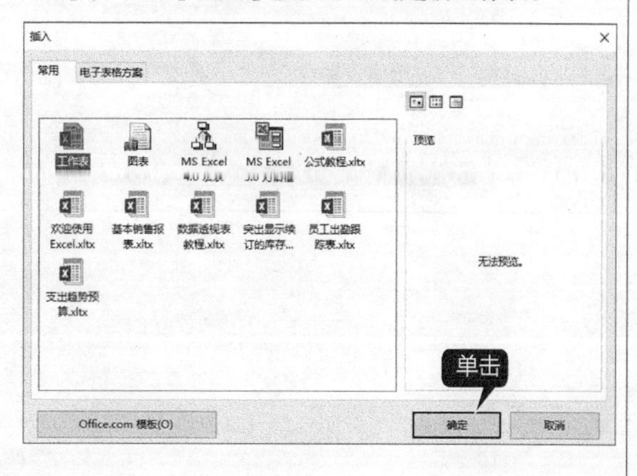

3 单击【插入】按钮

另外，在工作表标签上单击鼠标右键，在弹出的快捷菜单中单击【插入】按钮。

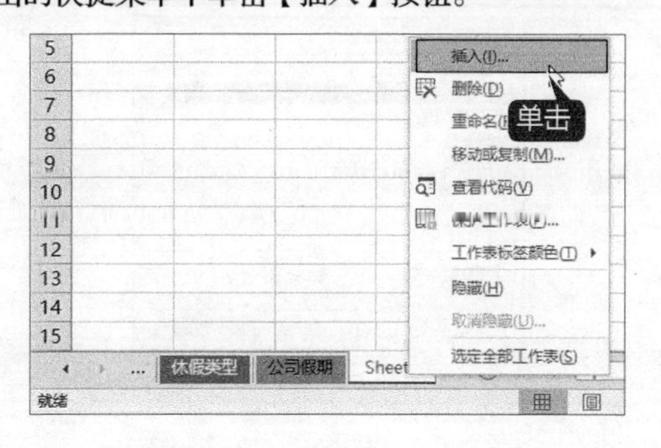

4 单击【确定】按钮

在弹出的【插入】对话框，默认选择【工作表】，单击【确定】按钮即可创建新工作表。

2.删除工作表

（1）使用【删除工作表】命令

选择要删除的工作表，单击【开始】选项卡【单元格】选项组中的【删除】按钮 ，在弹出的下拉菜单中选择【删除工作表】命令。

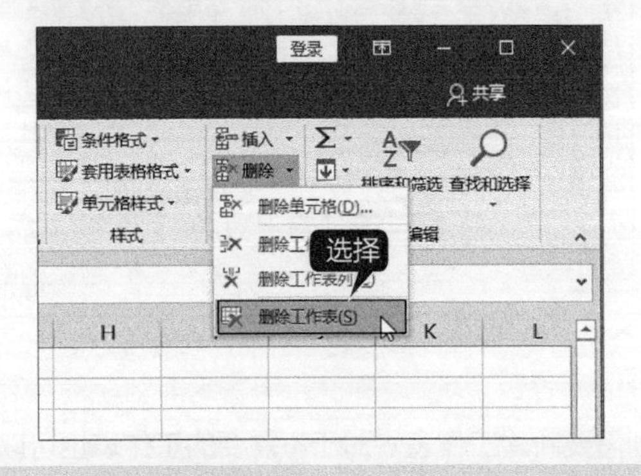

（2）使用快捷菜单删除

在要删除的工作表的标签上单击鼠标右键，在弹出的快捷菜单中选择【删除】菜单命令，即可将当前所选工作表删除。

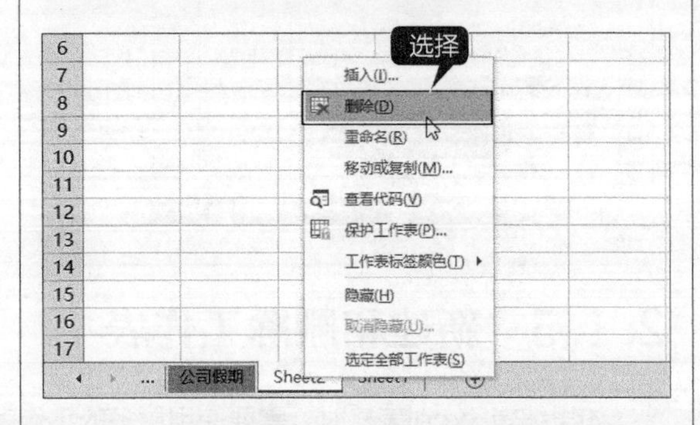

小提示

选择【删除】菜单项，工作表即被永久删除，该命令的效果不能被撤销。

2.1.6 移动和复制工作表

移动与复制工作表是编辑工作表常用的操作。

1.移动工作表

可以将工作表移动到同一个工作簿的指定位置。

1 选择【移动或复制】菜单项

在要移动的工作表的标签上单击鼠标右键，在弹出的快捷菜单中选择【移动或复制】菜单项。

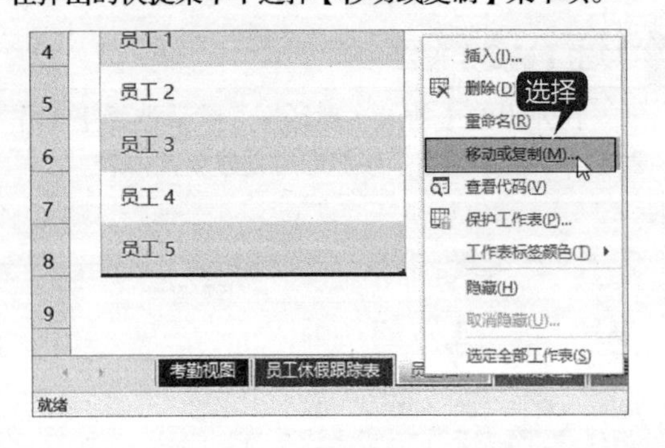

2 单击【确定】按钮

在弹出的【移动或复制工作表】对话框中选择要移动的位置，单击【确定】按钮。

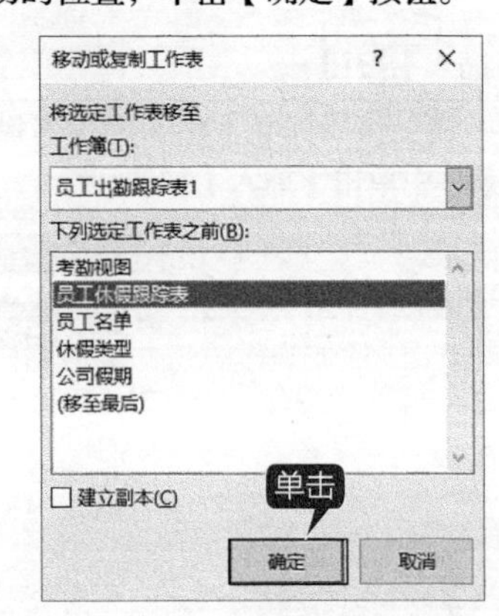

3 移动工作表

将当前工作表移动到指定的位置。

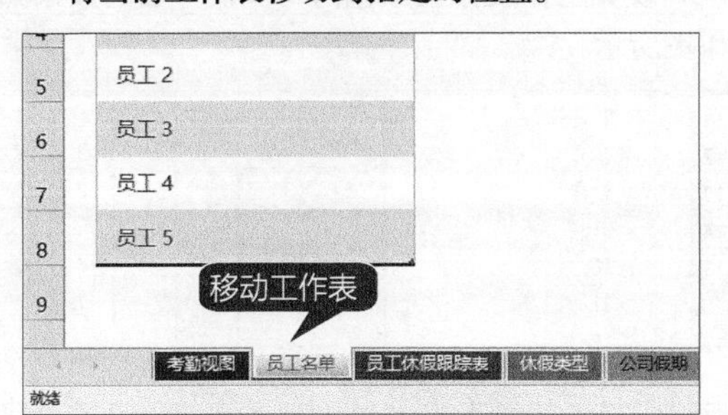

小提示

选择要移动的工作表的标签，按住鼠标左键不放，拖曳鼠标，可看到一个黑色倒三角随鼠标指针移动而移动。移动黑色倒三角到目标位置，释放鼠标左键，工作表即可被移动到新的位置。

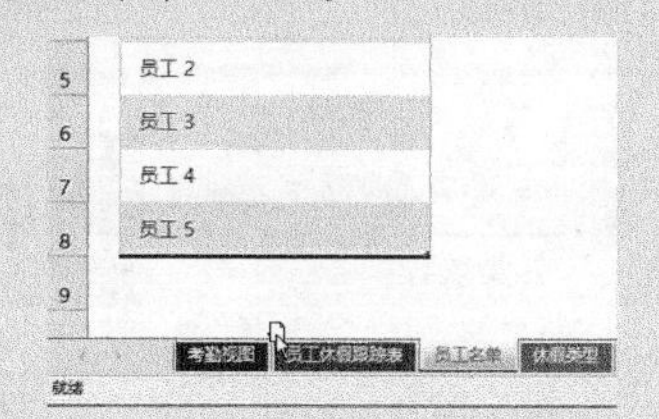

2.复制工作表

用户可以在一个或多个Excel工作簿中复制工作表，有以下两种方法。

（1）使用鼠标复制

用鼠标复制工作表的步骤与移动工作表的步骤相似，只是在拖动鼠标的同时按住【Ctrl】键即可。

选择要复制的工作表，按住【Ctrl】键的同时按住鼠标左键。

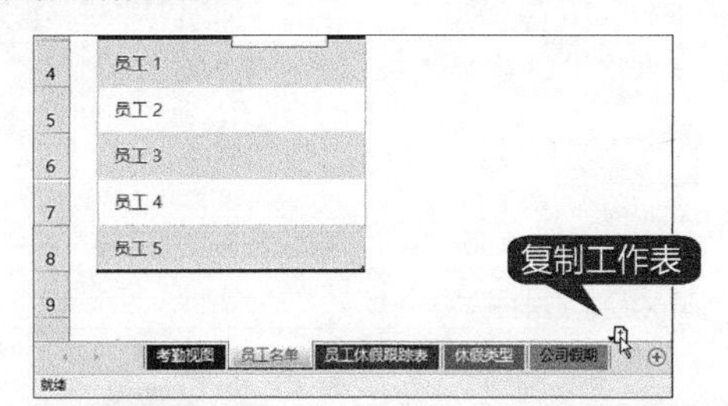

拖曳鼠标让指针到工作表的新位置，黑色倒三角会随鼠标指针移动，释放鼠标左键，工作表即被复制到新的位置。

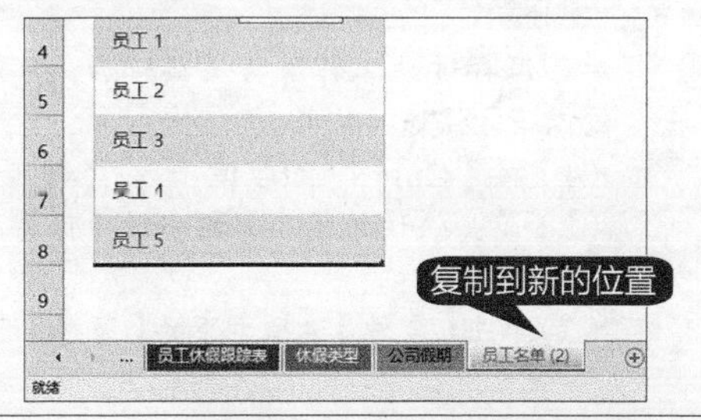

（2）使用快捷菜单复制

选择要复制的工作表，在工作表标签上单击鼠标右键，在弹出的快捷菜单中选择【移动或复制】菜单项。在弹出的【移动或复制工作表】对话框中选择要复制的目标工作簿和插入的位置，然后选中【建立副本】复选框。如果要复制到其他工作簿中，将该工作簿打开，在工作簿列表中选择该工作簿名称，勾选【建立副本】复选框，单击【确定】按钮即可。

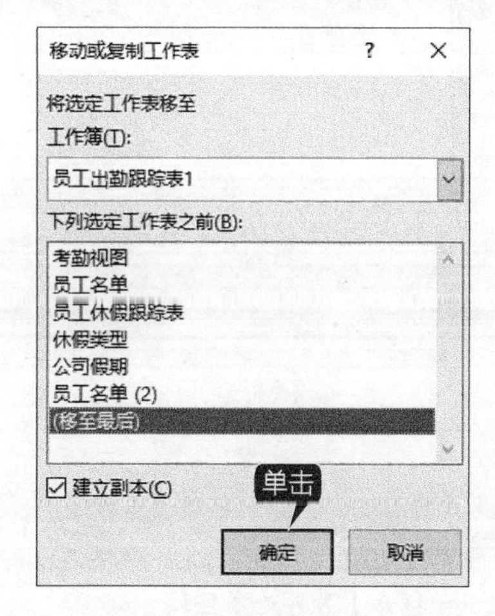

2.1.7　设置工作表标签颜色

Excel系统提供有工作表标签的美化功能，用户可以根据需要对标签的颜色进行设置，以便于区分不同的工作表。

1 设置颜色

右键单击要设置颜色的“考勤视图”工作表标签，在弹出的下拉菜单中选择【工作表标签颜色】菜单项，从弹出的子菜单中选择需要的颜色，这里选择“浅蓝”。

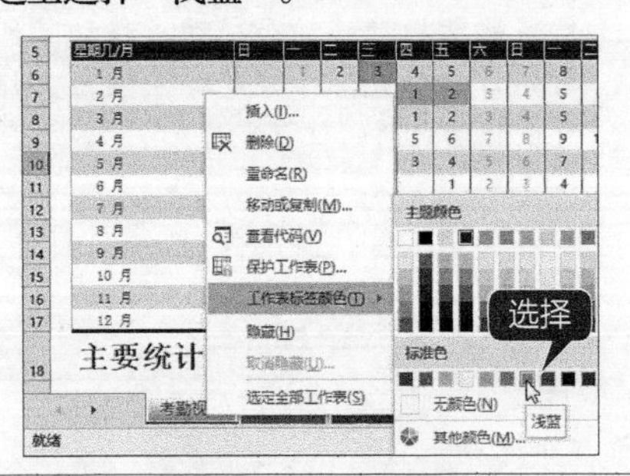

2 效果图

设置工作表标签颜色为“浅蓝”后的效果如下图所示。

2.1.8 保存工作簿

工作表编辑完成后，就可以将工作簿保存，具体操作步骤如下。

1 单击【浏览】按钮

单击【文件】选项卡，选择【保存】命令，在右侧【另存为】区域中单击【浏览】按钮。

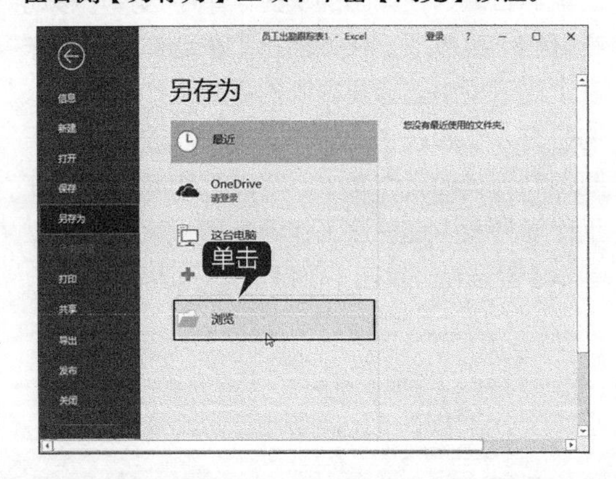

2 单击【保存】按钮

弹出【另存为】对话框，选择文件存储的位置，在【文件名】文本框中输入要保存的文件名称“员工出勤跟踪表.xlsx”，单击【保存】按钮。此时，就完成了保存工作簿的操作。

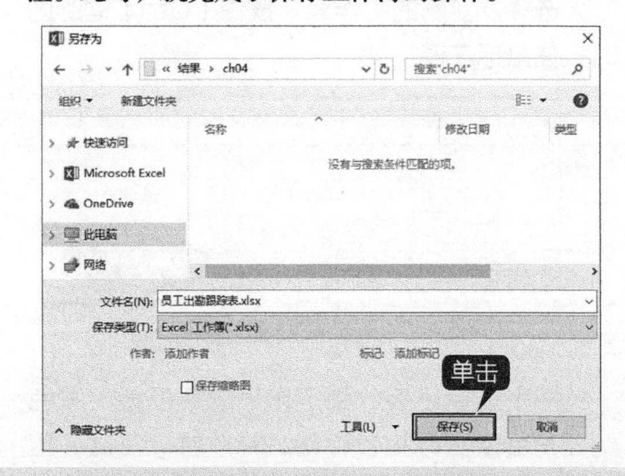

小提示

首次保存文档时，执行【保存】命令，将会打开【另存为】区域。

小提示

对已保存过的工作簿再次编辑后，可以通过以下方法保存文档。

（1）按【Ctrl+S】组合键。

（2）单击快速访问工具栏中的【保存】按钮。

（3）单击【文件】选项卡下的【保存】选项。

2.2 修改《员工通讯录》

本节视频教学时间：19分钟

《员工通讯录》主要记录了企业员工的基本通讯信息，内容可包括姓名、部门、电话、地址、QQ

号及微信号等联系方式，是常用的一种办公信息类表格。本节以修改《员工通讯录》为例，介绍工作表中单元格及行与列的基本操作。

2.2.1 选择单元格或单元格区域

对单元格进行编辑操作，首先要选择单元格或单元格区域。默认情况下，启动Excel并创建新的工作簿时，单元格A1处于自动选中状态。

1.选择单元格

打开“素材\ch02\员工通讯录.xlsx”文件，单击某一单元格，若单元格的边框线变成绿色矩形边框，则此单元格处于选中状态。当前单元格的地址显示在名称框中，在工作表格区内，鼠标指针会呈白色“✚”字形状。

	A	B	C	D
1	员工通讯录			
2	部门	姓名	性别	内线电话
3	市场部	张××	女	1100
4	市场部	王××	女	1101
5	市场部	李××	女	1102
6	市场部	赵××	男	1105
7	技术部	钱××	女	1106
8	服务部	孙××	男	1108

选择

在名称框中输入目标单元格的地址，如“B2”，按【Enter】键即可选中第B列和第2行交汇处的单元格。

2.选择单元格区域

单元格区域是多个单元格组成的区域。根据单元格组成区域的相互联系情况，分为连续区域和不连续区域。

（1）选择连续的单元格区域

在连续区域中，多个单元格之间是相互连续、紧密衔接的，连接的区域形状呈规则的矩形。连续区域的单元格地址标识一般使用“左上角单元格地址：右下角单元格地址”表示。下图即为一个连续区域，单元格地址为A1:C5，包含了从A1单元格到C5单元格共15个单元格。

A1 | 员工通讯录

	A	B	C	D	E
1	员工通讯录				
2	部门	姓名	性别	内线电话	手机
3	市场部	张××	女	1100	139××××2000
4	市场部	王××	女	1101	139××××9652
5	市场部	李××	女	1102	133××××5527
6	市场部	赵××	男	1105	136××××2576
7	技术部			[illegible]6	132××××7328
8	服务部			[illegible]3	131××××5436
9	研发部	李××	女	1109	139××××1588
10	海外事业部	胡××	男	1110	138××××4678

选择连续的单元格

（2）选择不连续的单元格区域

不连续单元格区域是指不相邻的单元格或单元格区域。不连续区域的单元格地址主要由单元格或单元格区域的地址组成，以“,”分隔。例如“A1:B4,C7:C9,F10”即为一个不连续区域的单元格地址，表示该不连续区域包含了A1:B4、C7:C9两个连续区域和一个F10单元格，如下图所示。

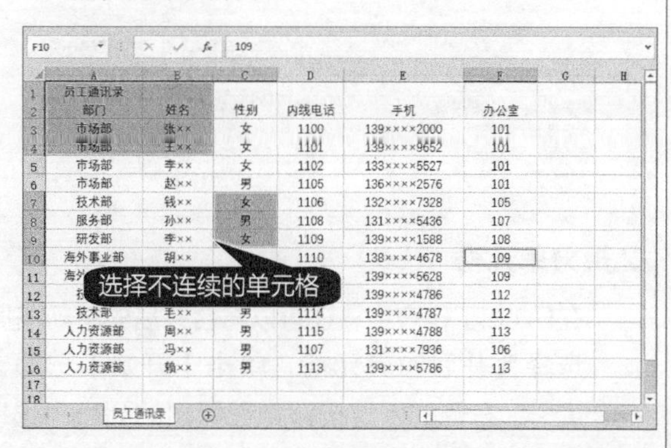

除了选择连续和不连续单元格区域外，还可以选择所有单元格，即选中整个工作表，方法有以下两种。

① 单击工作表左上角行号与列标相交处的【选中全部】按钮，即可选中整个工作表。

② 按【Ctrl+A】组合键也可以选中整个表格。

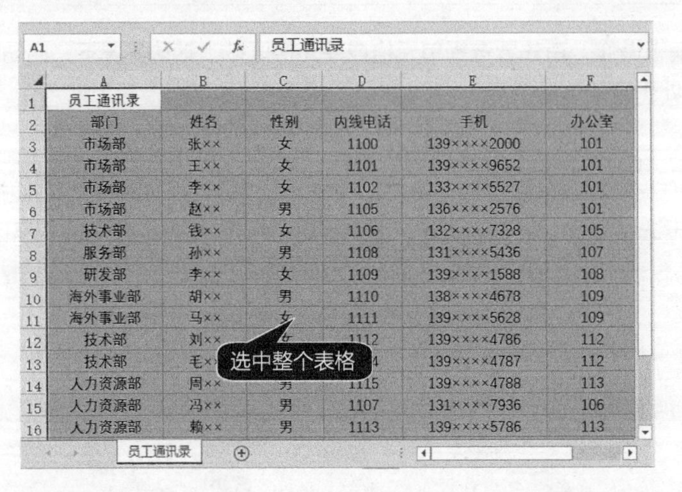

	A	B	C	D	E	F
1	员工通讯录					
2	部门	姓名	性别	内线电话	手机	办公室
3	市场部	张××	女	1100	139××××2000	101
4	市场部	王××	女	1101	139××××9652	101
5	市场部	李××	女	1102	133××××5527	101
6	市场部	赵××	男	1105	136××××2576	101
7	技术部	钱××	女	1106	132××××7328	105
8	服务部	孙××	男	1108	131××××5436	107
9	研发部	李××	女	1109	139××××1588	108
10	海外事业部	胡××	男	1110	138××××4678	109
11	海外事业部	马××	女	1111	139××××5628	109
12	技术部	刘××	女	1112	139××××4786	112
13	技术部	毛××		1114	139××××4787	112
14	人力资源部	周××	男	1115	139××××4788	113
15	人力资源部	冯××	男	1107	131××××7936	106
16	人力资源部	赖××	男	1113	139××××5786	113

2.2.2 合并与拆分单元格

合并与拆分单元格是最常用的单元格操作，它不仅可以满足用户编辑表格中数据的需求，也可以使工作表整体更加美观。

1.合并单元格

合并单元格，是指在Excel工作表中将两个或多个选定的相邻单元格合并成一个单元格。

1 选择【合并后居中】选项

在打开的素材文件中选择A1:F1单元格区域。单击【开始】选项卡下【对齐方式】选项组中【合并后居中】按钮 合并后居中，在弹出的下拉列表中选择【合并后居中】选项。

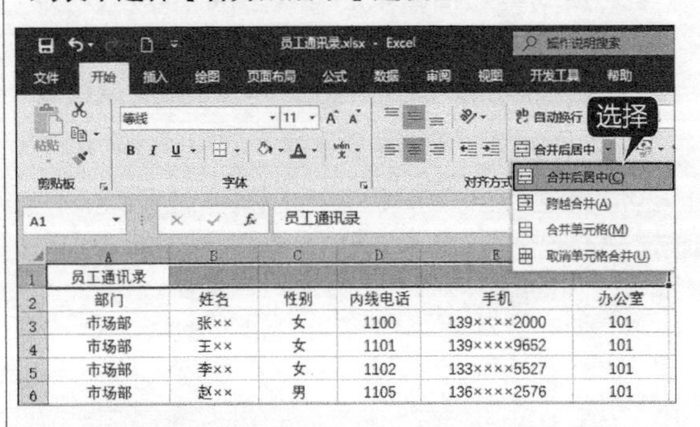

2 合并单元格区域

将选择的单元格区域合并，且居中显示单元格内的文本，如下图所示。

	A	B	C	D	E	F
1	员工通讯录					
2	部门	姓名	性别	内线电话	手机	办公室
3	市场部	张××	女	1100	139××××2000	101
4	市场部	王××	女	1101	139××××9652	101
5	市场部	李××	女	1102	133××××5527	101
6	市场部	赵××	男	1105	136××××2576	101
7	技术部	钱××	女	1106	132××××7328	105
8	服务部	孙××	男	1108	131××××5436	107
9	研发部	李××	女	1109	139××××1588	108
10	海外事业部	胡××		1110	138××××4678	109
11	海外事业部	马××		1111	139××××5628	109
12	技术部	刘××	女	1112	139××××4786	112
13	技术部	毛××	男	1114	139××××4787	112
14	人力资源部	周××	男	1115	139××××4788	113
15	人力资源部	冯××	男	1107	131××××7936	106
16	人力资源部	赖××	男	1113	139××××5786	113

效果图

2.拆分单元格

在Excel工作表中，还可以将合并后的单元格拆分成多个单元格。

选择合并后的单元格，单击【开始】选项卡下【对齐方式】选项组中【合并后居中】按钮 合并后居中 右侧的下拉按钮，在弹出的列表中选择【取消单元格合并】选项。该单元格即被取消合并，恢复成合并前的单元格。

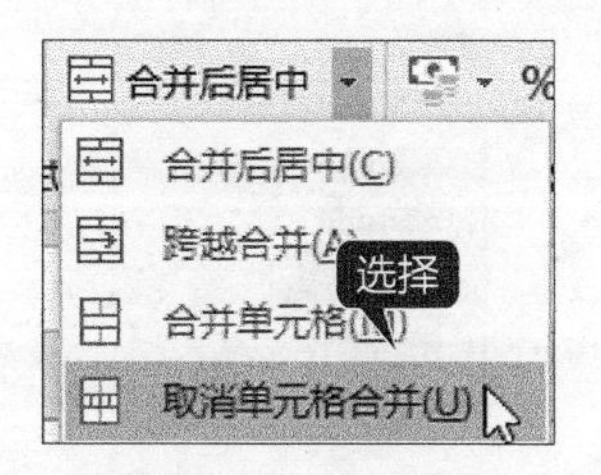

小提示

在合并后的单元格上单击鼠标右键，在弹出的快捷菜单中选择【设置单元格格式】选项，弹出【设置单元格格式】对话框，在【对齐】选项卡下撤消选中【合并单元格】复选框，然后单击【确定】按钮，也可拆分合并后的单元格。

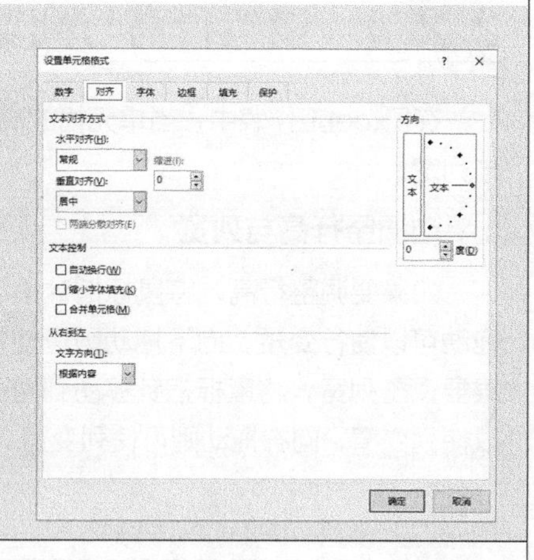

2.2.3 插入或删除行与列

在Excel工作表中，用户可以根据需要插入或删除行和列，其具体步骤如下。

1.插入行与列

在工作表中插入新行，当前行则向下移动；而插入新列，当前列则向右移动。选中某行或某列后，单击鼠标右键，在弹出的快捷菜单中选择【插入】菜单命令，即可插入行或列。

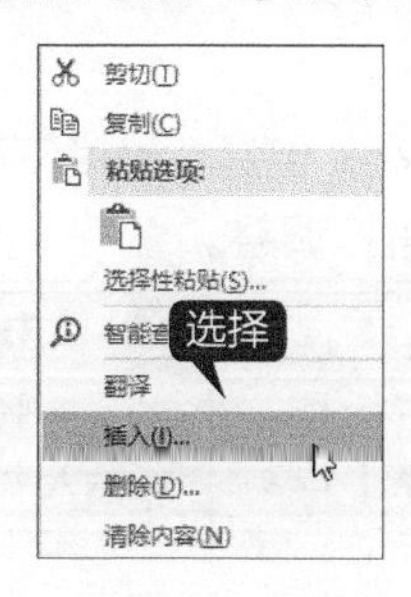

2.删除行与列

工作表中多余的行或列，可以将其删除。删除行和列的方法有多种，最常用的有以下3种。

（1）选择要删除的行或列，单击鼠标右键，在弹出的快捷菜单中选择【删除】菜单项，即可将其删除。

（2）选择要删除的行或列，单击【开始】选项卡下【单元格】选项组中的【删除】按钮右侧的下拉箭头，在弹出的下拉列表中选择【删除单元格】选项，即可将选中的行或列删除。

（3）选择要删除的行或列中的一个单元格，单击鼠标右键，在弹出的快捷菜单中选择【删除】菜单项，在弹出的【删除】对话框中选中【整行】或【整列】单选项，然后单击【确定】按钮即可。

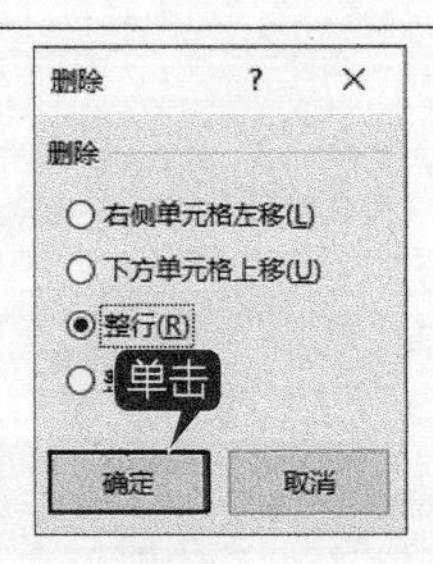

2.2.4 设置行高与列宽

在Excel工作表中，当单元格的高度或宽度不足时，会导致数据显示不完整，这时就需要调整行高与列宽。

1.手动调整行高与列宽

如果要调整行高，将鼠标指针移动到两行的行号之间，当指针变成✚形状时，按住鼠标左键向上拖动可以使行变矮，向下拖动则可使行变高。拖动时将显示出以点和像素为单位的宽度工具提示。如果要调整列宽，将鼠标指针移动到两列的列标之间，当指针变成✚形状时，按住鼠标左键向左拖动可以使列变窄，向右拖动则可使列变宽。

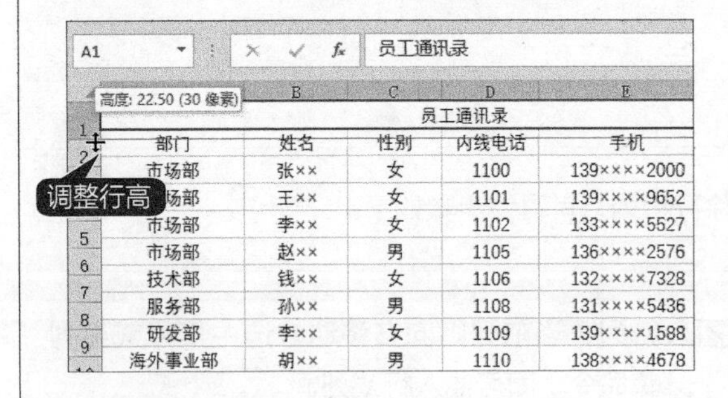

2.精确调整行高与列宽

虽然使用鼠标可以快速调整行高或列宽，但是精确度不高。如果需要调整行高或列宽为固定值，那么就需要使用【行高】或【列宽】命令进行调整。

1 选择【行高】菜单命令

在打开的素材文件中选择第一行。在行号上单击鼠标右键，在弹出的快捷菜单中选择【行高】菜单命令。

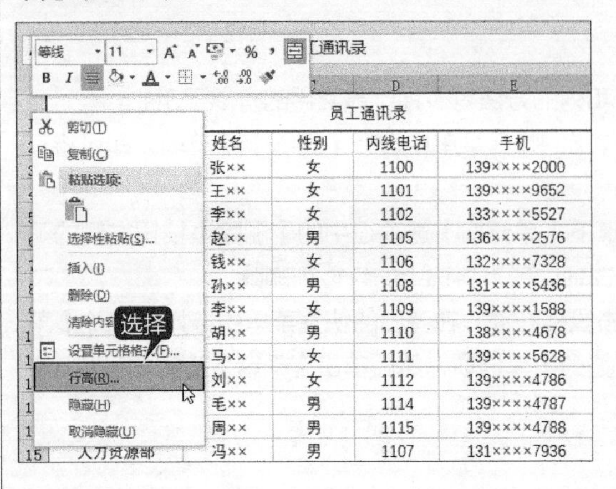

2 单击【确定】按钮

弹出【行高】对话框，在【行高】文本框中输入“28”，单击【确定】按钮。

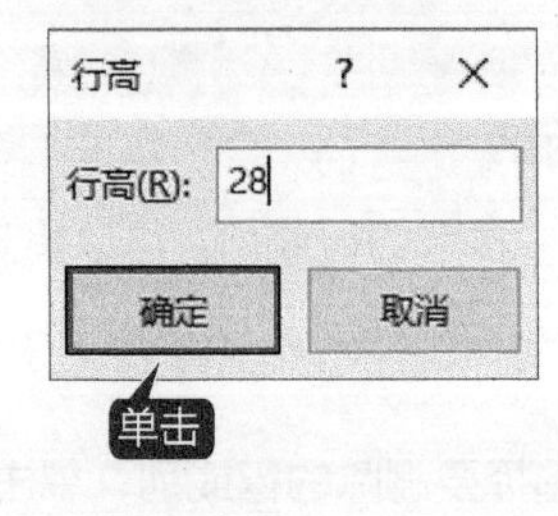

3 调整行高

调整后，第一行的行高被精确调整为“28”，效果如下图所示。

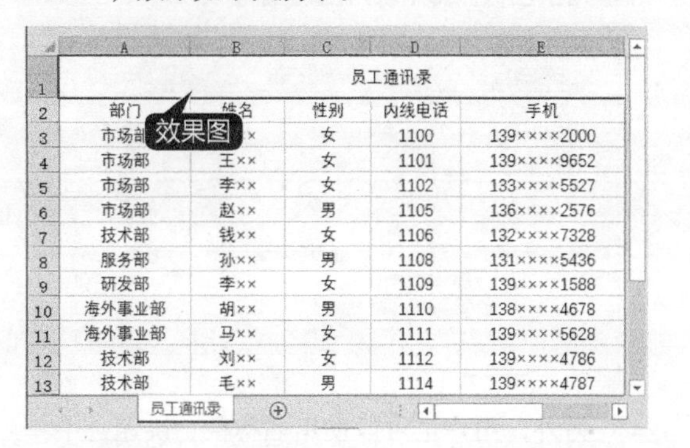

	A	B	C	D	E
1	员工通讯录				
2	部门	姓名	性别	内线电话	手机
3	市场部	××	女	1100	139××××2000
4	市场部	王××	女	1101	139××××9652
5	市场部	李××	女	1102	133××××5527
6	市场部	赵××	男	1105	136××××2576
7	技术部	钱××	女	1106	132××××7328
8	服务部	孙××	男	1108	131××××5436
9	研发部	李××	女	1109	139××××1588
10	海外事业部	胡××	男	1110	138××××4678
11	海外事业部	马××	女	1111	139××××5628
12	技术部	刘××	女	1112	139××××4786
13	技术部	毛××	男	1114	139××××4787

4 效果图

使用同样的方法，设置第2行【行高】为“20”，第3行至第16行【行高】为“18”，并设置选择B列至D列【列宽】为“10”，效果如下图所示。

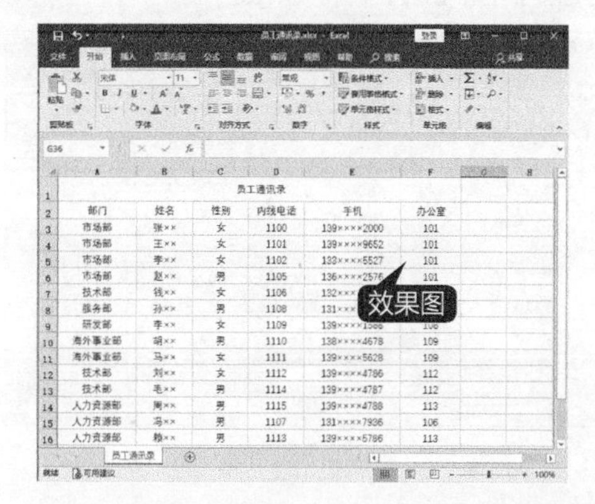

至此，就完成了修改《员工通讯录》的操作。

高手私房菜

技巧1：单元格移动与复制技巧

单元格或单元格区域的复制（移动）方法有多种，常用的方法是利用组合键和鼠标拖曳。要非常熟练地掌握以下3个组合键：剪切按【Ctrl+X】组合键，复制按【Ctrl+C】组合键，粘贴按【Ctrl+V】组合键。使用鼠标拖曳方法应注意以下两个原则。

（1）在不同的Excel表格之间拖曳文件，可以复制；在同一个Excel表格内拖曳文件，可以移动。

（2）拖曳鼠标的同时按住【Ctrl】键，可以实现复制操作；拖曳鼠标的同时按住【Shift】键，可以实现移动操作。

技巧2：隐藏工作表中的空白区域

在Excel工作表中，为了更方便地查看和处理表格数据，可以将数据区域外的空白区域隐藏。例如，当前数据区域为A1:G12，那么可以采用下面的方法将其余单元格隐藏。

1 单击【隐藏】按钮

使用鼠标选择H列整列，然后按【Ctrl+Shift+→】组合键，选中G列以后的列区域，并在选中区域单击鼠标右键，在弹出的快捷菜单中单击【隐藏】按钮。

2 隐藏单元格区域

此时，即可隐藏所选单元格区域，如下图所示。

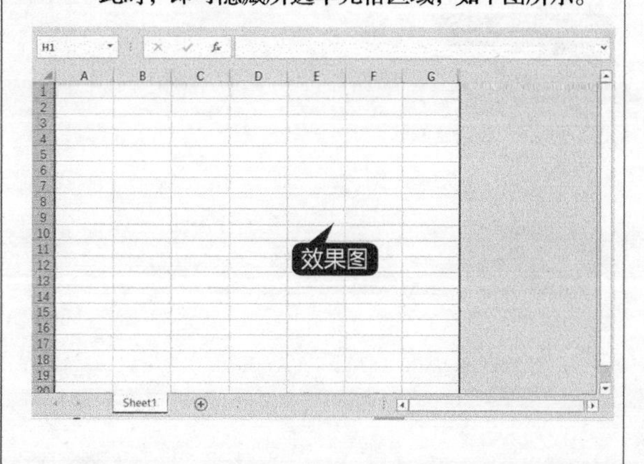

3 单击【隐藏】按钮

使用鼠标选择第13行整行，然后按【Ctrl+Shift+↓】组合键，选择第12行以后的所有行区域，并在选中区域单击鼠标右键，在弹出的快捷菜单中单击【隐藏】按钮。

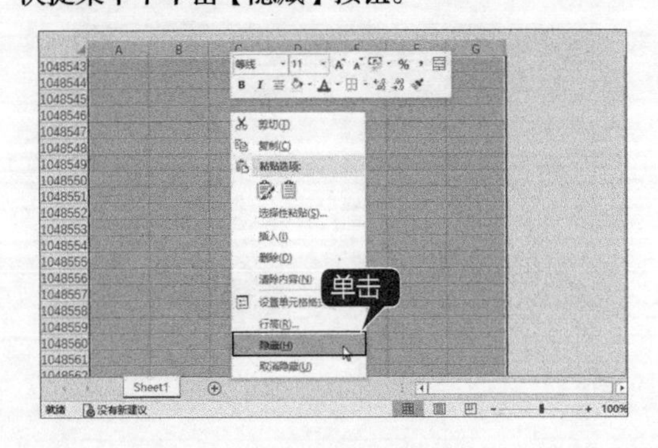

4 隐藏单元格

此时，即可隐藏所选单元格区域。其余不用的单元格已被隐藏，如下图所示。

另外，用户也可以使用名称栏，快速选中单元格区域，例如本例中可以在名称栏中分别输入H:FXD和13:1048576，按【Enter】键，分别进行隐藏。

5 单击【定位条件】按钮

打开“素材\ch02\删除空行.xlsx”文件，选择A列。按【Ctrl+G】组合键，打开【定位】对话框，并单击【定位条件】按钮。

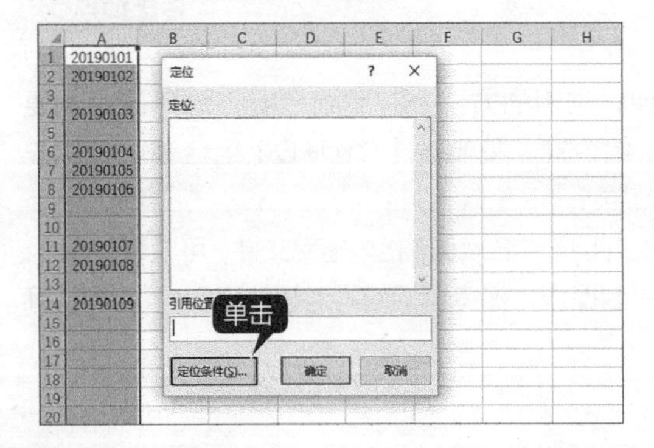

6 单击【确定】按钮

在弹出的【定位条件】对话框中，选择【空值】单选项，并单击【确定】按钮。

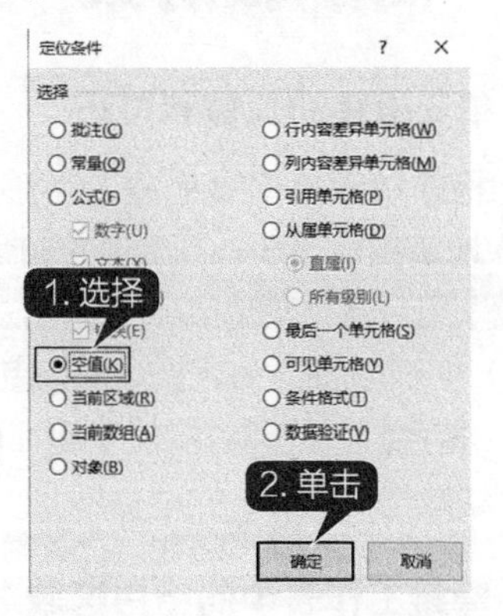

7 返回 Excel 界面

返回Excel界面，即可看到空值单元格被选中。

8 删除空白行

单击【单元格】➤【删除】➤【删除工作表行】选项。空白行被删除，效果如下图所示。

	A	B	C	D	E
1	20190101				
2	20190102				
3	20190103				
4	20190104				
5	20190105				
6	20190106				
7	20190107				
8	20190108				
9	20190109				

效果图

第 3 章

在 Excel 中高效输入文本、数字及日期数据

本章视频教学时间：1 小时 2 分钟

Excel 有着强大的数据处理功能，允许用户在使用时根据需要在单元格中输入文本、数值、日期和时间及计算公式等。本章首先使读者对数据类型有初步的认识，然后再详细介绍数据的输入方法和编辑方法。

【学习目标】

- 通过本章的学习，掌握 Excel 中输入文本、数字及日期的方法。

【本章涉及知识点】

- 输入文本和数值
- 输入日期和时间
- 设置单元格的货币格式
- 修改单元格中的数据
- Excel 的数据填充

3.1 制作《员工加班记录表》

本节视频教学时间：39分钟

《员工加班记录表》是公司人力资源部门较为常用的基础表格，主要用于记录员工的加班情况，以便计算加班费用。本节以制作《员工加班记录表》为例，介绍Excel输入和编辑数据的技巧。

3.1.1 输入文本数据

新建一个空白工作簿时，在单元格中输入数据，某些输入的数据Excel会自动地根据数据的特征进行处理并显示出来。下面介绍如何输入文本内容。

1 新建 Excel 工作簿

新建一个Excel工作簿，将其另存为“员工加班记录表.xlsx”，选择A1单元格，输入文本“员工加班记录表”，然后按【Enter】键进行输入确认。如下图所示，单元格列宽容纳不下文本字符串，多余字符串会在相邻单元格中显示。不过，若相邻的单元格中已有数据，就截断显示。

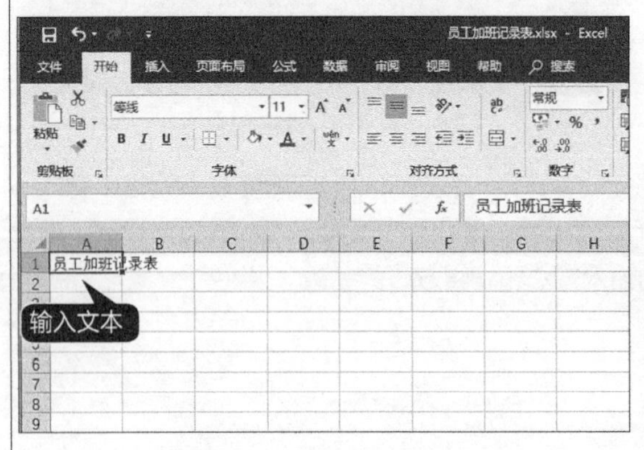

小提示

被截断不显示的部分仍然存在，只需改变列宽即可显示出来。

2 输入内容

在A2单元格中输入“工号”，按向右方向键，可以确认当前输入，并选中B2单元格。另外，Excel会自动识别数据类型，如果是文本数据类型，则默认为“左对齐”。

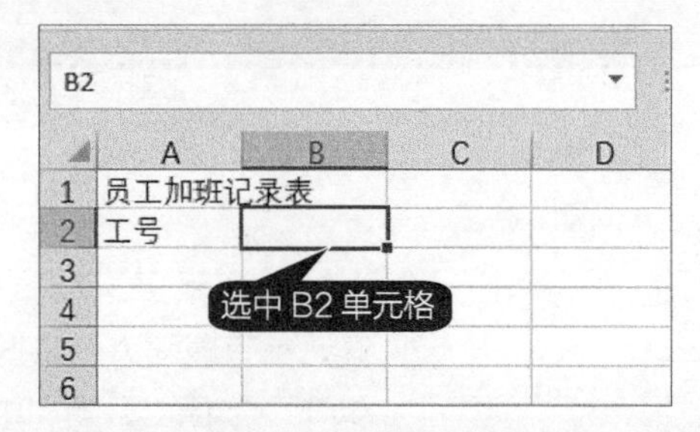

小提示

另外关于确认输入的数据方法有3种。第1种，单击编辑栏中的【输入】按钮✓，确定输入数据后，将选中当前单元格；第2种，按【Enter】键或【↓】键，确定输入数据后，将选中当前单元格下方的单元格；第3种，使用【Tab】键或【→】键，确定输入数据后，将移至当前单元格右侧的单元格中。

3 输入其他数据

使用同样方法在其他单元格输入数据，如下图所示。

4 输入数据

同样，可以在B列、D列及I列，输入如下文本数据，如下图所示。

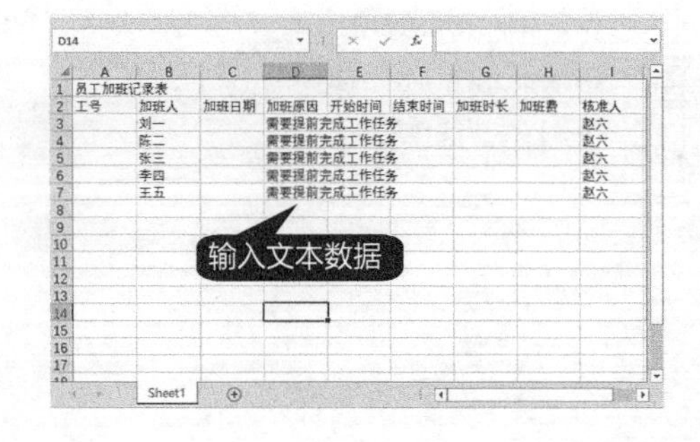

5 调整列宽

不过可以看到D列的文本数据，由于过长，会影响E列数据的显示。这种情况下，除了调整列宽完整显示数据外，还可以采用强制换行的方法进行显示。在换行处按【Alt+Enter】组合键，可以实现强制换行。换行后在一个单元格中将显示多行文本，行的高度也会自动增大。

6 最终效果

为了显示更美观，可以合并单元格区域A1:I1，适当调整第1~2行的行高。最终效果如下图所示。

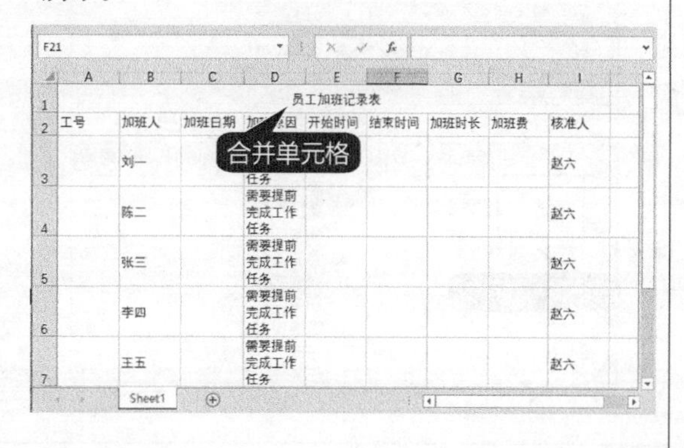

3.1.2 输入以“0”开头的数值数据

进行数值计算是Excel最基本的功能。在输入数字时，数值将显示在活动单元格和编辑栏中。本节通过输入员工工号的方式，介绍输入数值数据的技巧。

1 选择 A3 单元格

选择A3单元格，例如输入“01020”数据。

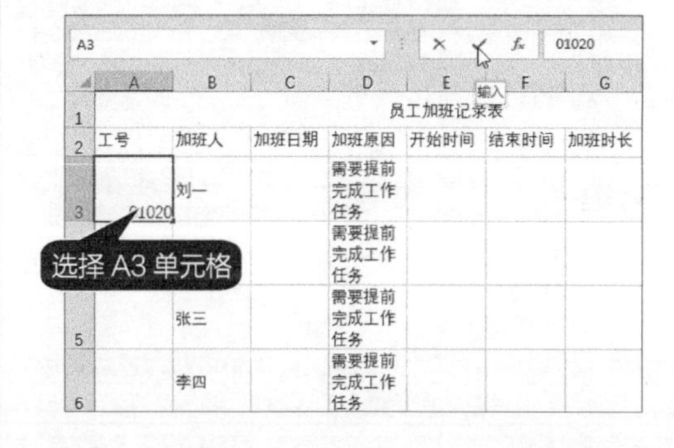

2 设置对齐方式

按【Enter】键确认，可看到输入的数据，Excel自动将数值的对齐方式设置为“右对齐”。另外，数据开头的“0”消失了。

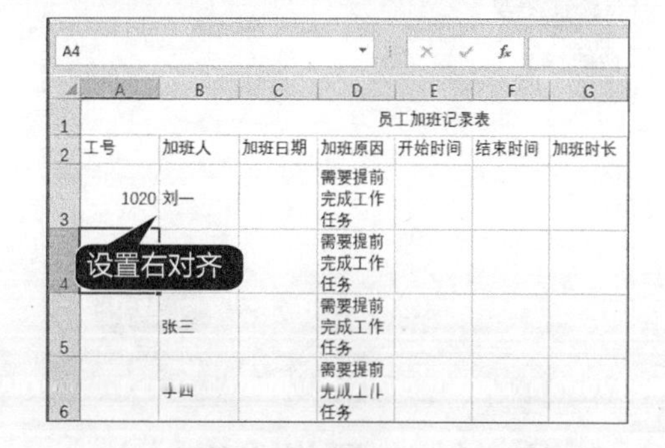

小提示

数字型数据可以是整数、小数或科学记数（如 6.09E+13）等形式。在数值数据中可以出现的数学符号包括负号（-）、百分号（%）、指数符号（E）和美元符号（$）等。

小提示

输入分数时，为了与日期型数据区分，需要在分数之前加一个零和一个空格。例如，在 A1 中输入“1/4”，则显示“1月4日”；在 B1 中输入“0 1/4”，则显示“1/4”，值为 0.25。

3 输入中文标点

这是因为在Excel中输入以数字0开头的数字串，将自动省略0。如果要保持输入的内容不变，可以先输入中文标点单引号（’），再输入“01020”。

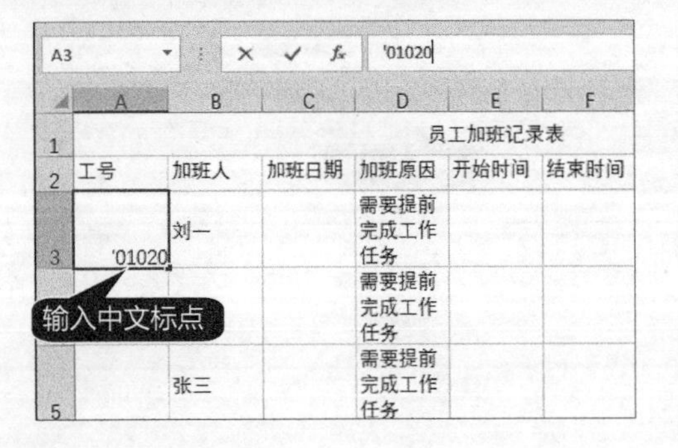

4 按【Enter】键

按【Enter】键确认，即可看到输入的“0”开头的工号。由于将其转成了文本类型数据，所以左对齐。

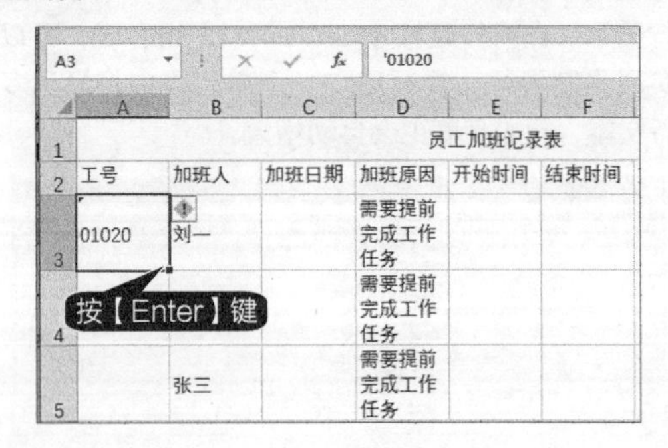

5 单击【确定】按钮

选择A4:A7单元格区域，单击【开始】➤【数字】选项组中的【数字格式】按钮或直接按【Ctrl+1】组合键，打开【设置单元格格式】对话框，选择【数字】选项卡，在【分类】列表中选择【文本】选项，单击【确定】按钮。

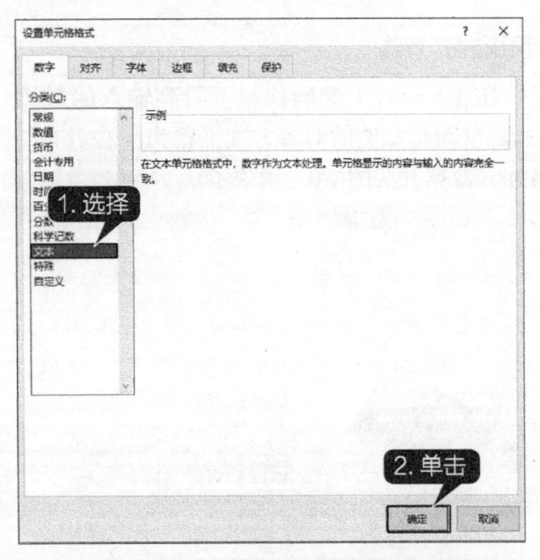

6 输入数据

此时，在A4单元格中输入以“0”开头的数字“01021”，按【Enter】键确认，即可正常显示“0”开头的数字。使用该方法，对其他单元格输入数据即可。

3.1.3 输入日期和时间

在工作表中输入日期或时间时，需要用特定的格式定义。日期和时间也可以参加运算。Excel内置了一些日期与时间的格式。当输入的数据与这些格式相匹配时，Excel会自动将它们识别为日期或时间数据。

1.输入日期

在输入日期时，可以用左斜线或短横线分隔日期的年、月、日。输入日期的几种不同形式如下表所示。

形式	输入的数据	识别的日期
斜线（/）	2019/10/5	2019 年 10 月 5 日
	19/10/5	2019 年 10 月 5 日
	2019/10	2019 年 10 月 1 日
	10/5	当前年份的 10 月 5 日
短横线（-）	2019-10-5	2019 年 10 月 5 日
	19-10-5	2019 年 10 月 5 日
	19-10	2019 年 10 月 1 日
	10-5	当前年份的 10 月 5 日
年月日	2019 年 10 月 5 日	2019 年 10 月 5 日
	19 年 10 月 5 日	2019 年 10 月 5 日
	2019 年 10 月	2019 年 10 月 1 日
	10 月 5 日	当前年份的 10 月 5 日
英文月份	October 5、October/5、October-5	当前年份的 10 月 5 日
	Oct 5、Oct/5、Oct-5	
	5 Oct、5/Oct、5-Oct	

小提示

如果以“.”分隔号来输入日期，如 2019.10.5，Excel 会将其识别为文本格式，而不是日期格式，在日期运算中是无法计算的。

1 单击 C3 单元格

单击C3单元格，例如输入加班日期“2019-2-1”，则返回日期为“2019/2/1”。

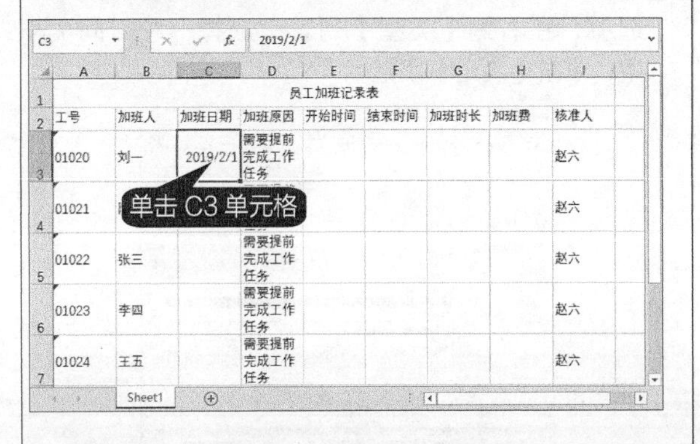

小提示

日期和时间型数据在单元格中靠右对齐。如果 Excel 不能识别输入的日期或时间格式，输入的数据将被视为文本并在单元格中靠左对齐。

2 单击【确定】按钮

如果要设置显示日期为年月的形式，除了直接输入日期“2019年2月1日”外，可以通过设置单元格的数字格式，提高输入效率。如选择C3:C7单元格区域，按【Ctrl+1】组合键，打开【设置单元格格式】对话框，选择【数字】选项卡，在【分类】列表中选择【日期】选项，在右侧【类型】列表中选择一种日期类型，单击【确定】按钮。

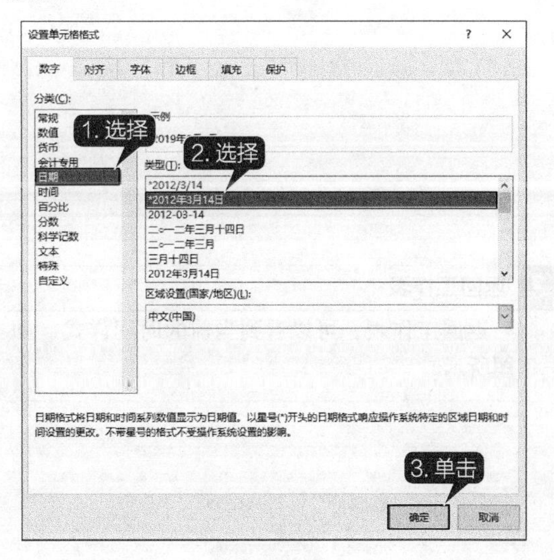

3 显示指定类型

单元格内的日期，则显示为指定类型，如下图所示。

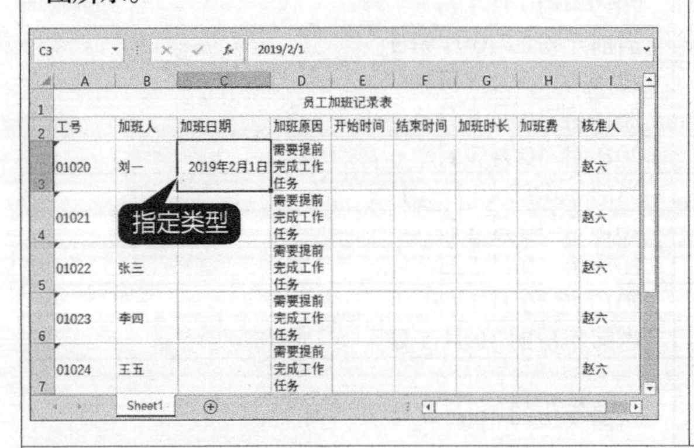

4 输入相应数据

在其他单元格中输入相应形式的数据，都可显示为“年、月、日”的形式，如下图所示。

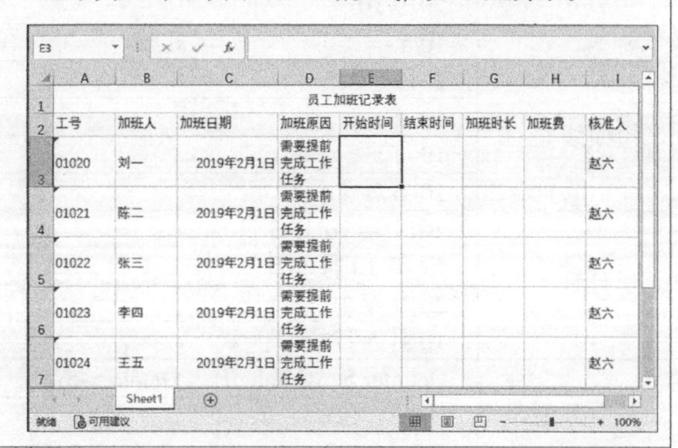

2. 输入时间

在输入时间时，小时、分、秒之间用冒号（:）作为分隔符。如果按12小时制输入时间，需要在时间的后面空一格再输入字母am（上午）或pm（下午）。例如，输入“10:00 pm”，按【Enter】键的时间结果是10:00 PM。如果要输入当前的时间，按【Ctrl+Shift+；】组合键即可。

1 选择 E3 单元格

选择E3单元格，如输入“18:30”，则右对齐显示。

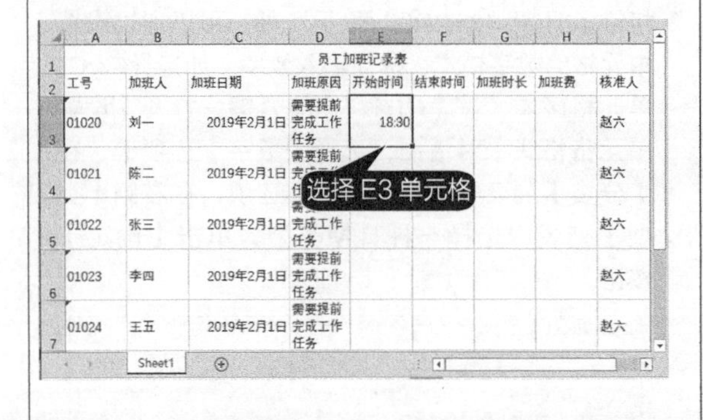

2 单击【确定】按钮

如果要以“×时×分”形式或其他形式显示，则通过【设置单元格格式】对话框，选择【数字】选项卡下【分类】列表中选择【时间】选项，在右侧【类型】列表中选择一种时间类型，单击【确定】按钮。

3 返回工作表

返回工作表，可以看到当前的时间样式，如下图所示。

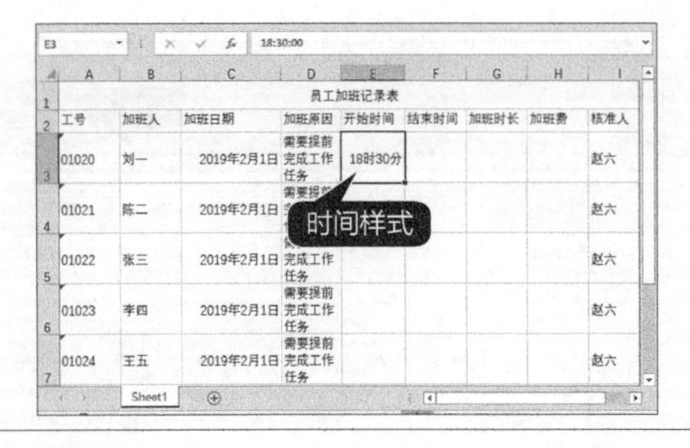

4 最终效果

在E、F和G列输入相应的时间及时长，最终效果如下图所示。

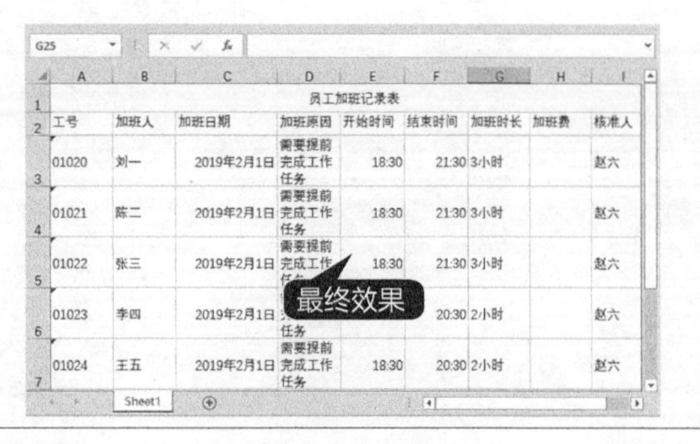

3.1.4 设置单元格的货币格式

当输入的数据为金额时，需要设置单元格格式为“货币”。如果输入的数据不多，可以直接按【Shift+4】组合键在单元格中输入带货币符号的金额。

小提示

这里的数字“4”为键盘中字母上方的数字键，而并非小键盘中的数字键。在英文输入法下，按下【Shift+4】组合键，会出现“$”符号；在中文输入法下，则出现“¥”符号。

此外，用户也可以将单元格格式设置为货币格式，具体操作步骤如下。

1 输入加班费用

在H3:H7单元格区域中，输入加班费用，则以数字显示。

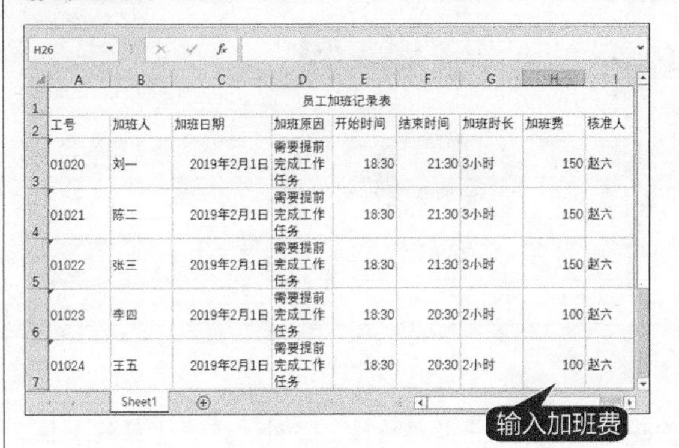

2 单击【确定】按钮

选择H3:H7单元格区域，按【Ctrl+1】组合键，打开【设置单元格格式】对话框，选择【数字】选项卡，在【分类】列表框中选择【货币】选项，在右侧【小数位数】微调框中输入“0”，设置【货币符号】为“¥”，单击【确定】按钮。

3 返回工作表

返回至工作表后，加班费则以货币形式显示。

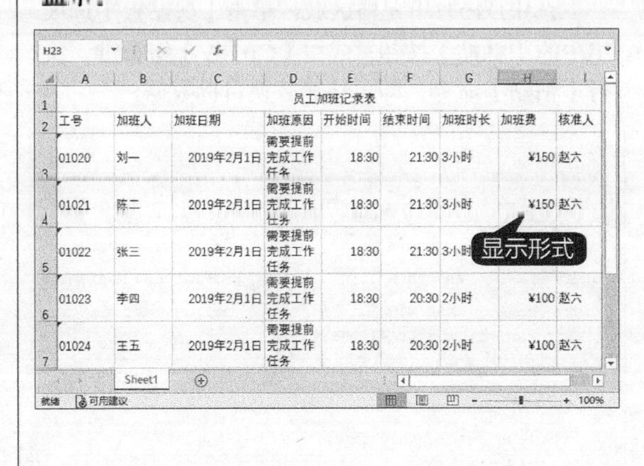

4 快速应用数字格式

另外，单击【开始】➤【数字】组中的 - 按钮，在弹出的数字格式列表中，可以快速应用数字格式。

3.1.5 修改单元格中的数据

数据有多种格式，在表格中输入数据错误或者格式不正确时，就需要对数据进行编辑。

1.修改数据

当数据输入错误时，单击需要修改数据的单元格，然后输入要修改的数据，则该单元格将自动更改数据。

1 选择【清除内容】命令

在需要修改数据的单元格上单击鼠标右键，在弹出的快捷菜单中选择【清除内容】命令。

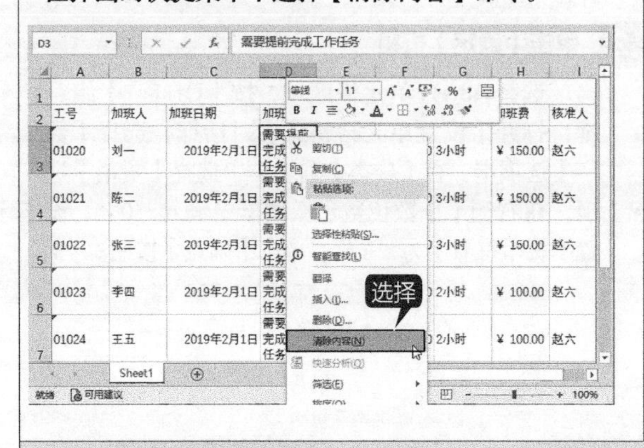

2 重新输入数据

数据清除之后，在原单元格中重新输入数据即可。

小提示

选中单元格，按键盘上的【Backspace】键或【Delete】键也可将数据清除。另外，单击【撤销】按钮或按【Ctrl+Z】组合键，可清除上一步输入的内容。

2. 移动复制单元格数据

在编辑Excel工作表时，若数据输错了位置，不必重新输入，可将其移动到正确的单元格或单元格区域；若单元格区域数据与其他区域数据相同，为了避免重复输入并提高效率，可采用复制的方法来编辑工作表。

1 执行【复制】命令

选择D3单元格，单击【剪贴板】选项组中的【复制】按钮或按【Ctrl+C】组合键，执行【复制】命令。

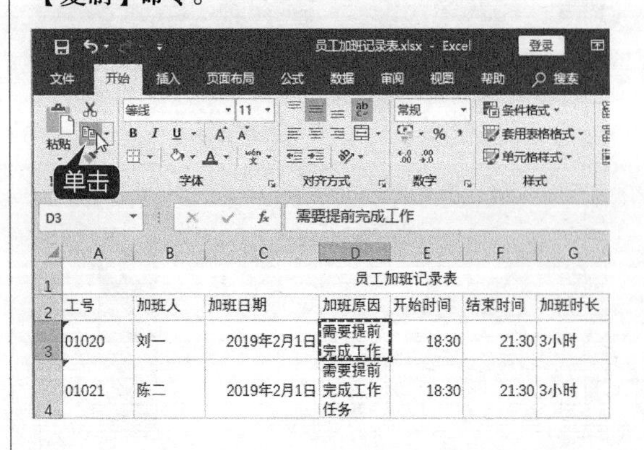

2 快速替换数据

选中D4:D7单元格区域，单击【剪贴板】选项组中的【粘贴】按钮或按【Ctrl+V】组合键，执行【粘贴】命令，即可快速替换目标数据。

3. 撤销与恢复数据

（1）撤销

在进行输入、删除和更改等单元格操作时，Excel会自动记录下最新的操作和刚执行过的命令。所以当不小心错误地编辑了表格中的数据时，可以利用【撤销】按钮或按【Ctrl+Z】组合键恢复上一步的操作。

在撤销操作中，有些操作是不可撤销的，如存盘设置选项或删除文件则是不可撤销的。因此，在执行文件的删除操作时要小心，以免破坏辛苦工作的成果。

（2）恢复

默认情况下，【撤销】按钮和【恢复】按钮均在【快速访问工具栏】中。未进行操作之前，【撤销】按钮和【恢复】按钮是灰色不可用的。

在经过撤销操作后，【撤销】按钮右边的【恢复】按钮将被置亮，表明可以用【恢复】按钮或按【Ctrl+Y】组合键来恢复已被撤销的操作。

4.清除数据

清除数据包括清除单元格中的内容（公式和数据）、格式（包括数字格式、条件格式和边框等）以及任何附加的批注。

选择要清除数据的单元格，单击【开始】选项卡下【编辑】选项组中的【清除】按钮，在弹出的下拉菜单中选择【全部清除】命令。

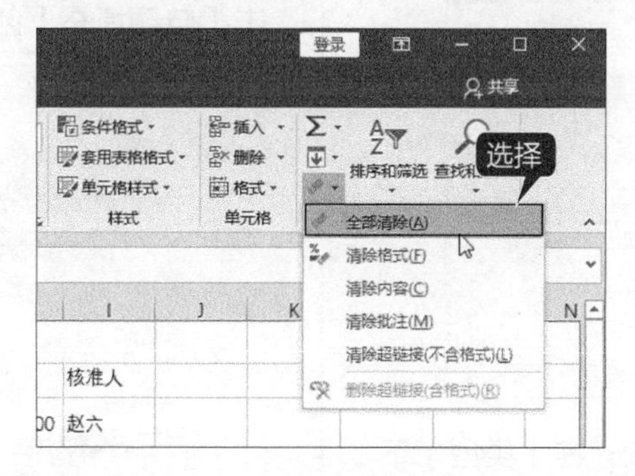

如果选定单元格后按【Delete】键，仅清除该单元格的内容，而不清除单元格的格式或批注。

3.2 制作《员工考勤表》

本节视频教学时间：20分钟

《员工考勤表》是人力资源中最常用的基本表之一，主要用来统计员工的出勤情况，如迟到、请假、早退等，作为员工薪酬计算的凭证。本节以《员工考勤表》为例，介绍数据的填充技巧。

3.2.1 认识Excel的填充功能

在输入数据时，除了常规的输入外，如果要输入的数据本身有关联性或存在某种规律，用户可以使用填充功能批量录入数据，以提高输入效率。下面介绍Excel的填充功能。

1.填充的方法

单元格数据填充有以下3种方法。

（1）填充柄。选择有序的单元格区域，在区域中的单元格中填充一组数字或日期，或一组内置工作日、周末、月份或年份等。

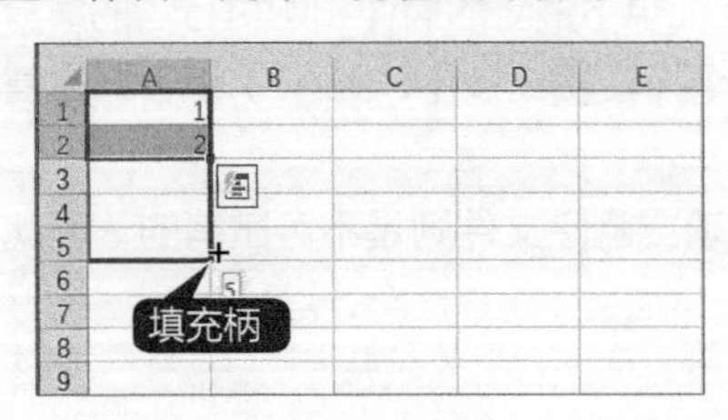

（2）单击“自动填充选项”按钮，在弹出的列表中，更改选定区域的填充方式。

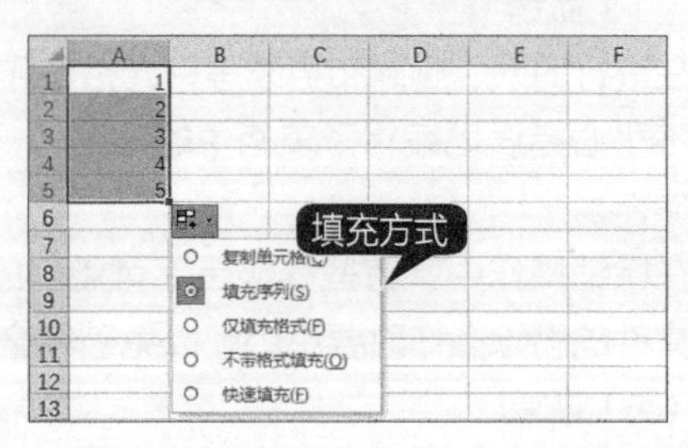

（3）组合键。使用【Ctrl+E】组合键，可以快速填充。另外，要快速在单元格中填充相邻单元格的内容，可以通过按【Ctrl+D】组合键填充来自上方单元格中的内容，或按【Ctrl+R】组合键填充来自左侧单元格的内容。

功能区。单击【开始】➤【编辑】组中的【填充】按钮，单击【向下】、【向右】、【向上】或【向左】，进行填充。

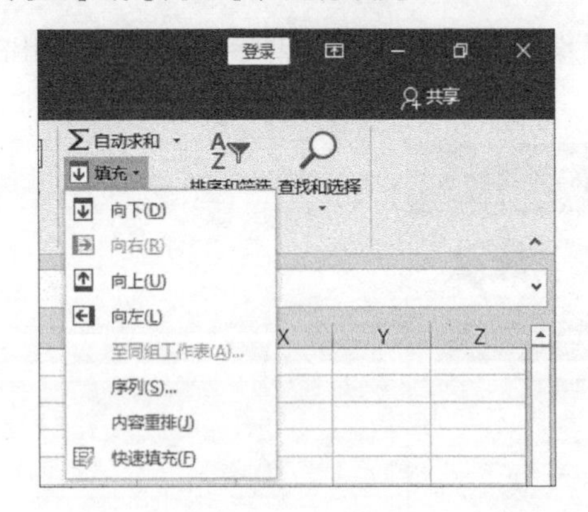

另外，单击【序列】选项，在【类型】下可以选择不同的类型。如单击【等差序列】单选项，可以创建一个序列，其数值通过对每个单元格数值依次加上【步长值】框中的数值计算得到；单击【等比序列】创建一个序列，其数值通过对每个单元格数值依次乘以【步长值】框中的数值计算得到；单击【日期】创建一个序列，其填充日期递增值在【步长值】框中，并依赖于【日期单位】下指定的单位；单击【自动填充】创建一个与拖动填充柄产生相同结果的序列。

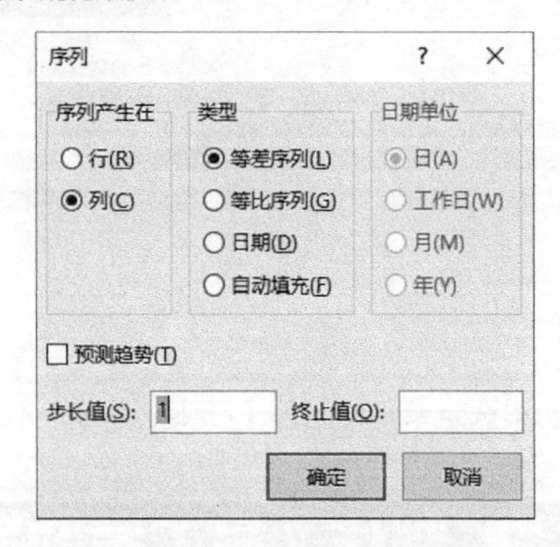

2.应用场景

（1）序列的填充

序列填充是最为常用的操作场景，输入起始数据后，选中所要填充的区域后，进行填充操作即可。

为了方便读者理解序列填充，汇总了下表的序列填充示例，帮助理解和扩展。其中，下面表格中，用逗号隔开的项目包含在工作表上的各个相邻单元格中。

初始选择	扩展序列
1，2，3	4，5，6……
9:00	10:00，11:00，12:00……
周一	周二，周三，周四……
星期一	星期二，星期三，星期四……
1 月	2 月，3 月，4 月……
1 月，4 月	7 月，10 月，11 月……
20019 年 1 月，2019 年 4 月	2019 年 7 月，2019 年 10 月，2021 年 1 月……

续表

初始选择	扩展序列
1 月 15 日，4 月 15 日	7 月 15 日，10 月 15 日……
2018,2019	2020,2021,2022……
1 月 1 日，3 月 1 日	5 月 1 日，7 月 1 日，9 月 1 日……
第 3 季度（或 Q3 或季度 3）	第 4 季度，第 1 季度，第 2 季度……
文本 1，文本 A	文本 2，文本 A，文本 3，文本 A……
第 1 期	第 2 期，第 3 期……
项目 1	项目 2，项目 3……

（2）提取功能

使用填充功能可以提取单元格中的信息，如出生日期，提取字符串中的手机号、姓名等。

下图为提取出生日期。

	A	B
1	身份证号码	出生日期
2	110×××199205061212	19920506
3	110×××199411061015	
4	110×××199509060212	
5	110×××199703021222	
6	110×××199702080506	

	A	B
1	身份证号码	出生日期
2	110×××199205061212	19920506
3	110×××199411061015	提取出生日期
4	110×××199509060212	19950906
5	110×××199703021222	19970302
6	110×××199702080506	19970208

下图为提取手机号及姓名。

	A	B	C
1	联系人	姓名	手机
2	刘一 1301235×××	刘一	1301235×××
3	陈二 1311246×××		
4	张三 1321257×××		
5	李四 1351268×××		
6	王五 1301239×××		

	A	B	C
1	联系人	姓名	手机
2	刘一 1301235×××	刘一	1301235×××
3	陈二 1311246×××	陈二	1311246×××
4	张三 1321257×××	张三	1321257×××
5	李四 1351268×××	李四	1351268×××
6	王五 1301239×××	王五	1301239×××

提取姓名

（3）单元格合并

	A	B	C
1	姓	名	名字
2	刘	一	刘一
3	陈	二	
4	张	三	
5	李	四	
6	王	五	

合并单元格

	A	B	C
1	姓	名	名字
2	刘	一	刘一
3	陈	二	陈二
4	张	三	张三
5	李	四	李四
6	王	五	王五

（4）插入功能

	A	B	C
1	姓名	手机	手机号码三段显示
2	刘一	1301235××22	130-1235-××22
3	陈二	1311246××33	
4	张三	1321257××44	
5	李四	1351268××55	
6	王五	1301239××66	

	A	B	C
1	姓名	手机	手机号码三段显示
2	刘一	1301235××22	130-1235-××22
3	陈二	1311246××33	131-1246-××33
4	张三	1321257××44	132-1257-××44
5	李四	1351268××55	135-1[illegible]55
6	王五	1301239××66	130-1[illegible]66

插入功能

（5）加密功能

	A	B	C
1	姓名	手机	手机号码三段显示
2	刘一	1301235××22	130-****-××22
3	陈二	1311246××33	
4	张三	1321257××44	
5	李四	1351268××55	
6	王五	1301239××66	

	A	B	C
1	姓名	手机	手机号码三段显示
2	刘一	1301235××22	130-****-××22
3	陈二	1311246××33	131-****-××33
4	张三	1321257××44	132-****-××44
5	李四	1351268××55	13[illegible]55
6	王五	1301239××66	130-****-××66

加密功能

（6）位置互换

	A	B	C
1	序号	参会名单	参会名单
2	1	小刘市场部	市场部小刘
3	2	小陈人力部	
4	3	小张技术部	
5	4	小李行政部	
6	5	小王网络部	

	A	B	C
1	序号	参会名单	参会名单
2	1	小刘市场部	市场部小刘
3	2	小陈人力部	人力部小陈
4	3	小张技术部	技术部小张
5	4	小李行政部	行政部小李
6	5	小王网络部	网络部小王

位置互换

（7）大小写转换

	A	B
1	小写	大写
2	excel	EXCEL
3	word	
4	ppt	
5	outlook	
6	onenote	

	A	B
1	小写	大写
2	excel	EXCEL
3	word	WORD
4	ppt	PPT
5	outlook	OUTLOOK
6	onenote	ONENOTE

大小写转换

除了上面列举的Excel快速填充功能外，还有很多场景的应用，在此不一一列举。对于有规律的序列，都可以尝试使用填充功能解决，以提高效率。

3.2.2 快速填充日期

在制作考勤表中，日期是必不可少的数据，面对全年或全月的日期数据，填充是最有效率的输入方式。

1 打开 Excel 2019

打开Excel 2019，新建一个工作簿，在A1单元格中输入“2019年1月份员工考勤表”。

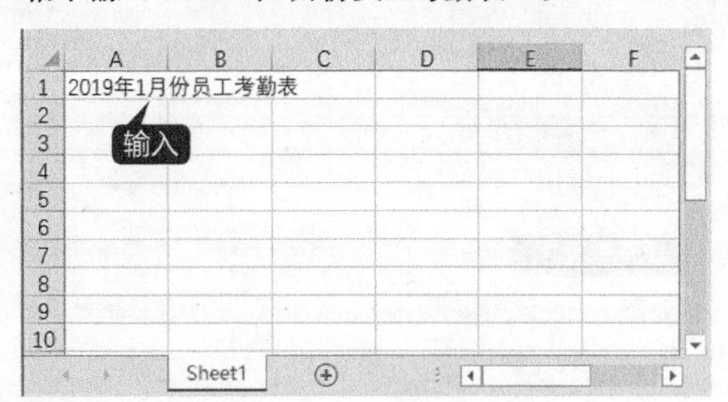

2 输入内容

在工作表中输入下图内容。

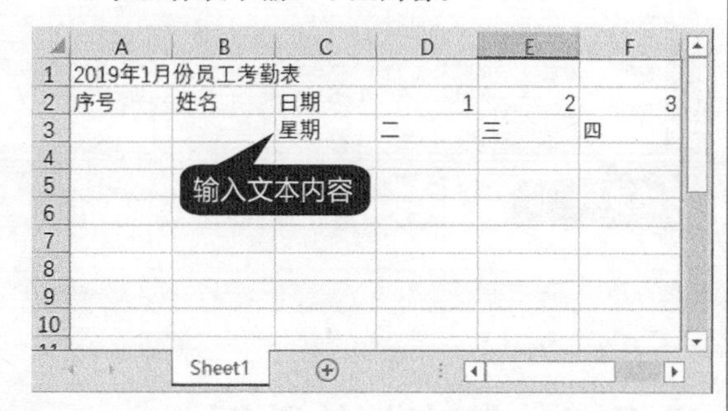

3 选择单元格区域

选择D2:F3单元格区域，将鼠标指针指向该单元格区域右下角的填充柄。

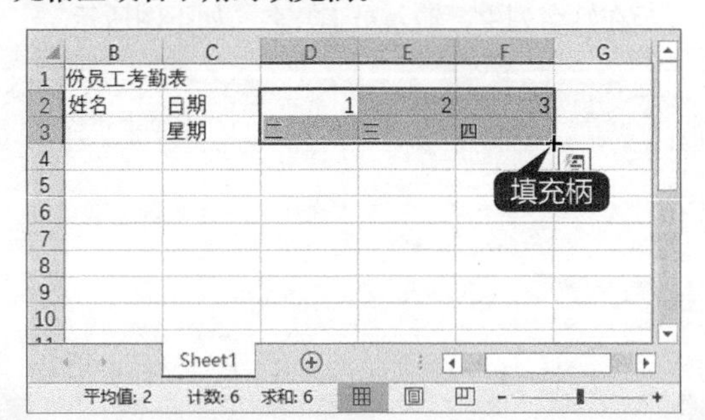

4 填充至数字

向右拖曳至填充柄，填充至数字31，即AH列，如下图所示。

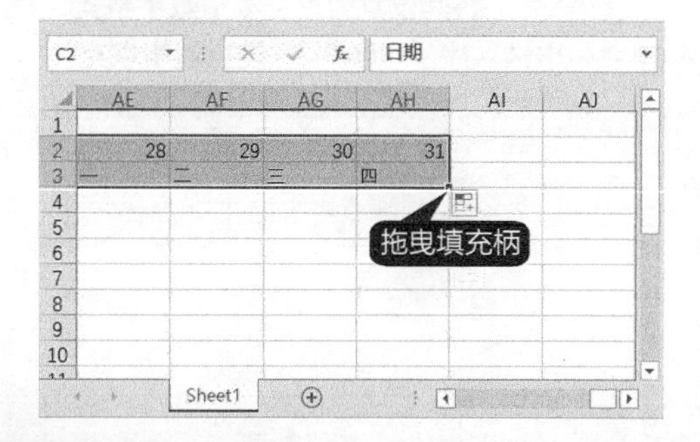

5 单击【自动调整列宽】命令

选择C列~AH列，单击【开始】➤【单元格】选项组中的【格式】按钮，在弹出的下拉列表中，单击【自动调整列宽】命令。

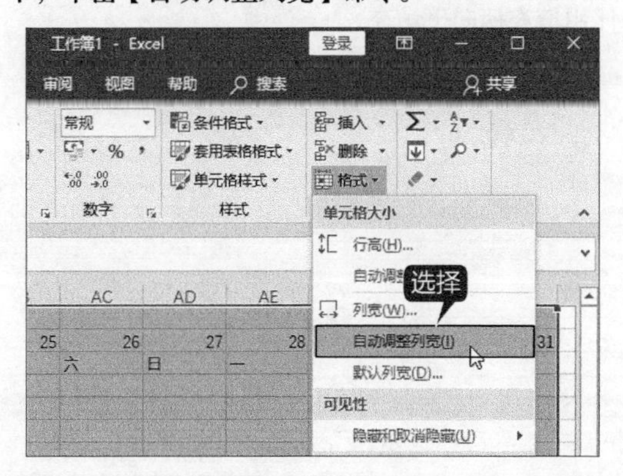

6 调整列宽

列宽调整后效果如下图所示。

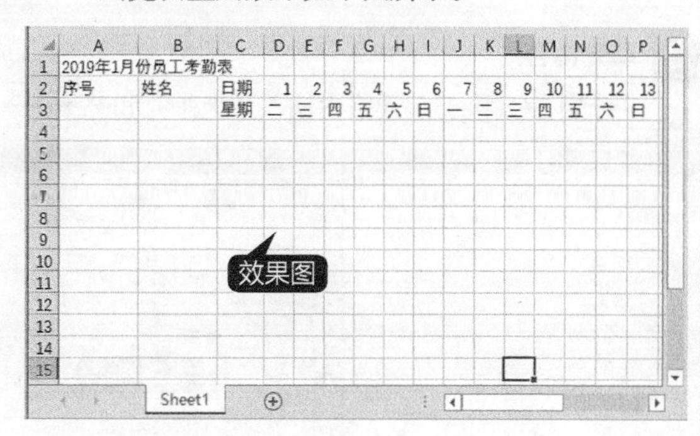

3.2.3　使用填充功能合并多列单元格

如果要批量合并单元格，一个个地合并效率会相当低，此时可以使用填充功能合并单元格。

1 选中单元格区域

合并A4:A5和B4:B5单元格区域，并选中A4:B5单元格区域，将鼠标指针指向该单元格区域右下角的填充柄。

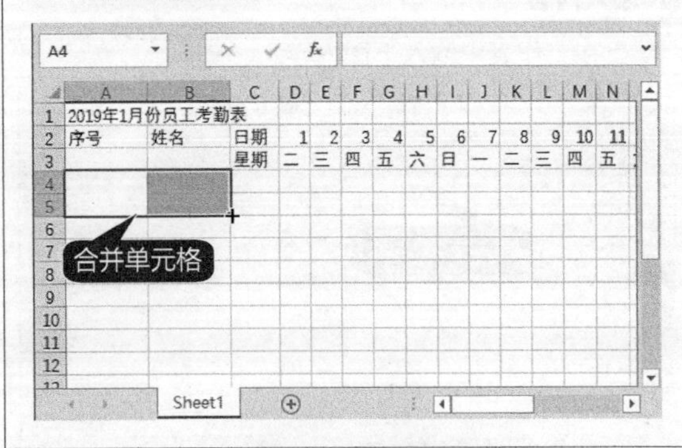

2 填充内容

拖曳合并后的A4和B4单元格向下填充至第17行，如下图所示。

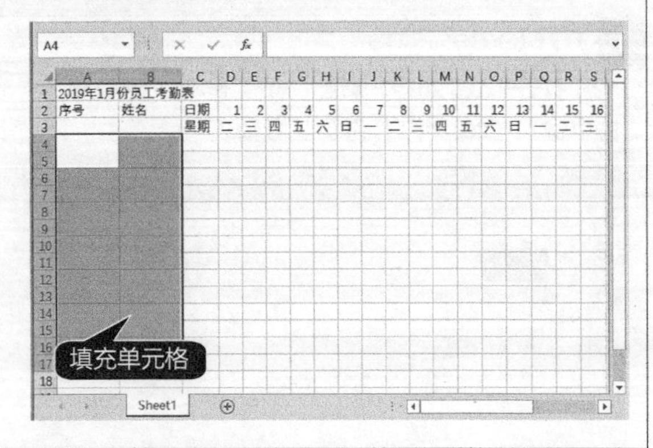

3.2.4　填充其他数据

考勤表的基本框架已经搭建好了，此时我们可以根据需要输入并填充数据，并完整表格。

1 选择 A 列

选择A列，将其设置为【文本】数字格式，在A4单元格中输入序号“001”，进行递增填充。

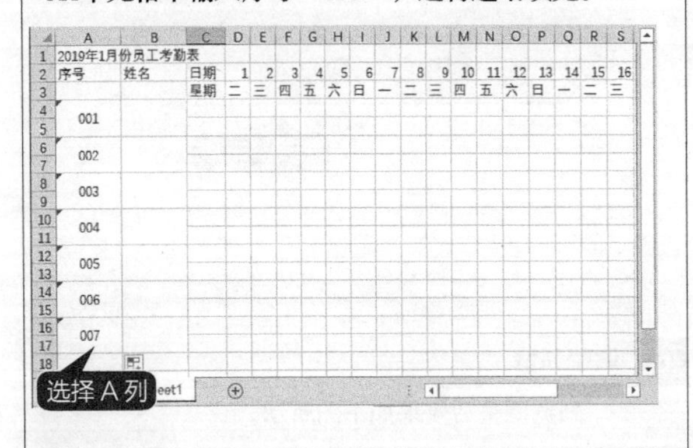

2 输入员工姓名

在姓名列中，输入员工姓名，如下图所示。

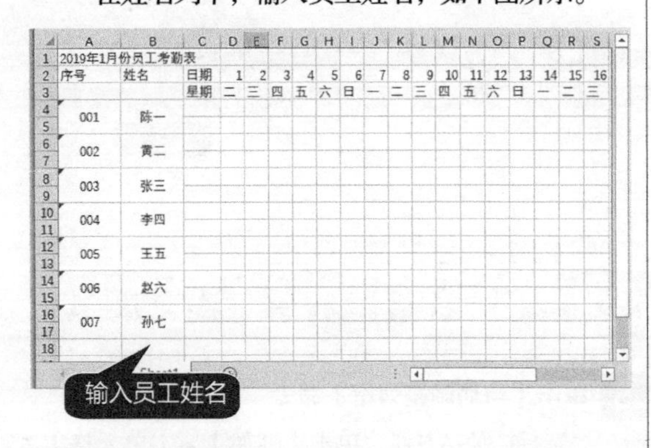

3 填充内容

分别在C4和C5单元格中输入“上午”和“下午”，并使用填充柄向下填充。

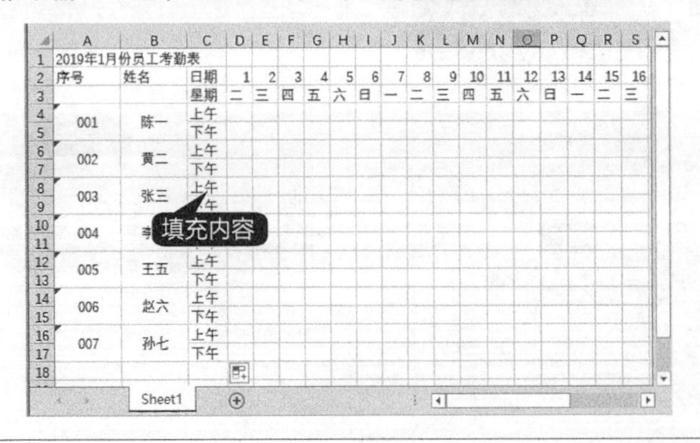

4 合并单元格

分别合并合并A1:AH1、A2:A3、B2:B3及B18:AH18单元格区域，在第18行，输入如下图备注内容，然后根据需要调整下行高和列宽，即可完成简单的《员工考勤表》，按【F12】键，保存为“员工考勤表”。

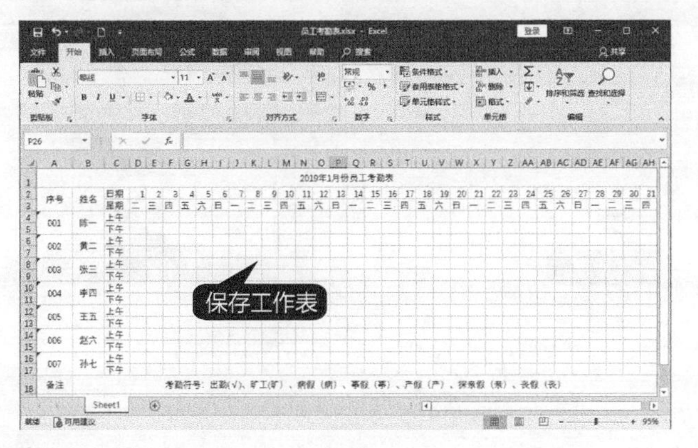

至此，一个简单的《员工考勤表》完成。通过后面的Excel美化学习，用户可以为该表设置边框线、单元格格式、字体颜色大小、表格填充等。

高手私房菜

技巧1：如何快速填充海量数据

如果要向成百上千的单元格进行填充，使用填充柄拖曳法，就很容易拖曳到一半就功亏一篑。下面介绍一种更为高效的填充技巧。

1 打开素材

打开“素材\ch03\数据填充.xlsx”文件，可以看到B列中B2~B478中有477行数据，现在要在左侧“序号”列中输入数字，如1、2等。

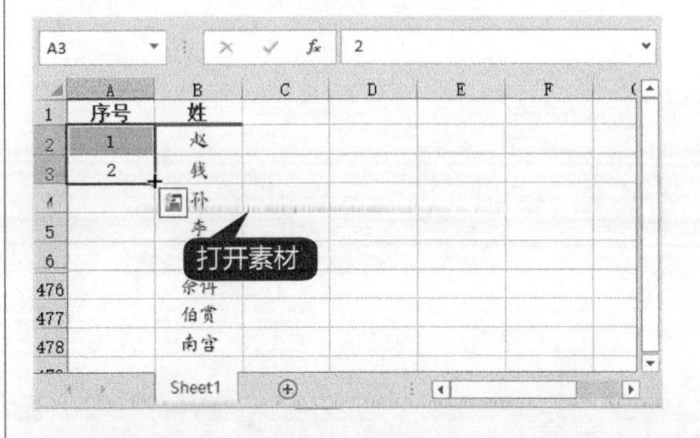

2 完成填充

选中A2:A3单元格区域，将鼠标光标放置在A3单元格右下角，双击鼠标左键，即可快速完成填充。

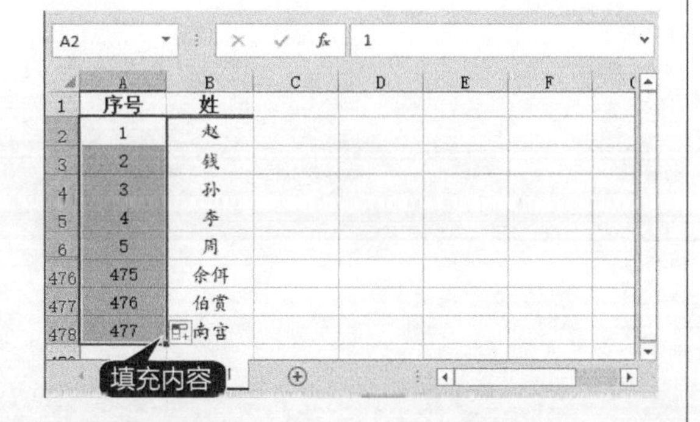

小提示

只有在行数比较多，并且相邻列有内容的情况下，才能进行双击填充。

技巧2：使用【Ctrl+Enter】组合键批量输入相同数据

在Excel中，如果要输入大量相同的数据，为了提高输入效率，除了使用填充功能外，还可以使用下面介绍的组合键，可以一键快速录入多个单元格。

1 输入数据

在Excel中，选择要输入数据的单元格，并在任选单元格中输入数据。

2 输入同一数据

按【Ctrl+Enter】组合键，即可在所选单元格区域输入同一数据。

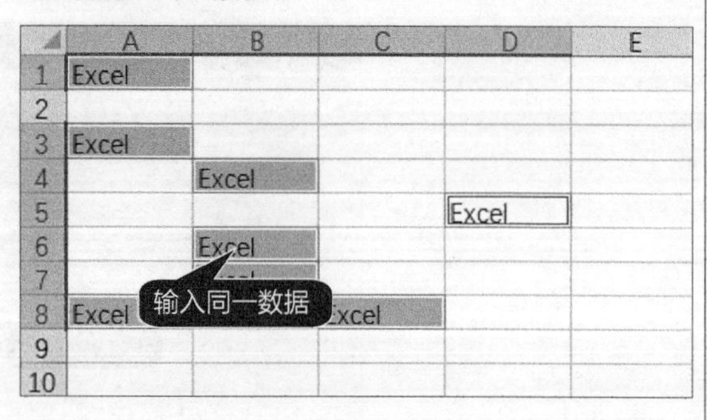

第 4 章

查看与打印 Excel 工作表

本章视频教学时间：30 分钟

要学习 Excel，首先要会查看工作表。掌握工作表的各种查看方式，可以快速地找到自己想要的信息。通过打印可以将电子表格以纸质的形式呈现，便于阅读和归档。

【学习目标】

- 通过本章的学习，掌握查看与打印 Excel 工作表的操作方法。

【本章涉及知识点】

- 使用视图方式查看工作表
- 放大或缩小查看工作表
- 对比查看工作表
- 冻结标题
- 添加和编辑批注
- 打印工作表

4.1 查看《现金流量分析表》

本节视频教学时间：19分钟

要学习Excel，首先要会查看工作表。掌握工作表的查看方式，可以快速地找到自己想要的信息。本节以查看《现金流量分析表》为例，介绍在Excel中查看工作表的方法。

4.1.1 使用视图方式查看工作表

在Excel 2019中提供了4种视图方式查看工作表，用户可以根据需求进行查看。

1. 普通查看

普通视图是默认的显示方式，即对工作表的视图不做任何修改。可以使用右侧的垂直滚动条和下方的水平滚动条来浏览当前窗口显示不完全的数据。

1 打开素材

打开“素材\ch04\现金流量分析表.xlsx”文件，在当前的窗口中即可浏览数据，单击右侧的垂直滚动条并向下拖动，即可浏览下面的数据。

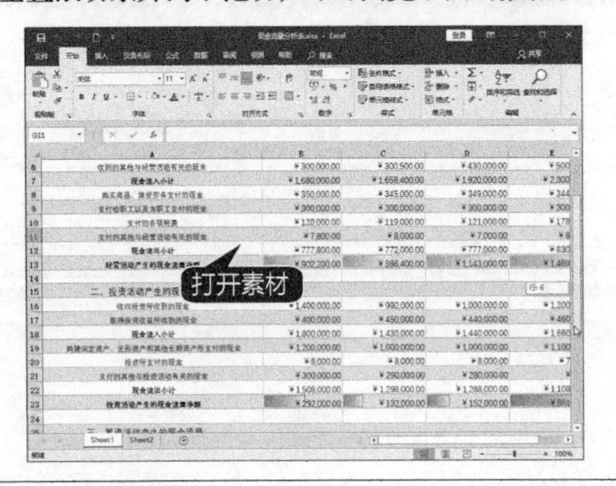

2 浏览数据

单击下方的水平滚动条并向右拖动，即可浏览右侧的数据。

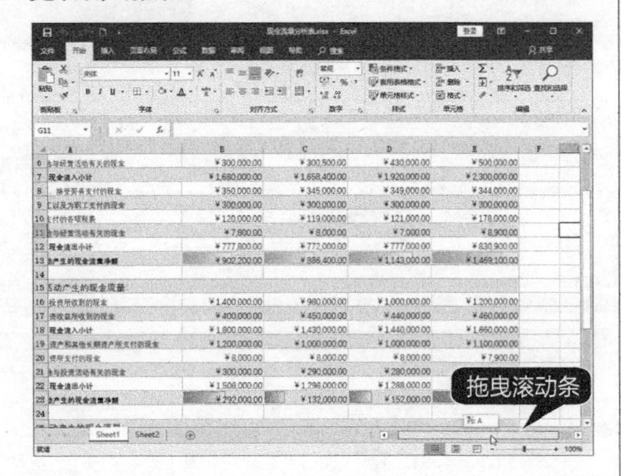

2.分页预览

使用分页预览可以查看打印文档时使用的分页符的位置。分页预览的操作步骤如下。

1 切换视图

选择【视图】选项卡下【工作簿视图】选项组中的【分页预览】按钮，视图即可切换为【分页预览】视图。

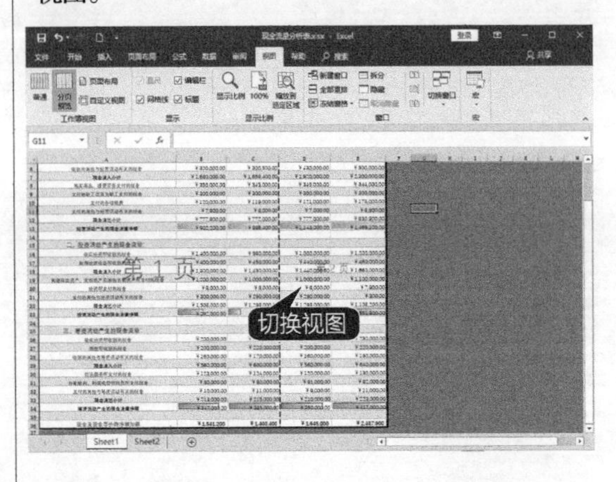

小提示

用户可以单击Excel状态栏中的【分页预览】按钮，进入分页预览页面。

2 调整每页范围

将鼠标指针放至蓝色的虚线处，指针变为↔形状时单击并拖动，可以调整每页的范围。

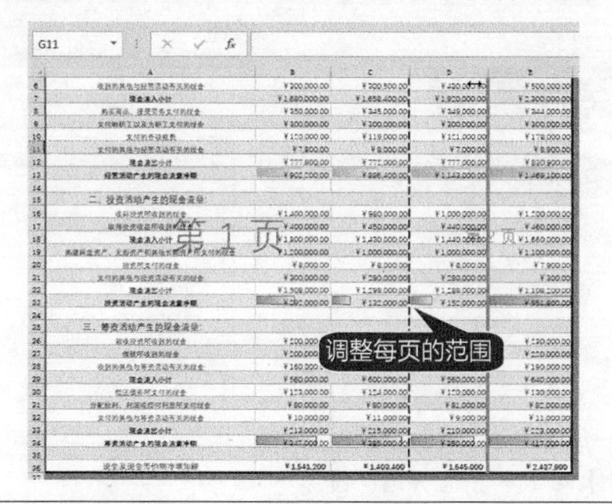

3.页面布局

可以使用页面布局视图查看工作表。Excel提供了一个水平标尺和一个垂直标尺，因此用户可以精确测量单元格、区域、对象和页边距，而标尺可以帮助用户定位对象，并直接在工作表上查看或编辑页边距。

1 进入【页面布局】视图

选择【视图】选项卡下【工作簿视图】选项组中的【页面布局】按钮，即可进入【页面布局】视图。

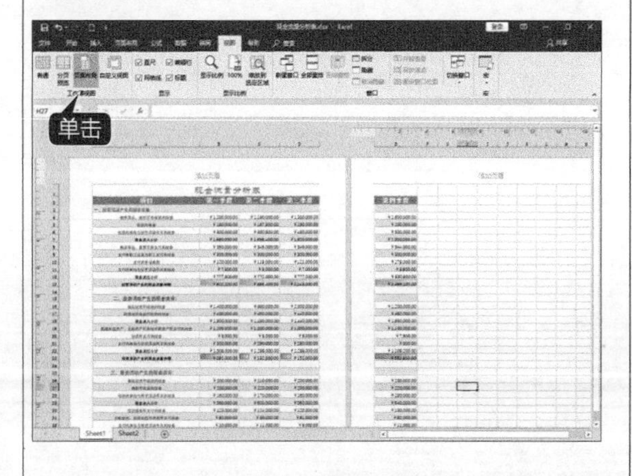

小提示

用户可以单击Excel状态栏中的【页面布局】按钮，进入页面布局页面。

2 返回普通视图

将鼠标指针移到页面的中缝处，指针变成形状时单击，即可隐藏空白区域，只显示有数据的部分。单击【工作簿视图】组中的【普通】按钮，可返回普通视图。

调整数据显示部分

4.自定义视图

使用自定义视图可以将工作表中特定的显示设置和打印设置保存在特定的视图中。

1 选择【视图】选项卡

选择【视图】选项卡下【工作簿视图】选项组中的【自定义视图】按钮。

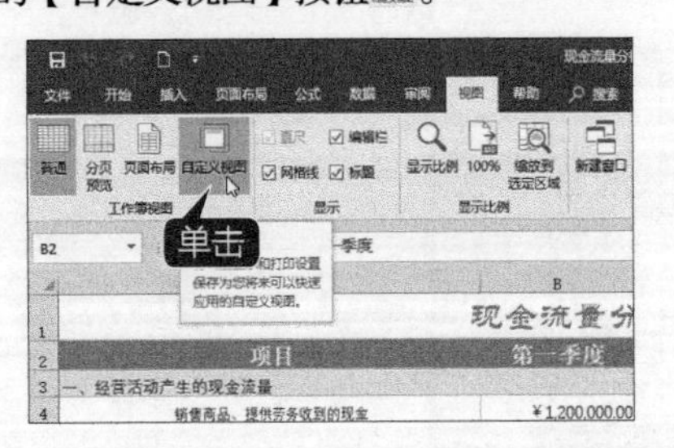

2 单击【添加】按钮

在弹出的【视图管理器】中单击【添加】按钮。

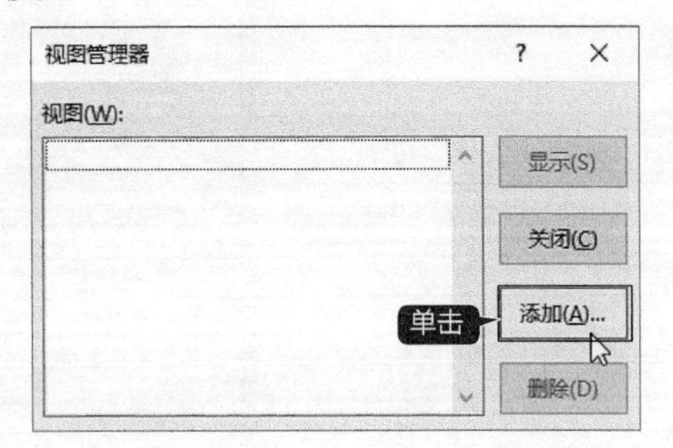

小提示

如果【自定义视图】处于不可选状态，将表格"转换为区域"即可使用。

3 单击【确定】按钮

弹出【添加视图】对话框，在【名称】文本框中输入自定义视图的名称，如"自定义视图"；默认【视图包括】栏中【打印设置】和【隐藏行、列及筛选设置】复选框已勾选，单击【确定】按钮即可完成【自定义视图】的添加。

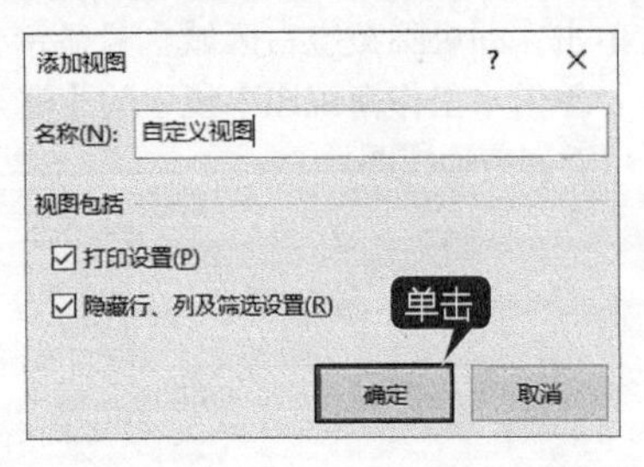

4 单击【显示】按钮

如将该表隐藏，可单击【自定义视图】按钮，弹出【视图管理器】对话框，在其中选择需要打开的视图，单击【显示】按钮。

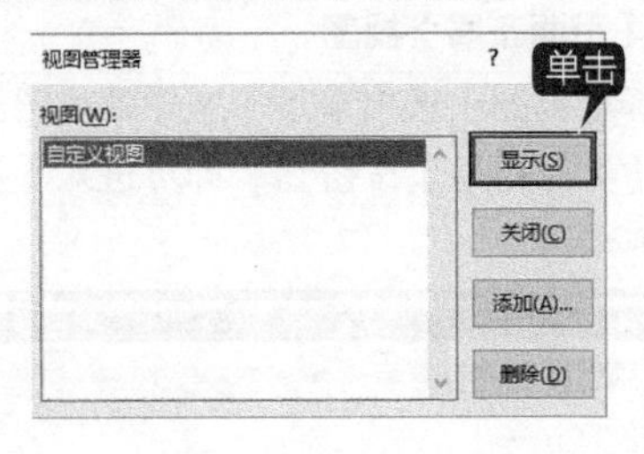

5 打开工作表

此时，即可打开自定义该视图时所打开的工作表。

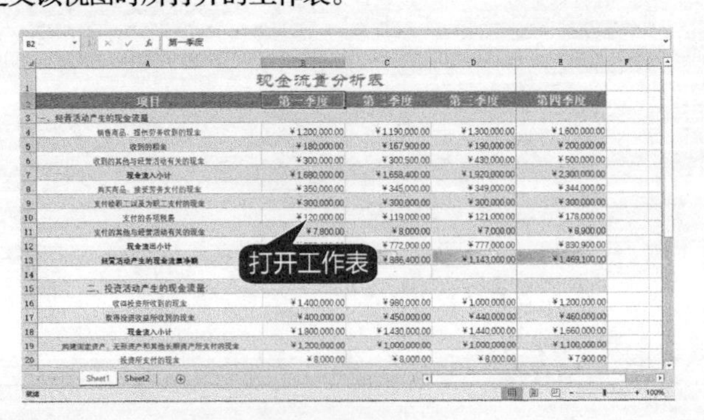

4.1.2 放大或缩小工作表查看数据

在查看工作表时，为了方便查看，可以放大或缩小工作表。其操作的方法有很多种，用户可以根据使用习惯进行选择和操作。

1 进行缩放或放大

通过状态栏调整。在打开的素材中，单击窗口右下角的“显示比例”滑块改变工作表的显示比例，向左拖动滑块，缩放显示工作表区域；向右拖动滑块，放大显示工作表区域。另外，单击【缩放】按钮 - 或【放大】按钮 +，也可进行缩放或放大的操作。

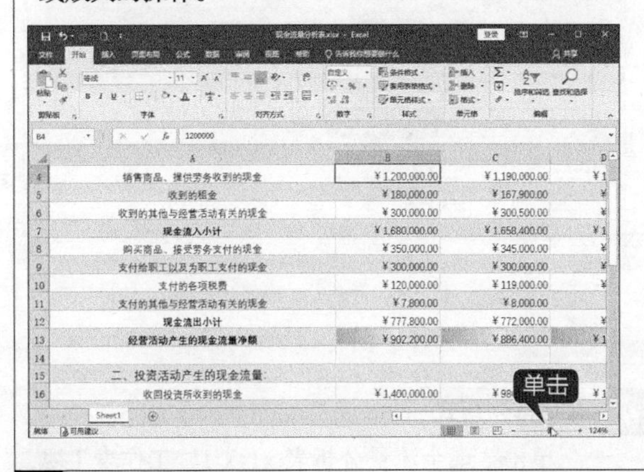

2 缩放显示工作表

按住【Ctrl】键不放，向上滑动鼠标滚轮，可以放大显示工作表；向下滚动鼠标滚轮，可以缩放显示工作表。

3 单击【确定】按钮

使用【显示比例】对话框。如果要缩放或放大为精准的比例，则可以使用【显示比例】对话框进行操作。单击【视图】➤【显示比例】选项组中的【显示比例】按钮或单击状态栏上的【缩放级别】按钮，打开【显示比例】对话框，可以选择显示比例，也可以自定义显示比例，单击【确定】按钮，即可完成调整。

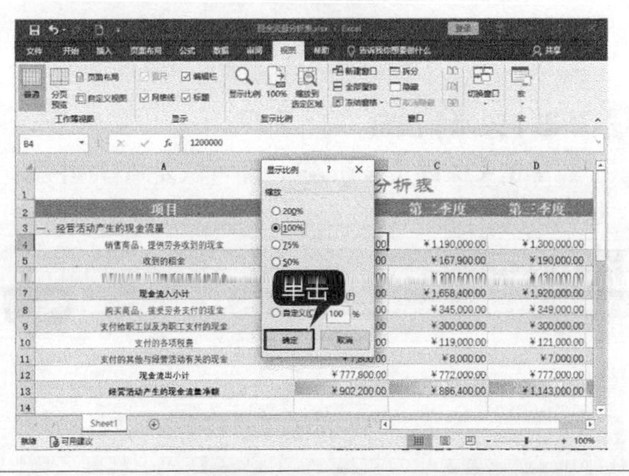

4 放大显示所选单元格

缩放到选定区域。用户可以使所选的单元格充满整个窗口，有助于关注重点数据。单击【视图】➤【显示比例】选项组中的【缩放到选定区域】按钮，可以放大显示所选单元格，并充满整个窗口，如下图所示。如果要恢复正常显示，单击【100%】按钮即可恢复。

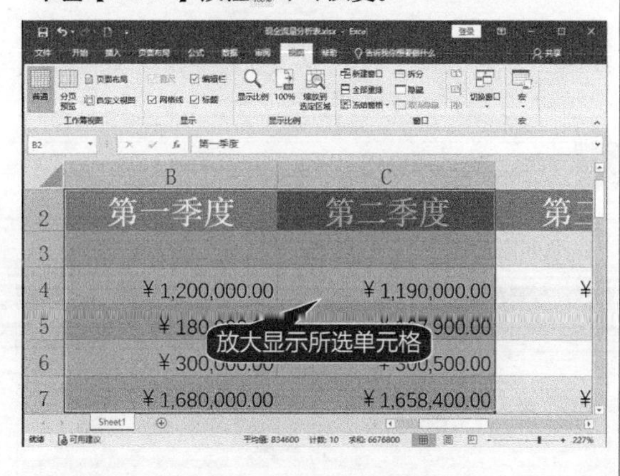

4.1.3 多窗口对比查看数据

如果需要对比不同区域中的数据，可以使用以下的方式来查看。

1 打开素材

在打开的素材中，单击【视图】选项卡下【窗口】选项组中的【新建窗口】按钮，即可新建一个名为“现金流量分析表.xlsx:2”的同样的窗口，原窗口名称自动改为“现金流量分析表.xlsx:1”。

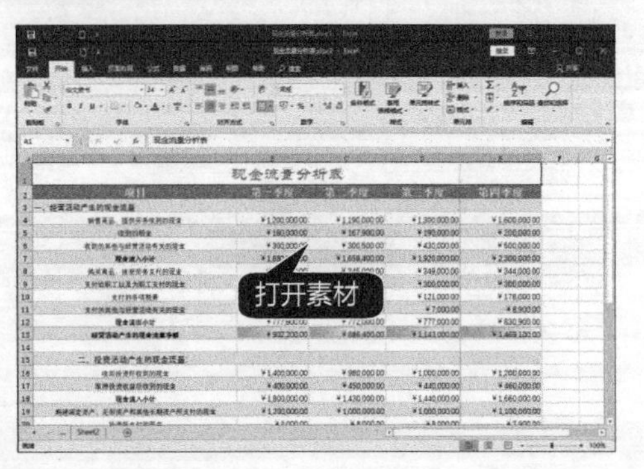

2 并排查看

选择【视图】选项卡，单击【窗口】选项组中的【并排查看】按钮，即可将两个窗口并排放置。

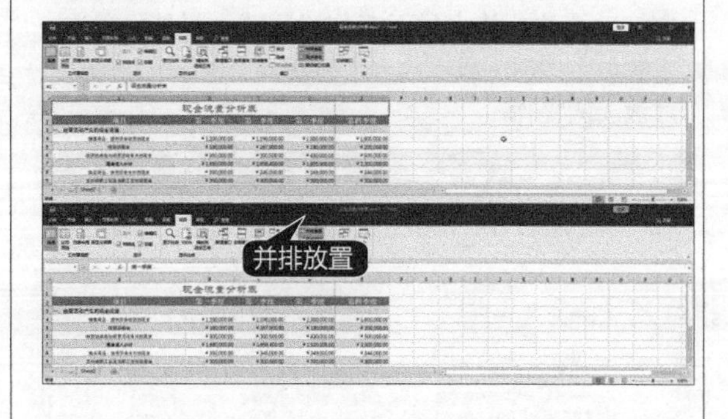

3 同步滚动

在【同步滚动】状态下，拖动其中一个窗口的滚动条时，另一个也会同步滚动。

4 设置排列方式

单击“现金流量分析表.xlsx:1”工作表【视图】选项卡下的【全部重排】按钮，弹出【重排窗口】对话框，从中可以设置窗口的排列方式。

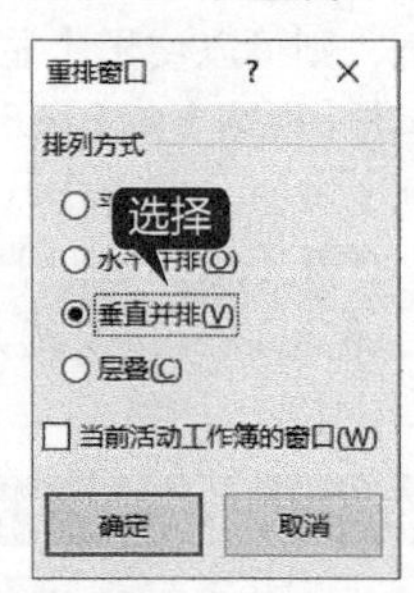

5 垂直方式排列窗口

选择【垂直并排】单选按钮，即可以垂直方式排列窗口。

6 单击【关闭】按钮

单击【关闭】按钮，即可恢复到普通视图状态。

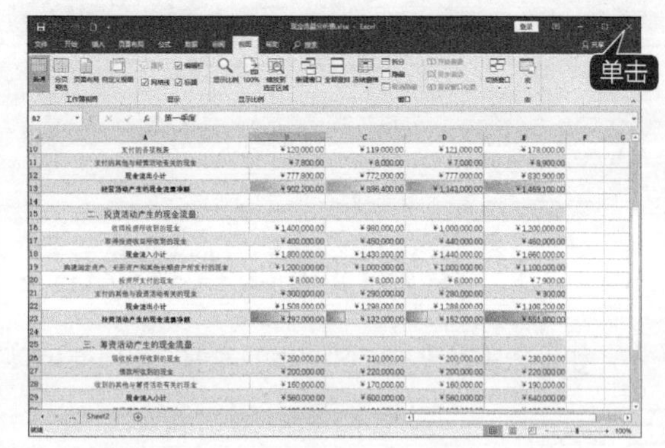

4.1.4 冻结窗格让标题始终可见

冻结查看指将指定区域冻结、固定，滚动条只对其他区域的数据起作用。这里我们来设置冻结窗格让标题始终可见。

1 选择【冻结首行】选项

在打开的素材文件中，单击【视图】选项卡下【窗口】选项组中的【冻结窗格】按钮，在弹出的列表中选择【冻结首行】选项。

2 固定首行

在首行下方会显示一条黑线，并固定首行，向下拖动垂直滚动条，首行一直会显示在当前窗口中。

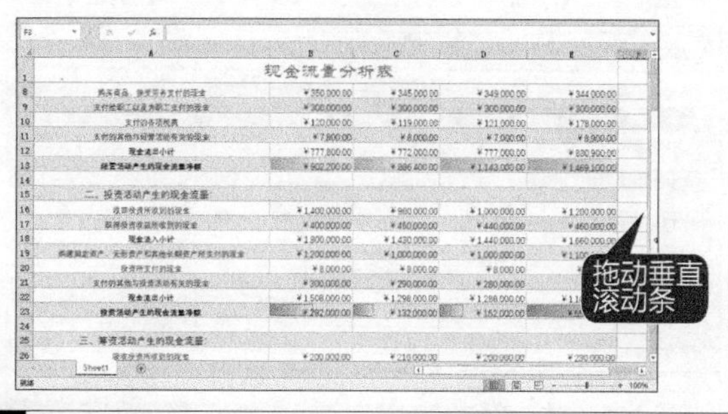

3 固定首列

在【冻结窗格】下拉列表中选择【冻结首列】选项，在首列右侧会显示一条黑线，并固定首列。

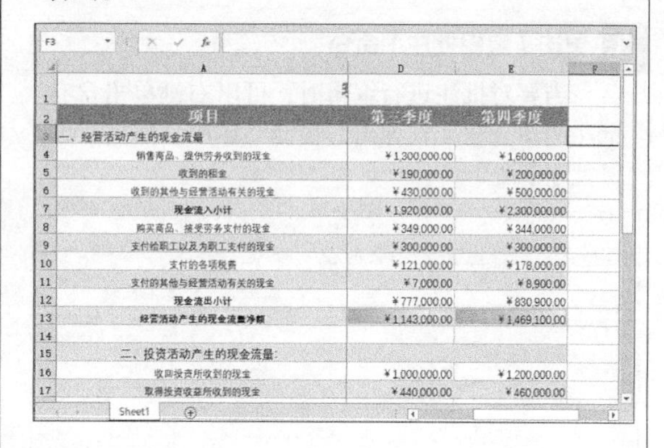

小提示

只能冻结工作表中的顶行和左侧的列，无法冻结工作表中间的行和列。

当单元格处于编辑模式（即正在单元格中输入公式或数据）或工作表受保护时，【冻结窗格】命令不可用。如果要取消单元格编辑模式，按【Enter】键或【Esc】键即可。

4 取消冻结窗格

如果要取消冻结行和列，单击【冻结窗格】下拉列表中的【取消冻结窗格】菜单命令，即可取消窗口冻结。

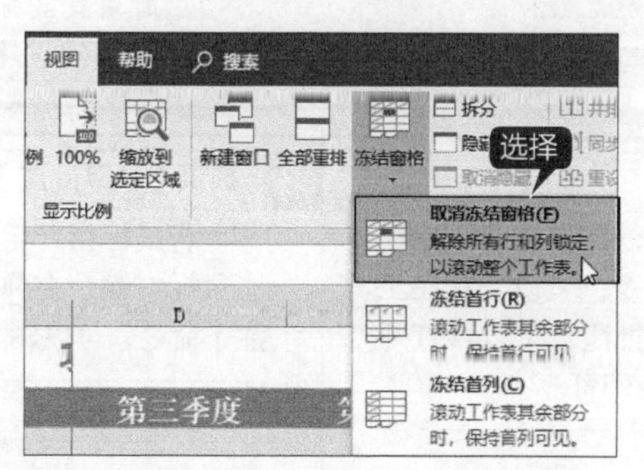

4.1.5 添加和编辑批注

批注是附加在单元格中与其他单元格内容进行区分的注释。给单元格添加批注可以突出单元格中的数据，使该单元格中的信息更容易记忆。

1 选择【插入批注】命令

选择要添加批注的单元格，如A15，单击鼠标右键，在弹出的快捷菜单中，选择【插入批注】命令。

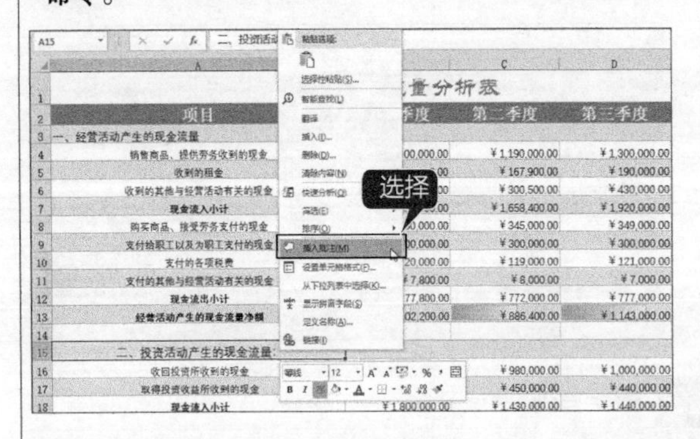

2 输入注释文本

在弹出的【批注】文本框中输入注释文本，如“格式有误”，结果如下图所示。

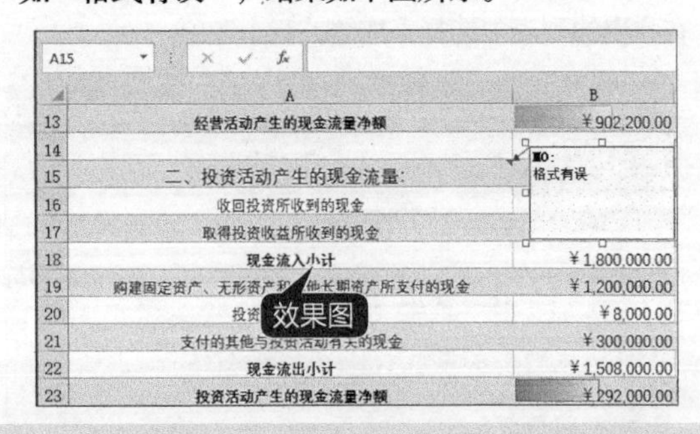

小提示

已添加批注的单元格的右上角会出现一个红色的三角符号，当鼠标指针移到该单元格时将显示批注的内容。

3 单击【编辑批注】命令

当要对批注进行编辑时，可以右键单击含有批注的单元格，在弹出的快捷菜单中，单击【编辑批注】命令。

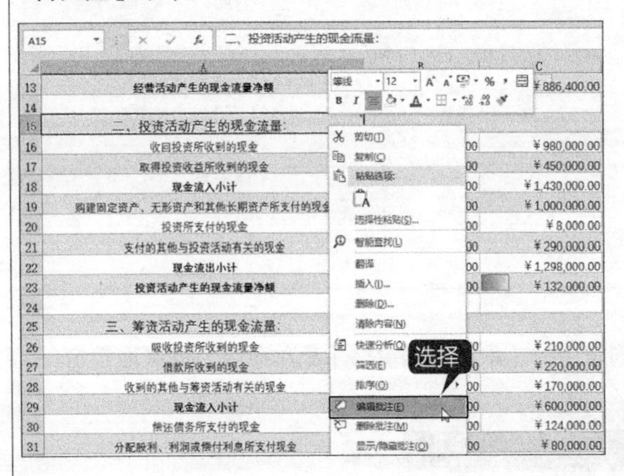

4 批注内容

此时，即可对批注内容进行编辑，编辑结束之后，单击批注框外的其他单元格即可。

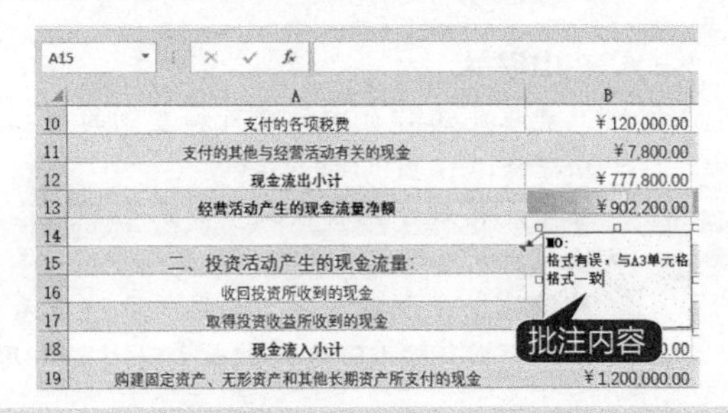

小提示

选择批注文本框，当鼠标指针变为✥形状时拖曳鼠标，可调整批注文本框的位置；当鼠标指针变为↘形状时拖曳鼠标，即可调整批注文本框的大小。

5 选择【隐藏批注】命令

在单元格上单击鼠标右键，在弹出的快捷菜单中选择【显示/隐藏批注】命令，可以一直在工作表中显示批注。如果要隐藏批注，可以再打开快捷菜单选择【隐藏批注】命令即可。

6 选择【删除批注】命令

将鼠标指针定位在包含批注的单元格中，单击鼠标右键，在弹出的快捷菜单中选择【删除批注】命令，可以删除当前批注。

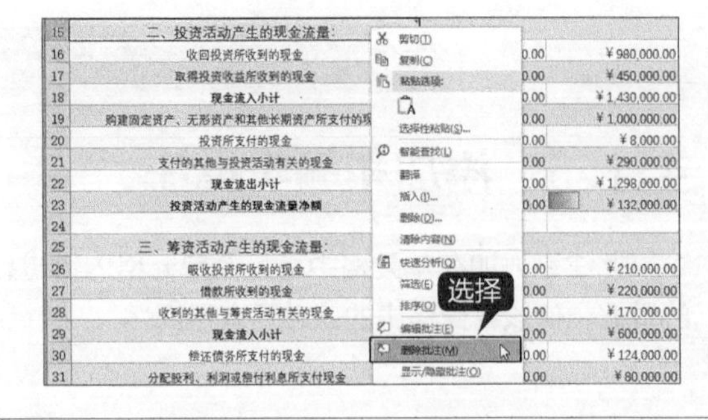

4.2 打印《商品库存清单》

本节视频教学时间：7分钟

打印Excel表格时，用户也可以根据需要设置Excel表格的打印方法，如在同一页面打印不连续的区域、打印行号、列表或者每页都打印标题行等。

4.2.1 打印整张工作表

打印Excel工作表的方法与打印Word文档类似，需要选择打印机并设置打印份数。

1 打开素材

打开“素材\ch04\商品库存清单.xlsx”文件，单击【文件】选项卡下列表中的【打印】选项，在打印设置区域，在【打印机】下拉列表中选择要使用的打印机。

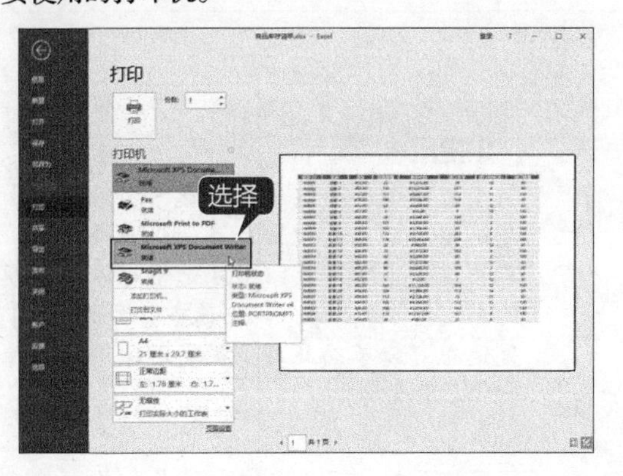

2 单击【打印】按钮

在【份数】微调框中输入“3”，打印3份，单击【打印】按钮，即可开始打印Excel工作表。

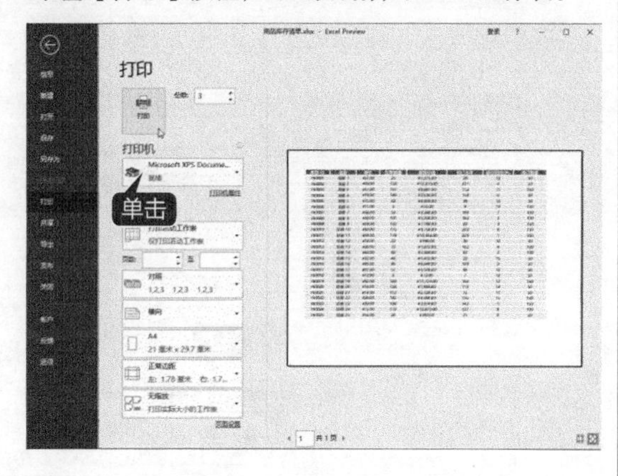

4.2.2 在同一页上打印不连续区域

如果要打印非连续的单元格区域，在打印输出时会将每个区域单独显示在不同的纸张页面。借助“隐藏”功能，可以将非连续的打印区域显示在一张纸上。

1 隐藏区域

打开素材文件，工作簿中包含两个工作表，如希望将工作表中的A1:H8和A15:H21单元格区域打印在同一张纸上，首先可以将其他区域进行隐藏，如将A9:H14和A22:H26单元格区域进行隐藏。

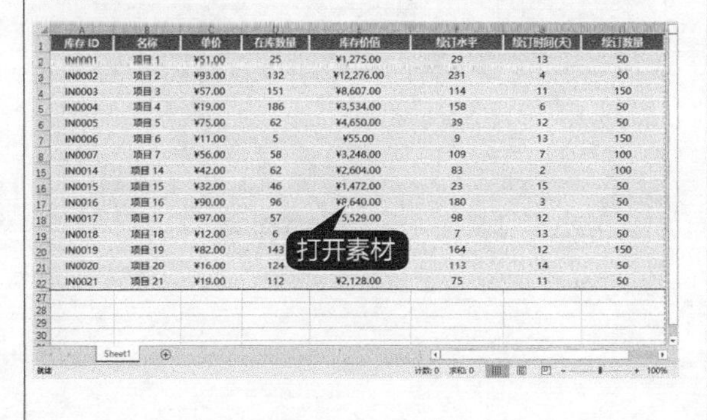

2 单击【打印】按钮

单击【文件】➤【打印】选项，单击【打印】按钮，即可打印。

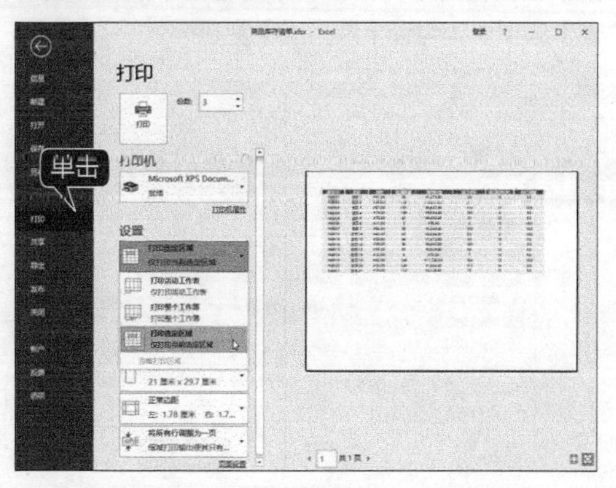

4.2.3 打印行号、列标

在打印Excel表格时可以根据需要将行号和列标打印出来，具体操作步骤如下。

1 单击【打印预览】按钮

打开素材文件，单击【页面布局】选项卡下【页面设置】选项组中的【打印标题】按钮，弹出【页面设置】对话框。在【工作表】选项卡下【打印】选项组中单击选中【行和列标题】单选项，单击【打印预览】按钮。

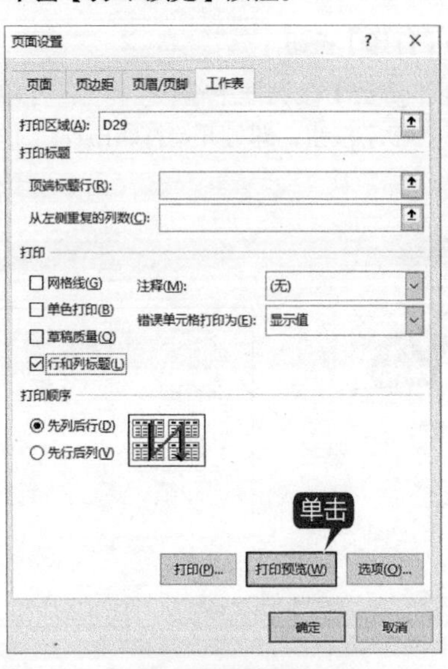

2 打印预览效果

查看显示行号列标后的打印预览效果。

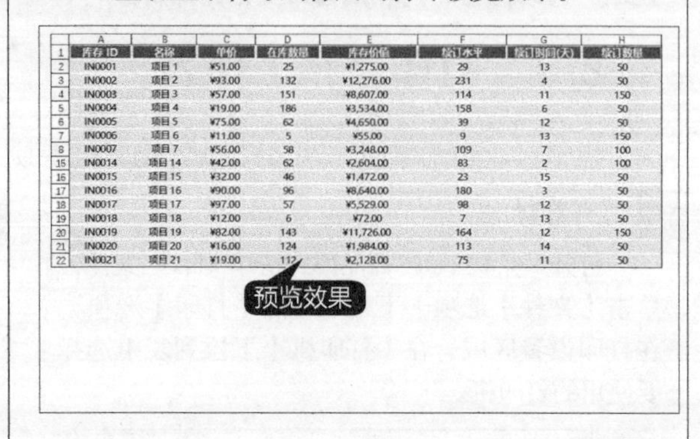

	A	B	C	D	E	F	G	H
1	库存 ID	名称	单价	在库数量	库存价值	续订水平	续订时间(天)	续订数量
2	IN0001	项目 1	¥51.00	25	¥1,275.00	29	13	50
3	IN0002	项目 2	¥93.00	132	¥12,276.00	231	4	50
4	IN0003	项目 3	¥57.00	151	¥8,607.00	114	11	150
5	IN0004	项目 4	¥19.00	186	¥3,534.00	158	6	50
6	IN0005	项目 5	¥75.00	62	¥4,650.00	39	12	50
7	IN0006	项目 6	¥11.00	5	¥55.00	9	13	150
8	IN0007	项目 7	¥56.00	58	¥3,248.00	109	7	100
15	IN0014	项目 14	¥42.00	62	¥2,604.00	83	2	100
16	IN0015	项目 15	¥32.00	46	¥1,472.00	23	15	50
17	IN0016	项目 16	¥90.00	96	¥8,640.00	180	3	50
18	IN0017	项目 17	¥97.00	57	¥5,529.00	98	12	50
19	IN0018	项目 18	¥12.00	6	¥72.00	7	13	50
20	IN0019	项目 19	¥82.00	143	¥11,726.00	164	12	150
21	IN0020	项目 20	¥16.00	124	¥1,984.00	113	14	50
22	IN0021	项目 21	¥19.00	112	¥2,128.00	75	11	50

小提示

在【打印】选项组中单击选中【网格线】复选框可以在打印预览界面查看网格线。单击选中【单色打印】复选框可以以灰度的形式打印工作表。单击选中【草稿质量】复选框可以节约耗材、提高打印速度，但打印质量会降低。

4.2.4 打印网格线

在打印Excel工作表时，一般都会打印没有网格线的工作表，如果需要将网格线打印出来，可以通过设置实现。

1 勾选【网格线】复选框

在打开素材中，在【页面布局】选项卡中，单击【页面设置】选项组中的【页面设置】按钮，在弹出的【页面设置】对话框中选择【工作表】选项卡，勾选【网格线】复选框。

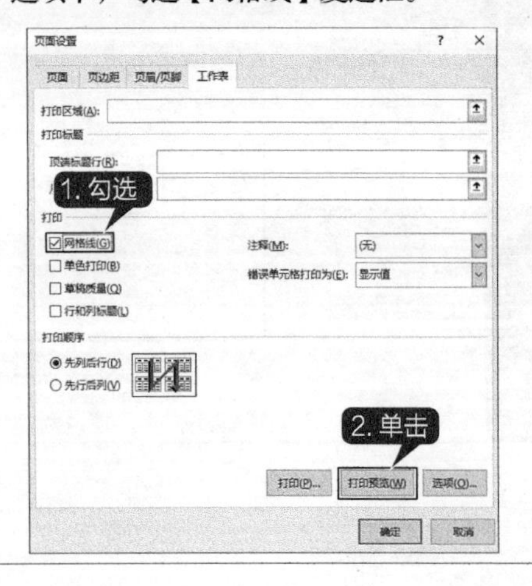

2 进入【打印】页面

单击【打印预览】按钮，进入【打印】页面，在其右侧区域中即可看到带有网格线的工作表。

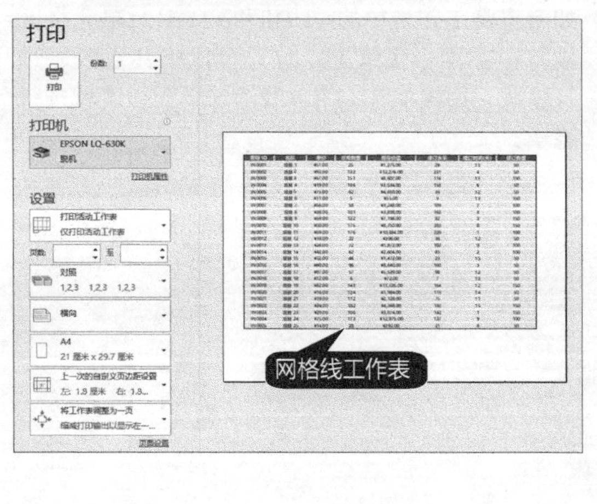

高手私房菜

技巧1：让打印出的每页都有表头标题

在使用Excel表格时，可能会遇到超长表格，但是表头只有一个。为了更好地打印查阅，我们就需要将每页都能打印表头标题，可以使用以下方法。

1 页面设置

单击【页面布局】选项卡下【页面设置】选项组中的【打印标题】按钮，弹出【页面设置】对话框，单击【工作表】选项卡【打印标题】区域中【顶端标题行】右侧的按钮。

页面设置 ? ×
页面 页边距 页眉/页脚 工作表
打印区域(A):
打印标题
顶端标题行(R):
从左侧重复的列数(C):
打印
网格线(G) 注释(M): (无)
单色打印(B) 错误单元格打印为(E): 显示值
草稿质量(Q)
行和列标题(L)
打印顺序
先列后行(D)
先行后列(V)
打印(P)... 打印预览(W) 选项(O)...
确定 取消

2 打印表头

选择要打印表头，单击【页面设置-顶端标题行】中的按钮。

页面设置 - 顶端标题行: ? ×
$1:$1

	A	B	C	D	E	F	G	H
1	库存 ID	名称	单价	在库数量	库存价值	续订水平	续订时间(天)	续订数量
2	IN0001	项目 1	¥51.00	25	¥1,275.00	29	13	50
3	IN0002	项目 2	¥93.00	132				50
4	IN0003	项目 3	¥57.00	151				150
5	IN0004	项目 4	¥19.00	186				50
6	IN0005	项目 5	¥75.00	62	¥4,650.00	39	12	50
7	IN0006	项目 6	¥11.00	5	¥55.00	9	13	150
8	IN0007	项目 7	¥56.00	58	¥3,248.00	109	7	100
9	IN0008	项目 8	¥38.00	101	¥3,838.00	162	3	100
10	IN0009	项目 9	¥59.00	122	¥7,198.00	82	3	150
11	IN0010	项目 10	¥50.00	175	¥8,750.00	283	8	150
12	IN0011	项目 11	¥59.00	176	¥10,384.00	229	1	100
13	IN0012	项目 12	¥18.00	22	¥396.00	36	12	50
14	IN0013	项目 13	¥26.00	72	¥1,872.00	102	9	100
15	IN0014	项目 14	¥42.00	62	¥2,604.00	83	2	100
16	IN0015	项目 15	¥32.00	46	¥1,472.00	23	15	50
17	IN0016	项目 16	¥90.00	96	¥8,640.00	180	3	50
18	IN0017	项目 17	¥97.00	57	¥5,529.00	98	12	50
19	IN0018	项目 18	¥12.00	6	¥72.00	7	13	50
20	IN0019	项目 19	¥82.00	143	¥11,726.00	164	12	150

3 单击【确定】按钮

返回到【页面设置】对话框，单击【确定】按钮。

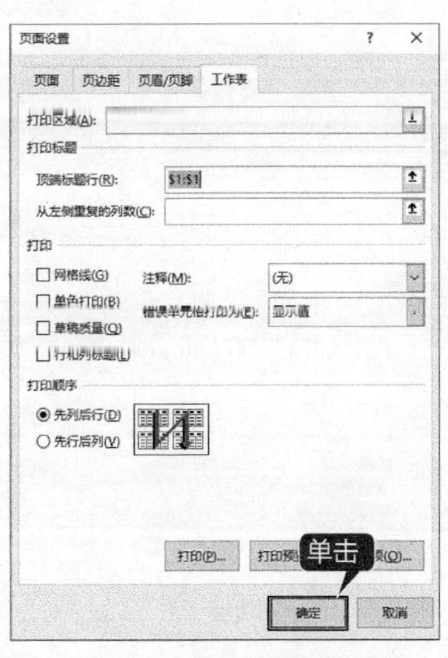

4 打印效果

例如本表，选择要打印的两部分工作表区域，并单击【Ctrl+P】组合键，在预览区域可以看到要打印的效果。

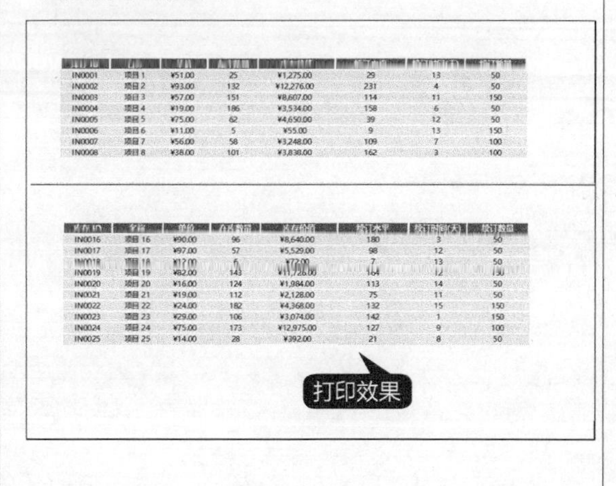

库存 ID	名称	单价	在库数量	库存价值	续订水平	续订时间(天)	续订数量
IN0001	项目 1	¥51.00	25	¥1,275.00	29	13	50
IN0002	项目 2	¥93.00	132	¥12,276.00	231	4	50
IN0003	项目 3	¥57.00	151	¥8,607.00	114	11	150
IN0004	项目 4	¥19.00	186	¥3,534.00	158	6	50
IN0005	项目 5	¥75.00	62	¥4,650.00	39	12	50
IN0006	项目 6	¥11.00	5	¥55.00	9	13	150
IN0007	项目 7	¥56.00	58	¥3,248.00	109	7	100
IN0008	项目 8	¥38.00	101	¥3,838.00	162	3	100

库存 ID	名称	单价	在库数量	库存价值	续订水平	续订时间(天)	续订数量
IN0016	项目 16	¥90.00	96	¥8,640.00	180	3	50
IN0017	项目 17	¥97.00	57	¥5,529.00	98	12	50
IN0018	项目 18	¥12.00	6	¥72.00	7	13	50
IN0019	项目 19	¥82.00	143	¥11,726.00	164	12	150
IN0020	项目 20	¥16.00	124	¥1,984.00	113	14	50
IN0021	项目 21	¥19.00	112	¥2,128.00	75	11	50
IN0022	项目 22	¥24.00	182	¥4,368.00	132	15	150
IN0023	项目 23	¥29.00	106	¥3,074.00	142	1	150
IN0024	项目 24	¥75.00	173	¥12,975.00	127	9	100
IN0025	项目 25	¥14.00	28	¥392.00	21	8	50

技巧2：不打印工作表中的零值

在一些情况下，工作表表内数据包含“0”值，有时它不仅没有价值，而且影响美观。此时，我们可以根据需求，不打印工作表中的零值。

在打开的素材中，单击【文件】➤【选项】选项，打开【Excel选项】对话框，然后选择【高级】选项，并在右侧的【此工作表的显示选项】栏中撤销选中【在具有零值的单元格中显示零】复选框，单击【确定】按钮。此时，再进行工作表打印，就不会打印工作表中的零值。

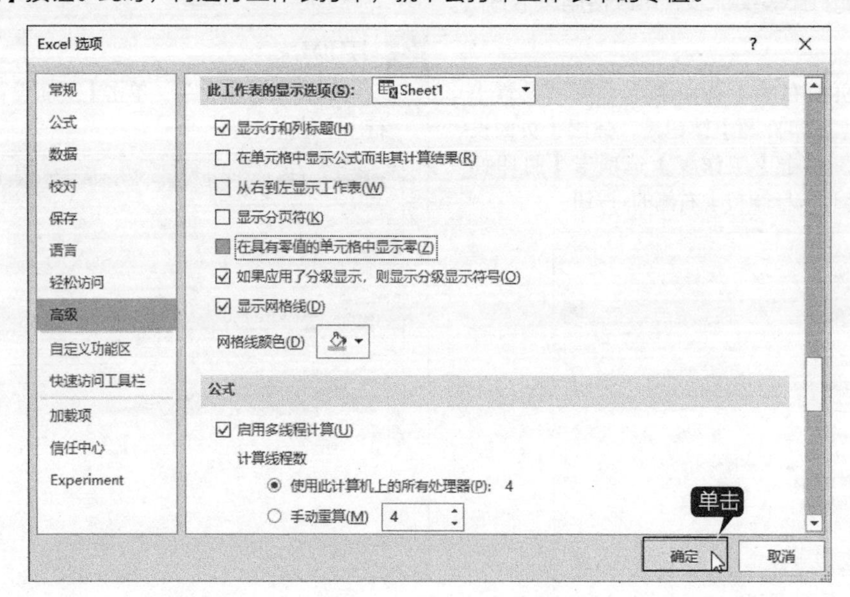

第 5 章

美化 Excel 工作表

本章视频教学时间：28 分钟

工作表的管理和美化操作，可以设置表格文本的样式，使表格层次分明、结构清晰、重点突出。本章介绍设置对齐方式、设置字体、设置边框、设置表格样式、套用单元格样式以及突出显示单元格效果等的操作。

【学习目标】

通过本章的学习，掌握管理和美化工作表的基本操作。

【本章涉及知识点】

- 设置字体样式
- 设置对齐方式
- 设置边框
- 插入图片和图标
- 设置表格样式和套用单元格样式

5.1 美化《产品报价表》

本节视频教学时间：18分钟

在Excel 2019中通常通过字体格式、对齐方式、添加边框及插入图片等操作来美化表格。本节以美化《产品报价表》为例介绍工作表的美化方法。

5.1.1 设置字体

在Excel 2019中，用户可以根据需要设置输入数据的字体、字号等，具体操作步骤如下。

1 打开素材

打开“素材\ch05\产品报价表.xlsx”文件，选择A1:H1单元格区域，单击【开始】选项卡下【对齐方式】组中【合并后居中】按钮。

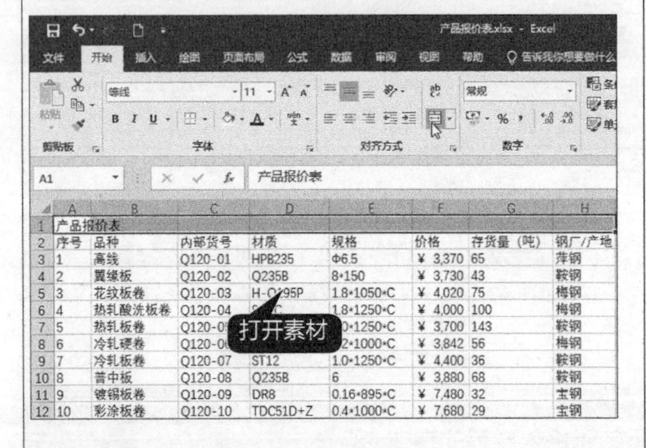

2 选择【华文中宋】选项

将选择的单元格区域合并。选择A1单元格，单击【开始】选项卡下【字体】选项组中【字体】按钮的下拉按钮，在弹出的下拉列表中，选择需要的字体，这里选择【华文中宋】选项。

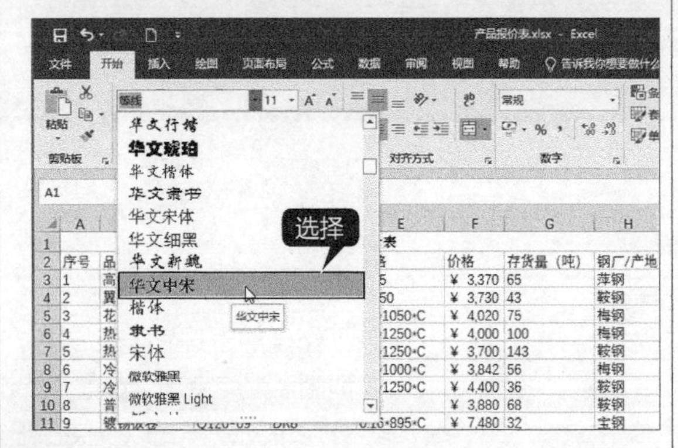

3 设置字体效果

设置字体后的效果如下图所示。

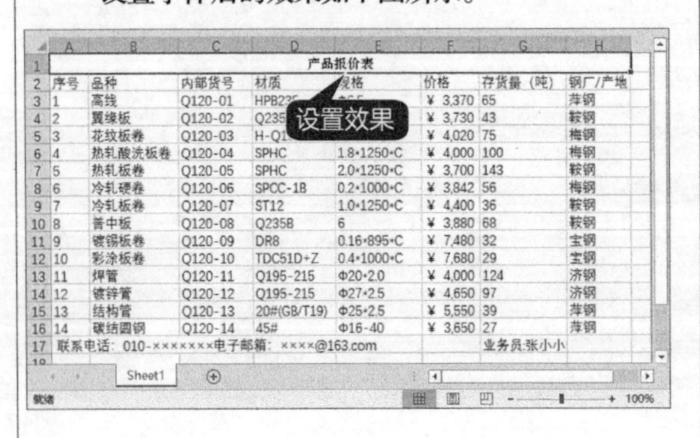

4 设置字号

选择A1单元格，单击【开始】选项卡下【字体】选项组中【字号】按钮的下拉按钮，在弹出的下拉列表中选择【20】选项，完成字号的设置，效果如下图所示。

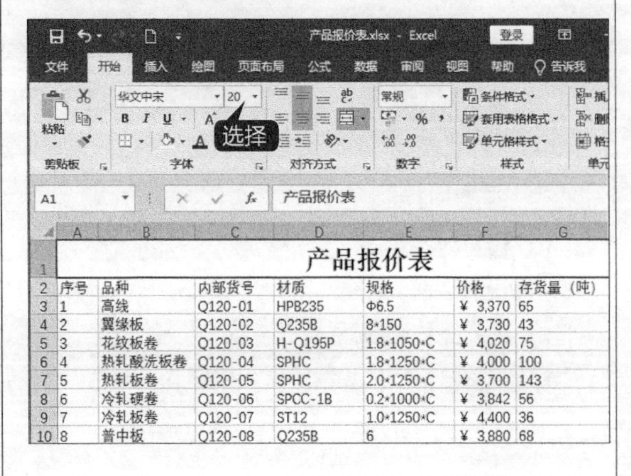

5 设置字体颜色

单击【字体】组中的【字体颜色】按钮 下来按钮，在弹出的【颜色】面板中，单击颜色即可应用，如这里单击“蓝色，个性色1”。

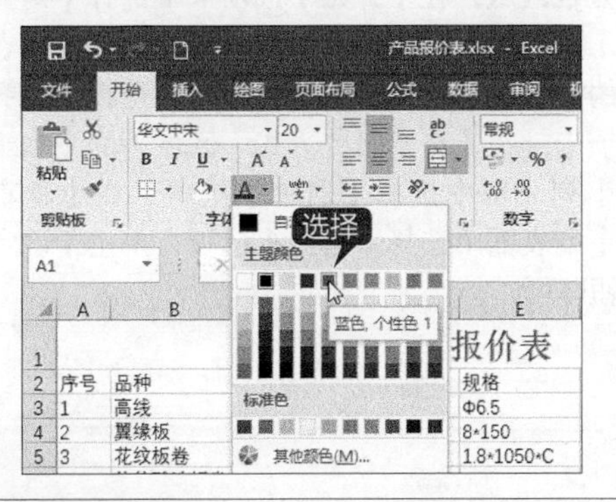

6 最终效果

设置颜色后，最终效果如下图所示。

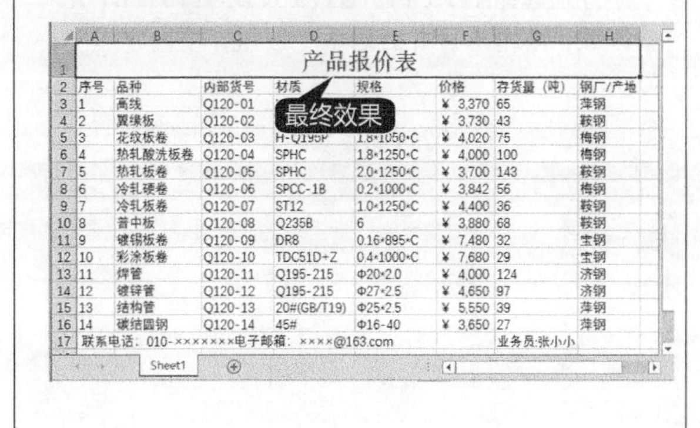

7 设置其他字体

使用同样方法，设置其他的字体及颜色。

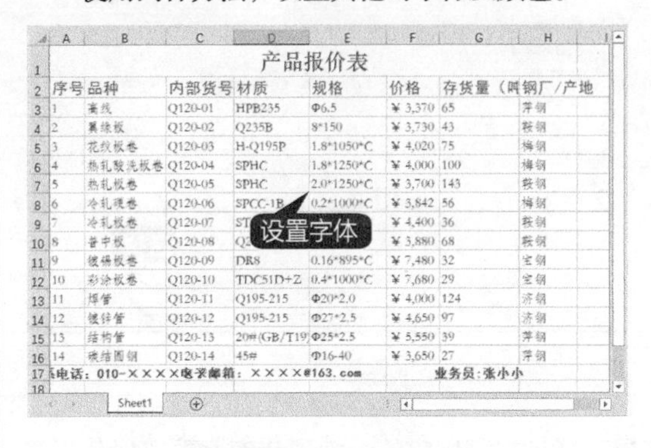

8 调整工作表

根据需要调整工作表的行高和列宽，更好的显示表格内容。

5.1.2 设置对齐方式

Excel 2019允许为单元格数据设置的对齐方式有左对齐、右对齐和合并居中对齐等。使用功能区中的按钮设置数据对齐方式的具体步骤如下。

1 打开素材

在打开的素材文件中，选择A2:H16单元格区域，单击【开始】选项卡下【对齐方式】组中的【垂直居中】按钮和【居中】按钮。

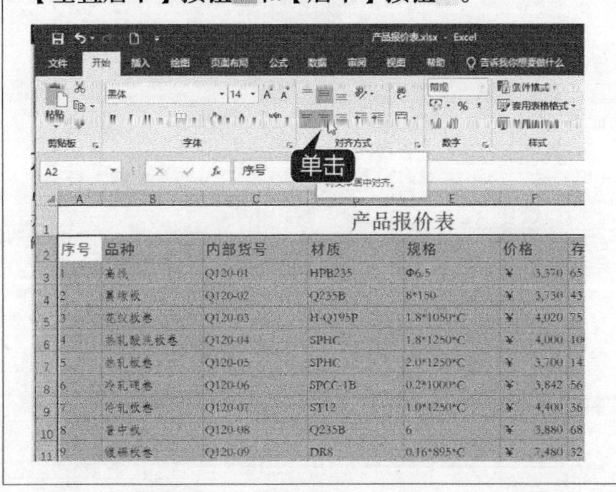

2 选择区域

则选择的区域中的数据将被居中显示，如下图所示。

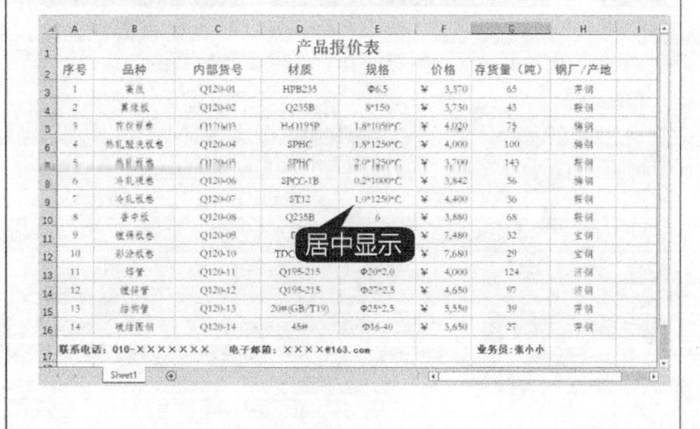

3 单击【合并后居中】按钮

分别选择A17:C17、D17:F17及G17:H17单元格区域，单击【合并后居中】按钮，使内容居中显示。

产品报价表							
序号	品种	内部货号	材质	规格	价格	存货量（吨）	钢厂/产地
1	高线	Q120-01	HPB235	Φ6.5	¥ 3,370	65	萍钢
2	暴绿板	Q120-02	Q235B	8*150	¥ 3,730	43	鞍钢
3	花纹板卷	Q120-03	H-Q195P	1.8*1050*C	¥ 4,020	75	梅钢
4	热轧酸洗板卷	Q120-04	SPHC	1.8*1250*C	¥ 4,000	100	梅钢
5	热轧板卷	Q120-05	SPHC	2.0*1250*C	¥ 3,700	143	鞍钢
6	冷轧硬卷	Q120-06	SPCC-1B	0.2*1000*C	¥ 3,842	56	梅钢
7	冷轧板卷	Q120-07	ST12	1.0*1250*C	¥ 4,400	36	鞍钢
8	普中板	Q120-08	Q235B	6	¥ 3,880	68	鞍钢
9	镀锌板卷	Q120-09	DR8	0.16*895*C	¥ 7,480	32	宝钢
10	彩涂板卷	Q120-10	TDC51D+Z	0.4*1000*C	¥ 7,680	29	宝钢
11	焊管	Q120-11	Q195-215	Φ20*2.0	¥ 4,000	124	济钢
12	镀锌管	Q120-12	Q195-215	Φ27*2.5	¥ 4,650	97	济钢
13	结构管	Q120-13	20#(GB/T19)	Φ25*2.5	¥ 5,550	39	萍钢
14	优结圆钢	Q120-14	45#	Φ16-40	¥ 3,650	27	萍钢
联系电话：010-×××××××			电子邮箱：××××@163.com			业务员：张小小	

4 单击【确定】按钮

另外，还可以通过【设置单元格格式】对话框设置对齐方式。选择要设置对齐方式的其他单元格区域，在【开始】选项卡中选择【对齐方式】选项组右下角的【对齐设置】按钮，在弹出的【设置单元格格式】对话框中选择【对齐】选项卡，在【文本对齐方式】区域下的【水平对齐】列表框中选择【居中】选项，在【垂直对齐】列表框中选择【居中】选项，单击【确定】按钮即可。

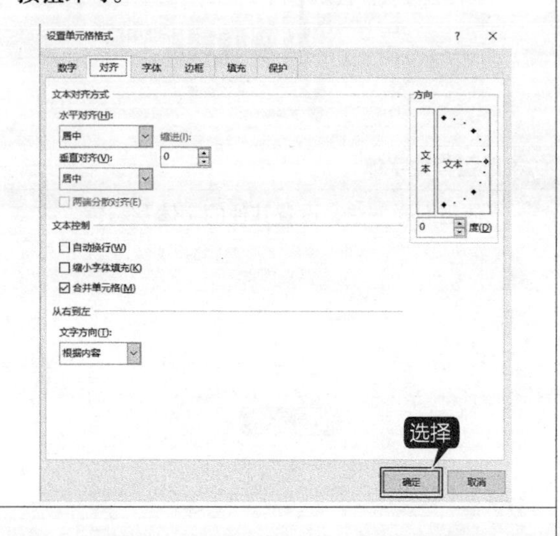

5.1.3 添加表格边框

在Excel 2019中，单元格四周的灰色网格线默认是不能被打印出来的。为了使表格更加规范、美观，可以为表格设置边框。使用对话框设置边框的具体操作步骤如下。

1 设置字体

选中要添加边框的单元格区域A1:H17，单击【开始】选项卡下【字体】选项组右下角的【字体设置】按钮。

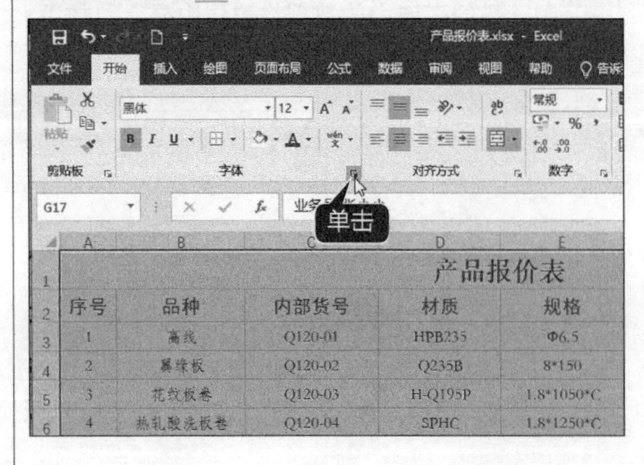

2 单击【外边框】图标

弹出【设置单元格格式】对话框，选择【边框】选项卡，在【样式】列表框中选择一种样式，然后在【颜色】下拉列表中选择“蓝色，个性色1”，在【预置】区域单击【外边框】图标。

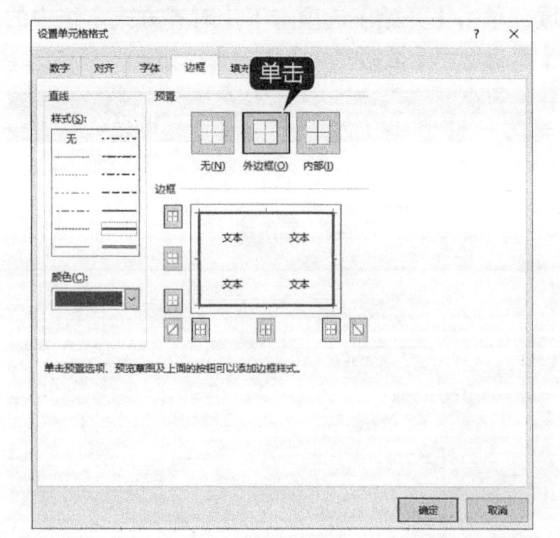

3 单击【确定】按钮

再次在【样式】列表框中选择一种样式，然后在【颜色】下拉列表中选择“蓝色，个性色1”，在【预置】区域单击【内部】图标，单击【确定】按钮。

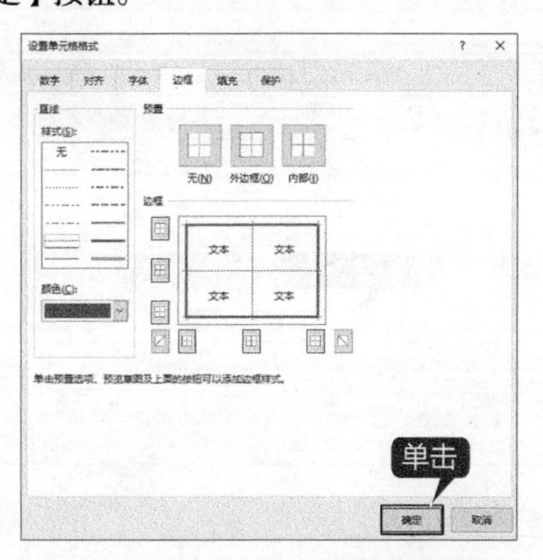

4 最终效果

添加边框后，最终效果如下图所示。

产品报价表							
序号	品种	内部货号	材质	规格	价格	存货量（吨）	钢厂/产地
1	高线	Q120-01	HPB235	Φ6.5	¥ 3,370	65	萍钢
2	翼缘板	Q120-02	Q235B	8*150	¥ 3,730	43	鞍钢
3	花纹板卷	Q120-03	H-Q195P	1.8*1050*C	¥ 4,020	75	梅钢
4	热轧酸洗板卷	Q120-04	SPHC	1.8*1250*C	¥ 4,000	100	梅钢
5	热轧板卷	Q120-05	SPHC	2.0*1250*C	¥ 3,700	143	鞍钢
6	冷轧硬卷	Q120-06	SPCC-1B	0.2*1000*C	¥ 3,842	56	梅钢
7	冷轧板卷	Q120-07	ST12	1.0*1250*C	¥ 4,400	36	鞍钢
8	普中板	Q120-08	Q235B	6	¥ 3,880	68	鞍钢
9	镀锌板卷	Q120-09	[illegible]	0.16*895*C	¥ 7,480	32	宝钢
10	彩涂板卷	Q120-10	[illegible]	[illegible]	¥ 7,680	29	宝钢
11	焊管	Q120-11	[illegible]	[illegible]	¥ 4,000	124	济钢
12	镀锌管	Q120-12	[illegible]	Φ27*2.5	¥ 4,650	97	济钢
13	结构管	Q120-13	20#(GB/T19)	Φ25*2.5	¥ 5,550	39	萍钢
14	螺纹圆钢	Q120-14	45#	Φ16-40	¥ 3,650	27	萍钢
联系电话：010-×××××××			电子邮箱：××××#163.com			业务员:张小小	

5.1.4 在Excel中插入在线图标

在Excel 2019中增加了“在线图标”功能，用户可以根据需要插入图标。

1 添加图标

将光标定位在要添加图标的位置，并单击【插入】选项卡【插图】选项组中的【图标】按钮。

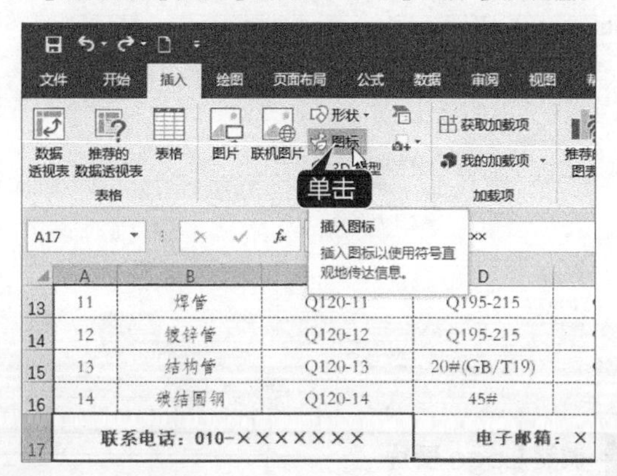

2 单击【插入】按钮

弹出【插入图标】对话框，可以在左侧选择图标分类，右侧则显示了对应的图标，如这里选择【通讯】类别下的图标，然后单击【插入】按钮。

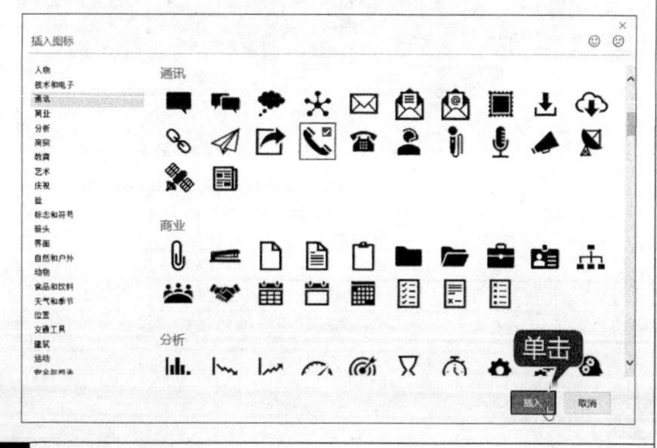

3 调整图标大小

将鼠标光标放在图片4个角的控制点上，当鼠标光标变为形状时，按住鼠标左键并拖曳鼠标，至合适大小后释放鼠标左键，即可调整图标的大小。

	A	B	C	D
13	11	焊管	Q120-11	Q195-215
14	12	镀锌管	Q120-12	Q195-215
15	13	结构管	Q120-13	20#(GB/T19)
16	14	螺纹圆钢	Q120-14	45#
17	联系电话：010-×××××××			电子邮箱

调整图标

4 设置填充颜色

选中图标，单击【图形工具】➤【格式】➤【图形样式】组中的【图形填充】按钮，在弹出的颜色列表中选择“蓝色，个性色1”颜色。

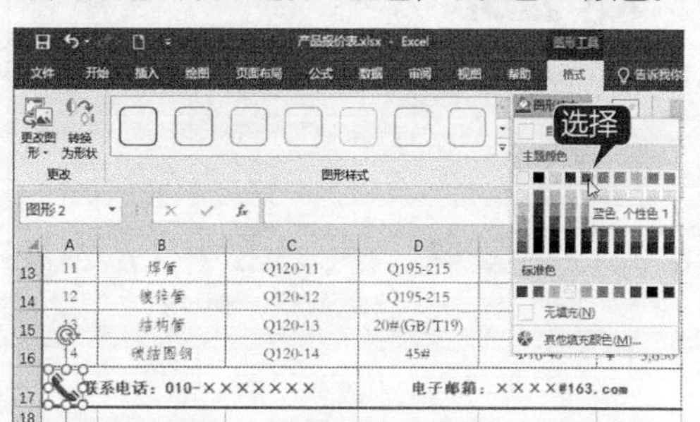

5 返回工作表

返回工作表，即可看到调整后的效果，如下图所示。

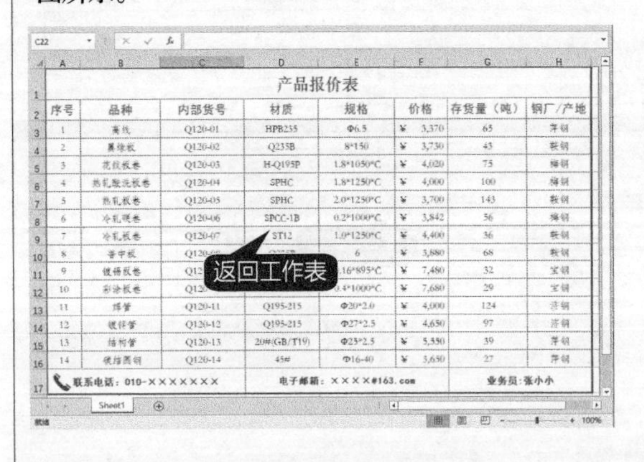

6 调整图标

使用同样方法，为D17和G17单元格，添加并调整图标，如下图所示。

产品报价表							
序号	品种	内部货号	材质	规格	价格	存货量（吨）	钢厂/产地
1	高线	Q120-01	HPB235	Φ6.5	¥ 3,370	65	萍钢
2	翼缘板	Q120-02	Q235B	8*150	¥ 3,730	43	鞍钢
3	花纹板卷	Q120-03	H-Q195P	1.8*1050*C	¥ 4,020	75	梅钢
4	热轧酸洗板卷	Q120-04	SPHC	1.8*1250*C	¥ 4,000	100	梅钢
5	热轧板卷	Q120-05	SPHC	2.0*1250*C	¥ 3,700	143	鞍钢
6	冷轧硬卷	Q120-06	SPCC-1B	0.2*1000*C	¥ 3,842	56	梅钢
7	冷轧板卷	Q120-07	ST12	1.0*1250*C	¥ 4,400	36	鞍钢
8	普中板	Q120-08	Q235B	6	¥ 3,880	68	鞍钢
9	镀锌板卷	Q120-09	DX8	0.16*895*C	¥ 7,480	32	宝钢
10	彩涂板卷	Q120-10	TDC51D+Z	0.4*1000*C	¥ 7,680	29	宝钢
11	焊管	Q120-11	Q195-215	Φ20*2.0	¥ 4,000	124	济钢
12	镀锌管	Q12		Φ27*2.5	¥ 4,650	97	济钢
13	结构管	Q12		Φ25*2.5	¥ 5,550	39	萍钢
14	碳结圆钢	Q120-14	45#	Φ16-40	¥ 3,650	27	萍钢
联系电话：010-×××××××			电子邮箱：××××@163.com			业务员：张小小	

调整图标

5.1.5 在Excel中插入公司Logo

在Excel工作表中插入图片可以使工作表更美观。下面以插入公司Logo为例，介绍插入图片的方法，具体操作步骤如下。

1 打开素材

在打开的素材文件中，单击【插入】选项卡下【插图】组中的【图片】按钮。

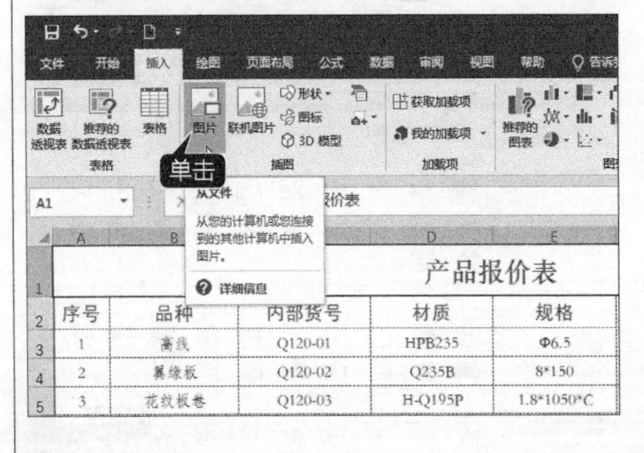

2 单击【插入】按钮

弹出【插入图片】对话框，选择插入图片存储的位置，并选择要插入的公司Logo图片，单击【插入】按钮。

3 插入图片

将选择的图片插入工作表中。

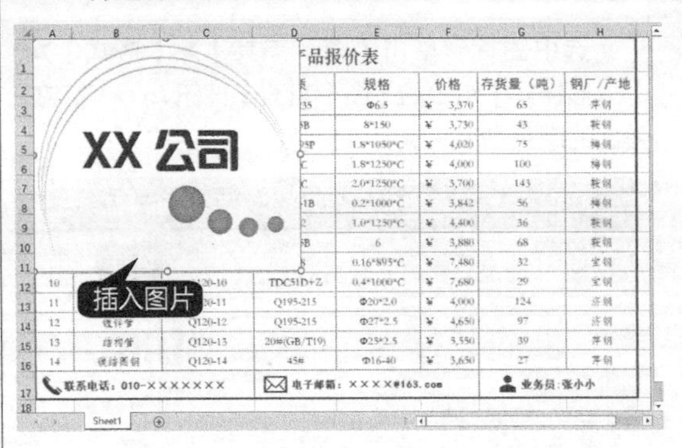

4 调整 Logo 图片

将鼠标光标放在图片4个角的控制点上，当鼠标光标变为↘形状时，按住鼠标左键并拖曳鼠标，至合适大小后释放鼠标左键，即可调整插入的公司Logo图片的大小。

	A	B	C
2		品种	内部货号
3		高线	Q120-01
4		翼缘板	Q120-02
5		花纹板卷	Q120-03
6	4	热轧酸洗板卷	Q120-04
7	5	热轧板卷	Q120-05

调整 Logo 图片

5 调整图片位置

将鼠标光标放置到图片上，当鼠标光标变为✥形状时，按住鼠标左键并拖曳鼠标，至合适位置处释放鼠标左键，就可以调整图片的位置。

	A	B	C	D	E
1	XX公司		产品报价表		
2	序号	品种	内部货号	材质	规格
3	1	高线	Q120-01	HPB235	Φ6.5
4	2	翼缘板	Q120-02	Q235B	8*150
5	3	花纹板卷	Q120-03	H-Q195P	1.8*1050*C
6	4	热轧酸洗板卷	Q120-04	SPHC	1.8*1250*C
7	5	热轧板卷	Q120-05	SPHC	2.0*1250*C
8	6	冷轧硬卷	Q120-06	SPCC-1B	0.2*1000*C
9	7	冷轧板卷	Q120-07	ST12	1.0*1250*C
10	8	普中板	Q120-08	Q235B	6
11	9	镀锡板卷	Q120-09	DR8	0.16*895*C

调整图片

6 最终效果

选择插入的图片，在【格式】选项卡下【调整】和【图片样式】选项组中还可以根据需要调整图片的样式，最终效果如下图所示。

最终效果

至此，就完成了《产品报价表》的美化操作。

5.2 美化《员工工资表》

本节视频教学时间：4分钟

Excel 2019提供自动套用表格样式和单元格样式的功能，便于用户从众多预设好的表格样式和单元格样式中选择一种样式，快速地套用到某一个工作表或单元格中。本节以美化《员工工资表》为例介绍套用表格样式和单元格样式的操作。

5.2.1 快速设置表格样式

Excel预置有60种常用的样式，并将60种样式分为浅色、中等色和深色3组。用户可以自动套用这些预先定义好的样式，以提高工作的效率。套用中等色表格样式的具体操作步骤如下。

1 打开素材

打开 "素材\ch05\员工工资表.xlsx"文件，选择单元格区域A2:G10。

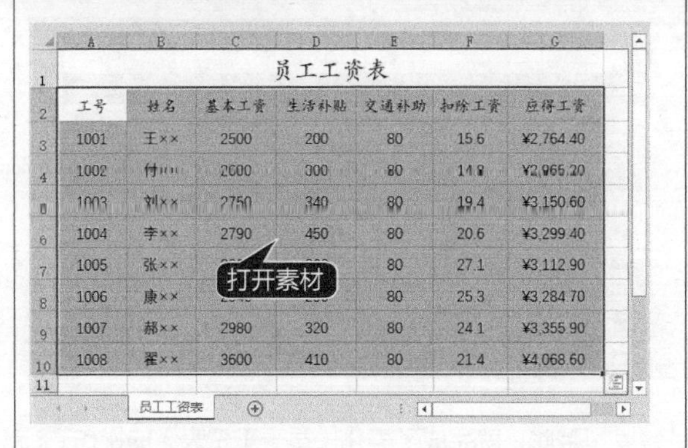

2 选择颜色

单击【开始】选项卡【样式】组中的【套用表格格式】按钮，在弹出列表中选择要套用的表格样式，如这里选择【中等色】➤【蓝色,表样式中等深浅 9】样式。

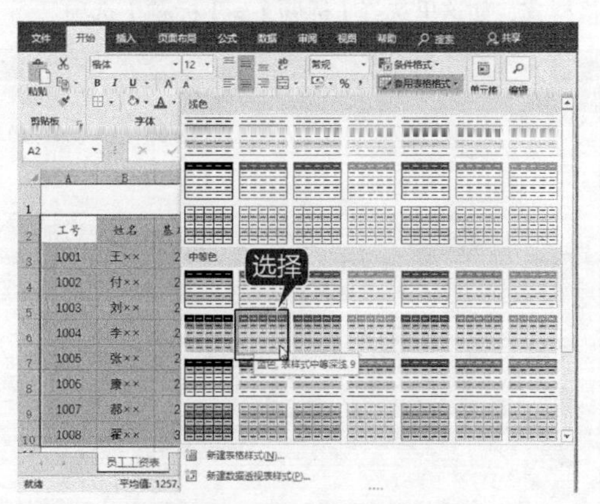

3 单击【确定】按钮

弹出【套用表格式】对话框，单击【确定】按钮。

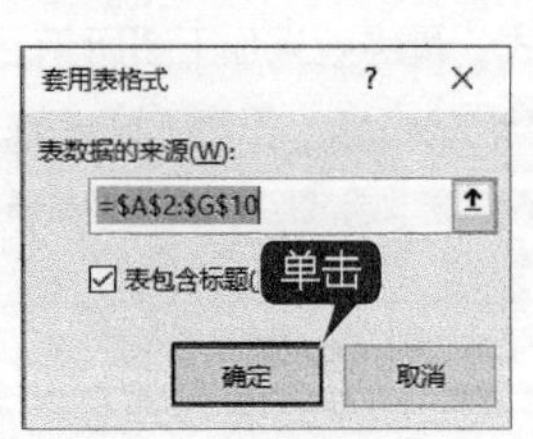

4 套用表格样式

套用表格样式，效果如下图所示。

员工工资表

工号	姓名	基本工	生活补	交通补	扣除工	应得工
1001	王××	2500	200	80	15.6	¥2,764.40
1002	付××	2600	300	80	14.8	¥2,965.20
1003	刘××	2750	340	80	19.4	¥3,150.60
1004	李××	2790	450	80	20.6	¥3,299.40
1005	张××	2800		80	27.1	¥3,112.90
1006	康××	2940		80	25.3	¥3,284.70
1007	郝××	2980	320	80	24.1	¥3,355.90
1008	翟××	3600	410	80	21.4	¥4,068.60

效果图

5 选择【表格】选项

选择第2行的任意单元格并单击鼠标右键，在弹出的快捷菜单中选择【表格】➤【转换为区域】菜单命令。

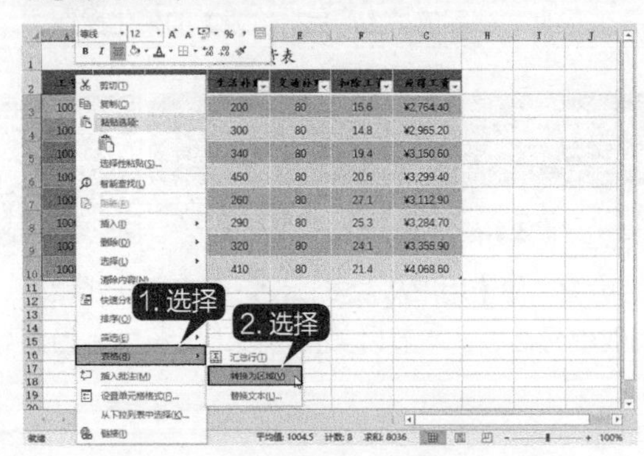

6 最终效果

在弹出的提示框中单击【是】按钮，即可取消表格的筛选状态，最终效果如下图所示。

员工工资表

工号	姓名	基本工资	生活补贴	交通补助	扣除工资	应得工资
1001	王××	2500	200	80	15.6	¥2,764.40
1002	付××	2600	300	80	14.8	¥2,965.20
1003	刘××	2750	340	80	19.4	¥3,150.60
1004	李××	2790	450	80	20.6	¥3,299.40
1005	张××	2800			27.1	¥3,112.90
1006	康××	2940			25.3	¥3,284.70
1007	郝××	2980	320	80	24.1	¥3,355.90
1008	翟××	3600	410	80	21.4	¥4,068.60

最终效果

5.2.2 套用单元格样式

Excel 2019中内置了“好、差和适中”“数据和模型”“标题”“主单元格样式”“数字格式”等多种单元格样式，用户可以根据需要选择要套用的单元格样式。具体操作步骤如下。

1 打开素材

在打开的素材文件中，选择A1单元格，单击【开始】选项卡【样式】组中的【单元格样式】按钮 单元格样式，在弹出的列表中选择要套用的单元格样式，如这里选择【标题】➤【标题】选项。

2 最终效果

套用单元格样式后，最终效果如下图所示。

至此，就完成了美化《员工工资表》的操作。

高手私房菜

技巧1：在Excel表中绘制斜线表头

在Excel工作表制作时，往往需要制作斜线表头来表示二维表的不同内容，下面介绍斜线表头制作技巧。

1 设置内容

在A1单元格中输入“项目”文字，然后按【Alt+Enter】组合键换行，然后输入“编号”文字，并设置内容“左对齐”显示。

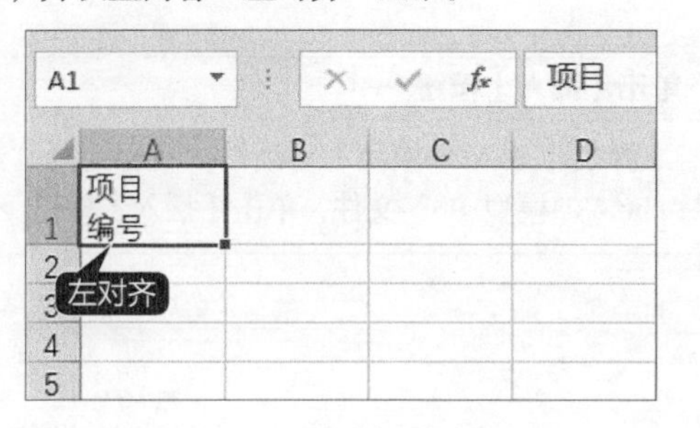

2 单击【确定】按钮

选中A1单元格，按【Ctrl+1】组合键，打开【设置单元格格式】对话框，选择【边框】选项卡，单击右下角的【斜线】按钮，然后单击【确定】按钮。

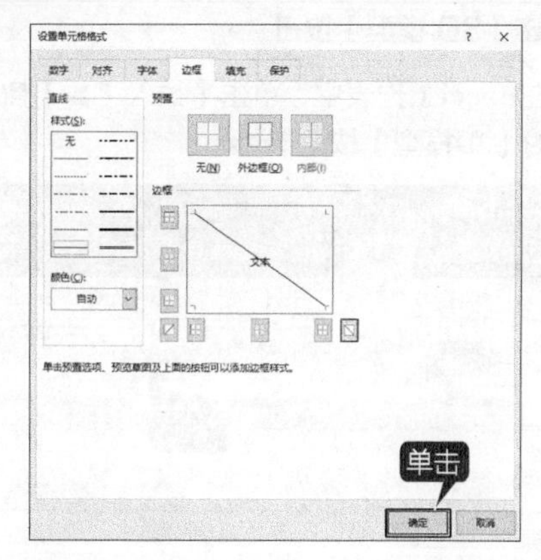

3 调整效果

将光标放在“项目”前面，添加空格，调整效果后如下图所示。

4 效果内容

如果要添加三栏斜线表头，可以在A2单元格中，通过换行和空格，输入如下效果的内容。

5 选择【直线】形状

单击【插入】➤【插图】➤【形状】按钮，选择【直线】形状。

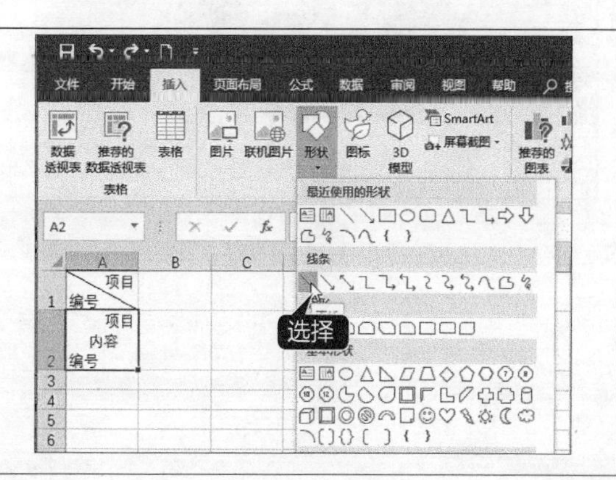

6 最终效果

从单元左上角开始用鼠标绘制两条直线，即可完成三栏斜线表头绘制，如右图所示。

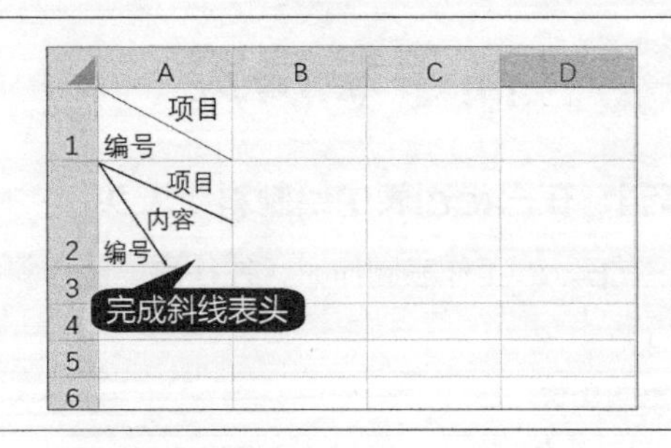

技巧2：在Excel表中插入3D模型

在Excel 2019中，新增了3D模型功能，用户可以在工作表中插入三维模型，并可将3D模型旋转，以方便在文档中阐述观点或显示对象的具体特性。

1 单击【3D 模型】按钮

在Excel工作表中，单击【插入】➤【插图】组中的【3D模型】按钮 3D 模型 。

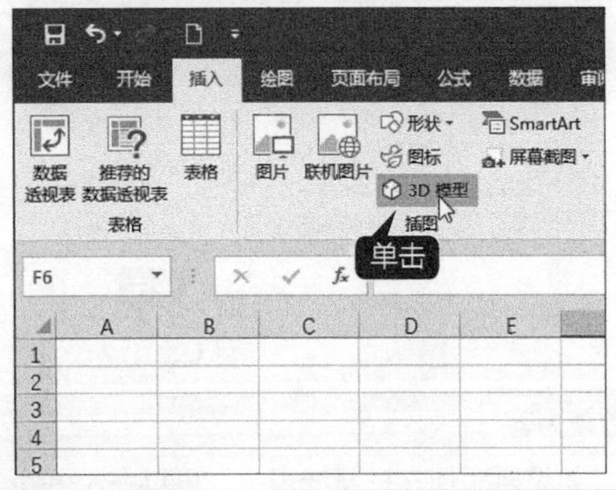

2 单击【插入】按钮

弹出【插入3D模型】对话框，可以选择“素材\ch05\3D模型.glb”文件，单击【插入】按钮。

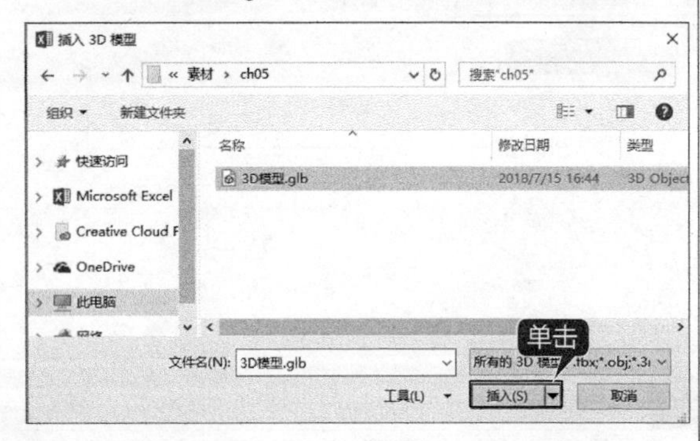

3 插入 3D 模型

此时，即可在文档中插入3D模型。在3D模型中间会显示一个三维控件，可以向任何方向旋转或倾斜三维模型，只需单击鼠标左键、按住鼠标左键并拖动鼠标即可。

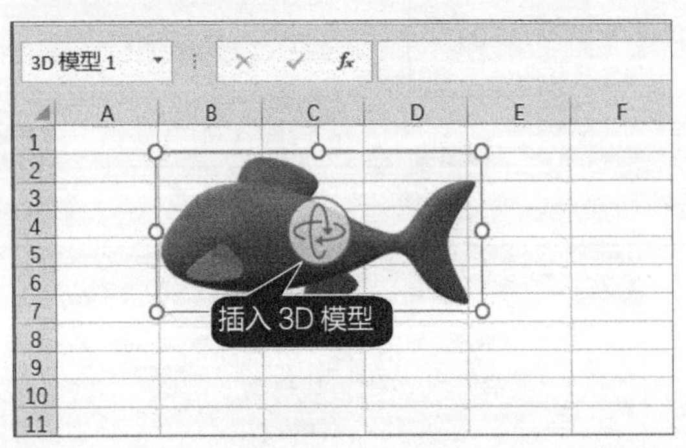

4 设置显示视图

另外，单击【3D模型】➤【格式】➤【3D模型视图】组中的【其他】按钮，可以设置文件的显示视图。

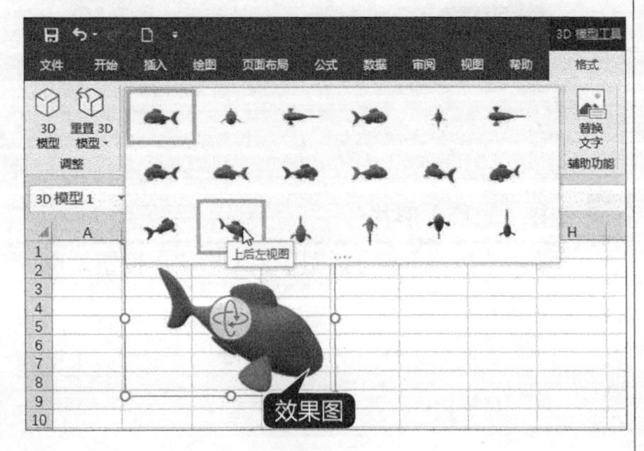

第 6 章

Excel 公式和函数

本章视频教学时间：1 小时 16 分钟

公式和函数是 Excel 的重要组成部分，它们使 Excel 拥有了强大的计算能力，为用户分析和处理工作表中的数据提供了很大的方便。使用公式和函数可以节省处理数据的时间，降低在处理大量数据时的出错率。用好公式和函数，是在 Excel 中高效、便捷地处理数据的保证。

【学习目标】

- 通过对公式、单元格引用和函数的学习，掌握使用函数完成复杂数据运算的方法。

【本章涉及知识点】

- 公式的基础知识
- 输入公式的方法
- 函数的使用方法

6.1 制作《公司利润表》

本节视频教学时间：5分钟

《公司利润表》通常需要计算公司的季度或年利润，旨在反映公司在一定时间阶段的经营情况和获利能力，是公司财务部门最常用的报表，提供给公司决策层，以供他们参考和做出决策。

在Excel 2019中，公式可以帮助用户分析工作表中的数据，例如对数值进行加、减、乘、除等运算。本节以制作《公司利润表》为例介绍公式的使用。

6.1.1 认识公式

在Excel中，使用公式是数据计算的重要方式，它可以使各类数据处理工作变得方便。在使用Excel公式之前，需要先了解公式的基本概念、运算符以及公式括号的优先级使用规则。

1. 公式的基本概念

首先看下图，要计算总支出金额，只需将各项支出金额进行相加。如果我们使用手动计算，或者使用计算器的话，那么效率是非常低的，也无法确保准确率。

	A	B	C
1	支出项目	支出金额	
2	水电费	¥139.65	
3	燃气费	¥72.63	
4	电话费	¥86.30	
5			
6	总支出		
7			

在Excel中，用单元格表示就是B2+B3+B4，它就是一个表达式。如果使用“=”作为开头连接这个表达式，那么就形成了一个Excel公式，也可以视为一个数学公式。不过在使用公式时必须以等号“=”开头，后面紧接数据和运算符。为了方便理解，下面为应用公式的几个例子。

=2018+1

=SUM（A1:A9）

=现金收入-支出

上面的例子体现了Excel公式的语法，即公式以等号“=”开头，后面紧接着运算数和运算符，运算数可以是常数、单元格引用、单元格名称和工作表函数等。

在单元格中输入公式，就可以进行计算，然后返回结果。公式使用数学运算符来处理数值、文本、工作表函数及其他函数，在一个单元格中计算出一个数值。数值和文本可以位于其他的单元格中，这样可以方便地更改数据，赋予工作表动态特征。在更改工作表中数据的同时让公式来做这个工作，用户可以快速地查看多种结果。

小提示

函数是Excel软件内置的一段，完成预定的计算功能的程序，或者说是一种内置的公式。公式是用户根据数据统计、处理和分析的实际需要，利用函数式、引用、常量等参数，通过运算符号连接起来，完成用户需求的计算功能的一种表达式。

输入单元格中的数据由下列几个元素组成。

(1) 运算符，如“+”（相加）或“*”（相乘）。

(2) 单元格引用（包含了定义名称的单元格和区域）。

(3) 数值和文本。

(4) 工作表函数（如SUM函数或AVERAGE函数）。

在单元格中输入公式后，单元格中会显示公式计算的结果。当选中单元格的时候，公式本身会出现在编辑栏里。下表给出了几个公式的例子。

=2019*0.5	公式只使用了数值且不是很有用，建议使用单元格与单元格相乘
=A1+A2	把单元格 A1 和 A2 中的值相加
=Income−Expenses	用单元格 Income（收入）的值减去单元格 Expenses（支出）的值
=SUM(A1:A12)	从 A1 到 A12 所有单元格中的数值相加
=A1=C12	比较单元格 A1 和 C12。如果相等，公式返回值为 TRUE；反之则为 FALSE

2. 公式中的运算符

在Excel中，运算符分为4种类型，分别是算术运算符、比较运算符、文本运算符和引用运算符。

（1）算术运算符

算术运算符主要用于数学计算，其组成和含义如下表所示。

算数运算符名称	含义	示例
+（加号）	加	6+8
–（减号）	减及负数	6–2 或 –5
/（斜杠）	除	8/2
*（星号）	乘	2*3
%（百分号）	百分比	45%

（2）比较运算符

比较运算符主要用于数值比较，其组成和含义如下表所示。

比较运算符名称	含义	示例
=（等号）	等于	A1=B2
>（大于号）	大于	A1>B2
<（小于号）	小于	A1<B2
>=（大于等于号）	大于等于	A1>=B2
<=（小于等于号）	小于等于	A1<=B2

（3）引用运算符

引用运算符主要用于合并单元格区域，其组成和含义如下表所示。

引用运算符名称	含义	示例
:（比号）	区域运算符，对两个引用之间包括这两个引用在内的所有单元格进行引用	A1:E1(引用从 A1 到 E1 的所有单元格)
,（逗号）	联合运算符，将多个单元格或范围引用引用合并为一个引用	A1:E1,B2:F2（引用 A1:E1 和 B2:F2 这两个单元格区域的数据）
（空格）	交叉运算符，生成对两个引用中共有单元格的引用	A1:F1 B1:B3（引用两个单元格区域的交叉单元格，即引用 B1 单元格中的数据）

（4）文本运算符

文本运算符只有一个文本串连字符“&”，用于将两个或多个字符串连接起来，如下表所示。

文本运算符名称	含义	示例
&（连字符）	将两个文本连接起来产生连续的文本	“足球”&“世界杯”产生“足球世界杯”

3. 运算符优先级

如果一个公式中包含多种类型的运算符号，Excel则按表中的先后顺序进行运算。如果想改变公式中的运算优先级，可以使用括号“( )”实现。

运算符（优先级从高到低）	说明
：、、（空格）	引用运算符：比号、逗号和单个空格
–（负号）	算术运算符：负号
%（百分号）	算术运算符：百分比
^（脱字符）	算术运算符：乘幂
* 和 /	算术运算符：乘和除
+ 和 –	算术运算符：加和减
&	文本运算符：连接文本
=，< , > ,>=，<=，<>	比较运算符：比较两个值

4. 公式中括号的优先级使用规则

如果要改变运算的顺序，可以使用括号“（ ）”把公式中优先级低的运算括起来。请不要用括号把数值的负号单独括起来，而应该把符号放在数值的前面。

在下面的例子中，在公式中使用了括号以控制运算的顺序，即用A2中的值减去A3的值，然后与A4中的值相乘。

有括号的公式如下。

=（A2-A3）*A4

如果输入时没有括号，Excel将会计算出错误的结果。因为乘号拥有较高的优先级，所以A3会首先与A4相乘，然后A2才去减它们相乘的结果。这不是所需要的结果。

没有括号的公式如下。

=A2-A3*A4

在公式中括号还可以嵌套使用，也就是在括号的内部还可以有括号。这样Excel会首先计算最里面括号中的内容。下面是一个使用嵌套括号的公式。

=（（A2*C2）+（A3*C3）+(A4*C4)）*A6

公式总共有4组括号——前3组嵌套在第4组括号里面。Excel会首先计算最里面括号中的内容，再把它们3个的结果相加，然后将这一结果再乘以A6的值。

尽管公式中使用了4组括号，但只有最外边的括号才有必要。如果理解了运算符的优先级，这个公式可以被重新为。

=（A2*C2+A3*C3+A4*C4）*A6

使用额外的括号会使计算更加清晰。

每一个左括号都应该匹配一个相应的右括号。如果有多层嵌套括号，看起来就不够直观。如果括号不匹配，Excel会显示一个错误信息说明问题，并且不允许用户输入公式。在某些情况下，如果公式中含有不对称括号，Excel会建议对公式进行更正，单击【是】按钮，即可接受修正。

6.1.2 输入公式

在Excel中进行数据计算，需要在单元格或编辑栏中输入相应的公式。在输入公式时，首先需要输入“=”符号作为开头，然后再输入公式的表达式。例如，在单元格C1中输入公式“=A1+B1”，可以按照以下步骤进行输入。

1 打开素材

打开“素材\ch06\公司利润表.xlsx”文件，选择F3单元格，输入“=”。

2 单击单元格

单击单元格B3，单元格周围会显示一个活动虚框，同时单元格引用会出现在单元格F3和编辑栏中。

3 输入加号（+）

输入“加号（+）”，单击单元格C3。单元格B3的虚线边框会变为实线边框。

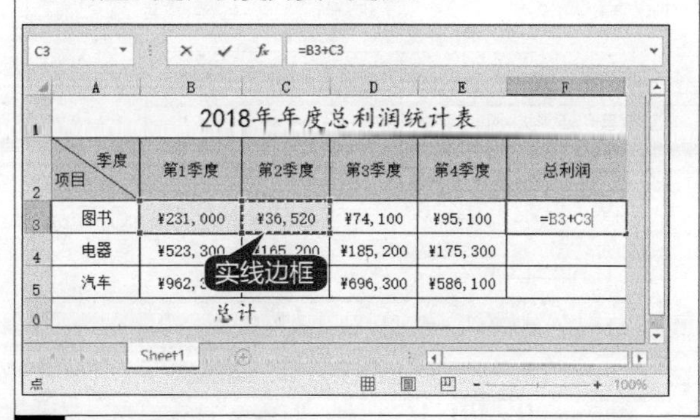

4 重复步骤 3

重复步骤3，依次选择D3和E3单元格，效果如下图所示。

5 按【Enter】键

按【Enter】键或单击【输入】按钮✔，即可计算出结果。

6.1.3 自动求和

在Excel 2019中，如果要对多个单元格或区域进行求和，可以使用状态栏的自动计算功能和【自动求和】按钮快速地完成单元格的求和。

1.自动显示计算结果

自动计算的功能就是对选定的单元格区域查看各种汇总数值，包括平均值、包含数据的单元格计数、求和、最大值和最小值等。如在打开的素材文件中，选择单元格区域B3:B5，在状态栏中即可看到计算结果。

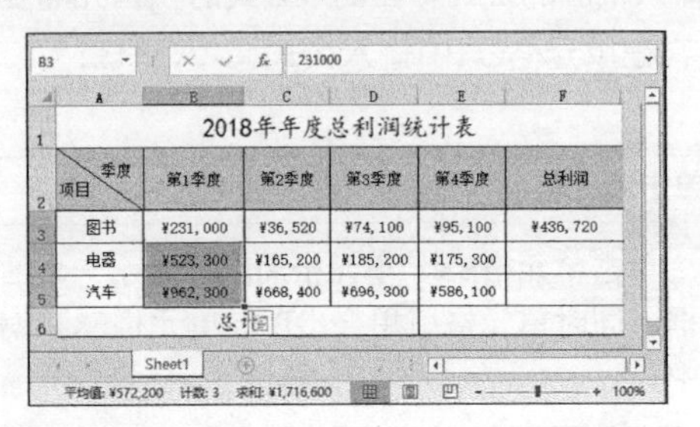

如果未显示计算结果，则可在状态栏上单击鼠标右键，在弹出的快捷菜单中选择要计算的菜单命令，如求和、平均值等。

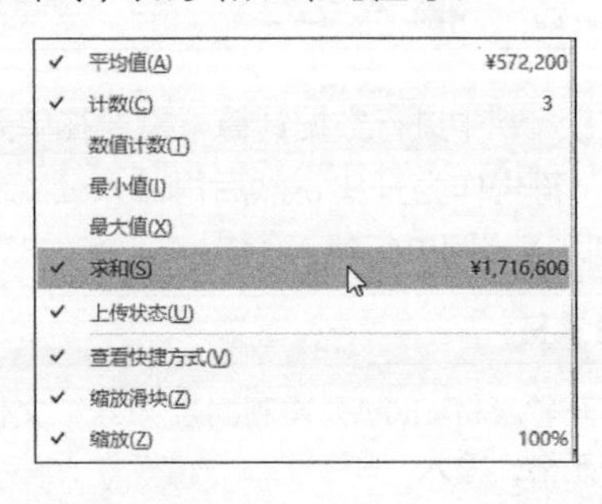

2.自动求和

在日常工作中，最常用的计算是求和，Excel将它设定成工具按钮Σ，位于【开始】选项卡的【编辑】选项组中，该按钮可以自动设定对应的单元格区域的引用地址。另外，在【公式】选项卡下的【函数库】选项组中，也集成了的【自动求和】按钮Σ。自动求和的具体操作步骤如下。

1 打开素材

在打开的素材文件中，选择单元格F4，在【公式】选项卡中，单击【函数库】选项组中的【自动求和】按钮。

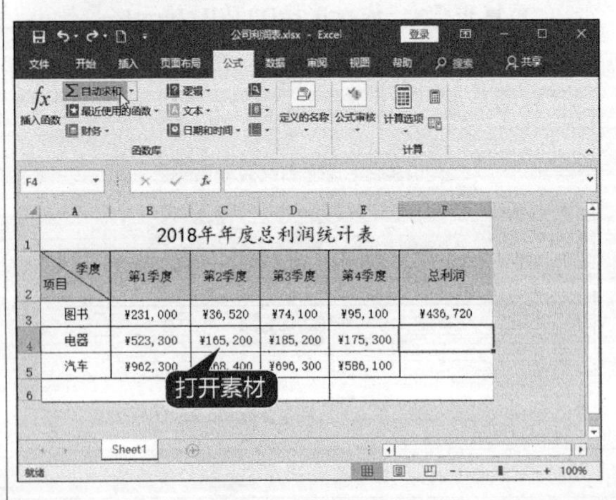

2 求和函数

此时，求和函数SUM()即会出现在单元格F4中。

小提示

如果要求和，按【Alt+=】组合键，可快速执行求和操作。

3 更改参数

更改括号中的参数为要计算的单元格区域B4:E4，单元格区域B4:E4被闪烁的虚线框包围，在此函数的下方会自动显示有关该函数的格式及参数。

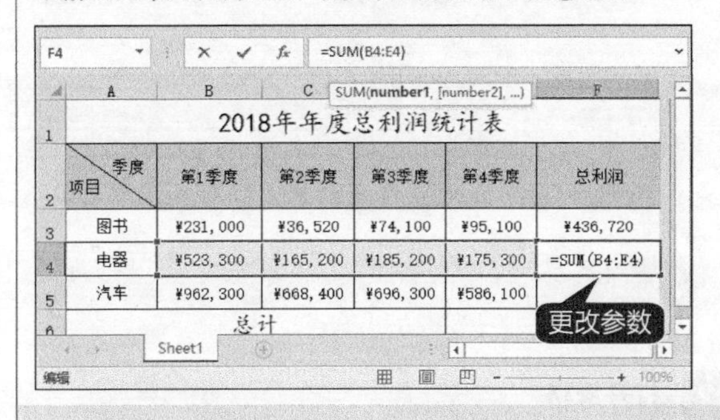

4 单击【输入】按钮

单击编辑栏上的【输入】按钮✓，或者按【Enter】键，即可在F4单元格中计算出B4:E4单元格区域中数值的和。

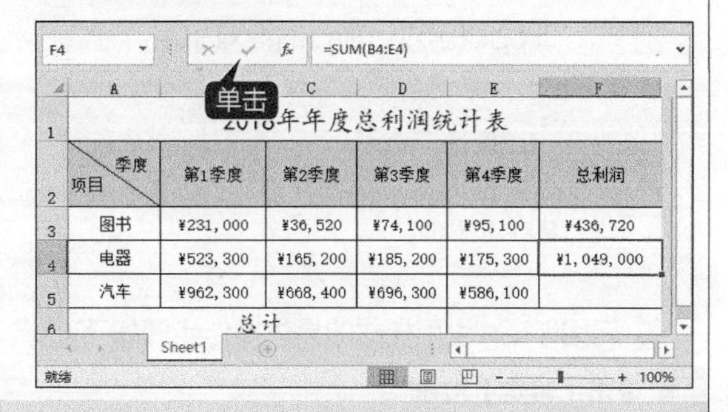

小提示

使用【自动求和】按钮Σ，不仅可以一次求出一组数据的总和，而且可以在多组数据中自动求出每组的总和。

6.1.4 使用单元格引用计算公司利润

单元格的引用就是引用单元格的地址，即把单元格的数据和公式联系起来。

1.单元格引用与引用样式

单元格引用有不同的表示方法，既可以直接使用相应的地址表示，也可以用单元格的名字表示。用地址来表示单元格引用有两种样式，一种是A1引用样式，另一种是R1C1样式。

（1）A1引用样式

① A1引用样式是Excel的默认引用样式。这种样式的引用是用字母表示列（从A到XFD，共16 384列），用数字表示行（从1到1 048 576）。引用的时候先写列字母，再写行数字。若要引用单元格，输入列标和行号即可。例如，B2引用了B列和2行交叉处的单元格。

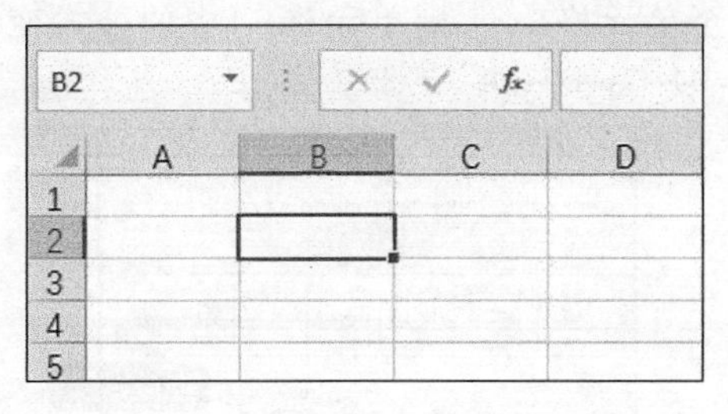

② 如果要引用单元格区域，可以输入该区域左上角单元格的地址、比号（:）和该区域右下角单元格的地址。例如在“公司利润表.xlsx”文件中，在单元格F4公式中引用了单元格区域B4:E4。

2018年年度总利润统计表

季度 / 项目	第1季度	第2季度	第3季度	第4季度	总利润
图书	¥231,000	¥36,520	¥74,100	¥95,100	¥436,720
电器	¥523,300	¥165,200	¥185,200	¥175,300	¥1,049,000
汽车	¥962,300	¥668,400	¥696,300	¥586,100	
总计					

（2）R1C1引用样式

在R1C1引用样式中，用R加行数字和C加列数字来表示单元格的位置。若表示相对引用，行数字和列数字都用中括号“[]”括起来；如果不加中括号，则表示绝对引用。如当前单元格是A1，则单元格引用为R1C1；加中括号R[1]C[1]则表示引用下面一行和右边一列的单元格，即B2，而如果不加“[]”，如R则表示对当前行的绝对引用。

小提示

R 代表 Row，是行的意思；C 代表 Column，是列的意思。A1 引用样式与 R1C1 引用样式中的绝对引用等价。

启用R1C1引用样式的具体操作步骤如下。

1 单击【确定】按钮

在Excel 2019软件中选择【文件】选项卡，在弹出的列表中选择【选项】选项。在弹出的【Excel选项】对话框的左侧选择【公式】选项，在右侧的【使用公式】栏中选中【R1C1引用样式】复选框，单击【确定】按钮即可。

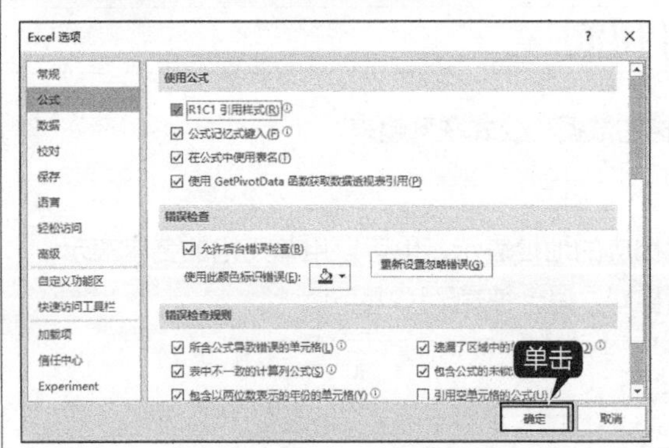

2 打开素材

在打开的素材中，单元格R3C6公式中引用的单元格区域表示为“RC[-4]:RC[-1]”。

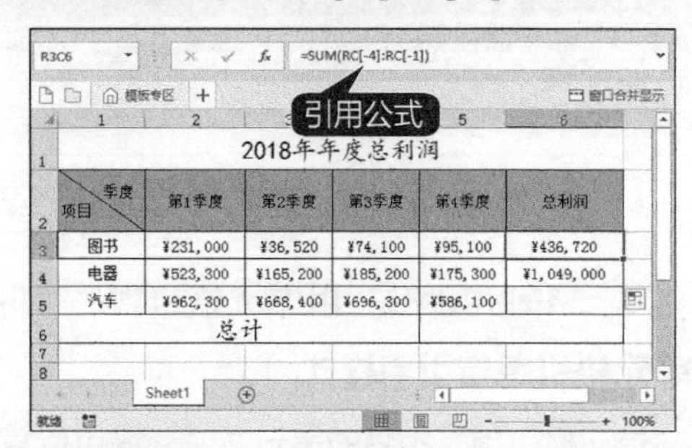

小提示

在 Excel 工作表中，如果引用的是同一工作表中的数据，可以使用单元格地址引用；如果引用的是其他工作簿或工作表中的数据，可以使用名称来代表单元格、单元格区域、公式或值。

2. 相对引用

相对引用是指单元格的引用会随公式所在单元格的位置的变更而改变。复制公式时，系统不是把原来的单元格地址原样照搬，而是根据公式原来的位置和复制的目标位置来推算出公式中单元格地址相对原来位置的变化。默认的情况下，公式使用的是相对引用。

1 选择单元格

在打开的素材文件中，删除F4单元格中的值，选择单元格F3，可以看到公式为“=B3+C3+D3+E3”。

2 移动鼠标指针

移动鼠标指针到单元格F3的右下角，当指针变成“+”形状时按住鼠标左键向下拖至单元格F4，则单元格F4中的公式变为“=B4+C4+D4+E4”。

3. 绝对引用

绝对引用是指在复制公式时，无论如何改变公式的位置，其引用单元格的地址都不会改变。绝对引用的表示形式是在普通地址的前面加“$”，如C1单元格的绝对引用形式是$C$1。

4. 混合引用

除了相对引用和绝对引用，还有混合引用，也就是相对引用和绝对引用的共同引用。当需要固定行引用而改变列引用，或者固定列引用而改变行引用时，就要用到混合引用，即相对引用部分发生改变，绝对引用部分不变。例如$B5、B$5都是混合引用。

1 打开素材

在打开的素材文件中，选择单元格F4，修改公式为“=$B4+$C4+$D4+$E4”，按【Enter】键。

2 填充单元格

填充至F5单元格，即可看到公式显示为“=$B5+$C5+$D5+$E5”，此时的引用即为混合引用。

5. 三维引用

三维引用是对跨工作表或工作簿中的两个工作表或者多个工作表中的单元格或单元格区域的引用。三维引用的形式为“【工作簿名】工作表名!单元格地址”。

小提示

跨工作簿引用单元格或单元格区域时，引用对象的前面必须用“!”作为工作表分隔符，用中括号作为工作簿分隔符，其一般形式为“[工作簿名]工作表名!单元格地址”。

6. 循环引用

当一个单元格内的公式直接或间接地引用了这个公式本身所在的单元格时，就称为循环引用。在工作簿中使用循环引用时，在状态栏中会显示“循环引用”字样，并显示循环引用的单元格地址。

下面就使用单元格引用的形式计算公司利润，具体操作步骤如下。

1 输入函数公式

在打开的素材文件中选择单元格E6，在编辑栏中输入函数公式“=SUM(F3:F5)”。

2 单击【输入】按钮

然后单击【输入】按钮✓或者按【Enter】键，即可使用相对引用的方法计算出总利润。

3 选择单元格

选择单元格E6，在编辑栏中修改函数公式“=SUM($F$3:$F$5)”后单击【Enter】按钮，也可计算出结果，此时的引用方式为绝对引用。

4 修改函数公式

再次选择单元格E6，在编辑栏中修改函数公式“=$F$3+F4+$F5”后单击【Enter】按钮，即可计算出总利润，此时的引用方式为混合引用。

6.2 制作《员工薪资管理系统》

本节视频教学时间：7分钟

《员工薪资管理系统》由工资表、员工基本信息表、销售奖金表、业绩奖金标准和税率表组成，每个工作表里的数据都需要经过大量的运算，各个工作表之间也需要使用函数相互调用，最后由各个工作表共同组成一个《员工薪资管理系统》工作簿。

6.2.1 函数的应用基础

函数是Excel的重要组成部分，有着非常强大的计算功能，为用户分析和处理工作表中的数据提供了很大的方便。

1.函数的基本概念

Excel中所提到的函数其实是一些预定义的公式，它们使用一些被称为参数的特定数值按特定的顺序或结构进行计算。每个函数描述都包括一个语法行，它是一种特殊的公式。所有的函数必须以等号“=”开始，它是预定义的内置公式，必须按语法的特定顺序进行计算。

【插入函数】对话框为用户提供了一个使用半自动方式输入函数及其参数的方法。使用【插入函数】对话框可以保证正确的函数拼写，以及顺序正确且确切的参数个数。

打开【插入函数】对话框有以下3种方法。

（1）在【公式】选项卡中，单击【函数库】选项组中的【插入函数】按钮 f_x 。

（2）单击编辑栏中的【插入】按钮 f_x 。

（3）按【Shift+F3】组合键。

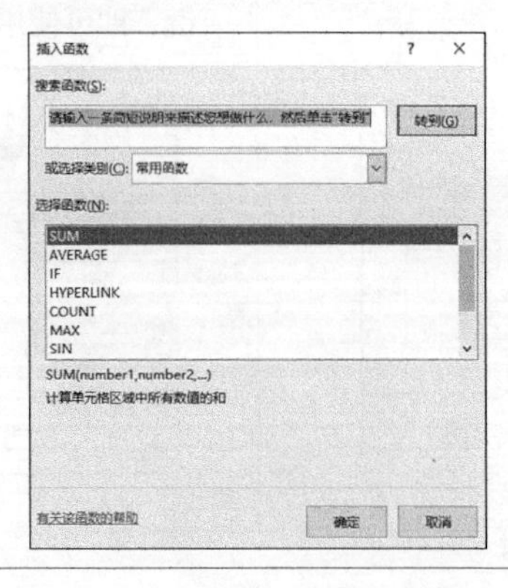

如果要使用内置函数，【插入函数】对话框中有一个函数类别的下拉列表，从中选择一种类别，该类别中所有的函数就会出现在【选择函数】列表框中。

如果不确定需要哪一类函数，可以使用对话框顶部的【搜索函数】文本框搜索相应的函数。输入搜索项，单击【转到】按钮，即会得到一个相关函数的列表。

选择函数后单击【确定】按钮，Excel会显示【函数参数】对话框。使用【函数参数】对话框可以为函数设定参数，参数根据插入函数的不同而不同。要使用单元格或区域引用作为参数，可以手工输入地址或单击参数选择框，选择单元格或区域。在设定了所有的函数参数后，单击【确定】按钮即可。

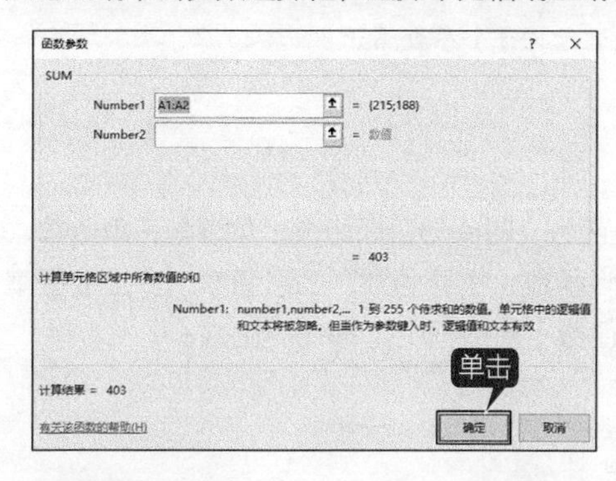

小提示

使用【插入函数】对话框可以向一个公式中插入函数，使用【函数参数】对话框可以修改单元格中的参数。

如果在输入函数时改变了想法，可以单击编辑栏左侧的【取消】按钮 ×。

2.函数的组成

在Excel中，一个完整的函数式通常由3部分构成，分别是标识符、函数名称、函数参数，其格式如下。

SUM　=SUM(A1:A2)

	A	B	C
1	215		
2	188		
3	=SUM(A1:A2)		
4			
5			
6			

（1）标识符

在单元格中输入计算函数时，必须先输入“=”，这个“=”称为函数的标识符。

提示：如果不输入“=”，Excel通常将输入的函数式作为文本处理，不返回运算结果。如果输入“+”或“-”，Excel也可以返回函数式的结果，确认输入后，Excel在函数式的前面会自动添加标识符“=”。

（2）函数名称

函数标识符后面的英文是函数名称。

小提示

大多数函数名称是对应英文单词的缩写。有些函数名称是由多个英文单词（或缩写）组合而成的，例如，条件求和函数 SUMIF 是由求和函数 SUM 和条件函数 IF 组成的。

（3）函数参数

函数参数主要有以下几种类型。

① 常量。常量参数主要包括数值（如“123.45”）、文本（如“计算机”）和日期（如“2019-1-1”）等。

② 逻辑值。逻辑值参数主要包括逻辑真（TRUE）、逻辑假（FALSE）以及逻辑判断表达式（例如，单元格A3不等于空表示为“A3<>()”）的结果等。

③ 单元格引用。单元格引用参数主要包括单个单元格的引用和单元格区域的引用等。

④ 名称。在工作簿文档中各个工作表中自定义的名称，可以作为本工作簿内的函数参数直接引用。

⑤ 其他函数式。用户可以用一个函数式的返回结果作为另一个函数式的参数。对于这种形式的函数式，通常称为“函数嵌套”。

⑥ 数组参数。数组参数可以是一组常量（如2、4、6），也可以是单元格区域的引用。

小提示

如果一个函数中涉及多个参数时，可用英文状态下的逗号将每个参数隔开。

3.函数的分类

Excel提供了丰富的内置函数，按照功能可以分为财务函数、时间与日期函数、数学与三角函数、统计函数、查找与引用函数、数据库函数、文本函数、逻辑函数、信息函数、工程函数、多维数据集函数、兼容性函数和Web函数等13类。用户可以在【插入函数】对话框中查看13类函数。

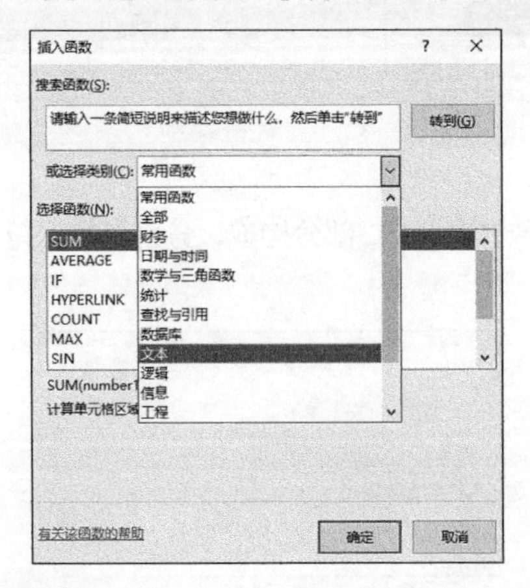

各分类函数的作用主要如下表所示。

函数类型	作用
财务函数	进行一般的财务计算
日期与时间函数	可以分析和处理日期及时间
数学与三角函数	可以在工作表中进行简单的计算
统计函数	对数据区域进行统计分析
查找与引用函数	在数据清单中查找特定数据或查找一个单元格引用
数据库函数	分析数据清单中的数值是否符合特定条件
文本函数	在公式中处理字符串
逻辑函数	进行逻辑判断或者复合检验
信息函数	确定存储在单元格中数据的类型
工程函数	用于工程分析
多维数据集函数	用于从多维数据库中提取数据集和数值
兼容函数	这些函数已由新函数替换，新函数可以提供更好的精确度，且名称更好地反映其用法
Web 函数	通过网页链接直接用公式获取数据

6.2.2 输入函数

输入函数的方法很多，可以根据需要进行选择，但要做到准确快速输入。具体操作步骤如下。

1 打开素材

打开“素材\ch06\员工薪资管理系统.xlsx”文件，选择“员工基本信息”工作表，并选中E3单元格，输入“=”。

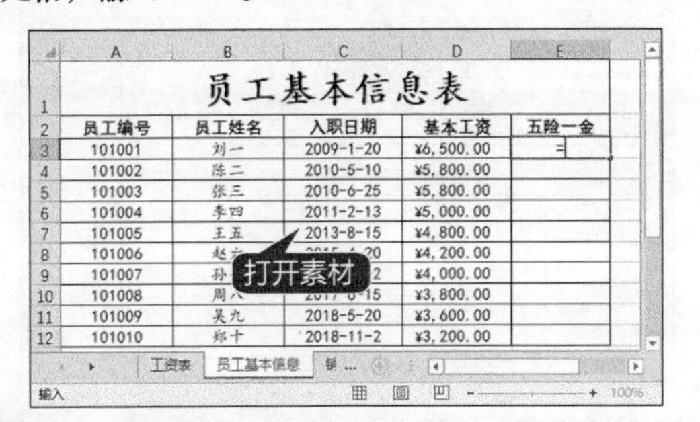

员工基本信息表

员工编号	员工姓名	入职日期	基本工资	五险一金
101001	刘一	2009-1-20	¥6,500.00	=
101002	陈二	2010-5-10	¥5,800.00	
101003	张三	2010-6-25	¥5,800.00	
101004	李四	2011-2-13	¥5,000.00	
101005	王五	2013-8-15	¥4,800.00	
101006	赵六	[illegible]	¥4,200.00	
101007	孙七	[illegible]	¥4,000.00	
101008	周八	[illegible]	¥3,800.00	
101009	吴九	2018-5-20	¥3,600.00	
101010	郑十	2018-11-2	¥3,200.00	

2 单击单元格

单击D3单元格，单元格周围会显示活动的虚线框，同时编辑栏中会显示“D3”，这就表示单元格已被引用。

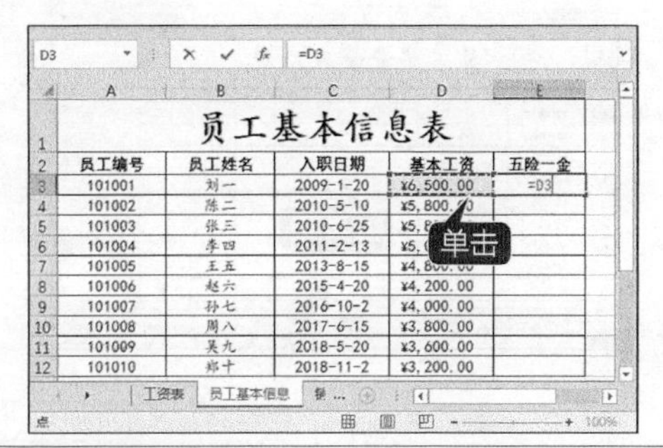

员工基本信息表

员工编号	员工姓名	入职日期	基本工资	五险一金
101001	刘一	2009-1-20	¥6,500.00	=D3
101002	陈二	2010-5-10	¥5,800.00	
101003	张三	2010-6-25	[illegible]	
101004	李四	2011-2-13	[illegible]	
101005	王五	2013-8-15	[illegible]	
101006	赵六	2015-4-20	¥4,200.00	
101007	孙七	2016-10-2	¥4,000.00	
101008	周八	2017-6-15	¥3,800.00	
101009	吴九	2018-5-20	¥3,600.00	
101010	郑十	2018-11-2	¥3,200.00	

3 按【Enter】键确认

输入乘号“*”，并输入“12%”。按【Enter】键确认，即可完成公式的输入并得出结果，效果如图所示。

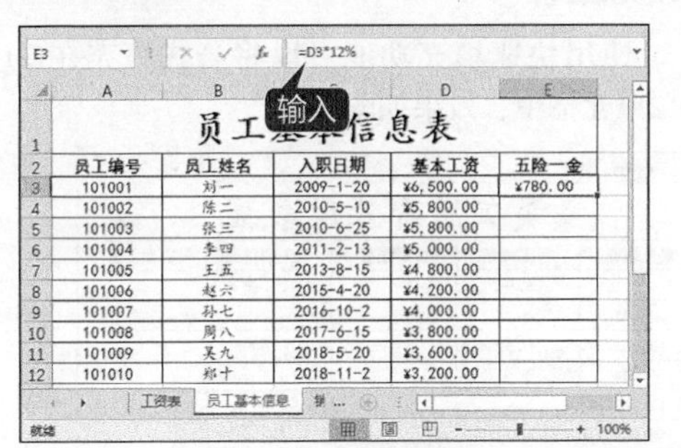

员工基本信息表

员工编号	员工姓名	入职日期	基本工资	五险一金
101001	刘一	2009-1-20	¥6,500.00	¥780.00
101002	陈二	2010-5-10	¥5,800.00	
101003	张三	2010-6-25	¥5,800.00	
101004	李四	2011-2-13	¥5,000.00	
101005	王五	2013-8-15	¥4,800.00	
101006	赵六	2015-4-20	¥4,200.00	
101007	孙七	2016-10-2	¥4,000.00	
101008	周八	2017-6-15	¥3,800.00	
101009	吴九	2018-5-20	¥3,600.00	
101010	郑十	2018-11-2	¥3,200.00	

4 使用填充功能

使用填充功能，填充至E12单元格，计算出所有员工的五险一金金额。

E16

员工基本信息表

员工编号	员工姓名	入职日期	基本工资	五险一金
101001	刘一	2009-1-20	¥6,500.00	¥780.00
101002	陈二	2010-5-10	¥5,800.00	¥696.00
101003	张三	2010-6-25	¥5,800.00	¥696.00
101004	李四	2011-2-13	¥5,000.00	¥600.00
101005	王五	2013-8-15	¥4,800.00	¥576.00
101006	赵六	2015-4-20	¥4,200.00	[illegible]
101007	孙七	2016-10-2	¥4,000.00	[illegible]
101008	周八	2017-6-15	¥3,800.00	[illegible]
101009	吴九	2018-5-20	¥3,600.00	[illegible]432.00
101010	郑十	2018-11-2	¥3,200.00	¥384.00

填充

工资表 员工基本信息 就绪 100%

6.2.3 自动更新员工基本信息

《员工薪资管理系统》中的最终数据都将显示在“工资表”工作表中，如果“员工基本信息”工作表中的基本信息发生改变，则“工资表”工作表中的相应数据也要随之改变。自动更新员工基本信息的具体操作步骤如下。

1 选择工作表

选择“工资表”工作表，选中A3单元格。在编辑栏中输入公式“=TEXT(员工基本信息!A3,0)”。

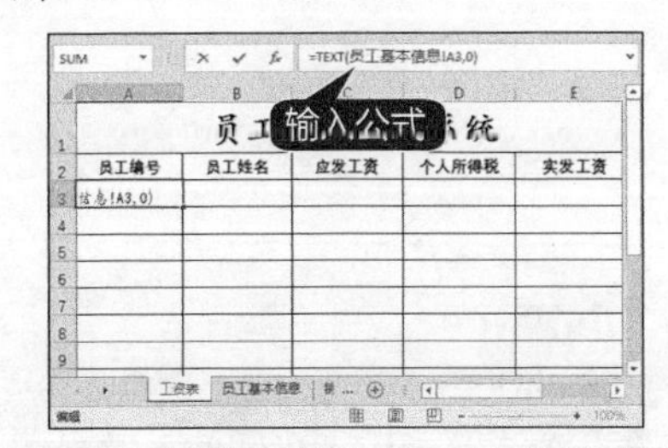

员工薪资管理系统

员工编号	员工姓名	应发工资	个人所得税	实发工资
信息!A3,0)				

小提示

公式“=TEXT(员工基本信息!A3,0)”用于显示“员工基本信息”工作表A3单元格中的工号。

2 按【Enter】键确认

按【Enter】键确认，即可将“员工基本信息”工作表相应单元格的工号引用在A3单元格。

员工薪资管理系统

员工编号	员工姓名	应发工资	个人所得税	实发工资
101001				

3 使用快速填充功能

使用快速填充功能可以将公式填充在A4至A12单元格中，效果如图所示。

4 选中B3单元格

选中B3单元格，在编辑栏中输入“=TEXT(员工基本信息!B3,0)”。

小提示

公式“=TEXT(员工基本信息!B3,0)”用于显示“员工基本信息”工作表中B3单元格中的员工姓名。

5 按【Enter】键确认

按【Enter】键确认，即可在B3单元格中显示员工姓名。

6 填充公式

使用快速填充功能可以将公式填充在B4至B12单元格中，效果如图所示。

员工编号	员工姓名	应发工资	个人所得税	实发工资
101001	刘一			
101002	陈二			
101003	张三			
101004	李四			
101005	王五			
101006	赵六			
101007	孙七			
101008	周八			
101009	吴九			
101010	郑十			

6.2.4 计算奖金

业绩奖金是企业员工工资的重要构成部分，业绩奖金根据员工的业绩划分为几个等级，每个等级奖金的奖金比例也不同。具体操作步骤如下。

1 切换工作表

切换至“销售奖金表”工作表，选中D3单元格，在单元格中输入公式“=HLOOKUP(C3,业绩奖金标准!$B$2:$F$3,2)”。

小提示

HLOOKUP函数是Excel中的横向查找函数，公式“=HLOOKUP(C3,业绩奖金标准!$B$2:$F$3,2)”中第3个参数设置为“2”表示取满足条件的记录在“业绩奖金标准!$B$2:$F$3”区域中第2行的值。

2 按【Enter】键确认

按【Enter】键确认，即可得出奖金比例。

D3 =HLOOKUP(C3,业绩奖金标准!$B$2:$F$3,2)

	A	B	C	D	E
1	销售业绩表				
2	员工编号	员工姓名	销售额	奖金比例	奖金
3	101001	张XX	48000	0.1	
4	101002	王XX	38000		
5	101003	李XX	52000		
6	101004	赵XX	45000		
7	101005	钱XX	45000		
8	101006	孙XX	62000		
9	101007	李XX	30000		
10	101008	胡XX	34000		
11	101009	马XX	24000		
12	101010	刘XX	8000		

3 使用填充柄工具

使用填充柄工具将公式填充进其余单元格，效果如图所示。

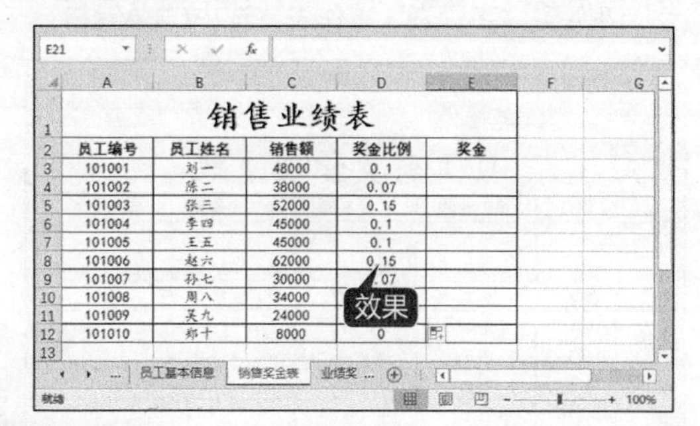

	A	B	C	D	E
1	销售业绩表				
2	员工编号	员工姓名	销售额	奖金比例	奖金
3	101001	刘一	48000	0.1	
4	101002	陈二	38000	0.07	
5	101003	张三	52000	0.15	
6	101004	李四	45000	0.1	
7	101005	王五	45000	0.1	
8	101006	赵六	62000	0.15	
9	101007	孙七	30000	0.07	
10	101008	周八	34000		
11	101009	吴九	24000		
12	101010	郑十	8000	0	

4 选中单元格

选中E3单元格，在单元格中输入公式“=IF(C3<50000,C3*D3,C3*D3+500)”。

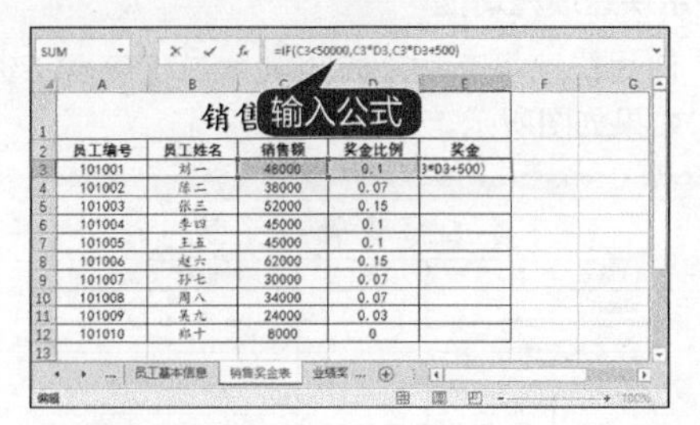

SUM =IF(C3<50000,C3*D3,C3*D3+500)

	A	B	C	D	E
1	销售业绩表				
2	员工编号	员工姓名	销售额	奖金比例	奖金
3	101001	刘一	48000	0.1	3*D3+500)
4	101002	陈二	38000	0.07	
5	101003	张三	52000	0.15	
6	101004	李四	45000	0.1	
7	101005	王五	45000	0.1	
8	101006	赵六	62000	0.15	
9	101007	孙七	30000	0.07	
10	101008	周八	34000	0.07	
11	101009	吴九	24000	0.03	
12	101010	郑十	8000	0	

小提示

单月销售额大于或等于50 000，额外给予500元奖励。

5 完成结果

按【Enter】键确认，即可计算出该员工奖金数目。

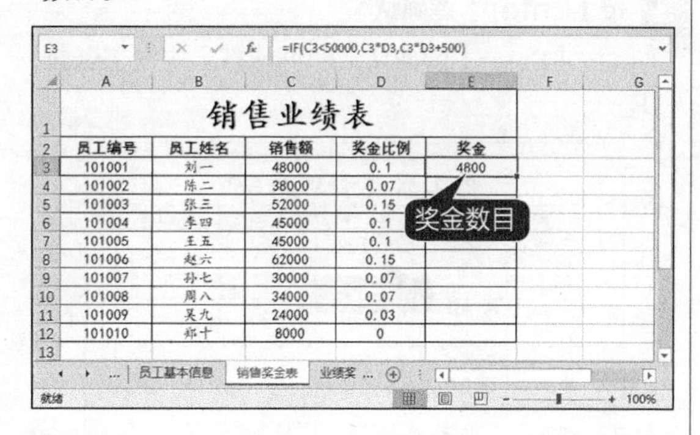

E3 =IF(C3<50000,C3*D3,C3*D3+500)

	A	B	C	D	E
1	销售业绩表				
2	员工编号	员工姓名	销售额	奖金比例	奖金
3	101001	刘一	48000	0.1	4800
4	101002	陈二	38000	0.07	
5	101003	张三	52000	0.15	
6	101004	李四	45000	0.1	
7	101005	王五	45000	0.1	
8	101006	赵六	62000	0.15	
9	101007	孙七	30000	0.07	
10	101008	周八	34000	0.07	
11	101009	吴九	24000	0.03	
12	101010	郑十	8000	0	

6 使用快速填充功能

使用快速填充功能得出其余员工奖金数目，效果如图所示。

	A	B	C	D	E
1	销售业绩表				
2	员工编号	员工姓名	销售额	奖金比例	奖金
3	101001	刘一	48000	0.1	4800
4	101002	陈二	38000	0.07	2660
5	101003	张三	52000	0.15	8300
6	101004	李四	45000	0.1	4500
7	101005	王五	45000	0.1	4500
8	101006	赵六	62000	0.15	9800
9	101007	孙七		0.07	2100
10	101008	周八		0.07	2380
11	101009	吴九	24000	0.03	720
12	101010	郑十	8000	0	0

效果图

6.2.5 计算个人所得税

个人所得税根据个人收入的不同实行阶梯形式的征收税率，因此直接计算起来比较复杂。而在Excel中，这类问题可以使用查找和引用函数来解决，具体操作步骤如下。

1.计算应发工资

1 切换工作表

切换至“工资表”工作表，选中C3单元格。

员工薪资管理系统				
员工编号	员工姓名	应发工资	个人所得税	实发工资
101001	刘一			
101002	陈二			
101003	张三			
101004	李四			
101005	王五			
101006	赵六			
101007	孙七			
101008	周八			

2 输入公式

在单元格中输入公式“=员工基本信息!D3-员工基本信息!E3+销售奖金表!E3”。

SUM =员工基本信息!D3-员工基本信息!E3+销售奖金表!E3

输入

员工薪资管理系统				
员工编号	员工姓名	应发工资	个人所得税	实发工资
101001	刘一	售奖金表!E3		
101002	陈二			
101003	张三			
101004	李四			
101005	王五			
101006	赵六			
101007	孙七			
101008	周八			
101009	吴九			
101010	郑十			

工资表 员工基本信息 销售奖金表

3 按【Enter】键确认

按【Enter】键确认，即可计算出应发工资数目。

员工薪资管理系统				
员工编号	员工姓名	应发工资	个人所得税	实发工资
101001	刘一	¥10,520.0		
101002	陈二			
101003	张三			
101004	李四			
101005	王五			
101006	赵六			
101007	孙七			
101008	周八			
101009	吴九			
101010	郑十			

工资数目

4 使用快速填充功能

使用快速填充功能得出其余员工应发工资数目，效果如图所示。

员工薪资管理系统				
员工编号	员工姓名	应发工资	个人所得税	实发工资
101001	刘一	¥10,520.0		
101002	陈二	¥7,764.0		
101003	张三	¥13,404.0		
101004	李四	¥8,900.0		
101005	王五	¥8,724.0		
101006	赵六	¥13,496.0		
101007	孙七	[illegible]		
101008	周八	[illegible]		
101009	吴九	¥3,888.0		
101010	郑十	¥2,816.0		

效果

2.计算个人所得税数额

1 选中单元格

计算员工“刘一”的个人所得税数目，选中D3单元格。

员工薪资管理系统				
员工编号	员工姓名	应发工资	个人所得税	实发工资
101001	刘一	¥10,520.0		
101002	陈二	¥7,764.0		
101003	张三	¥13,404.0		
101004	李四	¥8,900.0		
101005	王五	¥8,724.0		
101006	赵六	¥13,496.0		
101007	孙七	¥5,620.0		
101008	周八	¥5,724.0		
101009	吴九	¥3,888.0		
101010	郑十	¥2,816.0		

2 输入公式

在单元格中输入公式“=IF(C3<税率表!E$2,0,LOOKUP(工资表!C3-税率表!E$2,税率表!C$4:C$10,(工资表!C3-税率表!E$2)*税率表!D$4:D$10-税率表!E$4:E$10))”。

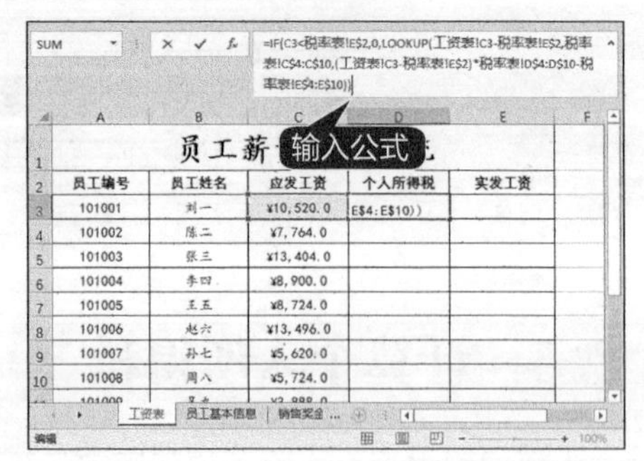

员工薪资管理系统				
员工编号	员工姓名	应发工资	个人所得税	实发工资
101001	刘一	¥10,520.0	E$4:E$10))	
101002	陈二	¥7,764.0		
101003	张三	¥13,404.0		
101004	李四	¥8,900.0		
101005	王五	¥8,724.0		
101006	赵六	¥13,496.0		
101007	孙七	¥5,620.0		
101008	周八	¥5,724.0		

3 按【Enter】键

按【Enter】键即可得出员工“刘一”应缴纳的个人所得税数目。

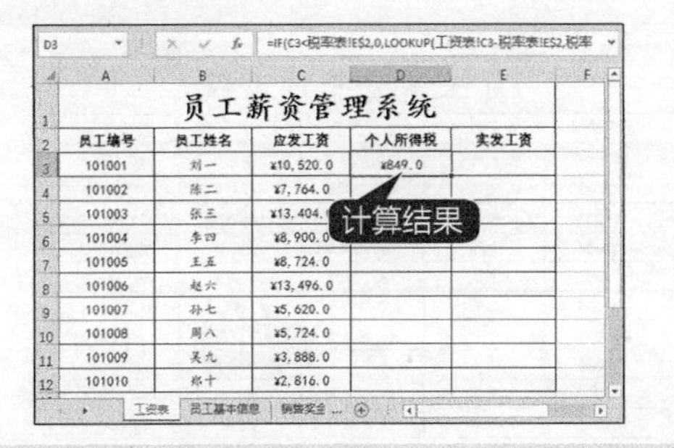

D3 =IF(C3<税率表!E$2,0,LOOKUP(工资表!C3-税率表!E$2,税率

员工薪资管理系统

员工编号	员工姓名	应发工资	个人所得税	实发工资
101001	刘一	¥10,520.0	¥849.0	
101002	陈二	¥7,764.0		
101003	张三	¥13,404.0		
101004	李四	¥8,900.0		
101005	王五	¥8,724.0		
101006	赵六	¥13,496.0		
101007	孙七	¥5,620.0		
101008	周八	¥5,724.0		
101009	吴九	¥3,888.0		
101010	郑十	¥2,816.0		

小提示

LOOKUP 函数根据税率表查找对应的个人所得税，使用 IF 函数可以返回低于起征点员工所缴纳的个人所得税为 0。

4 完成结果

使用快速填充功能，计算出其余员工应缴纳的个人所得税数额，效果如图所示。

员工薪资管理系统

员工编号	员工姓名	应发工资	个人所得税	实发工资
101001	刘一	¥10,520.0	¥849.0	
101002	陈二	¥7,764.0	¥321.4	
101003	张三	¥13,404.0	¥1,471.0	
101004	李四	¥8,900.0	¥525.0	
101005	王五	¥8,724.0	¥489.8	
101006	赵六	¥13,496.0	¥1,494.0	
101007	孙七	¥5,620.0	[illegible]	
101008	周八	¥5,724.0	[illegible]	
101009	吴九	¥3,888.0	[illegible]	
101010	郑十	¥2,816.0	¥0.0	

效果

6.2.6 计算个人实发工资

实发工资由基本工资、五险一金扣除、绩效奖金、加班奖励、其他扣除等组成。在“工资表”工作表中计算实发工资的具体操作步骤如下。

1 切换工作表

切换至“奖励扣除表”工作表，选择E3单元格。

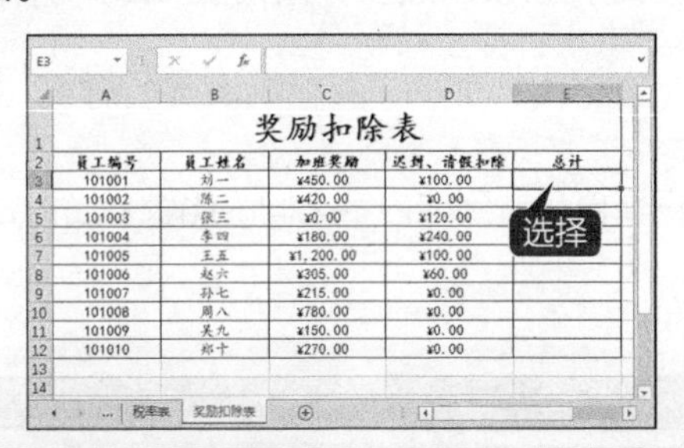

奖励扣除表

员工编号	员工姓名	加班奖励	迟到、请假扣除	总计
101001	刘一	¥450.00	¥100.00	
101002	陈二	¥420.00	¥0.00	
101003	张三	¥0.00	¥120.00	
101004	李四	¥180.00	¥240.00	
101005	王五	¥1,200.00	¥100.00	
101006	赵六	¥305.00	¥60.00	
101007	孙七	¥215.00	¥0.00	
101008	周八	¥780.00	¥0.00	
101009	吴九	¥150.00	¥0.00	
101010	郑十	¥270.00	¥0.00	

2 输入公式

输入公式“=C3-D3”。

SUM =C3-D3

输入

奖励扣除表

员工编号	员工姓名	加班奖励	迟到、请假扣除	总计
101001	刘一	¥450.00	¥100.00	=C3-D3
101002	陈二	¥420.00	¥0.00	
101003	张三	¥0.00	¥120.00	
101004	李四	¥180.00	¥240.00	
101005	王五	¥1,200.00	¥100.00	
101006	赵六	¥305.00	¥60.00	
101007	孙七	¥215.00	¥0.00	
101008	周八	¥780.00	¥0.00	
101009	吴九	¥150.00	¥0.00	
101010	郑十	¥270.00	¥0.00	

3 按【Enter】键确认

按【Enter】键确认，即可得出员工“刘一”的应奖励或扣除数目。

E3 =C3-D3

奖励扣除表

员工编号	员工姓名	加班奖励	迟到、请假扣除	总计
101001	刘一	¥450.00	¥100.00	¥350.00
101002	陈二	¥420.00	¥0.00	
101003	张三	¥0.00	¥120.00	
101004	李四	¥180.00	¥240.00	
101005	王五	¥1,200.00	¥100.00	
101006	赵六	¥305.00	¥60.00	
101007	孙七	¥215.00	¥0.00	
101008	周八	¥780.00	¥0.00	
101009	吴九	¥150.00	¥0.00	
101010	郑十	¥270.00	¥0.00	

计算结果

4 使用填充功能

使用填充功能，计算出每位员工的奖励或扣除数目，如果结果中用括号包括数值，则表示为负值，应扣除。

奖励扣除表

员工编号	员工姓名	加班奖励	迟到、请假扣除	总计
101001	刘一	¥450.00	¥100.00	¥350.00
101002	陈二	¥420.00	¥0.00	¥420.00
101003	张三	¥0.00	¥120.00	(¥120.00)
101004	李四	¥180.00	¥240.00	(¥60.00)
101005	王五	¥1,200.00	¥100.00	¥1,100.00
101006	赵六	¥305.00	¥60.00	¥245.00
101007	孙七	¥215.00	¥0.00	¥215.00
101008	周八	¥780.00	¥0.00	¥780.00
101009	吴九	¥150.00	¥0.00	¥150.00
101010	郑十	¥270.00	¥0.00	¥270.00

使用填充

5 返回工作表

返回至“工资表”工作表，单击E3单元格，输入公式“=C3-D3+奖励扣除表!E3”。按【Enter】键确认，即可得出员工“刘一”的实发工资数目。

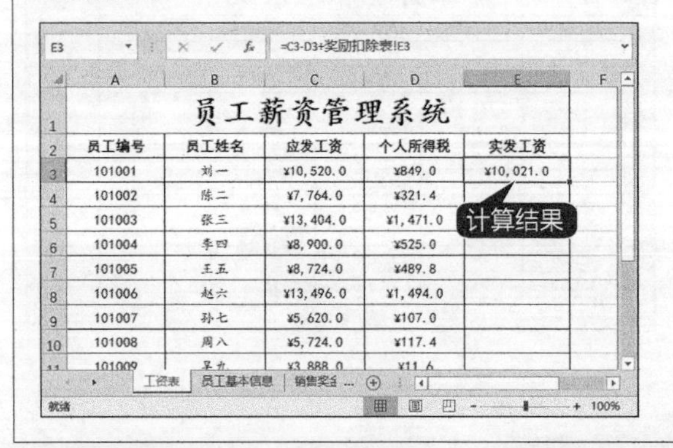

员工薪资管理系统

员工编号	员工姓名	应发工资	个人所得税	实发工资
101001	刘一	¥10,520.0	¥849.0	¥10,021.0
101002	陈二	¥7,764.0	¥321.4	
101003	张三	¥13,404.0	¥1,471.0	
101004	李四	¥8,900.0	¥525.0	
101005	王五	¥8,724.0	¥489.8	
101006	赵六	¥13,496.0	¥1,494.0	
101007	孙七	¥5,620.0	¥107.0	
101008	周八	¥5,724.0	¥117.4	

6 填充公式

使用填充柄工具将公式填充进其余单元格，得出其余员工实发工资数目，效果如图所示。

员工薪资管理系统

员工编号	员工姓名	应发工资	个人所得税	实发工资
101001	刘一	¥10,520.0	¥849.0	¥10,021.0
101002	陈二	¥7,764.0	¥321.4	¥7,862.6
101003	张三	¥13,404.0	¥1,471.0	¥11,813.0
101004	李四	¥8,900.0	¥525.0	¥8,315.0
101005	王五	¥8,724.0	¥489.8	¥9,334.2
101006	赵六	¥13,496.0	¥1,494.0	¥12,247.0
101007	孙七	¥5,620.0		¥5,728.0
101008	周八	¥5,724.0		¥6,386.6
101009	吴九	¥3,888.0	¥11.6	¥4,026.4
101010	郑十	¥2,816.0	¥0.0	¥3,086.0

效果图

至此，就完成了《员工薪资管理系统》的制作。

6.3 其他常用函数的使用

本节视频教学时间：52分钟

本节介绍几种常用函数的使用方法。

6.3.1 逻辑函数的应用

逻辑函数是根据不同条件进行不同处理的函数，条件格式中使用比较运算符指定逻辑式，并用逻辑值表示结果。

1. 使用IF函数根据绩效判断应发的奖金

IF函数是在Excel中最常用的函数之一，它允许进行逻辑值和看到的内容之间的比较。当内容为Ture，则执行某些操作，否则执行其他操作。

IF函数具体的功能、格式和参数，如下表所示。

【IF】函数	
功能	IF 函数根据指定的条件来判断其“真”（TRUE）、“假”（FALSE），从而返回其相对应的内容
格式	IF(logical_test,value_if_true,[value_if_false])
参数	logical_test：必需参数。表示逻辑判断要测试的条件
	value_if_true：必需参数。表示当判断条件为逻辑“真”（TRUE）时，显示该处给定的内容，如果忽略，返回“TRUE”
	value_if_false：可选参数。表示当判断条件为逻辑“假”（FALSE）时，显示该处给定的内容，如果忽略，返回“FALSE”

IF函数可以嵌套64层关系式，用参数value_if_true和value_if_false构造复杂的判断条件进行综合评测。不过，在实际工作中，则不建议这样做，由于多个IF语句要求大量的条件，不容易确保逻辑完全正确。

在对员工进行绩效考核评定时，可以根据员工的业绩来分配奖金。例如当业绩大于或等于10 000时，给予奖金2 000元，否则给予奖金1 000元。

1 打开素材

打开“素材\ch06\员工业绩表.xlsx”文件，在单元格C2中输入公式“=IF(B2>=10000,2000,1000)”，按【Enter】键即可计算出该员工的奖金。

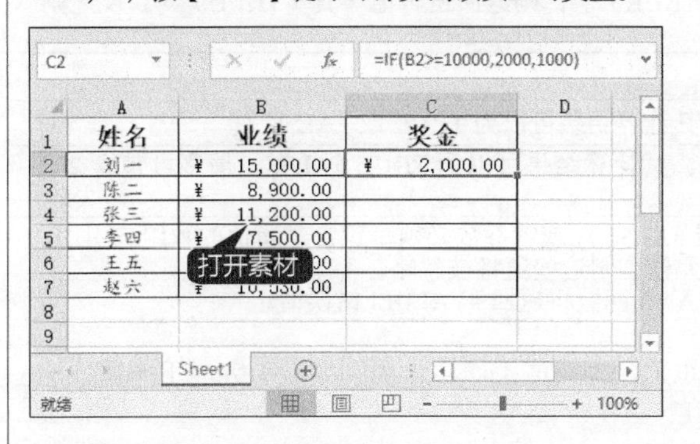

2 利用填充功能

利用填充功能，填充其他单元格，计算其他员工的奖金。

	A	B	C
1	姓名	业绩	奖金
2	刘一	¥ 15,000.00	¥ 2,000.00
3	陈二	¥ 8,900.00	¥ 1,000.00
4	张三	¥ 11,200.00	¥ 2,000.00
5	李四	¥ 7,500.00	¥ 1,000.00
6	王五	¥ 6,740.00	¥ 1,000.00
7	赵六	¥ 10,530.00	¥ 2,000.00

计算结果

2.使用NOT函数筛选应聘职工信息

NOT函数表示“非”的逻辑关系，对原表达式的逻辑值进行了反转。当条件参数的逻辑值为TURE时，返回结果FALSE；当条件参数的逻辑值为FALES，则返回TURE。

【NOT】函数	
功能	对参数值求反。当要确保一个值不等于某一特定值时，可以使用 NOT 函数
格式	NOT(logical)
参数	Logical：必需参数。表示一个计算结果可以为 TRUE 或 FALSE 的值或表达式

例如，要从应聘职工信息中筛选掉“25岁以上”的应聘人员，可以利用NOT函数来进行判断。

1 打开素材

打开“素材\ch06\应聘人员信息表.xlsx”文件，在F2单元格中输入公式“=NOT(C2>25)”，按【Enter】键。如果是“25岁以上”的应聘人员，显示为“FALSE”；反之，显示为“TRUE”。

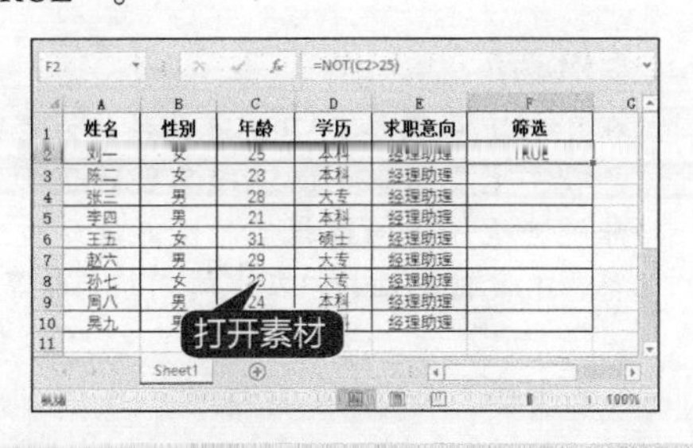

2 利用填充功能

利用填充功能，填充其他单元格，筛选其他复试人员是否满足条件。

	A	B	C	D	E	F
1	姓名	性别	年龄	学历	求职意向	筛选
2	刘一	女	25	本科	经理助理	TRUE
3	陈二	女	23	本科	经理助理	TRUE
4	张三	男	28	大专	经理助理	FALSE
5	李四	男	21	本科	经理助理	TRUE
6	王五	女	31	硕士	经理助理	FALSE
7	赵六	男	29	大专	经理助理	FALSE
8	孙七	女	20	大专	经理助理	TRUE
9	周八	男	24	本科	经理助理	
10	吴九	男	25	本科	经理助理	

填充

小提示

此处返回的值为“TRUE”或者“FALSE”逻辑值，要想返回如“是”或“不是”等这样的文字，需要配合 IF 函数来实现，公式为“=IF(NOT(C2>25),"不是","是")”。

3. 使用AND函数判断员工是否完成工作量

AND函数用于扩展执行逻辑测试的其他函数，表示“与”的逻辑关系。例如，IF函数用于执行逻辑测试，它在测试的计算结果为TRUE时返回一个值，在测试的计算结果为FALSE时返回另一个值。通过将

AND函数用作IF函数的logical_test参数，可以测试多个不同的条件，而不仅仅是一个条件。

AND函数具体的功能、格式和参数，如下表所示。

【AND】函数	
功能	返回逻辑值。如果所有参数值为逻辑“真（TRUE）”，则返回逻辑值“真（TRUE）”，反之则返回逻辑值 “假（FALSE）”
格式	AND(logical1,[logical2],···)
参数	logical1：必需参数。要测试的第一个条件，其计算结果可以为 TRUE 或 FALSE
	logical2, ···：可选参数。要测试的其他条件，其计算结果可以为 TRUE FALSE，最多可包含 255 个条件
说明	1. 参数的计算结果必须是逻辑值（如 TRUE 或 FALSE），或者参数必须是包含逻辑值的数组或引用。 2. 如果数组或引用参数中包含文本或空白单元格，则这些值将被忽略。 3. 如果指定的单元格区域未包含逻辑值，则 AND 函数将返回 #VALUE! 错误值

例如，每个人4个季度销售计算机的数量均大于100台为完成工作量，否则为没有完成工作量。这里使用【AND】函数判断员工是否完成工作量。

1 打开素材

打开 “素材\ch06\任务完成情况表.xlsx”文件，在单元格F3中输入公式“=AND（B3＞100,C3＞100,D3＞100,E3＞100）”，按【Enter】键即可显示完成工作量的信息。

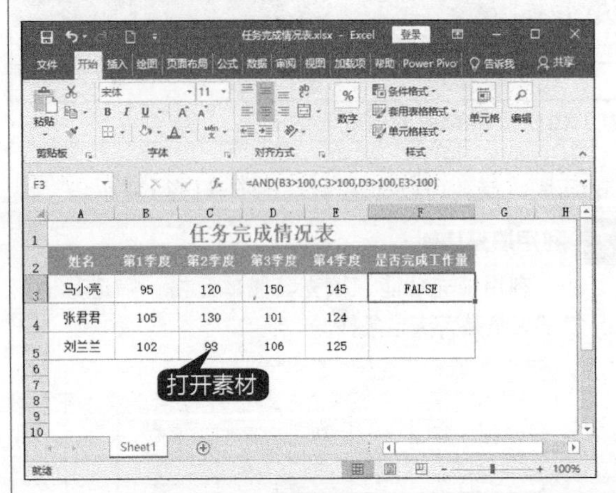

小提示

在公式“=AND（B3 ＞ 100,C3 ＞ 100,D3 ＞ 100,E3 ＞ 100）”中，“B3 ＞ 100”“C3 ＞ 100”“D3 ＞ 100”“E3 ＞ 100”同时作为 AND 函数的判断条件，同时成立返回 TRUE，否则返回 FALSE。

2 利用填充功能

利用快速填充功能，判断其他员工工作量的完成情况。

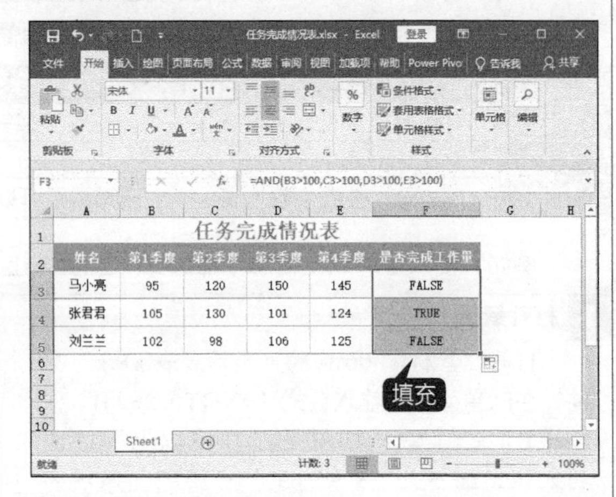

小提示

在 TRUE 函数和 FARLSH 函数作为逻辑值函数，主要用来判断返回参数的逻辑值。能够产生或返回逻辑值的情况有比较运算符、IS 类信息函数以及逻辑判断函数等。

FALSE函数和TRUE函数是一个对立参数，一般情况下同时作为其他函数的参数出现。如在本例中，TRUE和FALSE同时作为判断结果对立出现。

4.使用OR函数根据员工性别和职位判断员工是否退休

OR函数是较为常用的逻辑函数，即表示“或”的逻辑关系。当一个参数的逻辑值为真时，返回TRUE；当所有参数都为假时，则返回FALSE。

OR函数具体的功能、格式和参数，如下表所示。

【OR】函数	
功能	OR 函数用于在其参数组中，任何一个参数逻辑值为 TRUE，即返回 TRUE；任何一个参数的逻辑值为 FALSE，即返回 FALSE
格式	OR(logical1, [logical2], …)
参数	logical1, logical2,…：logical1 是必需的，后续逻辑值是可选的。这些是 1~255 个需要进行测试的条件，测试结果可以为 TRUE 或 FALSE
说明	参数必须计算为逻辑值，如 TRUE 或 FALSE，或者为包含逻辑值的数组或引用 如果数组或引用参数中包含文本或空白单元格，则这些值将被忽略 如果指定的区域中不包含逻辑值，则 OR 返回 错误值 #VALUE! 可以使用 OR 数组公式以查看数组中是否出现了某个值。若要输入数组公式，请按【Ctrl+Shift+Enter】组合键

例如，对员工信息进行统计记录后，需要根据年龄判断职工退休与否，这里可以使用OR结合AND函数来实现。首先根据相关规定设定退休条件为男员工60岁，女员工55岁。

1 打开素材

打开 “素材\ch06\员工退休统计表.xlsx”文件，D2单元格，在公式编辑栏中输入公式“=OR(AND(B2="男",C2>60),AND(B2="女",C2>55))”，按【Enter】键即可根据该员工的年龄判断其是否退休。如果是，显示“TRUE”；反之，则显示“FALSE”。

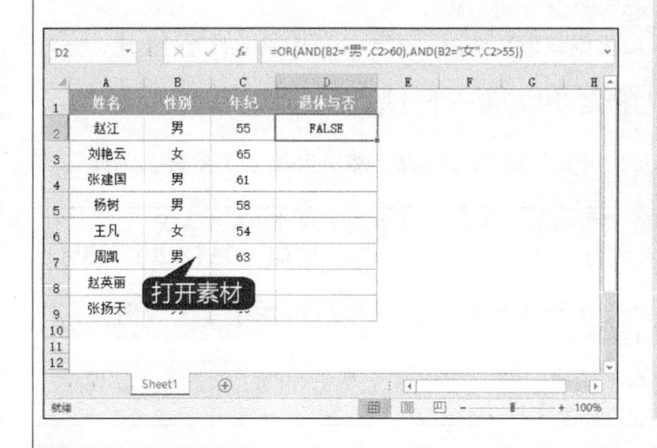

小提示

在公式“=OR(AND(B2="男",C2>60),AND(B2="女",C2>55))”中，两个 AND 函数作为 OR 函数的判断表达式，二者有一项为真即返回“TRUE”。首先判断“AND(B2="男",C2>60)”，即判断 A2 单元格代表员工是否为男性，且年纪大于 60。如果此项为真，直接返回“TRUE”，否则继续判断语句“AND(B2="女",C2>55)”，即 A2 单元格是否为女性，并且年纪大于 55 周岁，如果为真，返回“TRUE”，否则返回“FALSE”。

2 利用填充功能

利用填充功能，填充其他单元格，判断其他职工是否退休。

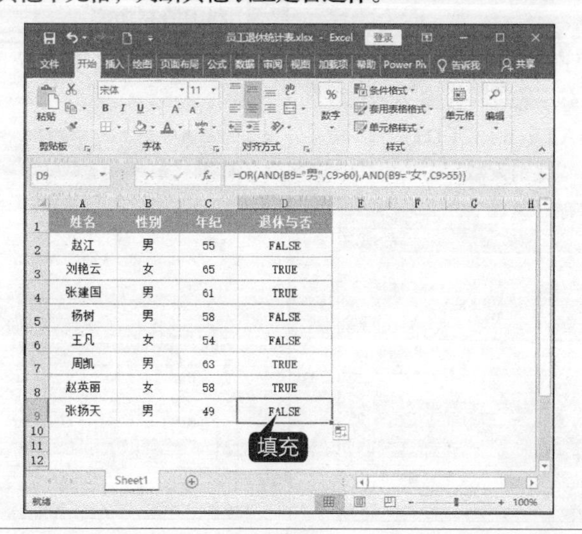

6.3.2 日期与时间函数的应用

日期与时间函数主要用来获取相关的日期和时间信息，经常用于日期的处理。其中，“=NOW()”可以返回当前系统的时间，“=YEAR()”可以返回指定日期的年份等。本节主要介绍几种常见的日期和时间函数。

1.使用DATE函数统计产品的促销天数

DATE函数是返回表示特定日期的连续序列号。在通过公式或单元格引用提供年月日时，DATE函数最为有用。例如，可能有一个工作表所包含的日期使用了Excel无法识别的格式（如YYYYMMDD）。

DATE函数具体的功能、格式和参数，如下表所示。

【DATE】函数	
功能	返回特定日期的年、月、日函数，给出指定数值的日期
格式	DATE(year,month,day)
参数	year: 必需参数。为指定的年份数值，可以包含1到4位数字，在使用时建议采用4位数字，以免混淆，例如“19”可表示“1919”或“2019”。 如果 year 介于 0（零）到 1899 之间（包含这两个值），则 Excel 会将该值与 1900 相加来计算年份。例如，DATE(119,1,2) 返回 2019 年 1 月 2 日 (1900+119)。 如果 year 介于 1900 到 9999 之间（包含这两个值），则 Excel 将使用该数值作为年份。例如，DATE(2019,1,2) 将返回 2019 年 1 月 2 日。 如果 year 小于 0 或大于等于 10000，则 Excel 返回错误值 #NUM!
	month：必需参数。为指定的月份数值，可以是正整数或负整数，表示一年中从 1 月至 12 月（一月到十二月）的各个月。 如果 month 大于 12，则 month 会将该月份数与指定年中的第一个月相加。例如，DATE(2018,14,2) 返回代表 2019 年 2 月 2 日的序列数。 如果 month 小于 1，month 则从指定年份的一月份开始递减该月份数，然后再加上 1 个月。例如，DATE(2019,–3,2) 返回代表 2018 年 9 月 2 日的序列号
	day：必需参数。为指定的天数，可以是正整数或负整数，表示一月中从 1 日至 31 日各天。 如果 day 大于月中指定的天数，则 day 会将天数与该月中的第一天相加。例如，DATE(2019,1,35) 返回代表 2019 年 2 月 4 日的序列数。 如果 day 小于 1，则 day 从指定月份的第一天开始递减该天数，然后再加上 1 天。例如，DATE(2019,1,–15) 返回代表 2018 年 12 月 16 日的序列号
注意	Excel 可将日期存储为序列号，以便可以在计算中使用它们。1900 年 1 月 1 日的序列号为 1，2019 年 1 月 1 日的序列号为 43466，这是因为它距 1900 年 1 月 1 日有 43466 天

例如，某公司从2019年开始销售饮品，在2019年1月到2019年5月进行了各种促销活动，领导想知道各种促销活动的促销天数，此时可以利用DATE函数计算。

1 打开素材

打开“素材\ch06\产品促销天数.xlsx”文件，选择单元格H4，在其中输入公式“=DATE(E4,F4,G4)–DATE(B4,C4,D4)”，按【Enter】键，即可计算出“促销天数”。

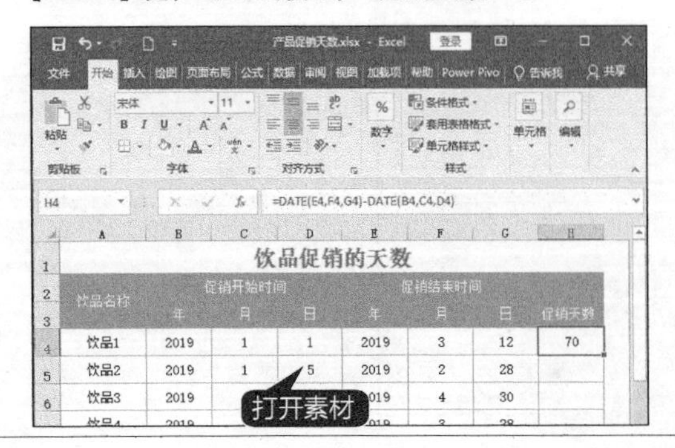

2 利用填充功能

利用快速填充功能，完成其他单元格的操作。

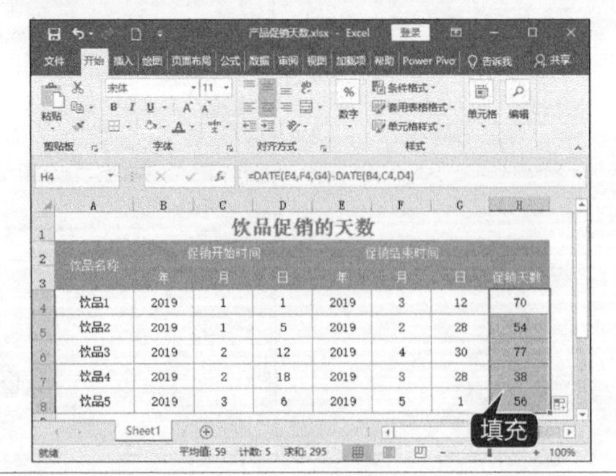

2.使用TODAY函数计算2020年奥运会倒计时

TODAY函数用于在工作表上显示当前日期。如果在输入该函数之前单元格格式为“常规”，Excel会将单元格格式更改为“日期”。当需要在工作表上显示当前日期时，TODAY函数非常有用，它还可用于计算时间间隔。

TODAY函数具体的功能、格式和参数，如下表所示。

【TODAY】函数	
功能	返回当前日期的序列号
格式	TODAY()
参数	该函数没有参数

TODAY函数返回的序列号是Excel用于日期和时间计算的日期-时间代码。如果在输入该函数之前单元格格式为“常规”，Excel会将单元格格式更改为“日期”。若要显示为序列号，必须将单元格格式更改为“常规”或“数字”。

TODAY函数常见的公式示例（假设当前日期为2019年1月1日），如下表所示。

公式	说明	返回结果
=TODAY()	返回当前日期	2019-1-1
=TODAY()+5	返回当前日期加 5 天	2019-1-6
=DATEVALUE("2020-1-1")-TODAY()	返回当前日期和 2020-1-1 之间的天数。如果单元格格式为“日期”，则返回 1900-12-30	365
=DAY(TODAY())	返回一月中的当前日期 (1-31)	1
=MONTH(TODAY())	返回一年中的当前月份 (1-12)	1

例如，2020年奥运会将于2020年7月24日在日本东京举行，可以使用DATE函数和TODAY函数计算倒计时。当前系统时间为2018年10月18日。

1 新建工作簿

新建一个工作簿，在单元格A1中输入公式“=DATE(2020,7,24)-TODAY()&"(天)"”。

2 按【Enter】键

按【Enter】键，即可计算出奥运会倒计时，如下图所示。

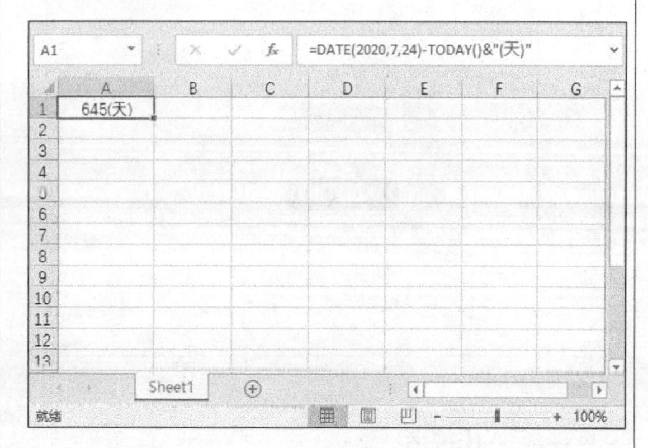

3.使用YEAR函数计算员工的工龄

YEAR函数用于返回某个日期对应的年份，具体的功能、格式和参数，如下表所示。

【YEAR】函数	
功能	返回某日对应的年份函数。显示日期值或日期文本的年份，返回值的范围为 1900~9999 的整数
格式	YEAR(serial_number)
参数	serial_number：表示日期值，其中包含需要查找年份的日期

例如，公司一般会根据员工的工龄来发放工龄工资，可以使用YEAR函数计算出员工的工龄。

1 打开素材

打开"素材\ch06\员工工龄表.xlsx"文件，在C3单元格中输入公式"=YEAR(TODAY())-YEAR(B3)"，按【Enter】键，显示结果为"1990/1/5"，这是因为单元格的默认格式是日期格式，需要设置单元格的格式。

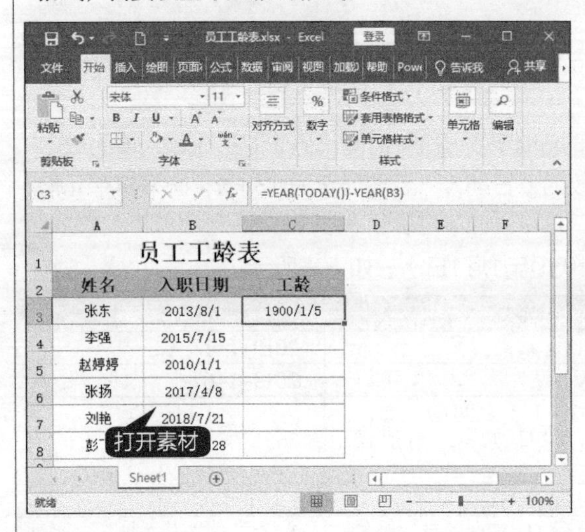

2 选择单元格

选择C3单元格，按【Ctrl+1】组合键，打开【设置单元格格式】对话框，选择【数字】选项卡，在【分类】列表框中选择【常规】选项，单击【确定】按钮。

3 如图所示

此时，即可计算出该员工的工龄为"5"。

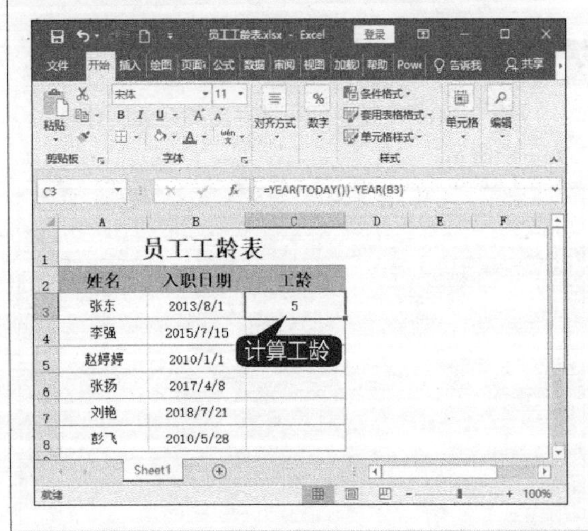

4 利用填充功能

利用填充功能，填充其他单元格，计算其他员工的工龄。

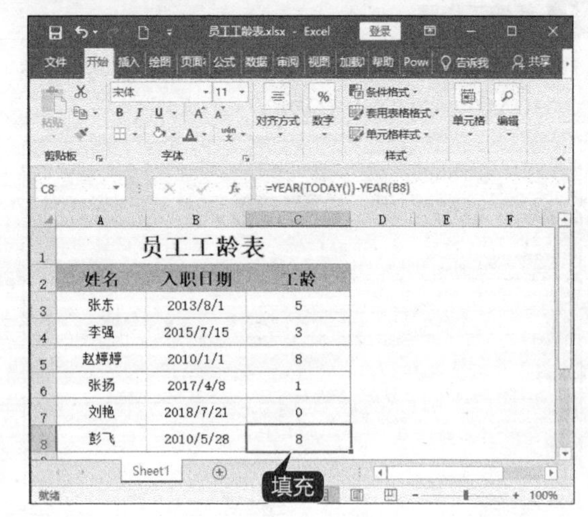

小提示

也可以使用组合键【Ctrl+Shift+~】快速将日期格式转换为常规格式。如果要将常规格式转换为日期格式，可以使用组合键【Ctrl+Shift+#】。

4. 使用HOUR函数计算员工当日工资

HOUR函数用于返回时间值的小时数，具体的功能、格式和参数，如下表所示。

【HOUR】函数	
功能	HOUR 函数是返回时间值的小时数函数。计算某个时间值或者代表时间的序列编号对应的小时数，该值指定 0 和 23 之间（包括 0 和 23）的整数（表示一天中某个小时）
格式	HOUR(serial_number)
参数	serial_number：表示需要计算小时数的时间。这个参数的数据格式是所有 Excel 可以识别的时间格式

小提示

时间值为日期值的一部分，采用十进制数表示。例如，12:00 PM 可表示为0.5，因为此时是一天的一半。

例如，员工上班的工时工资是15元/小时，可以使用HOUR函数计算员工一天的工资，具体操作步骤如下。

1 打开素材

打开“素材\ch06\员工工资表.xlsx”文件，设置D2:D7单元格区域格式为“常规”，在D2单元格中输入公式“=HOUR(C2-B2)*15”，按【Enter】键，得出计算结果。

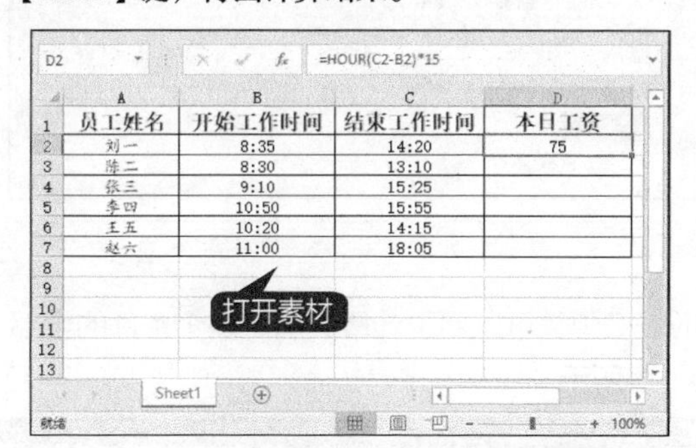

员工姓名	开始工作时间	结束工作时间	本日工资
刘一	8:35	14:20	75
陈二	8:30	13:10	
张三	9:10	15:25	
李四	10:50	15:55	
王五	10:20	14:15	
赵六	11:00	18:05	

2 利用填充功能

利用快速填充功能，完成其他员工的工时工资计算。

员工姓名	开始工作时间	结束工作时间	本日工资
刘一	8:35	14:20	75
陈二	8:30	13:10	60
张三	9:10	15:25	90
李四	10:50	15:55	75
王五	10:20	14:15	45
赵六	11:00	18:05	105

填充

6.3.3 数学与三角函数的应用

数学与三角函数主要用于在工作表中进行数学运算，使用数学和三角函数可以使数据的处理更加方便和快捷。

1.使用SUMIF函数统计某一类产品的销售总金额

SUMIF函数与SUM函数不同的是，SUMIF函数用于对范围符合指定条件的值求和。例如，求某个类别之和。SUMIF函数具体的功能、格式和参数，如下表所示。

【SUMLF】函数	
功能	对区域中满足条件的单元格求和
格式	SUMIF(range, criteria, [sum_range])
参数	range：必需参数。表示用于条件计算的单元格区域，每个区域中的单元格都必须是数字或名称、数组或包含数字的引用，空值和文本值将被忽略
	criteria：必需参数。表示用于确定对哪些单元格求和的条件，其形式可以为数字、表达式、单元格引用、文本或函数。例如，条件可以表示为“>5”“A5”“5”“苹果”或 TODAY() 等
	sum_range：可选参数。表示要求和的实际单元格。如果省略该参数，Excel 会对参数 range 中指定的单元格（即应用条件的单元格）求和
说明	1. 使用 SUMIF 函数匹配超过 255 个字符的字符串或字符串 #VALUE! 时，将返回不正确的结果 2.sum_range 参数与 range 参数的大小和形状可以不同。求和的实际单元格通过以下方法确定：使用 sum_range 参数中左上角的单元格作为起始单元格，然后包括与 range 参数大小和形状相对应的单元格

小提示

在 criteria 参数中，任何文本条件或任何含有逻辑或数学符号的条件都必须使用双引号 (") 括起来。如果条件为数字，则无需使用双引号。

例如，在产品的销售统计表中，使用SUMIF函数可以计算出某一类产品的销售总额，具体操作步骤如下。

1 打开素材

打开“素材\ch06\统计某一类产品的销售总金额.xlsx”文件。

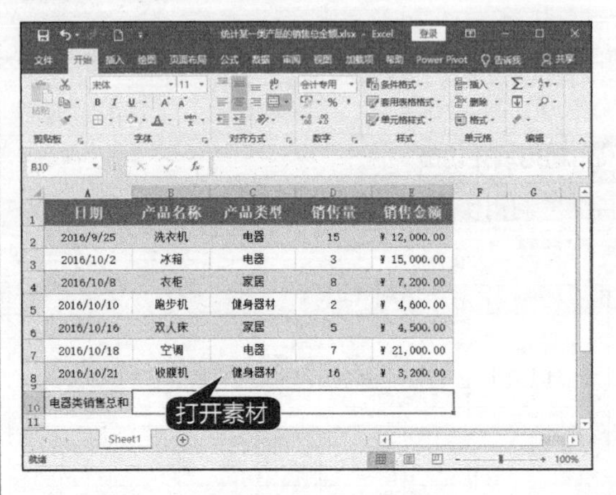

2 选择单元格

选择B10单元格，输入公式“=SUMIF(C2:C8,"电器",E2:E8)”，按【Enter】键即可计算出电器的销售总额。

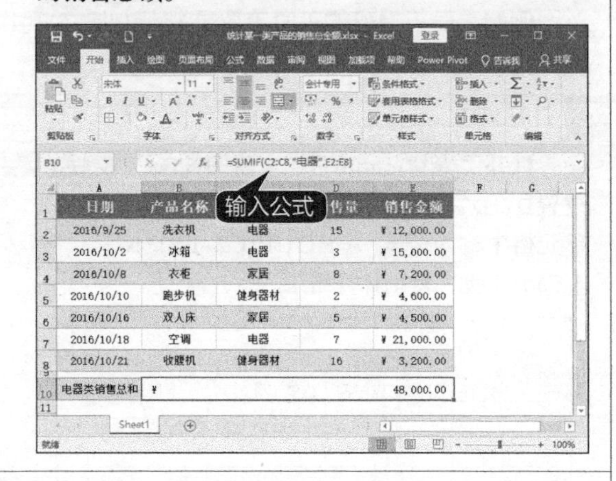

2.使用SUMIFS函数统计某日期区域的销售金额

SUMIF函数是仅对满足一个条件的值相加，而SUMIFS函数可以用于计算其满足多个条件的全部参数的综合SUMIFS函数具体的功能、格式和参数，如下表所示。

【SUMIFS】函数	
功能	对一组给定条件指定的单元格求和
格式	SUMIFS(sum_range, criteria_range1, criteria1, [criteria_range2, criteria2], …)
参数	sum_range：必需参数。表示对一个或多个单元格求和，包括数字或包含数字的名称、名称、区域或单元格引用，空值和文本值将被忽略
	criteria_range1：必需参数。表示在其中计算关联条件的第一个区域
	criteria1：必需参数。表示条件的形式为数字、表达式、单元格引用或文本，可用来定义对 criteria_range 参数中的哪些单元格求和
	criteria_range2, criteria2, …：可选参数。附加的区域及其关联条件。最多可以输入 127 个区域 / 条件对

小提示

SUMIFS 和 SUMIF 的参数顺序有所不同。sum_range 参数在 SUMIFS 中是第一个参数，而在 SUMIF 中，却是第三个参数。在使用该函数时，请确保按正确的顺序放置参数。

例如，如果需要对区域 A1:A20 中的单元格的数值求和，且需符合以下条件：B1:B20 中的相应数值大于零(0)且C1:C20 中的相应数值小于10。就可以采用如下公式。

=SUMIFS(A1:A20,B1:B20,">0",C1:C20,"<10")

例如，如果想要在销售统计表中统计出一定日期区域内的销售金额，可以使用SUMIFS函数来实现。例如，想要计算2019年2月1日到2019年2月10日期间的销售金额，具体操作步骤如下。

1 打开素材

打开“素材\ch06\统计某日期区域的销售金额.xlsx”文件。选择B10单元格，单击【插入函数】按钮f_x。

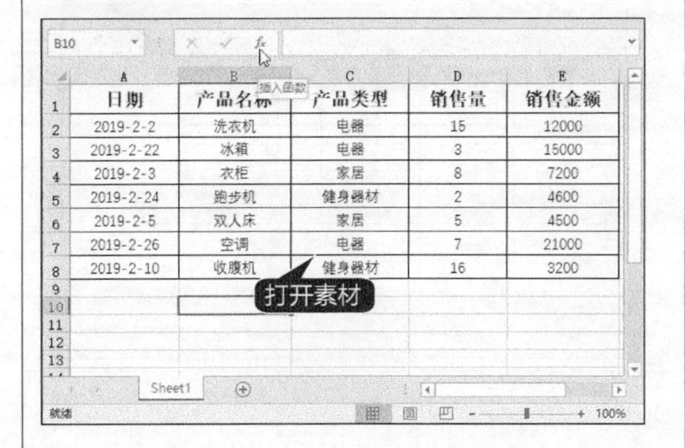

日期	产品名称	产品类型	销售量	销售金额
2019-2-2	洗衣机	电器	15	12000
2019-2-22	冰箱	电器	3	15000
2019-2-3	衣柜	家居	8	7200
2019-2-24	跑步机	健身器材	2	4600
2019-2-5	双人床	家居	5	4500
2019-2-26	空调	电器	7	21000
2019-2-10	收腹机	健身器材	16	3200

2 单击【确定】按钮

弹出【插入函数】对话框，单击【或选择类别】文本框右侧的下拉按钮，在弹出的下拉列表中选择【数学与三角函数】选项，在【选择函数】列表框中选择【SUMIFS】函数，单击【确定】按钮。

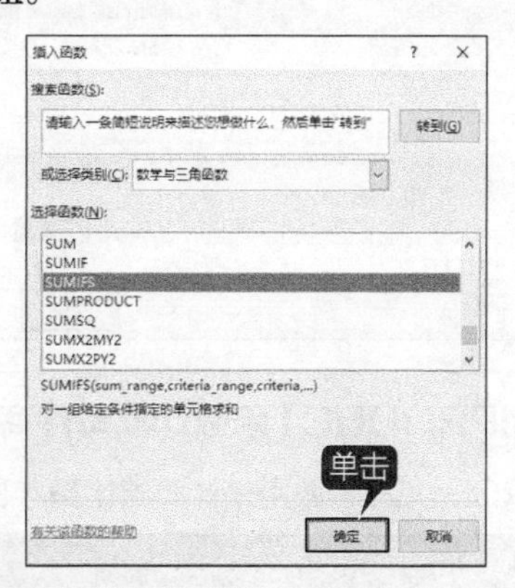

3 单击右侧按钮

弹出【函数参数】对话框，单击【Sum_range】文本框右侧的按钮。

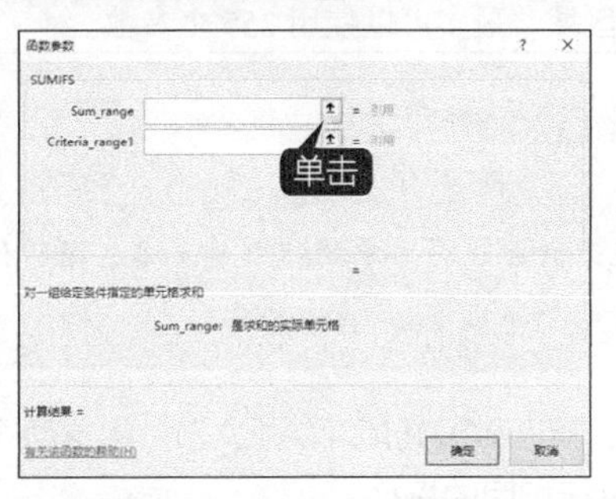

4 返回到工作表

返回到工作表，选择E2:E8单元格区域，单击【函数参数】文本框右侧的按钮。

5 返回【函数参数】对话框

返回【函数参数】对话框，使用同样的方法设置参数【Criteria_range1】的数据区域为A2:A8单元格区域。

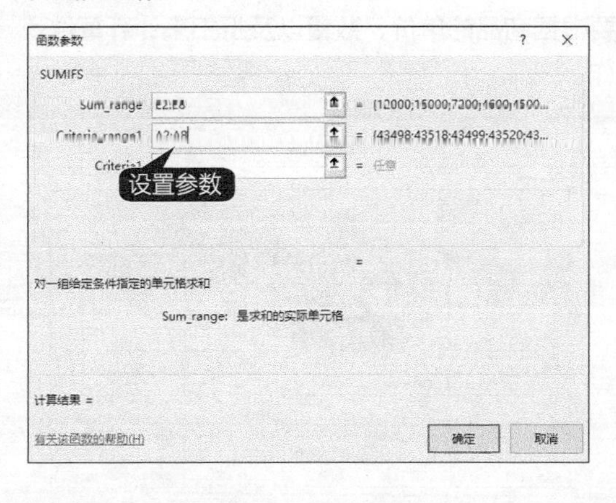

6 输入数值

在【Criteria1】文本框中输入“">2019-2-1"”，设置区域1的条件参数为“">2019-2-1"”。

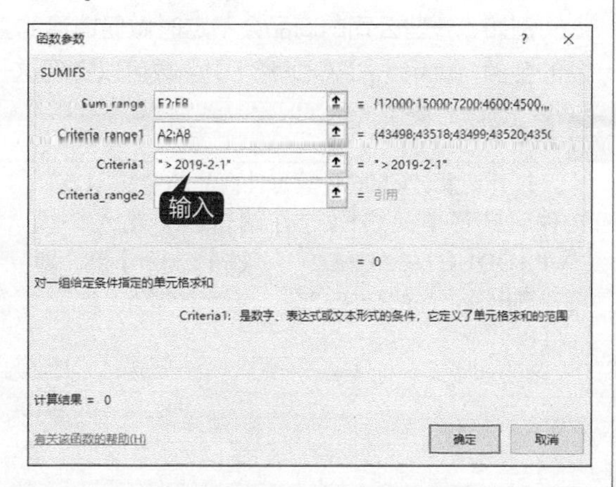

7 单击【确定】按钮

使用同样的方法设置区域2为“A2:A8”，条件参数为“"<2019-2-10"”，单击【确定】按钮。

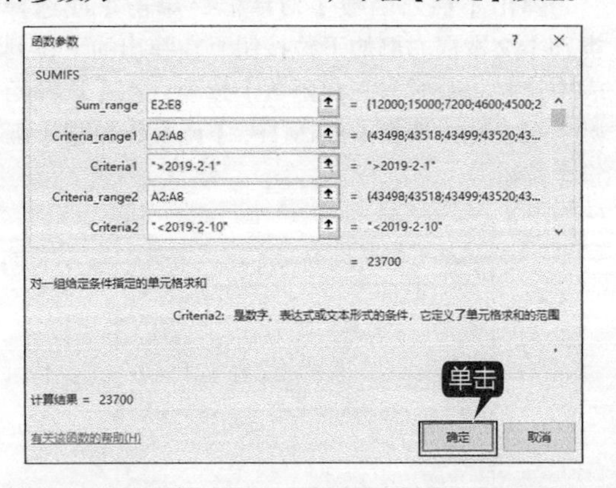

8 完成结果

返回工作表，即可计算出2019年2月1日到2019年2月10日期间的销售金额，在公式编辑栏中显示出计算公式“=SUMIFS(E2:E8,A2:A8,">2019-2-1",A2:A8,"<2019-2-10")”。

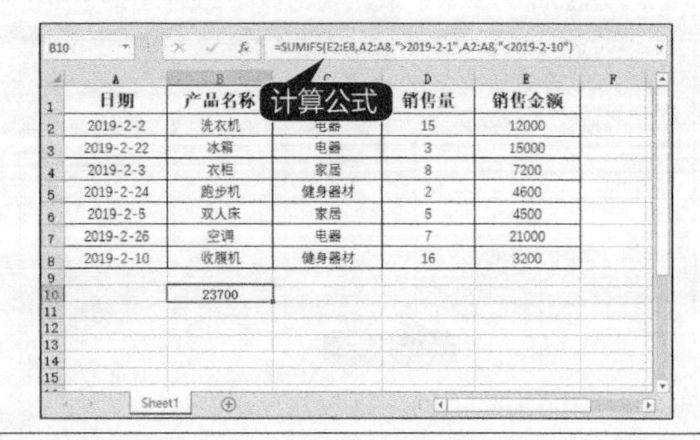

日期	产品名称		销售量	销售金额
2019-2-2	洗衣机	电器	15	12000
2019-2-22	冰箱	电器	3	15000
2019-2-3	衣柜	家居	8	7200
2019-2-24	跑步机	健身器材	2	4600
2019-2-5	双人床	家居	5	4500
2019-2-26	空调	电器	7	21000
2019-2-10	收腹机	健身器材	16	3200
	23700			

3. 使用PRODUCT函数计算每件商品的金额

PRODUCT函数用来计算给出数字的乘积，具体的功能、格式和参数，如下表所示。

【PRODUCT】函数	
功能	使所有以参数形式给出的数字相乘并返回乘积
格式	PRODUCT(number1,[number2],…)
参数	number1：必需参数。要相乘的第一个数字或区域
	number2,…：可选参数。要相乘的其他数字或单元格区域，最多可以使用 255 个参数

小提示

如果参数是一个数组或引用，则只使用其中的数字相乘。数组或引用中的空白单元格、逻辑值和文本将被忽略。

例如，如果单元格A1和A2中包含数字，则可以使用公式“=PRODUCT(A1,A2)”将这两个数字相乘。也可以通过使用乘(*)数学运算符（如“=A1*A2”）执行相同的操作。

当需要使很多单元格相乘时，PRODUCT函数很有用。例如，公式“=PRODUCT(A1:A3,C1:C3)”等价于“=A1*A2*A3*C1*C2*C3”。

如果要在乘积结果后乘以某个数值，如公式“=PRODUCT(A1:A2,2)”，则等价于“=A1*A2*2”。

例如，一些公司的商品会不定时做促销活动，需要根据商品的单价、数量以及折扣来计算每件商品的金额，使用【PRODUCT】函数可以实现这一操作。

1 打开素材

打开“素材\ch06\计算每件商品的金额.xlsx”文件，选择单元格E2，在编辑栏中输入公式“=PRODUCT(B2,C2,D2)”，按【Enter】键，即可计算出该产品的金额。

E2 =PRODUCT(B2,C2,D2)

产品	单价	数量	折扣	金额
产品A	¥20.00	200	0.8	3200
产品B	[illegible]	[illegible]	0.75	
产品C	[illegible]	[illegible]	0.9	
产品D	¥21.00	170	0.65	
产品E	¥15.00	80	0.8	

打开素材

2 填充单元格

使用填充功能填充其他单元格，计算其他产品的金额。

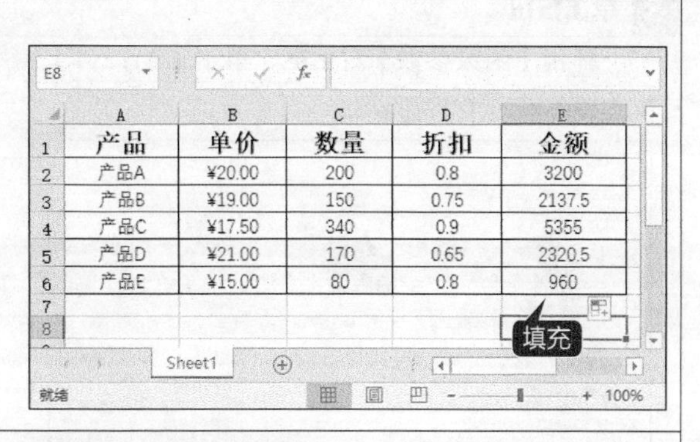

4.使用SUMPRODUCT函数根据单价、数量、折扣求商品的总额

SUMPRODUCT函数用于在给定的几组数组中，将数组间对应的元素相乘，并返回乘积之和。SUMPRODUCT函数具体的功能、格式和参数，如下表所示。

【SUMPRODUCT】函数	
功能	返回相应数组或区域乘积的和
格式	SUMPRODUCT(array1,[array2],[array3],…)
参数	array1（必需）：表示其相应元素需要进行相乘并求和的第一个数组参数
	array2,array3,…（可选）：表示 2 到 255 个数组参数，其相应元素需要进行相乘并求和
备注	数组参数必须具有相同的维数。否则，函数 SUMPRODUCT 将返回 #VALUE! 错误值 #REF! 函数 SUMPRODUCT 将非数值型的数组元素作为 0 处理

例如，使用SUMPRODUCT函数可以根据商品的单价、数量以及折扣来计算所有商品的总金额，具体操作步骤如下。

1 打开素材

打开“素材\ch06\计算商品的总额.xlsx”文件，选择B8单元格，单击【插入函数】按钮 f_x。

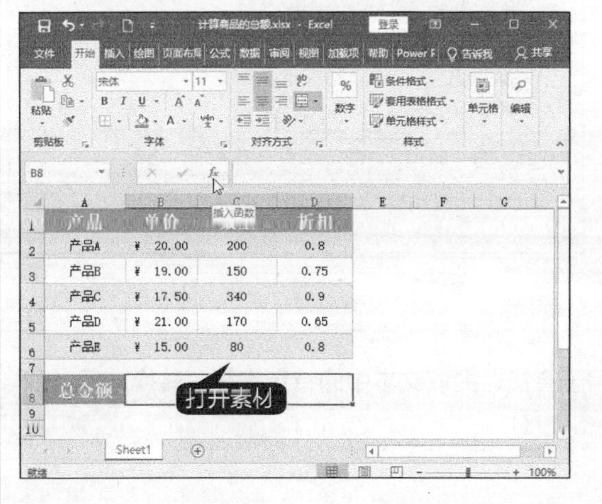

2 单击【确定】按钮

弹出【插入函数】对话框，单击【或选择类别】文本框右侧的下拉按钮，在弹出的下拉列表中选择【数学与三角函数】选项，在【选择函数】列表框中选择【SUMPRODUCT】函数，单击【确定】按钮。

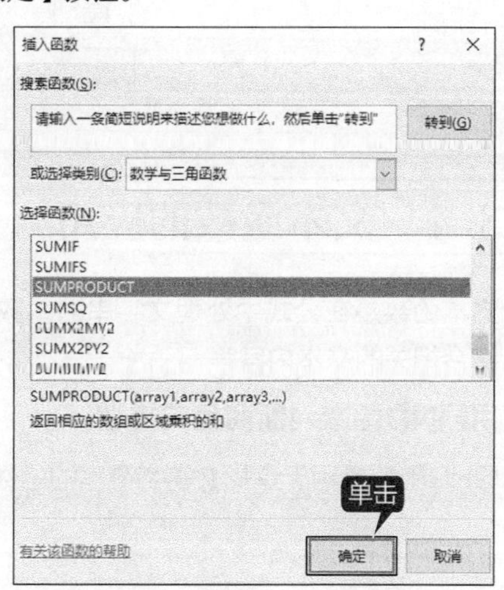

3 单击按钮

弹出【函数参数】对话框，单击【Array1】文本框右侧的 按钮。

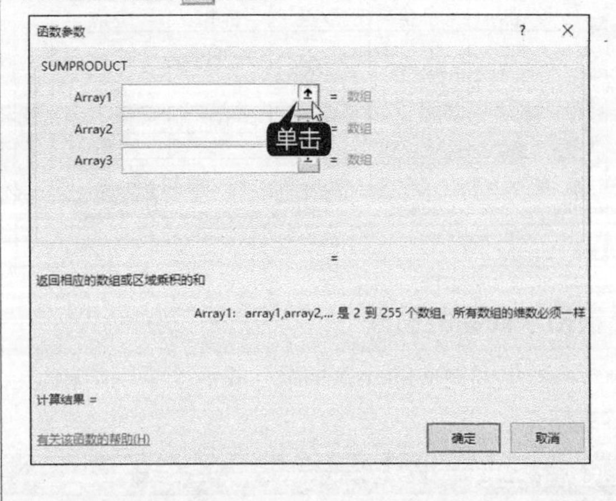

4 选择单元格区域

返回到工作表，选择B2:B6单元格区域，单击【函数参数】文本框右侧的 按钮。

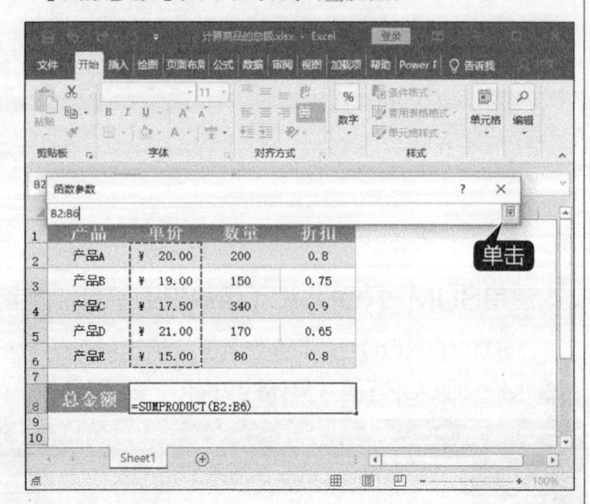

5 使用同样的方法

使用同样的方法，设置【Array2】的参数为单元格区域C2:C6，【Array3】的参数为单元格区域D2:D6，单击【确定】按钮。

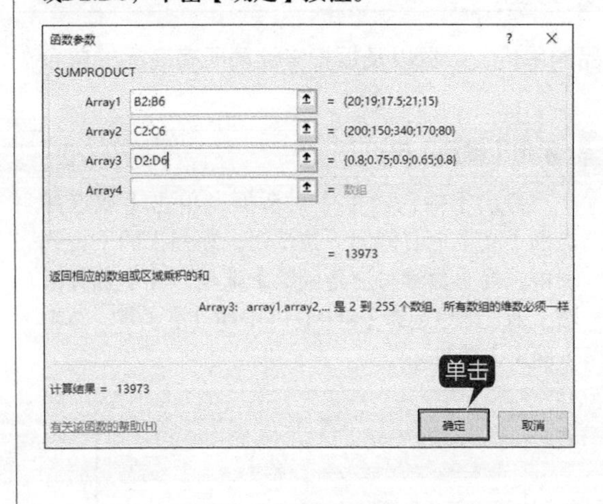

6 返回工作表

返回工作表，即可计算出所有商品的总金额，在公式编辑栏中会显示出计算公式“=SUMPRODUCT(B2:B6,C2:C6,D2:D6)”。

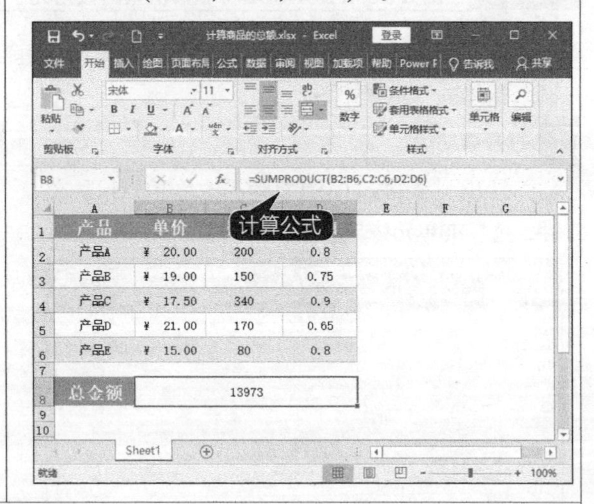

6.3.4 文本函数的应用

文本函数是在公式中处理文字串的函数，主要用于查找、提取文本中的特定字符，转换数据类型以及结合相关的文本内容等。

1.使用FIND函数判断商品的类型

FIND函数是用于查找文本字符串的函数，具体功能、格式和参数，如下表所示。

<table>
<tr><th colspan="2">【FIND】函数</th></tr>
<tr><td>功能</td><td>查找文本字符串函数。以字符为单位，查找一个文本字符串在另一个字符串中出现的起始位置编号</td></tr>
<tr><td>格式</td><td>FIND(find_text, within_text, start_num)</td></tr>
<tr><td rowspan="3">参数</td><td>find_text：必需参数。表示要查找的文本或文本所在的单元格。输入要查找的文本需要用双引号引起来。find_text 不允许包含通配符，否则返回错误值 #VALUE!</td></tr>
<tr><td>within_text：必需参数。包含要查找的文本或文本所在的单元格。within_text 中没有 find_text，FIND 则返回错误值 #VALUE！</td></tr>
<tr><td>start_num：必需参数。指定开始搜索的字符。如果省略 start_num，则其值为 1；如果 start_num 不大于 0，FIND 函数则返回错误值 #VALUE！</td></tr>
<tr><td>备注</td><td>如果 find_text 为空文本 („")，则 FIND 会匹配搜索字符串中的首字符（即编号为 start_num 或 1 的字符）
find_text 不能包含任何通配符
如果 within_text 中没有 find_text，则 FIND 和 FINDB 返回错误值 #VALUE!
如果 start_num 不大于 0，则 FIND 和 FINDB 返回错误值 #VALUE!
如果 start_num 大于 within_text 的长度，则 FIND 和 FINDB 返回错误值 #VALUE!</td></tr>
</table>

例如，仓库中有两种商品，假设商品编号以A开头的为生活用品，以B开头的为办公用品。使用FIND函数可以判断商品的类型，商品编号以A开头的商品显示为“生活用品”，否则显示为“办公用品”。下面通过FIND函数来判断商品的类型。

1 打开素材

打开“素材\ch06\判断商品的类型.xlsx”文件，选择单元格B2，在其中输入公式“=IF(ISERROR(FIND("A",A2)),IF(ISERROR(FIND("B",A2)),"","办公用品"),"生活用品")”，按【Enter】键，即可显示该商品的类型。

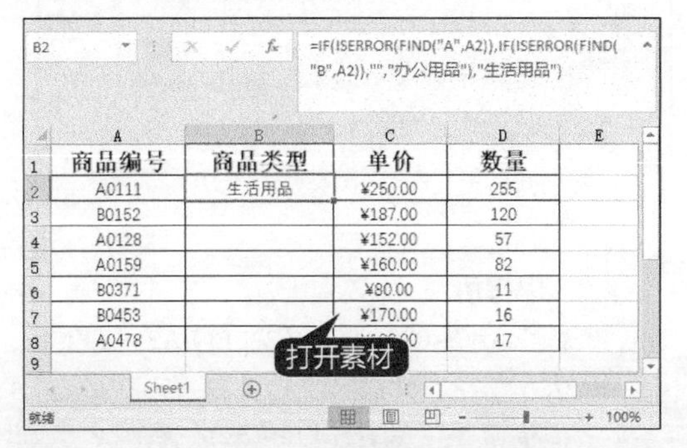

=IF(ISERROR(FIND("A",A2)),IF(ISERROR(FIND("B",A2)),"","办公用品"),"生活用品")

商品编号	商品类型	单价	数量
A0111	生活用品	¥250.00	255
B0152		¥187.00	120
A0128		¥152.00	57
A0159		¥160.00	82
B0371		¥80.00	11
B0453		¥170.00	16
A0478			17

2 利用快速填充功能

利用快速填充功能，完成其他单元格的操作。

商品编号	商品类型	单价	数量
A0111	生活用品	¥250.00	255
B0152	办公用品	¥187.00	120
A0128	生活用品	¥152.00	57
A0159	生活用品	¥160.00	82
B0371	办公用品	¥80.00	11
B0453	办公用品	¥170.00	16
A0478	生活用品	¥182.00	17

填充

2.使用LEFT函数分离姓名和电话号码

LEFT函数的具体功能、格式和参数，如下表所示。

<table>
<tr><th colspan="2">【LEFT】函数</th></tr>
<tr><td>功能</td><td>返回文本值中最左边的字符函数。根据所指定的字符数，LEFT 返回文本字符串中第 1 个字符或前几个字符</td></tr>
<tr><td>格式</td><td>LEFT(text,num_chars)</td></tr>
<tr><td rowspan="2">参数</td><td>text：必需参数。包含要提取的文本字符串，也可以是单元格引用</td></tr>
<tr><td>num_chars：必需参数。指定要由 LEFT 提取的字符的数量</td></tr>
<tr><td>说明</td><td>num_chars 必须大于或等于零
如果 num_chars 大于文本长度，则 LEFT 返回全部文本
如果省略 num_chars，则假定其值为 1</td></tr>
</table>

例如，在登记人员的基本信息时，有时为了方便登记，将人员的姓名和电话号码登记在了一个单元格中。但这种情况对于后期的处理是非常麻烦的，使用LEFT函数可以将姓名和电话号码分离，在操作中还需要用到RIGHT函数和LENB函数，其基本信息如下。

【RIGHT】函数	
功能	基于指定的字符数，返回文本字符串中最后一个或几个字符
格式	RIGHT(text,num_chars)
参数	text：必需参数。包含要提取的文本字符串，也可以是单元格引用
	num_chars：必需参数。指定要由 RIGHT 提取的字符的数量

【LENB】函数	
功能	返回文本值中所包含的字节数。一个英文字母占一个字节数，一个汉字占两个字节数
格式	LENB(text)
参数	text：表示要查找其长度的文本，或包含文本的列。空格作为字符计数

1 打开素材

打开"素材\ch06\分离姓名和电话号码.xlsx"文件，在B2单元格中输入公式"=LEFT(A2,LENB(A2)-LEN(A2))"，按【Enter】键即可得出A2单元格中的姓名。

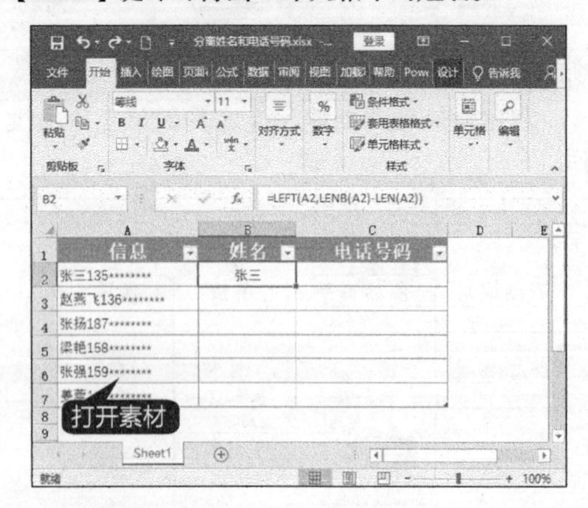

小提示

在公式"=LEFT(A2,LENB(A2)-LEN (A2))"中，"LENB(A2)"表示求出 A2 单元格的字节数；"LEN(A2)"表示求出 A2 单元格的字符数；"LENB(A2)-LEN(A2)"即可计算出 LEFT 函数要提取的字符个数。

2 输入公式

在C2单元格中输入公式"=RIGHT(A2,2*LEN(A2)-LENB(A2))"，按【Enter】键即可得出A2单元格中的姓名。

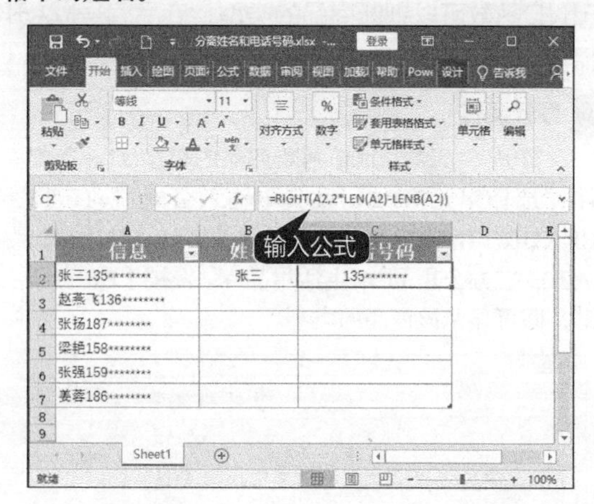

小提示

在公式"=RIGHT(A2,2*LEN(A2)- LENB(A2))"中，"LENB(A2)"表示求出 A2 单元格的字节数；"LEN(A2)"表示求出 A2 单元格的字符数；"2*LEN(A2)-LENB(A2)"即可计算出 RIGHT 函数要提取的字符个数。

3 利用填充功能

利用填充功能，填充其他单元格，分离出其他单元格的姓名和电话号码。

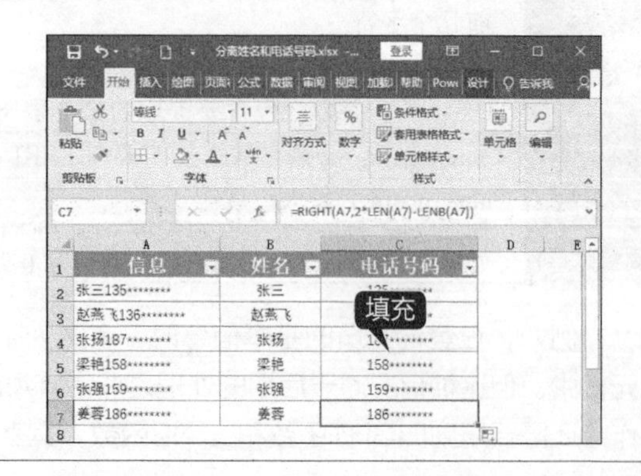

3.使用MID函数从身份证号码中提取出生日期

MID函数的具体功能、格式和参数，如下表所示。

【MID】函数	
功能	返回文本字符串中从指定位置开始的特定个数的字符函数，该函数由用户指定
格式	MID(text,start_num,num_chars)
参数	text：必需参数。包含要提取的字符的文本字符串，也可以是单元格引用
	start_num：必需参数。表示字符串中要提取字符的起始位置
	num_chars：必需参数。表示 MID 从文本中返回字符的个数
备注	如果 start_num 大于文本长度，则 MID 返回空文本（“”） 如果 start_num 小于文本长度，但 start_num 加上 num_chars 超过了文本的长度，则 MID 只返回至多直到文本末尾的字符 如果 start_num 小于 1，则 MID 返回错误值 #VALUE! 如果 num_chars 为负数，则 MID 返回错误值 #VALUE!

例如，18位身份证号码的第7位到第14位，15位身份证号码的第7位到第12位，代表的是出生日期，为了节省时间，登记出生年月时可以用MID函数将出生日期提取出来。

1 打开素材

打开“素材\ch06\Mid.xlsx”文件，选择单元格D2，在其中输入公式“=IF(LEN(C2)=15,"19"&MID(C2,7,6),MID(C2,7,8))”，按【Enter】键即可得到该居民的出生日期。

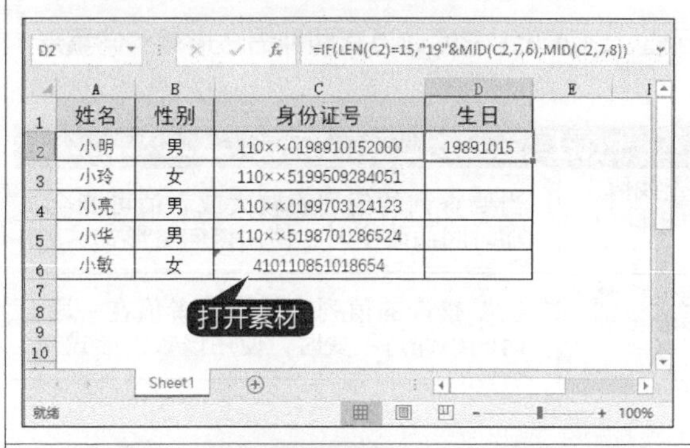

姓名	性别	身份证号	生日
小明	男	110××0198910152000	19891015
小玲	女	110××5199509284051	
小亮	男	110××0199703124123	
小华	男	110××5198701286524	
小敏	女	410110851018654	

2 复制公式

将鼠标指针放在单元格D2右下角的填充柄上，当鼠标指针变为+形状时按住鼠标左键并拖动鼠标，将公式复制到该列的其他单元格中。

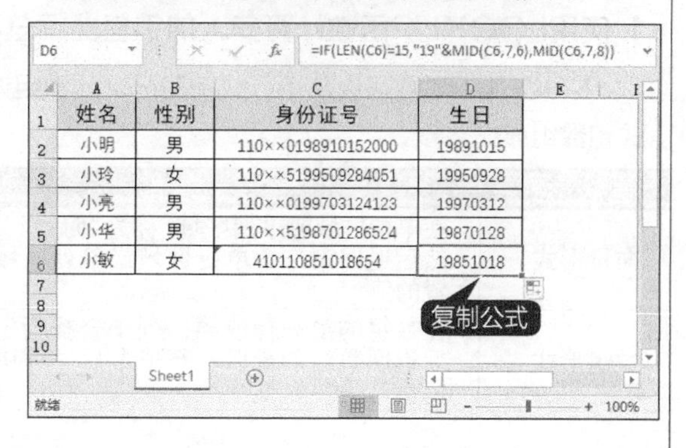

姓名	性别	身份证号	生日
小明	男	110××0198910152000	19891015
小玲	女	110××5199509284051	19950928
小亮	男	110××0199703124123	19970312
小华	男	110××5198701286524	19870128
小敏	女	410110851018654	19851018

4. 使用TEXT函数根据工作量计算工资

TEXT函数可以将数值转换为文本，可以使用特殊格式字符串指定显示格式。将数字与文本或符号合并时，此函数非常有用。

【TEXT】函数	
功能	设置数字格式，并将其转换为文本函数。将数值转换为按指定数字格式表示的文本
格式	TEXT(value,format_text)
参数	value：必需参数。表示数值、计算结果为数值的公式，也可以是对包含数字的单元格引用
	format_text：必需参数。表示用引号括起来的文本字符串的数字格式。例如，“m/d/yyyy”或“#,##0.00”

例如，工作量按件计算，每件10元。假设员工的工资组成包括基本工资和工作量工资，月底时，公司需要把员工的工作量转换为收入，加上基本工资进行当月工资的核算。这需要用TEXT函数将数字转换为文本格式，并添加货币符号。

1 打开素材

打开“素材\ch06\Text.xlsx”文件，选择单元格D3，在其中输入公式“=TEXT(C3+D3*10, "￥#.00")”，按【Enter】键即可完成“工资收入”的计算。

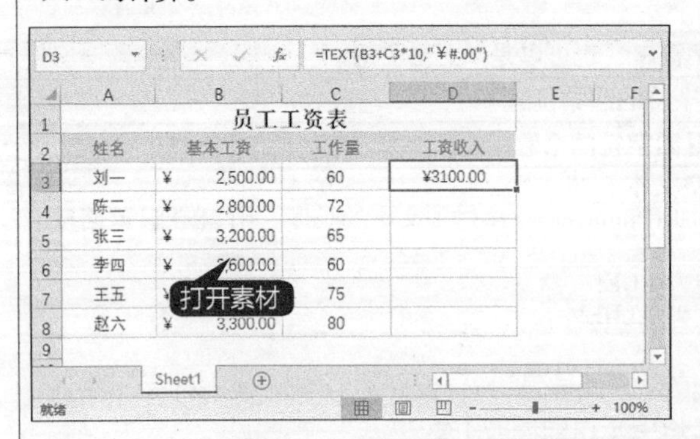

2 复制公式

将鼠标指针放在单元格D3右下角的填充柄上，当鼠标指针变为+形状时按住鼠标左键并拖动鼠标，将公式复制到该列的其他单元格中。

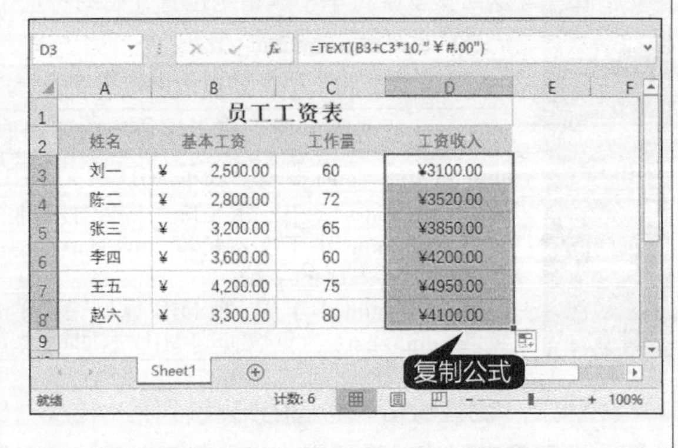

6.3.5 查找与引用函数的应用

Excel提供的查找与引用函数可以在单元格区域查找或引用满足条件的数据，特别是在数据比较多的工作表中，用户不需要指定具体的数据位置，让单元格数据的操作变得更加灵活。

1. 使用LOOKUP函数计算多人的销售业绩总和

LOOKUP函数可以从单行或单列区域或数组返回值。LOOKUP函数具有两种语法形式：向量形式和数组形式。

语法形式	功能	用法
向量形式	在单行区域或单列区域(称为“向量”)中查找值，然后返回第二个单行区域或单列区域中相同位置的值	当要查询的值列表较大或者值可能会随时间而改变时，使用该向量形式
数组形式	在数组的第一行或第一列中查找指定的值，然后返回数组的最后一行或最后一列中相同位置的值	当要查询的值列表较小或者值在一段时间内保持不变时，使用该数组形式

（1）向量形式

向量是只含一行或一列的区域。LOOKUP函数的向量形式在单行区域或单列区域（称为“向量”）中查找值，然后返回第二个单行区域或单列区域中相同位置的值。当用户要指定包含要匹配的值的区域时，请使用LOOKUP函数的这种形式。LOOKUP函数的另一种形式将自动在第一行或第一列中进行查找。

【LOOKUP】函数：向量形式	
功能	LOOKUP 函数可从单行或单列区域或者从一个数组返回值
格式	LOOKUP(lookup_value, lookup_vector, [result_vector])
参数	lookup_value：必需参数。LOOKUP 在第一个向量中搜索的值。lookup_value 可以是数字、文本、逻辑值、名称或对值的引用
	lookup_vector：必需参数。只包含一行或一列的区域。lookup_vector 的值可以是文本、数字或逻辑值
	result_vector：可选参数。只包含一行或一列的区域。result_vector 参数必须与 lookup_vector 大小相同
说明	如果 LOOKUP 函数找不到 lookup_value，则该函数会与 lookup_vector 中小于或等于 lookup_value 的最大值进行匹配 如果 lookup_value 小于 lookup_vector 中的最小值，则 LOOKUP 会返回 #N/A 错误值

（2）数组形式

LOOKUP函数的数组形式在数组的第一行或第一列中查找指定的值，并返回数组最后一行或最后一列中同一位置的值。 当要匹配的值位于数组的第一行或第一列中时，请使用LOOKUP的这种形式。当要指定列或行的位置时，请使用LOOKUP的另一种形式。

LOOKUP函数的数组形式与HLOOKUP和VLOOKUP函数非常相似。区别在于：HLOOKUP在第一行中搜索lookup_value的值，VLOOKUP在第一列中搜索，而LOOKUP根据数组维度进行搜索。一般情况下，最好使用HLOOKUP或VLOOKUP函数，而不是LOOKUP函数的数组形式。LOOKUP函数的这种形式是为了与其他电子表格程序兼容而提供的。

【LOOKUP】函数：数组形式	
功能	LOOKUP 的数组形式在数组的第一行或第一列中查找指定的值，并返回数组最后一行或组后一列内同一位置的值
格式	LOOKUP(lookup_value,array)
参数	lookup_value：必需参数。LOOKUP 在数组中搜索的值。lookup_value 可以是数字、文本、逻辑值、名称或对值的引用
	array：必需参数。包含要与 lookup_value 进行比较的数字、文本或逻辑值的单元格区域
说明	如果数组包含宽度比高度大的区域（列数多于行数）LOOKUP 会在第一行中搜索 lookup_value 的值 如果数组是正方的或者高度大于宽度（行数多于列数），LOOKUP 会在第一列中进行搜索 使用 HLOOKUP 和 VLOOKUP 函数，您可以通过索引以向下或遍历的方式搜索，但是 LOOKUP 始终选择行或列中的最后一个值

例如，使用LOOKUP函数，在选中区域处于升序条件下可查找多个值。

1 打开素材

打开“素材\ch06\销售业绩总和.xlsx”文件，选中A3:A8单元格区域，单击【数据】选项卡下【排序与筛选】组中的【升序】按钮进行排序。

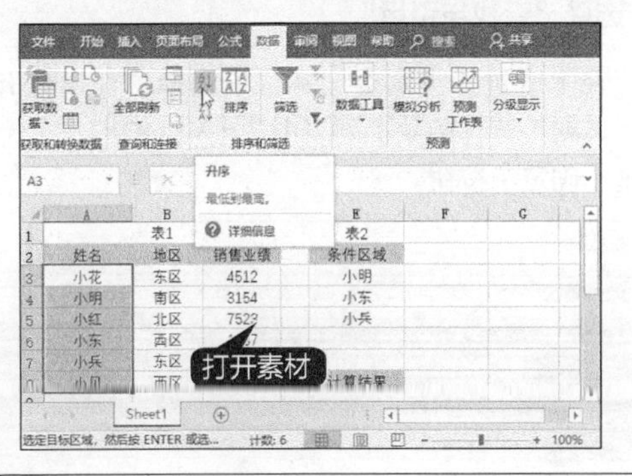

2 单击【确定】按钮

弹出【排序提醒】对话框，选择【扩展选定区域】单选项，单击【排序】按钮。

3 排序

排序结果如下图所示。

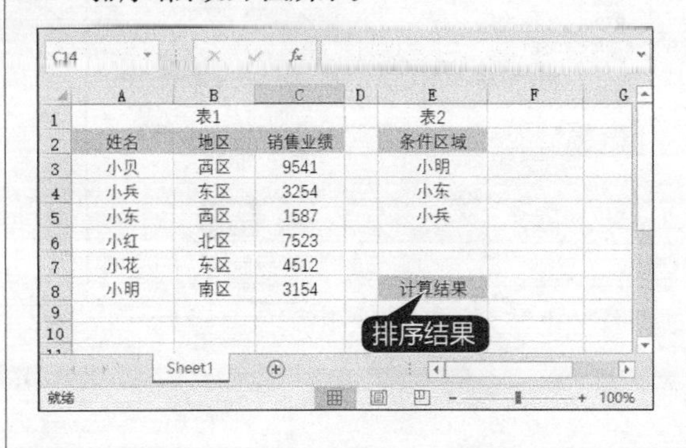

4 计算结果

选中单元格F8，输入公式“=SUM(LOOKUP(E3:E5,A3:C8))”，按【Ctrl+Shift+Enter】组合键，即可计算出结果。

小提示

"LOOKUP(E3:E5,A3:C8)"为数组公式，需要按【Ctrl+Shift+Enter】组合键计算结果。

2.使用VLOOKUP函数查询指定员工的销售业绩

VLOOKUP函数是一个常用的查找函数，给定一个查找目标，可以从查找区域中查找返回想要找到的值。VLOOKUP函数具体功能、格式和参数，如下表所示。

【VLOOKUP】函数	
功能	VLOOKUP 函数用于在数据表的第 1 列中查找指定的值，然后返回当前行中的其他列的值
格式	VLOOKUP(lookup_value,table_array,col_index_num,[range_lookup])
参数	lookup_value：必需参数。表示要在表格或单元格区域的第一列中查找的值，可以是值或引用
	table_array：必需参数。表示包含数据的单元格区域，可以是文本、数字或逻辑值。其中，文本不区分大小写
	col_index_num：必需参数。表示参数 table_array 要返回匹配值的列号。如果参数 col_index_num 为 1，返回参数 table_array 中第 1 列的值；如果为 2，则返回参数 table_array 中第 2 列的值，以此类推
	range_lookup：可选参数。表示一个逻辑值，用于指定 VLOOKUP 函数在查找时使用精确匹配值还是近似匹配值

例如，在工作表中，大量的数据使查找工作进行起来很困难，如果已知第一列中的数据，那么可以使用VLOOKUP函数进行快速查找。下面使用VLOOKUP函数查询指定员工的销售业绩，具体操作步骤如下。

1 打开素材

打开"素材\ch06\销售业绩表.xlsx"文件，将光标定位在B9单元格中，然后单击【插入函数】按钮 fx，弹出【插入函数】对话框。

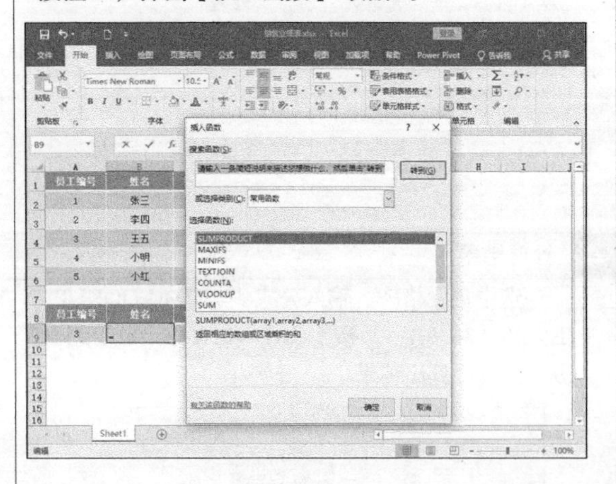

2 选择"查找与引用"

在【或选择类别】文本框中选择"查找与引用"，在【选择函数】列表中选【VLOOKUP】，单击【确定】按钮。

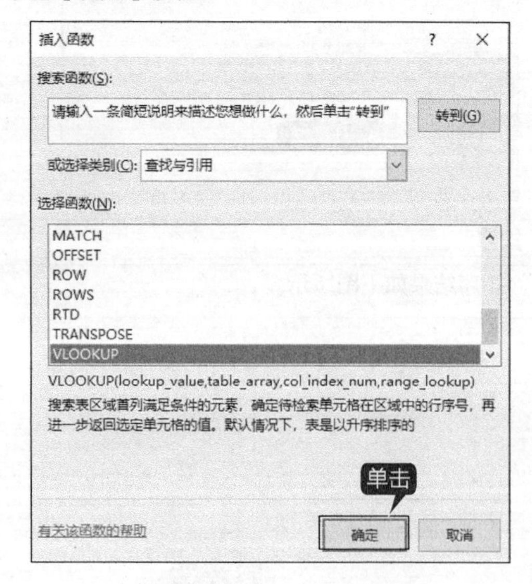

3 单击【折叠】按钮

弹出【函数参数】对话框，单击【Lookup_value】文本框右侧的【折叠】按钮，返回到Excel工作表中，单击A9单元格，再次单击【折叠】按钮，返回到【函数参数】对话框中。

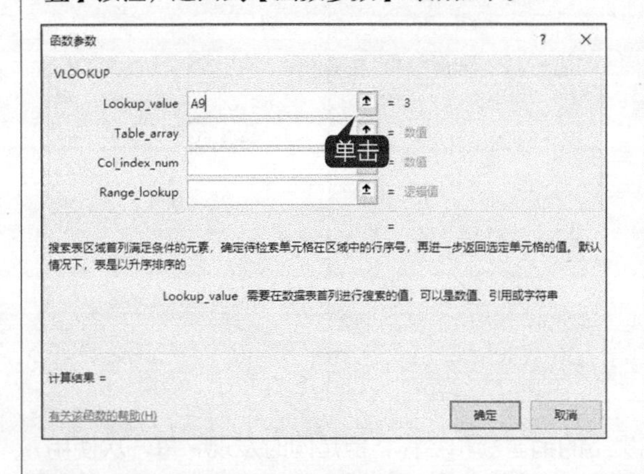

4 检索单元格区域

在【Table_array】文本框中输入检索单元格区域“A2:D6”，在【Col_index_num】文本框中输入“2”，返回满足条件的单元格在数组区域的第2列的值，在【Range_lookup】文本框中输入“FALSE”，表示精确查找，单击【确定】按钮。

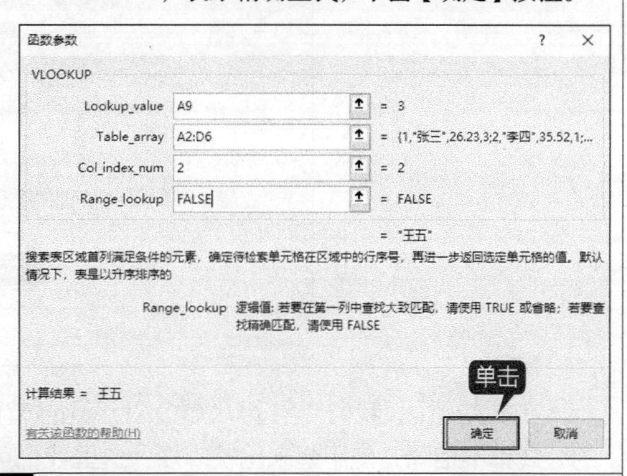

5 返回到 Excel 表中

返回到Excel表中，即可看到在B9单元格中返回“王五”。

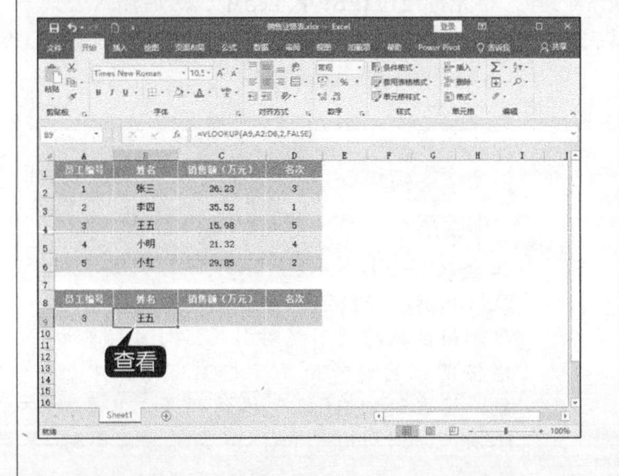

6 输入公式

将光标定位在C9单元格中，输入公式“=VLOOKUP(A9,A2:D6,3,FALSE)”，按【Enter】键即可返回王五的销售额。

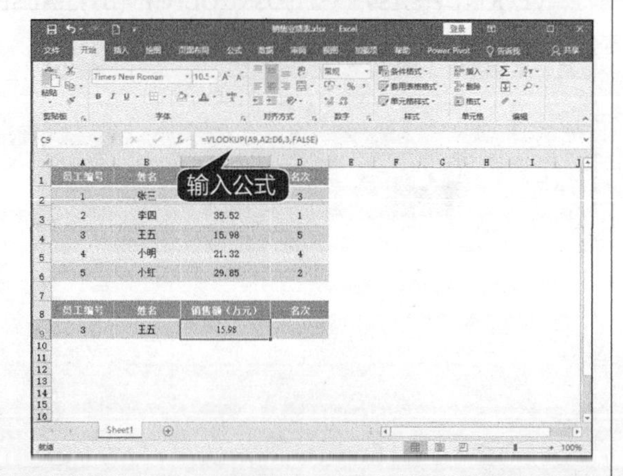

小提示

在公式“=VLOOKUP(A9,A2:D6,3,FALSE)”中，在单元格区域 A2:D6 中查找 A9 单元格的值，“3”表示返回第 3 列的 A9 单元格数值的匹配值，“FALSE”表示精确查找。

7 计算名次

同样方法计算王五的名次，公式为“=VLOOKUP(A9,A2:D6,4,FALSE)”。

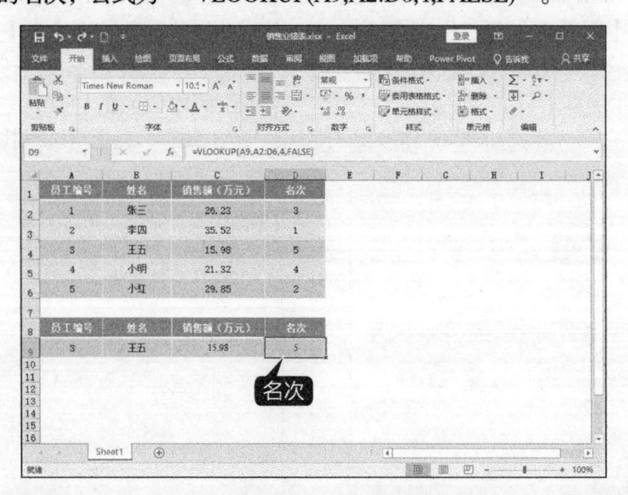

在本实例中，我们使用了VLOOPUP函数查询员工的销售额和名称，但是同时发现，每一次使用的公式都不相同，使用起来比较麻烦。这里我们可以对公式稍作修改，然后直接使用填充功能计算其他单元格。

8 打开业绩表

在打开的“销售业绩表.xlsx”中，清除B9:D9单元格内容，将光标定位在B9单元格中，然后输入公式“=VLOOKUP($A$9,$A$2:$D$6,COLUMN(B1),FALSE)”，按【Enter】键返回员工姓名。

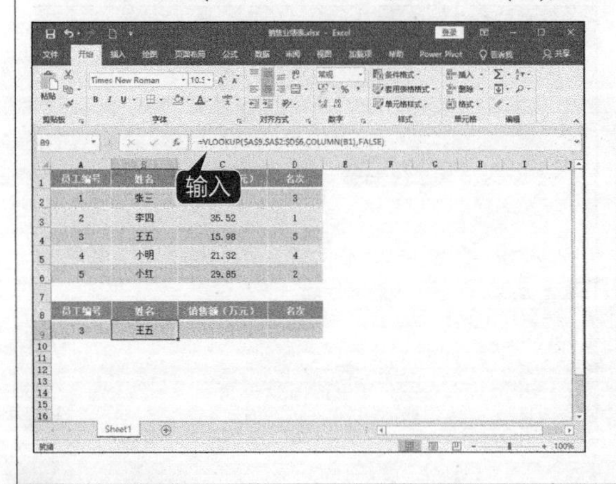

小提示

在公式“=VLOOKUP($A$9,$A$2:$D$6,COLUMN(B1),FALSE)”中，查找单元格值和单元格区域均使用绝对引用，与目标单元格值匹配的列号使用了COLUMN(B1)函数，旨在返回B1单元格的列号，其参数B1使用相对引用。“FALSE”表示精确查找。

9 结果如图所示

利用填充功能，填充C9:D9单元格区域，计算其他员工的销售额和名称，结果如图所示。

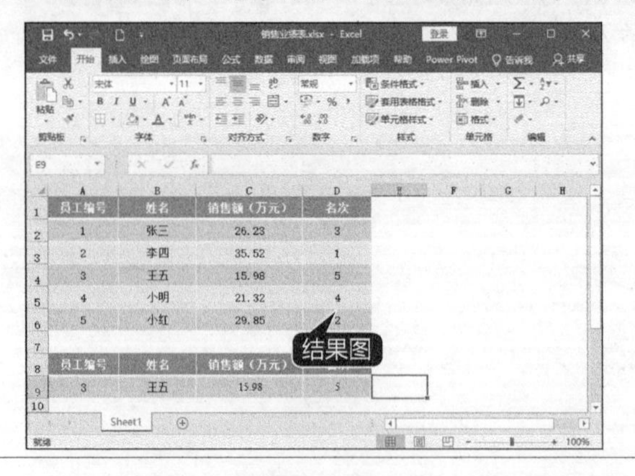

3.使用INDEX函数计算快递费用

INDEX函数是指返回表格或区域中的值或值的引用。INDEX函数有两种形式：数组形式和引用形式。如果需要返回指定单元格或单元格数组的值，则用数组形式；如果返回指定单元格的引用，则用引用形式。

（1）数组形式

返回表格或数组中的元素值，此元素值由行号和列号的索引给定。当INDEX函数的第一个参数为数组常量时，使用数组形式。

【INDEX】函数：数组形式	
功能	INDEX 函数的数组形式通常返回数值或数值数组
格式	INDEX(array, row_num, [column_num])
参数	array：必需参数。单元格区域或数组常量
	row_num：必需参数。选择数组中的某行，函数从该行返回数值。如果省略 row_num，则必须有 column_num
	column_num：可选参数。选择数组中的某列，函数从该列返回数值。如果省略 column_num，则必须有 row_num
备注	如果同时使用参数 row_num 和 column_num，INDEX 函数返回 row_num 和 column_num 交叉处的单元格中的值。 如果将 row_num 或 column_num 设置为 0（零），INDEX 函数则分别返回整个列或行的数组数值。 若要使用以数组形式返回的值，请将 INDEX 函数以数组公式形式输入，对于行以水平单元格区域的形式输入，对于列以垂直单元格区域的形式输入。若要输入数组公式，请按【Ctrl+Shift+Enter】组合键。 row_num 和 column_num 必须指向数组中的一个单元格；否则，INDEX 返回错误值 #REF!

（2）引用形式

返回指定的行与列交叉处的单元格引用。如果引用由不连续的选定区域组成，可以选择某一选定区域。

【INDEX】函数：引用形式	
功能	INDEX 函数返回表格或区域中的值或值的引用
格式	INDEX(reference,row_num,[column_num],[area_num])
参数	reference：必需参数。对一个或多个单元格区域的引用
	row_num：必需参数。引用中某行的行号，函数从该列返回一个引用
	column_num：可选参数。引用中某列的列标，函数从该列返回一个引用
	area_num：可选参数。选择引用中的一个区域，以从中返回 row_num 和 column_num 的交叉区域

例如，通过INDEX函数可以快速计算出快递费用，具体的操作步骤如下。

1 打开素材

打开“素材\ch06\配送费用表.xlsx”文件。

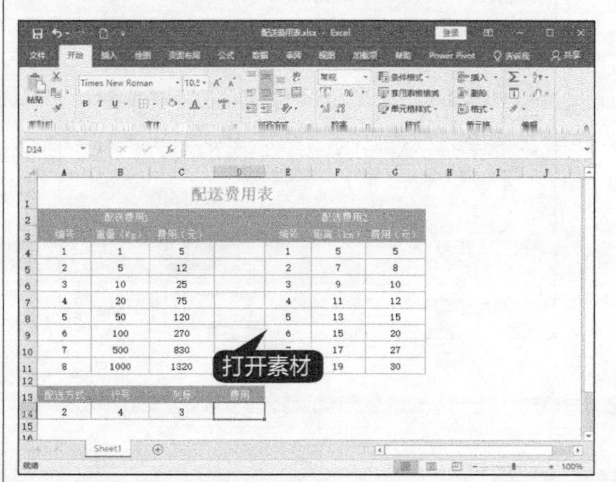

2 输入公式

在D14单元格中输入公式“=INDEX((A4:C11, E4:G11),B14,C14,A14)”按【Enter】键即可。

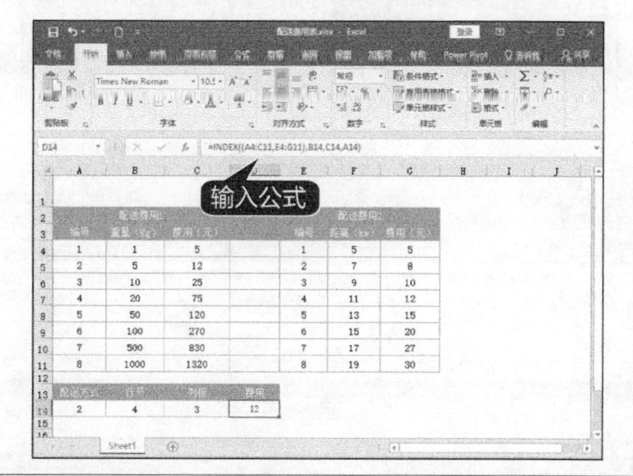

小提示

此实例中使用的是 INDEX 函数的引用形式。在公式“=INDEX((A4:C11,E4:G11),B14,C14,A14)”中“(A4:C11,E4:G11)”表示对 2 个单元格区域的引用；B14 和 C14 分别表示引用的行号和列标；A14 表示引用的单元格区域。

如果想要引用其他配送费用，只需要在A14、B14、C14中修改引用的区域、行号和列标即可。

4.使用CHOOSE函数指定岗位职称

CHOOSE，英文是“选择”的意思，在Excel中，用于在列举的共有参数（给定的索引值）中选择一个并返回这个参数的值。CHOOSE函数的具体功能、格式和参数，如下表所示。

【CHOOSE】函数	
功能	CHOOSE 函数用于从给定的参数中返回指定的值
格式	CHOOSE(index_num, value1, value2,…)
参数	index_num：必需参数。数值表达式或字段，它的运算结果是一个数值，且介于 1 和 254 之间的数字。或者为公式或对包含 1 到 254 之间某个数字的单元格的引用
	value1,value2,…：value1 是必需的，后续值是可选的。这些值参数的个数介于 1~254 之间，函数 CHOOSE 基于 index_num 从这些值参数中选择一个数值或一项要执行的操作。参数可以为数字、单元格引用、已定义名称、公式、函数或文本
说明	如果 index_num 为一个数组，则在计算 CHOOSE 函数时，将计算每一个值。 CHOOSE 函数的数值参数不仅可以为单个数值，也可以为区域引用。 例如，公式“=SUM(CHOOSE(2,A1:A10,B1:B10,C1:C10))”相当于“=SUM(B1:B10)”，是基于区域 B1:B10 中的数值返回值。先计算 CHOOSE 函数，返回引用 B1:B10。然后使用 B1:B10（CHOOSE 函数的结果）作为其参数来计算 SUM 函数

例如，根据职位代码计算出员工的职位名称，具体的操作步骤如下。

1 打开素材

打开 “素材\ch06\应聘人员信息表.xlsx”文件，将光标定位在D3单元格中。

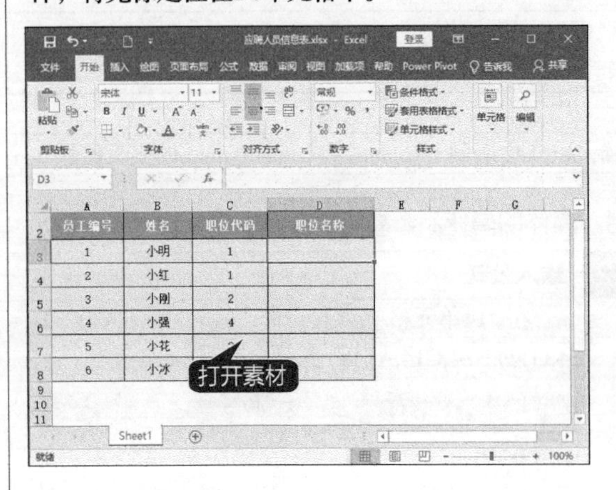

2 单击【插入函数】按钮

单击【插入函数】按钮 f_x ，在弹出的【插入函数】对话框中，在【或选择类别】下拉列表中选择【查找与引用】选项，在【选择函数】列表中选择【CHOOSE】选项，单击【确定】按钮。

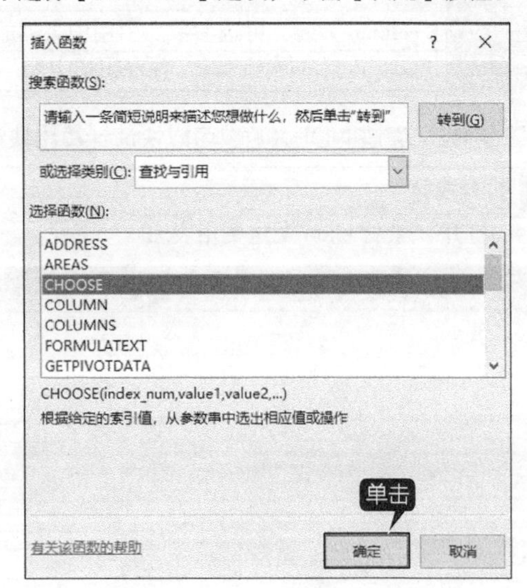

3 单击【确定】按钮

在弹出的【函数参数】对话框中，设定【Index_num】参数为“C3”，并且依次设置【Value1】、【Value2】、【Value3】、【Value4】的值为“副总”“销售经理”“财务部长”“后勤部长”，单击【确定】按钮。

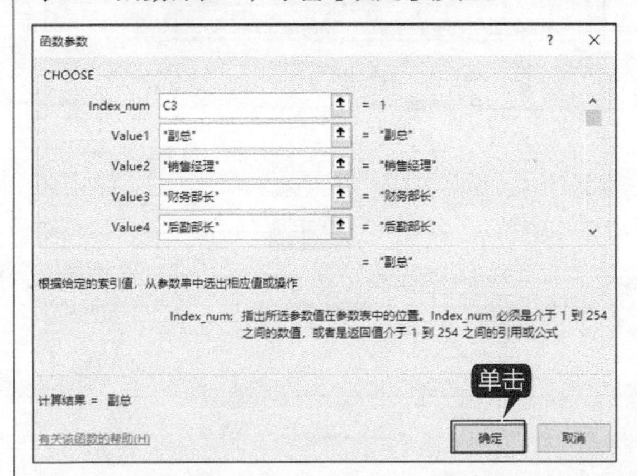

4 返回工作表

返回到Excel工作表中可以看到D3单元格显示为“副总”。

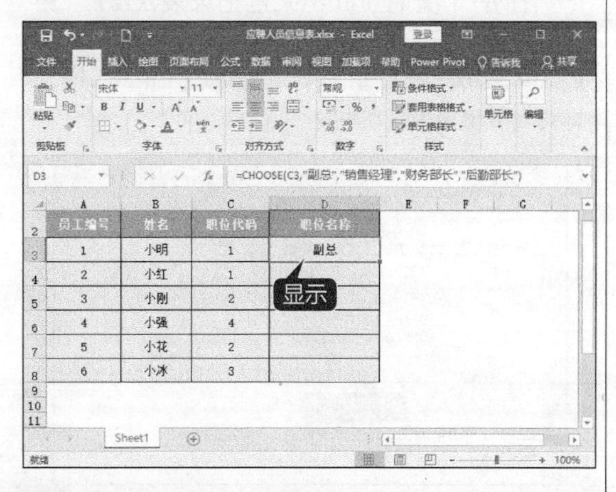

5 利用填充功能

利用填充功能，填充其他单元格，结果如图所示。

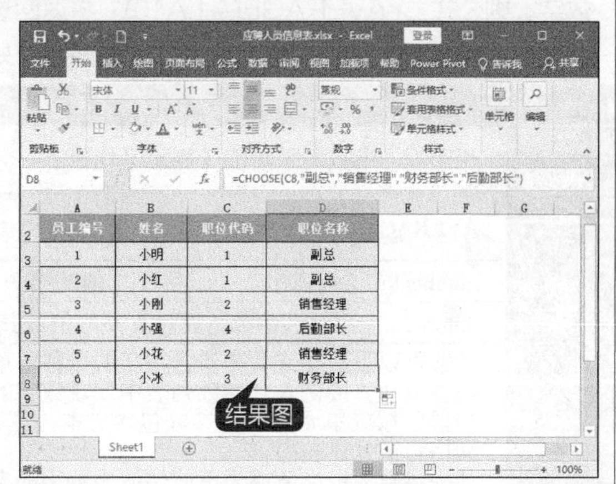

小提示

函数中“副总”“销售经理”“财务部长”“后勤部长”对应“职位代码”中的“1、2、3、4”。

6.3.6 统计函数的应用

统计函数是从各个角度去分析数据，并捕捉统计数据的所有特征。使用统计函数能够大大缩短工作时间，增大工作效率。常用于统计数据的倾向、判定数据的平均值或偏差值的基础统计量、统计数据的假设是否成立并检测它的假设是否正确。

1. 使用COUNTIF函数查询重复的电话记录

COUNTIF函数是一个统计函数，用于统计满足某个条件的单元格的数量。COUNTIF函数的具体功能、格式及参数，如下表所示。

【COUNTIF】函数	
功能	对区域中满足单个指定条件的单元格进行计数
格式	COTNTIF（range,criteria）
参数	range：必需参数。要对其进行计数的一个或多个单元格，其中包括数字或名称、数组或包含数字的引用，空值或文本值将被忽略
	criteria：必需参数。用来确定将对哪些单元格进行计数，可以是数字、表达式、单元格引用或文本字符串

例如，通过使用IF函数和COUNTIF函数，可以轻松统计出重复数据，具体的操作步骤如下。

1 打开素材

打开“素材\ch06\来电记录表.xlsx”文件，在D3单元格中输入公式“=IF((COUNTIF($C$3:$C$10,C3))>1,"重复","")”，按【Enter】键，即可计算出是否存在重复。

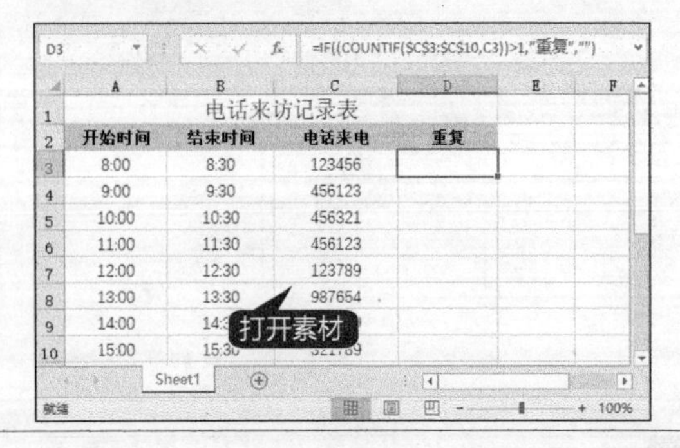

2 使用填充功能

使用填充柄快速填充单元格区域D3:D10，最终计算结果如图所示。

2.使用AVERAGE函数求销售部门的平均工资

AVERAGE函数用于返回参数的平均值（算术平均值）。例如，如果A1:A10单元格区域中包含数字，则公式“=AVERAGE(A1:A10)”将返回这些数字的平均值。

AVERAGE函数的具体功能、格式及参数，如下表所示。

【AVERAGE】函数	
功能	用于返回参数的平均值（算术平均值）
格式	AVERAGE(number1,[number2],…)
参数	number1：必需参数。要计算平均值的第一个数字、单元格引用或单元格区域
	number2,…：可选参数。要计算平均值的其他数字、单元格引用或单元格区域，最多可包含 255 个
说明	参数可以是数字或者是包含数字的名称、单元格区域或单元格引用 逻辑值和直接键入到参数列表中代表数字的文本被计算在内 如果区域或单元格引用参数包含文本、逻辑值或空单元格，则这些值将被忽略；但包含零值的单元格将被计算在内 如果参数为错误值或为不能转换为数字的文本，将会导致错误

例如，在多部门化的公司中要计算出某部门中员工的平均工资，需要使用AVERAGE函数和IF函数配合计算，具体的操作步骤如下。

1 打开素材

打开“素材\ch06\销售部门工资表.xlsx”文件，选中C12单元格，输入公式“=AVERAGE(IF((C3:C10="销售部"),D3:D10))”。

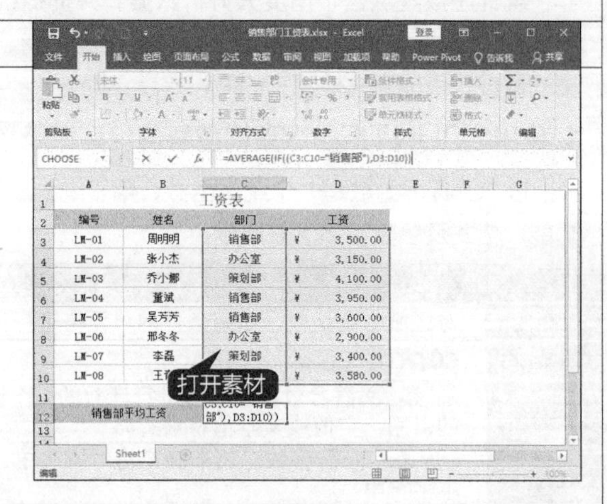

2 按【Ctrl+Shift+Enter】组合键

按【Ctrl+Shift+Enter】组合键，即可计算出销售部平均工资。

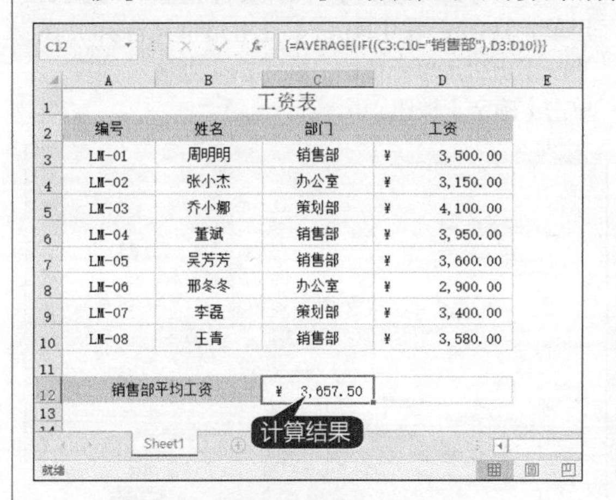

工资表			
编号	姓名	部门	工资
LM-01	周明明	销售部	¥ 3,500.00
LM-02	张小杰	办公室	¥ 3,150.00
LM-03	乔小娜	策划部	¥ 4,100.00
LM-04	董斌	销售部	¥ 3,950.00
LM-05	吴芳芳	销售部	¥ 3,600.00
LM-06	邢冬冬	办公室	¥ 2,900.00
LM-07	李磊	策划部	¥ 3,400.00
LM-08	王青	销售部	¥ 3,580.00
销售部平均工资		¥ 3,657.50	

小提示

公式“IF((C3:C10=" 销售部 "),D3:D10)”表示在单元格区域 C3:C10 中，部门为“销售部”的员工的工资所在的单元格，此处为数组公式。

6.3.7 财务函数的应用

使用财务函数可以进行常见的财务计算，如确定贷款的支付额、投资的未来值或净现值以及债券或息票的价值。财务函数可以帮助使用者缩短工作时间，提高工作效率。

1.使用PMT函数计算贷款的每期还款额

PMT函数是一个财务函数，用于根据固定付款额和固定利率计算贷款的付款额。PMT函数的具体功能、格式和参数，如下表所示。

【PMT】函数	
功能	基于固定利率及等额分期付款方式，返回贷款的每期付款额
格式	PMT(rate,nper,pv,[fv],[type])
参数	rate：必需参数。为贷款利率
	nper：必需参数。为该项贷款的付款总期数
	pv：必需参数。为现值，或一系列未来付款的当前值的累积和，也称为本金
	fv：可选参数。为未来值，或在最后一次付款后希望得到的现金余额。如果省略 fv，则假设其值为零，也就是一笔贷款的未来值为零
	type：可选参数。为数字 0 或 1，用以指定各期的付款时间是在期初还是期末。1 代表期初，不输入或输入 0 代表期末
说明	PMT 函数返回的付款包括本金和利息，但不包括税金、准备金，也不包括某些与贷款有关的费用 请确保指定 rate 和 nper 所用的单位是一致的

例如贷款之后，可以利用PMT函数计算出所贷款的每期还款额，具体操作步骤如下。

1 打开素材

打开“素材\ch06\贷款还款额.xlsx”文件，单击【插入公式】按钮 f_x 。

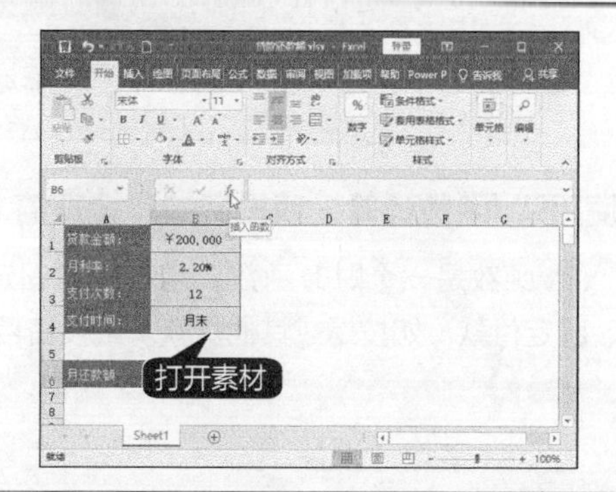

2 选择【财务】选项

弹出【插入函数】对话框，在【或选择类别】下拉列表中选择【财务】选项，在【选择函数】列表中选择【PMT】函数，单击【确定】按钮。

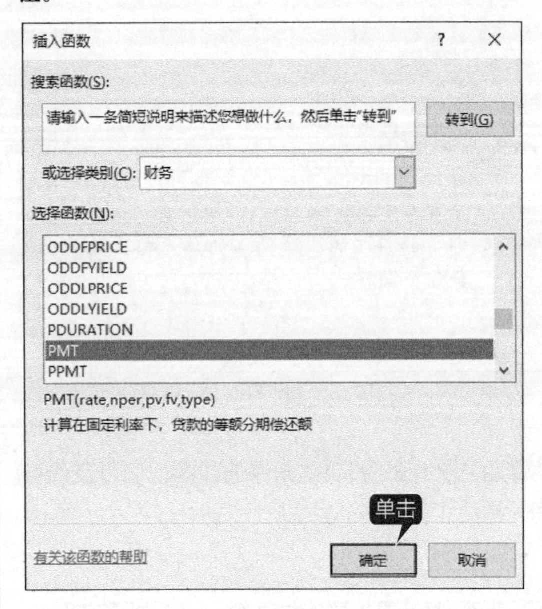

3 单击【确定】按钮

弹出【函数参数】对话框，在【Rate】处引用单元格B2，在【Nper】处引用单元格B3，在【Pv】出引用单元格B1，在【Fv】处输入"0"，单击【确定】按钮。

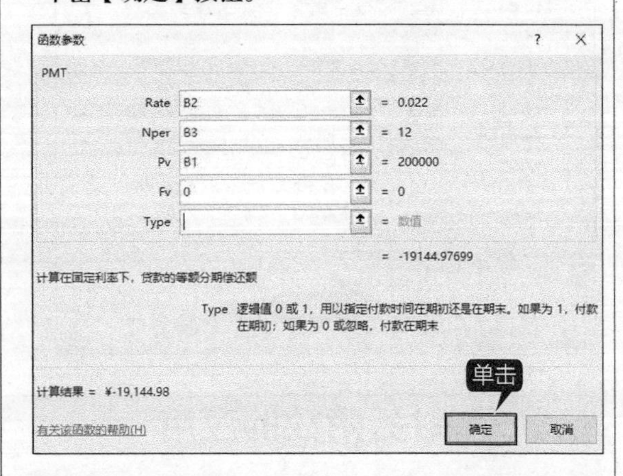

小提示

【Rate】文本框中引用单元格B2，表示月利率；【Nper】文本框中引用单元格B3，表示贷款总期数；【Pv】文本框中引用单元格B1，表示贷款的总金额；【Fv】表示未来值，还清贷款表示未来值为0；【Type】省略，表示在期末还款。

4 计算结果

此时，即可计算出还款额。

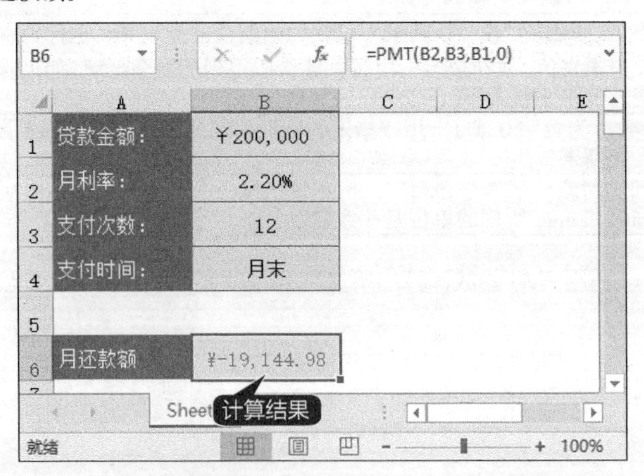

2.使用PV函数计算某项投资的年金现值

PV函数是一个财务函数，用于根据固定利率计算贷款或投资的现值。可以将PV函数与定期付款、固定付款（如按揭或其他贷款）或投资目标的未来值结合使用。

PV函数的具体功能、格式和参数，如下表所示。

【PV】函数	
功能	PV 函数用于计算投资的现值。现值为一系列未来付款的当前值的累积和
格式	PV(rate, nper, pmt, [fv], [type])
参数	rate：必需参数。为各期利率
	nper：必需参数。年金的付款总期数
	pmt：必需参数。为各期所应支付的金额，其数值在整个年金期间保持不变，选用该参数将用于年金计算，如果忽略则必须包含 fv 参数
	fv：可选参数。为未来值，或在最后一次支付后希望得到的现金余额，如果省略则假设其值为零，如果忽略该参数则必须包含 pmt 参数
	type：可选参数。为数字 0 或 1，数字 0 表示各期的存款时间是在期末，数字 1 表示在期初

小提示

年金指在一段连续时间内的一系列固定现金付款。例如，房子贷款或抵押就是一种年金。

例如，如果投资一项保险，每月月底支付800元，投资回报率为6.70%，投资年限为5年，使用PV函数可以计算出投资的年金现值。

1 打开素材

打开“素材\ch06\年金现值.xlsx”文件，在B5单元格中输入公式“=PV(B1/12,B2*12,B3)”。

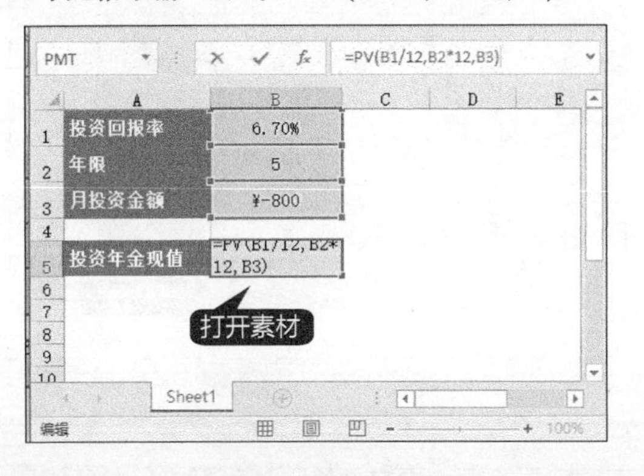

2 按【Enter】键确认

按【Enter】键确认，即可计算出年金现值。

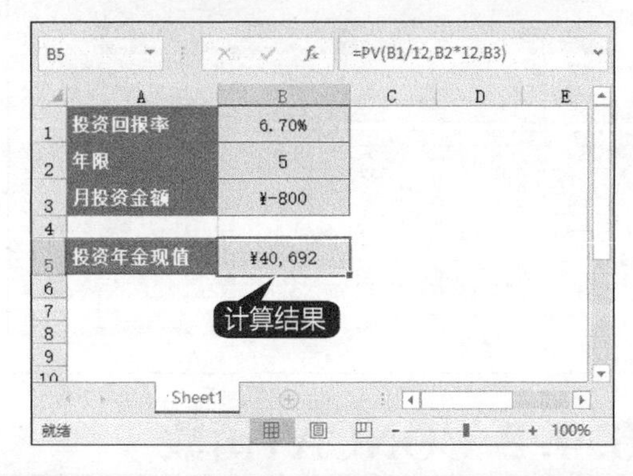

6.4 Excel 2019新增函数的应用

本节视频教学时间：9分钟

在Excel 2019中新增了一些函数，如IFS函数、CONCAT函数、TEXTJOIN函数等，这边介绍下这些函数的使用方法。

6.4.1 IFS函数

IFS函数解决了复杂的IF嵌套的问题，IFS函数可以根据一个或多个条件是否满足，并返回到第一个条件相对应的值。IFS函数还可以嵌套多个IF语句，方便运算时使用多个条件。

【IFS】函数	
功能	检查 IFS 函数的一个或多个条件是否满足，并返回到第一个条件相对应的值
格式	IFS(logical_test1, value_if_true1, [logical_test2, value_if_true2], [logical_test3, value_if_true3],…)
参数	logical_test1（必需）：计算结果为 TRUE 或 FALSE 的条件
	value_if_true1（必需）：当 logical_test1 的计算结果为 TRUE 时要返回结果。可以为空
	logical_test2…logical_test127（可选）：计算结果为 TRUE 或 FALSE 的条件
	value_if_true2…value_if_true127（可选）：当 logical_testN 的计算结果为 TRUE 时要返回结果。每个 value_if_trueN 对应于一个条件 logical_testN。可以为空
说明	IFS 函数允许测试最多 127 个不同的条件 一般不建议对 IF 或 IFS 语句使用过多条件，因为需要按正确的顺序输入多个条件，这样一来，构建、测试和更新会变得十分困难

下面使用IFS函数，判断学生考试成绩的合格情况。例如，总成绩大于或等于250分为“优秀”，大于或等于220分为“良好”，大于或等于180分为“合格”，180分以下为“不合格”。

1 打开“If.xlsx”文件

再次打开“If.xlsx”文件，在G2单元格中输入公式“=IFS(F2>=250,"优秀",F2>=220,"良好",F2>=180,"及格",F2<180,"不及格")”，按【Enter】键，即会返回结果。

G2 =IFS(F2>=250,"优秀",F2>=220,"良好",F2>=180,"及格",F2<180,"不及格")

学号	姓名	语文	数学	英语	总成绩	是否合格
0612	关利	48	65	59	172	不及格
0604	赵锐	56	64	66	186	
0602	张磊	65	57	58	180	
0608	江涛	65	75	85	225	
0603	陈晓华	68	66	57	191	
0606	李小林	70	90	80	240	
0609	成军	78	48	75	201	
0613	王军	78	61	56	195	
0601	王天	85	92	88	265	
0607	王征	85	85	88	258	
0605	李阳	90	80	85	255	
0611	陆洋	95	83	65	243	

2 复制公式

将鼠标指针放在单元格G2右下角的填充柄上，当鼠标指针变为+形状时按住鼠标左键并拖动鼠标，将公式复制到该列的其他单元格中。

6.4.2 CONCAT函数

CONCAT函数类似于CONCATENATE函数，不过它更简短，更方便输入，不仅支持单元格引用，还支持区域引用，可以将多个区域和/或字符串的文本组合起来。

【CONCAT】函数	
功能	将多个区域和 / 或字符串的文本组合起来，但不提供分隔符或 IgnoreEmpty 参数
格式	CONCAT(text1, [text2],…)
参数	text1（必需）：要连接的文本项。字符串或字符串数组，如单元格区域
	text2, …（可选）：要连接的其他文本项。文本项最多可以有 253 个文本参数。每个参数可以是一个字符串或字符串数组，如单元格区域
说明	若要在你想要合并的文本之间添加分隔符（例如空格或与号 (&)）并删除你不希望出现在合并后文本结果中的空参数，可以使用 TEXTJOIN 函数 如果结果字符串超过 32 767 个字符（单元格限制），则 CONCAT 返回 #VALUE! 错误

下面介绍CONCAT函数的使用方法。

1 新建一个工作簿

新建一个工作簿，在工作表中输入以下内容。然后在A2单元格中输入公式“=CONCAT(A1,B1,C1,D1,E1)”。

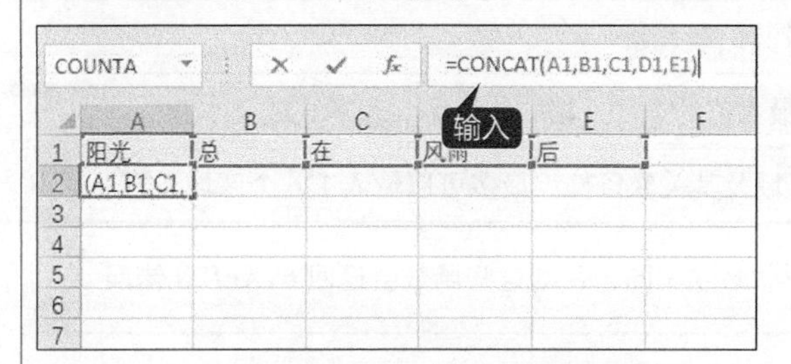

2 按【Enter】键

按【Enter】键，即可返回结果，如下图所示。

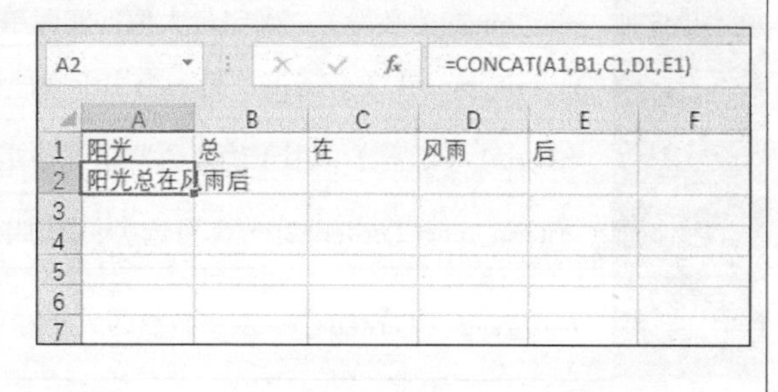

6.4.3 TEXTJOIN函数

如果要在合并的文本之间添加分隔符，如空格或其他符号，并且可以删除合并后文本结果的空参数，则不能使用CONCAT函数，需要使用TEXTJOIN函数。

【TEXTJOIN】函数	
功能	将多个区域和/或字符串的文本组合起来，并包括你在要组合的各文本值之间指定的分隔符
格式	TEXTJOIN(分隔符, ignore_empty, text1, [text2], …)
参数	分隔符（必需）：文本字符串，或者为空，或者通过在双引号或对有效的文本字符串的引用一个或多个字符，如果提供一个数字，则它将被视为文本
	ignore_empty（必需）：如果为TRUE，则忽略空白单元格
	text1（必需）：要连接的文本项，文本字符串或字符串数组，如单元格区域中
	text2，…（可选）：要连接的其他文本项目，可以为文本项目，包括text1252文本参数的最大值，每个可以是文本字符串或字符串数组，如单元格区域
说明	如果结果字符串超过32767个字符（单元格限制），则CONCAT返回#VALUE!错误

下面介绍TEXTJOIN函数的使用方法。

1 新建一个工作簿

新建一个工作簿，在工作表中输入以下内容。然后在A2单元格中输入公式“=TEXTJOIN(",",TRUE,A5:A13)”。

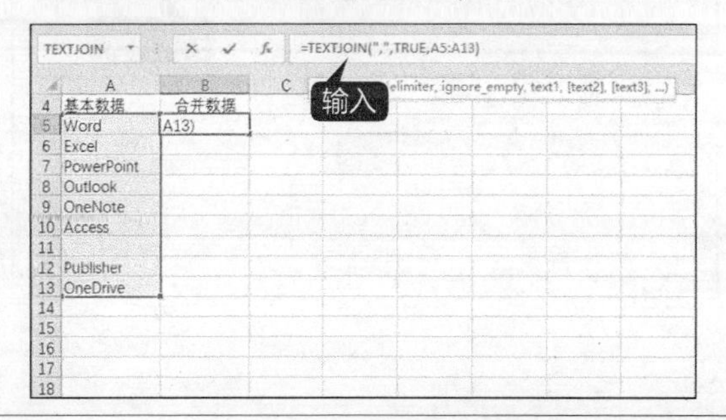

2 按【Enter】键

按【Enter】键，即可计算结果，如下图所示。

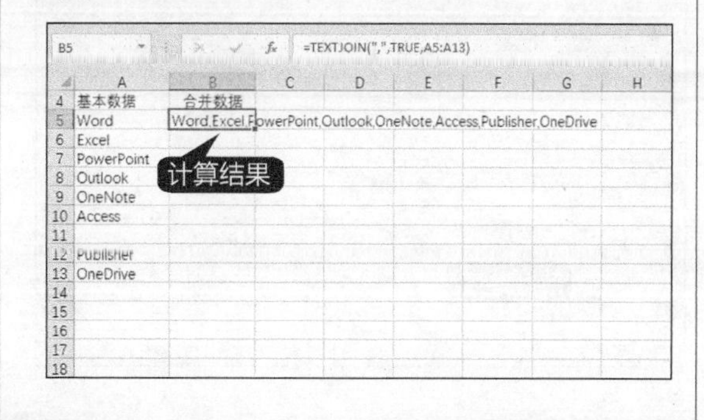

6.4.4 MAXIFS函数和MINIFS函数

MAXIFS函数和MINIFS函数根据给定条件或标准指定的单元格，返回的最大值或最小值。MAXIFS函数的功能、语法及参数说明如下。

【MAXIFS】函数	
功能	返回一组给定条件或标准指定的单元格中的最大值
格式	MAXIFS(max_range, criteria_range1, criteria1, [criteria_range2, criteria2], …)
参数	max_range（必需）：确定最大值的实际单元格区域
	criteria_range1（必需）：是一组用于条件计算的单元格
	criteria1（必需）：用于确定哪些单元格是最大值的条件，格式为数字、表达式或文本
	criteria_range2,criteria2, …（可选）：附加区域及其关联条件。最多可以输入 126 个区域 / 条件
说明	max_range 和 criteria_rangeN 参数的大小和形状必须相同，否则这些函数会返回 #VALUE! 错误

MINIFS函数的功能、语法及参数说明如下。

【MINIFS】函数	
功能	返回一组给定条件或标准指定的单元格之间的最小值
格式	MINIFS(min_range, criteria_range1, criteria1, [criteria_range2, criteria2], …)
参数	min_range（必需）：确定最小值的实际单元格区域
	criteria_range1（必需）：是一组用于条件计算的单元格
	criteria1（必需）：用于确定哪些单元格是最小值的条件，格式为数字、表达式或文本
	criteria_range2,criteria2, …（可选）：附加区域及其关联条件。最多可以输入 126 个区域 / 条件
说明	min_range 和 criteria_rangeN 参数的大小和形状必须相同，否则这些函数会返回 #VALUE! 错误

下面介绍MAXIFS函数和MINIFS函数的使用方法。

1 打开素材

打开“素材\ch06\培训成绩表.xlsx”文件，选择单元格H2，在其中输入公式“=MAXIFS(E2:E11,C2:C11,H1)”，按【Enter】键即可算出“行政部”考核成绩最高分。

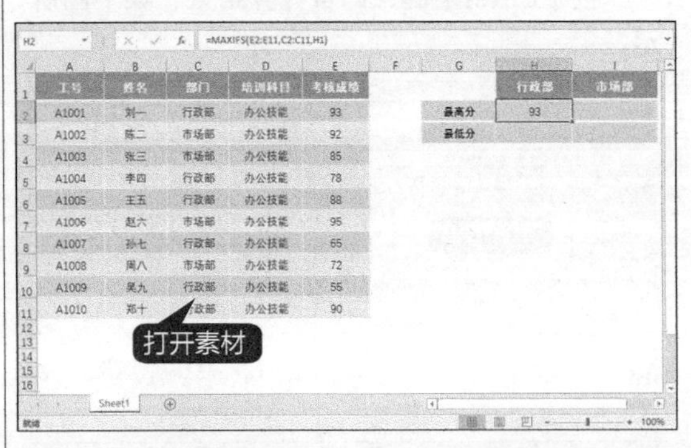

小提示

输入公式“=MAXIFS(E2:E11,C2:C11,"行政部")”也可以返回相同值。

2 选择单元格

选择单元格H3，在其中输入公式“=MINIFS(E2:E11,C2:C11,H1)”，按【Enter】键即可算出“行政部”考核成绩最低分。

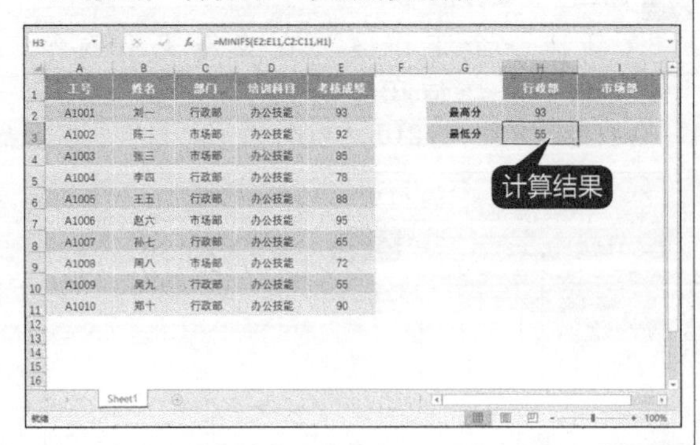

3 使用同样方法

使用同样方法，可以计算市场部的最高分和最低分。

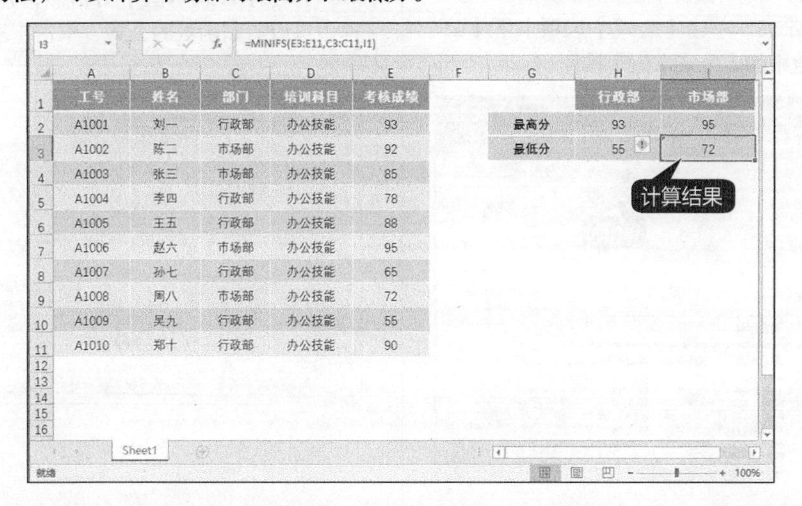

=MINIFS(E3:E11,C3:C11,I1)

工号	姓名	部门	培训科目	考核成绩
A1001	刘一	行政部	办公技能	93
A1002	陈二	市场部	办公技能	92
A1003	张三	市场部	办公技能	85
A1004	李四	行政部	办公技能	78
A1005	王五	行政部	办公技能	88
A1006	赵六	市场部	办公技能	95
A1007	孙七	行政部	办公技能	65
A1008	周八	市场部	办公技能	72
A1009	吴九	行政部	办公技能	55
A1010	郑十	行政部	办公技能	90

	行政部	市场部
最高分	93	95
最低分	55	72

高手私房菜

技巧1：同时计算多个单元格数值

在Excel 2019中，如果要对某行或某列进行相同公式计算时，可以采用下述方法，可以同时计算多个单元格数值。

1 打开素材

打开“素材\ch06\公司利润表.xlsx”文件，选择要计算的单元格区域F3:F5，然后输入公式“=SUM(B3:E3)”。

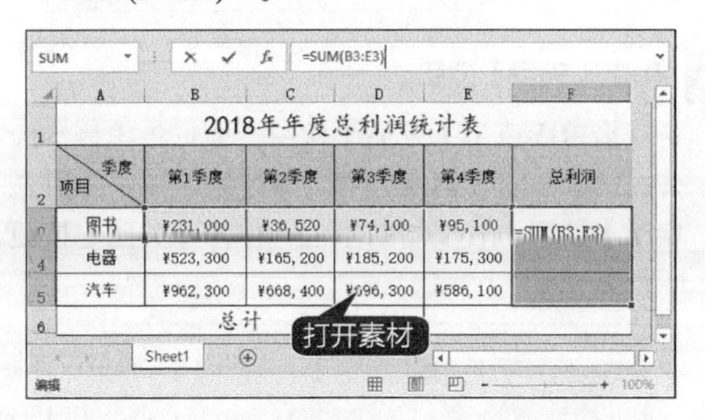

2018年年度总利润统计表

项目 \ 季度	第1季度	第2季度	第3季度	第4季度	总利润
图书	¥231,000	¥36,520	¥74,100	¥95,100	=SUM(B3:E3)
电器	¥523,300	¥165,200	¥185,200	¥175,300	
汽车	¥962,300	¥668,400	¥696,300	¥586,100	
总计					

2 按【Ctrl+Enter】组合键

按【Ctrl+Enter】组合键，即可计算出所选单元格区域的数值，如下表所示。

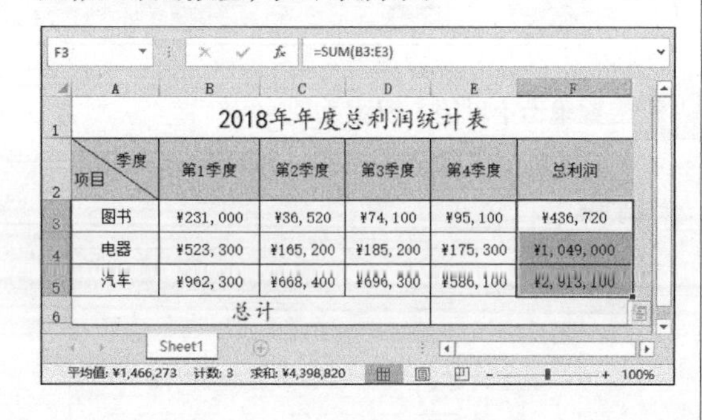

2018年年度总利润统计表

项目 \ 季度	第1季度	第2季度	第3季度	第4季度	总利润
图书	¥231,000	¥36,520	¥74,100	¥95,100	¥436,720
电器	¥523,300	¥165,200	¥185,200	¥175,300	¥1,049,000
汽车	¥962,300	¥668,400	¥696,300	¥586,100	¥2,913,100
总计					

技巧2：分步查询复杂公式

Excel中不乏复杂公式，在使用复杂公式计算数据时，如果对计算结果产生怀疑，可以分步查询公式。

1 打开素材

打开“素材\ch06\住房贷款速查表.xlsx”文件，选择单元格D5。单击【公式】选项卡下【公式审核】选项组中的【公式求值】按钮。

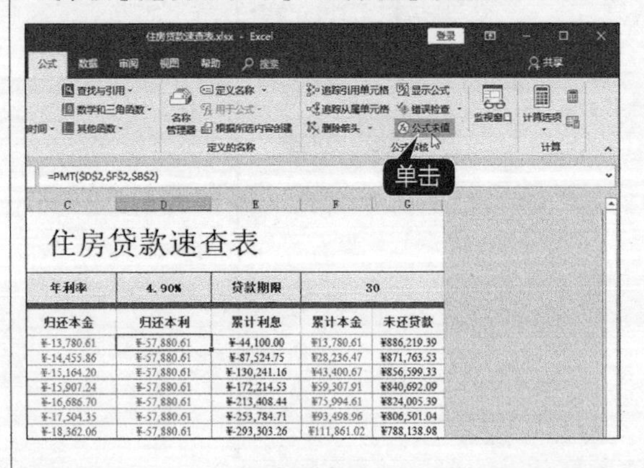

2 单击【求值】按钮

弹出【公式求值】对话框，在【求值】文本框中可以看到函数的公式，单击【求值】按钮。

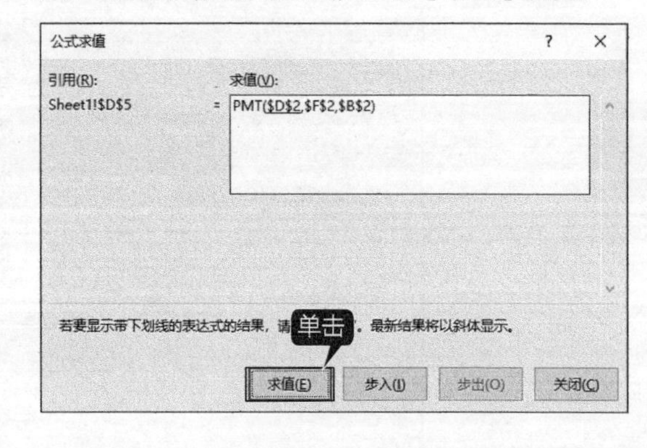

3 如图所示

此时，即可得出第一步计算结果，如下图所示。

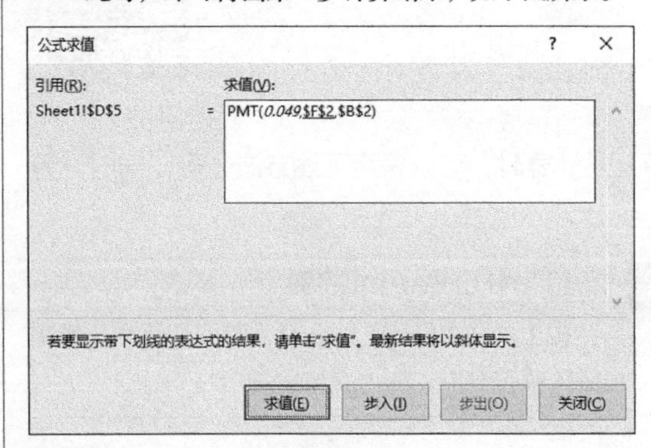

4 再次单击【求值】按钮

再次单击【求值】按钮，即可计算第二步计算结果。

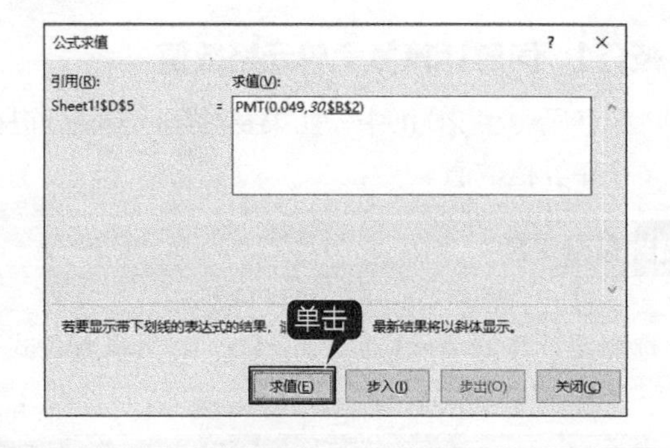

5 重复单击【求值】按钮

重复单击【求值】按钮，即可计算第三步计算结果。

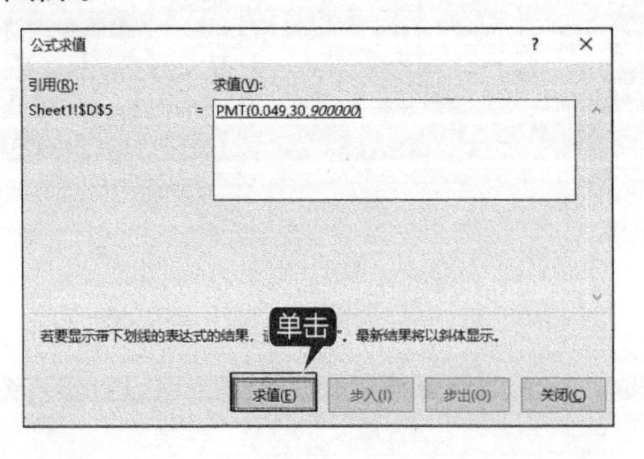

6 单击【关闭】按钮

当再次单击【求值】按钮，即可得出最终的公式结果。若要再次查看计算过程，单击【重新启动】按钮；若要结束求值，单击【关闭】按钮即可。

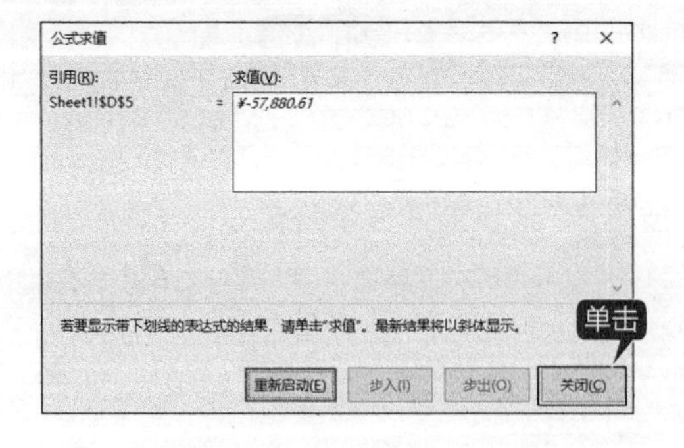

第 7 章

数据的基本分析

本章视频教学时间：32 分钟

数据分析是 Excel 的重要功能。通过 Excel 的排序功能可以将数据表中的数据按照特定的规则排序，便于用户观察数据之间的规律；使用筛选功能可以对数据进行“过滤”，将满足用户条件的数据单独显示；使用分类显示和分类汇总功能可以对数据进行分类；使用合并计算功能可以汇总单独区域中的数据，在单个输出区域中合并计算结果等。

【学习目标】

- 通过本章的学习，掌握数据的排序与汇总操作。

【本章涉及知识点】

- 排序数据的方法
- 汇总数据的方法
- 计算数据有效性的方法

7.1 分析《产品销售表》

本节视频教学时间：4分钟

条件格式是指当条件为真时，自动应用于所选单元格的格式（如单元格的底纹或字体颜色），即在所选的单元格中符合条件的以一种格式显示，不符合条件的以另一种格式显示。下面就以《产品销售表》为例，介绍条件格式的使用。

7.1.1 突出显示单元格效果

使用突出显示单元格效果可以突出显示大于、小于、介于、等于、文本包含和发生日期在某一值或者值区间的单元格，也可以突出显示重复值。在《产品销售表》中突出显示销售数量大于“10”的单元格的具体操作步骤如下。

1 打开素材

打开“素材\ch07\分析产品销售表.xlsx”文件，选择单元格区域D3:D17。

产品销售表

月份	日期	产品名称	销售数量	单价	销售额
1月份	3	产品A	6	¥ 1,050	¥ 6,300
1月份	11	产品B	18	¥ 900	¥ 16,200
1月份	15	产品C	5	¥ 1,100	¥ 5,500
1月份	23	产品D	10	¥ 1,200	¥ 12,000
1月份	26	产品E	7	¥ 1,500	¥ 10,500
2月份	3	产品A	15	¥ 1,050	¥ 15,750
2月份	9	产品B	7	¥ 900	¥ 6,300
2月份	15	产品C	8	¥ 1,100	¥ 8,800
2月份	21	产品D	8	¥ 1,200	¥ 9,600
2月份	27	产[illegible]	9	¥ 1,500	¥ 13,500
3月份	3	产[illegible]	[illegible]	¥ 1,050	¥ 5,250
3月份	9	产品B	9	¥ 900	¥ 8,100
3月份	15	产品C	11	¥ 1,100	¥ 12,100
3月份	21	产品D	7	¥ 1,200	¥ 8,400
3月份	27	产品E	8	¥ 1,500	¥ 12,000

产品销售表

打开素材

2 单击【开始】选项卡

单击【开始】选项卡下【样式】选项组中的【条件格式】按钮，在弹出的下拉列表中选择【突出显示单元格规则】➤【大于】选项。

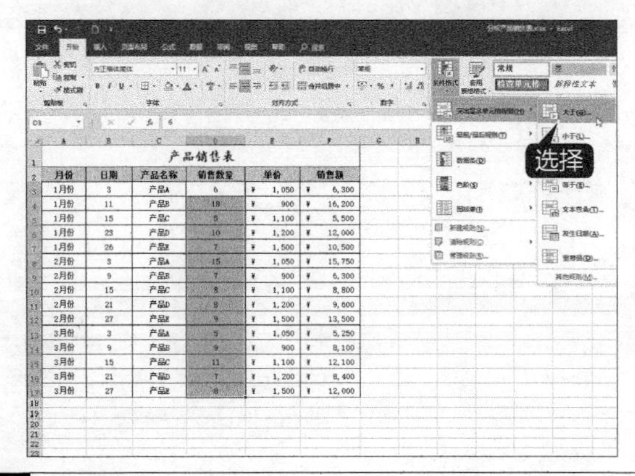

3 单击【确定】按钮

在弹出的【大于】对话框的文本框中输入“10”，在【设置为】下拉列表中选择【绿填充色深绿色文本】选项，单击【确定】按钮。

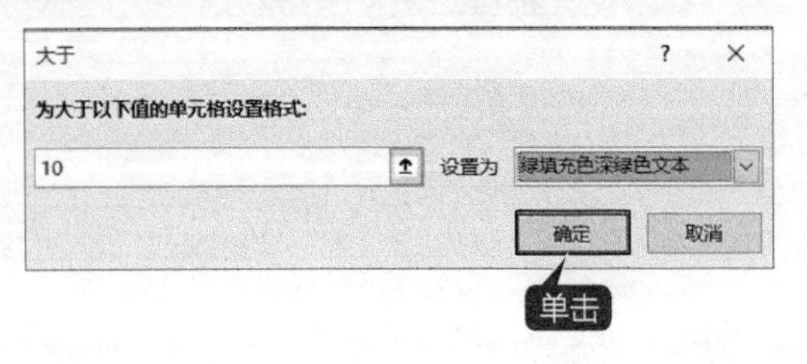

4 效果图

突出显示销售数量大于“10”的产品，效果如下图所示。

产品销售表

月份	日期	产品名称	销售数量	单价	销售额
1月份	3	产品A	6	¥ 1,050	¥ 6,300
1月份	11	产品B	18	¥ 900	¥ 16,200
1月份	15	产品C	5	¥ 1,100	¥ 5,500
1月份	23	产品D	10	¥ 1,200	¥ 12,000
1月份	26	产品E	7	¥ 1,500	¥ 10,500
2月份	3	产品A	15	¥ 1,050	¥ 15,750
2月份	9	产品B	7	¥ 900	¥ 6,300
2月份	15	产品C	8	¥ 1,100	¥ 8,800
2月份	21	产品[illegible]	8	¥ 1,200	¥ 9,600
2月份	27	[illegible]	9	¥ 1,500	¥ 13,500
3月份	3	[illegible]	5	¥ 1,050	¥ 5,250
3月份	9	产品B	9	¥ 900	¥ 8,100
3月份	15	产品C	11	¥ 1,100	¥ 12,100
3月份	21	产品D	7	¥ 1,200	¥ 8,400
3月份	27	产品E	8	¥ 1,500	¥ 12,000

产品销售表

效果图

7.1.2 使用小图标显示销售业绩

使用图标集，可以对数据进行注释，并且可以按阈值将数据分为3到5个类别。每个图标代表一个值的范围。使用“五向箭头”显示销售额的具体操作步骤如下。

1 单击【开始】选项卡

在打开的素材文件中，选择F3:F17单元格区域。单击【开始】选项卡下【样式】选项组中的【条件格式】按钮，在弹出的下拉列表中选择【图标集】➤【方向】➤【五向箭头（彩色）】选项。

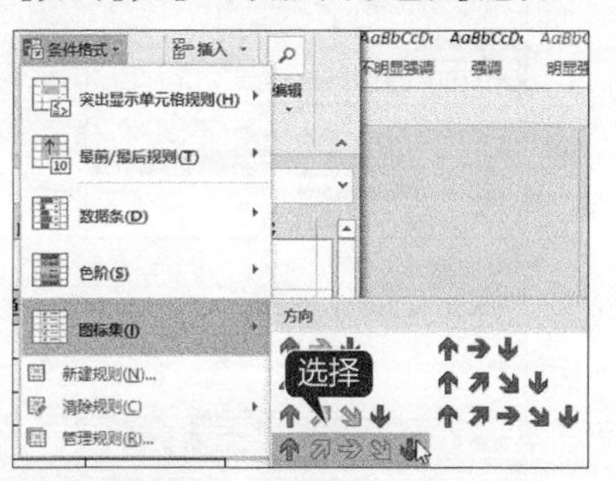

2 效果图

使用小图标显示销售业绩，效果如下图所示。

小提示

此外，还可以使用项目选取规则、数据条和色阶等突出显示数据，操作方法类似，这里就不再赘述了。

7.1.3 使用自定义格式

用自定义格式分析《产品销售表》的具体操作步骤如下。

1 选中单元格区域

在打开的素材文件中，选择E3:E17单元格区域。

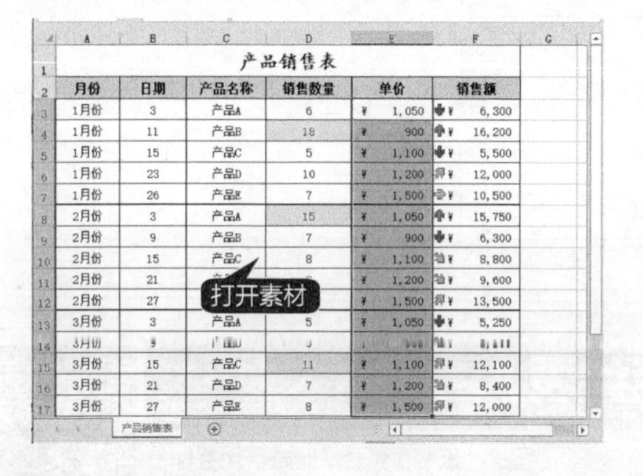

2 选择【新建规则】选项

单击【开始】选项卡下【样式】选项组中【条件格式】按钮，在弹出的下拉列表中选择【新建规则】选项。

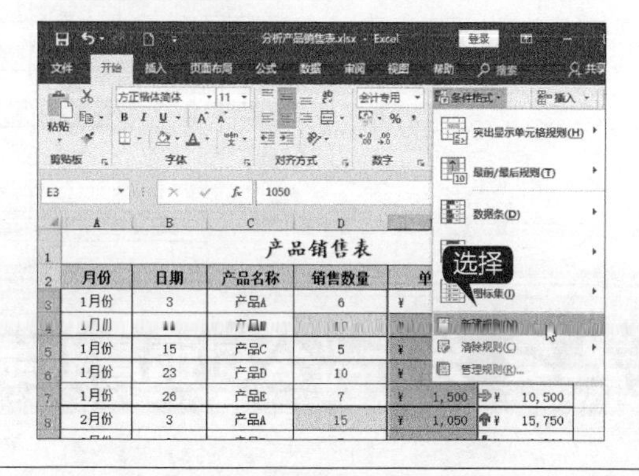

3 单击【格式】按钮

弹出【新建格式规则】对话框，在【选择规则类型】列表框中选择【仅对高于或低于平均值的数值设置格式】选项，在下方【编辑规则说明】区域单击【为满足以下条件的值设置格式】下拉列表中选择【高于】选项，单击【格式】按钮。

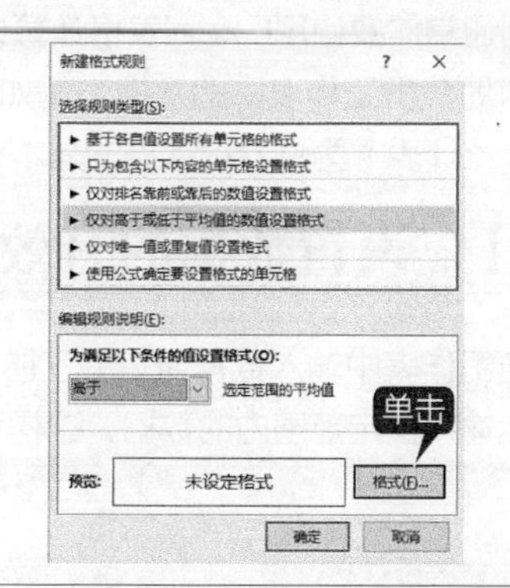

4 设置单元格格式

弹出【设置单元格格式】对话框，选择【字体】选项卡，设置【字体颜色】为“红色”。选择【填充】选项卡，选择一种背景颜色，单击【确定】按钮。

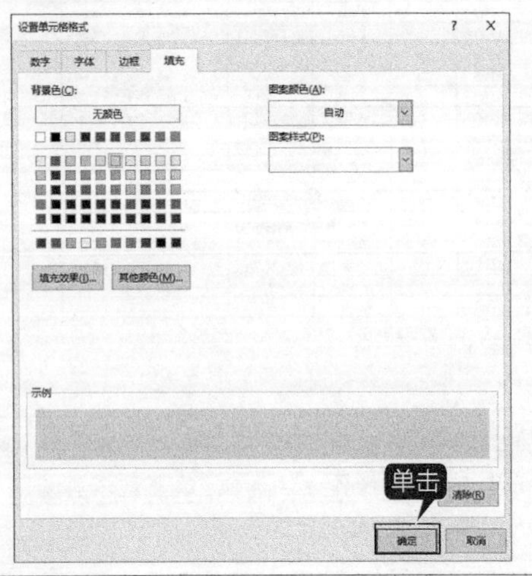

5 单击【确定】按钮

返回至【新建格式规则】对话框，在【预览】区域即可看到预览效果，单击【确定】按钮。

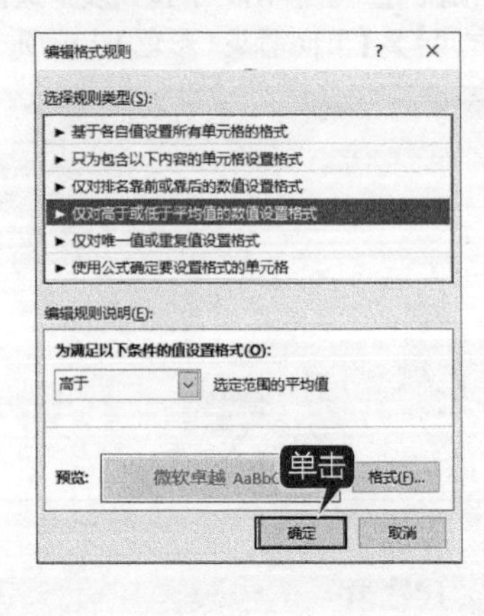

6 最终效果

完成自定义格式的操作，最终效果如下图所示。

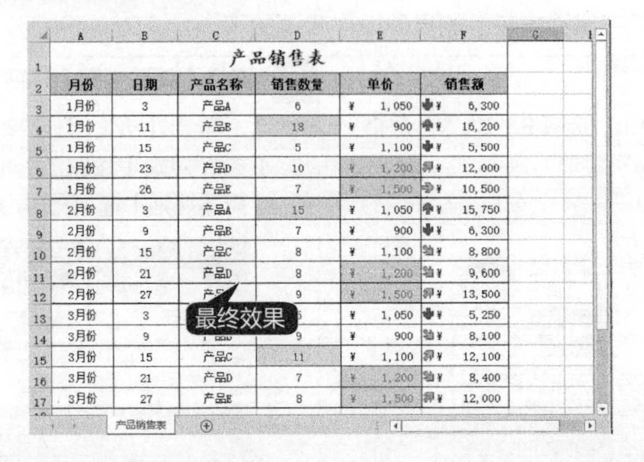

产品销售表

月份	日期	产品名称	销售数量	单价	销售额
1月份	3	产品A	6	¥ 1,050	¥ 6,300
1月份	11	产品B	18	¥ 900	¥ 16,200
1月份	15	产品C	5	¥ 1,100	¥ 5,500
1月份	23	产品D	10	¥ 1,200	¥ 12,000
1月份	26	产品E	7	¥ 1,500	¥ 10,500
2月份	3	产品A	15	¥ 1,050	¥ 15,750
2月份	9	产品B	7	¥ 900	¥ 6,300
2月份	15	产品C	8	¥ 1,100	¥ 8,800
2月份	21	产品D	8	¥ 1,200	¥ 9,600
2月份	27	[illegible]	9	¥ 1,500	¥ 13,500
3月份	3	[illegible]	[illegible]	¥ 1,050	¥ 5,250
3月份	9	[illegible]	9	¥ 900	¥ 8,100
3月份	15	产品C	11	¥ 1,100	¥ 12,100
3月份	21	产品D	7	¥ 1,200	¥ 8,400
3月份	27	产品E	8	¥ 1,500	¥ 12,000

7.2 分析《公司销售业绩统计表》

本节视频教学时间：10分钟

公司通常需要使用Excel表格计算公司员工的销售业绩情况。在Excel 2019中，设置数据的有效性可以帮助分析工作表中的数据，例如对数值进行有效性的设置、排序、筛选等。本节以制作《公司销售业绩统计表》为例介绍数据的基本分析方法。

7.2.1 设置数据的有效性

在向工作表中输入数据时，为了防止输入错误的数据，可以为单元格设置有效的数据范围，限制用户只能输入指定范围内的数据，这样可以极大地减小数据处理操作的复杂性。具体操作步骤如下。

1 打开素材

打开“素材\ch07\公司销售业绩统计表.xlsx”文件,选择A3:A17单元格区域。单击【数据】选项卡【数据工具】选项组中的【数据验证】按钮。弹出【数据验证】对话框，选择【设置】选项卡，在【允许】下拉列表中选择【文本长度】，在【数据】下拉列表中选择【等于】，在【长度】文本框中输入“5”。

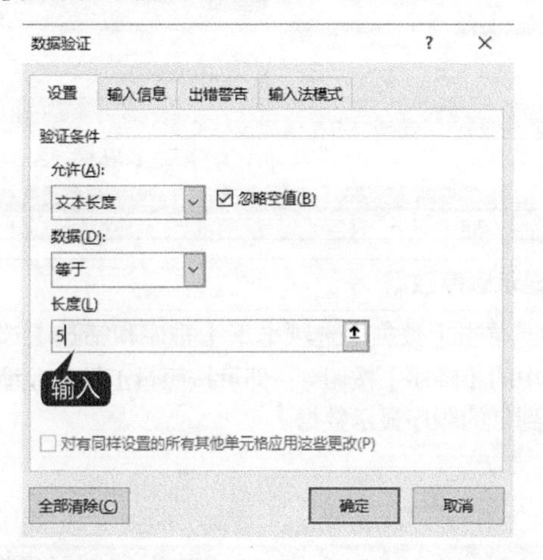

2 选择【出错警告】选项卡

选择【出错警告】选项卡，在【样式】下拉列表中选择【警告】选项，在【标题】和【错误信息】文本框中输入警告信息，如下图所示。

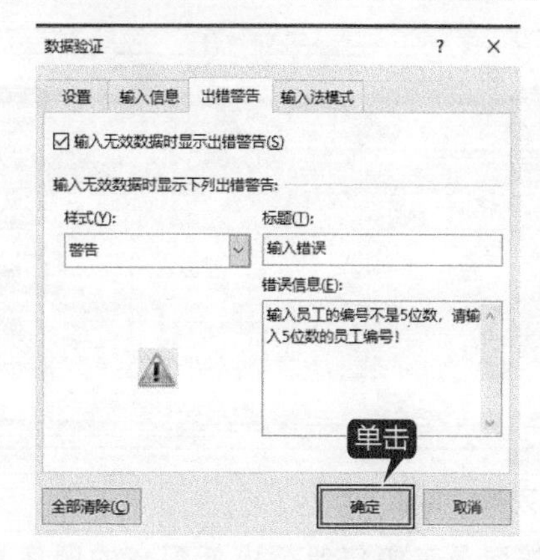

3 返回工作表

单击【确定】按钮，返回工作表，在A3:A17单元格中输入不符合要求的数字时，会提示如下警告信息。

4 单击【否】按钮

单击【否】按钮，返回到工作簿中，并输入正确的员工编号。

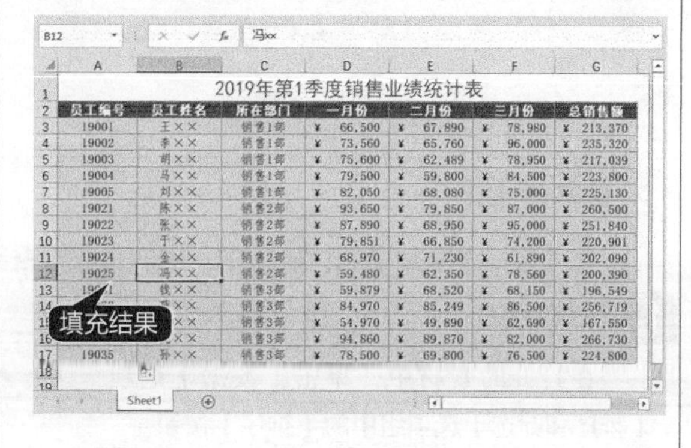

7.2.2 对销售业绩进行排序

用户可以对销售业绩进行排序，下面介绍自动排序和自定义排序的操作。

1.自动排序

Excel 2019提供了多种排序方法，用户可以在《公司销售业绩统计表》中根据销售业绩进行单条件排序。具体操作步骤如下。

1 选择单元格

接上节的操作，如果要按照销售业绩由高到低进行排序，选择销售业绩所在的G列的任意一个单元格。

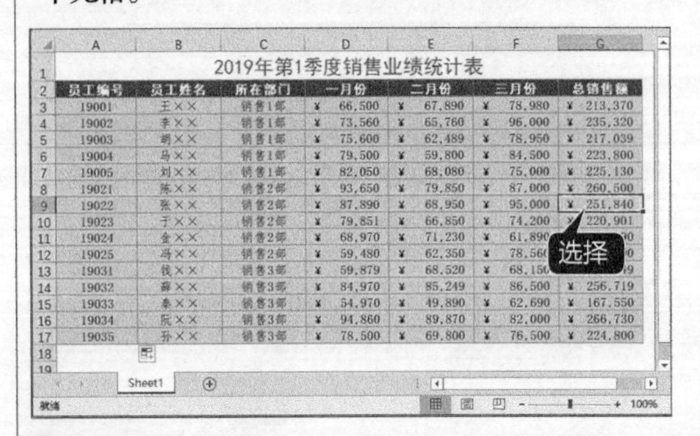

2 排序和筛选

单击【数据】选项卡下【排序和筛选】选项组中的【升序】按钮 。

3 排列销售业绩

按照员工销售业绩由低到高的顺序显示数据。

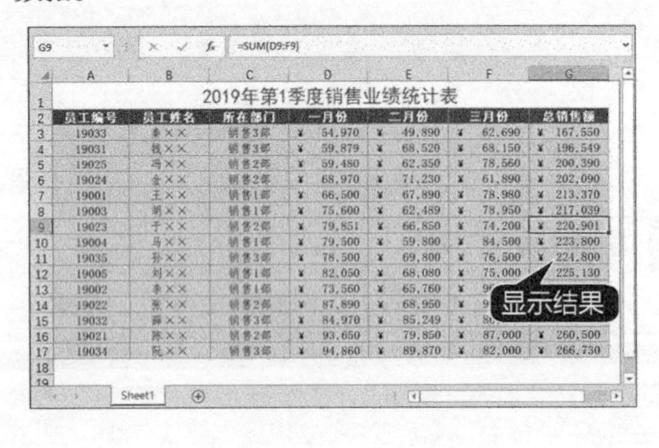

4 显示顺序数据

单击【数据】选项卡下【排序和筛选】选项组中的【降序】按钮 ，即可按照员工销售业绩由高到低的顺序显示数据。

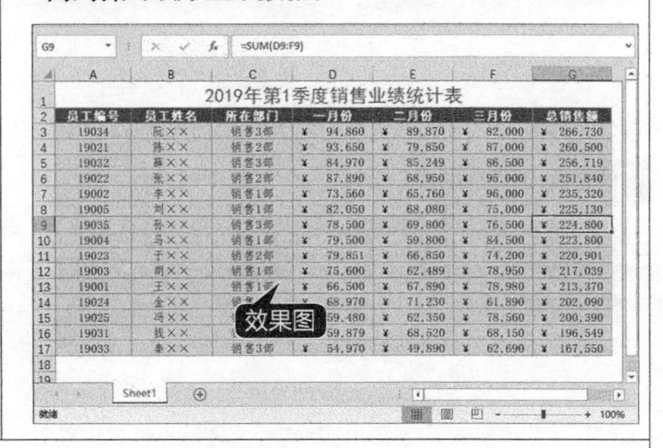

2. 多条件排序

在《公司销售业绩统计表》中，用户可以根据部门，并按照员工的销售业绩进行排序。

1 排序和筛选

在打开的素材中，单击【数据】选项卡下【排序和筛选】选项组中的【排序】按钮 。

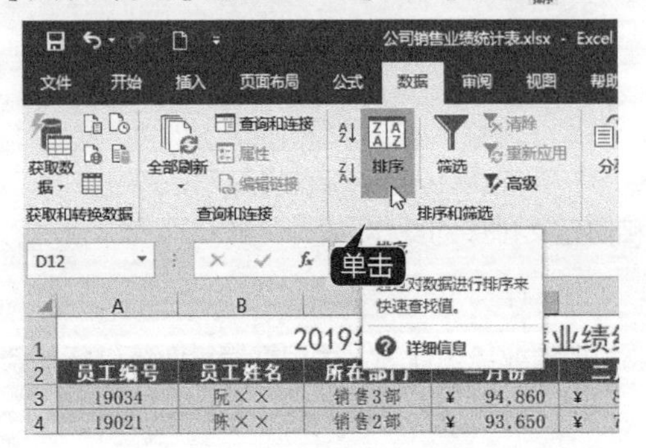

2 选择【升序】选项

弹出【排序】对话框，在【主要关键字】下拉列表中选择【所在部门】选项，在【次序】下拉列表中选择【升序】选项。

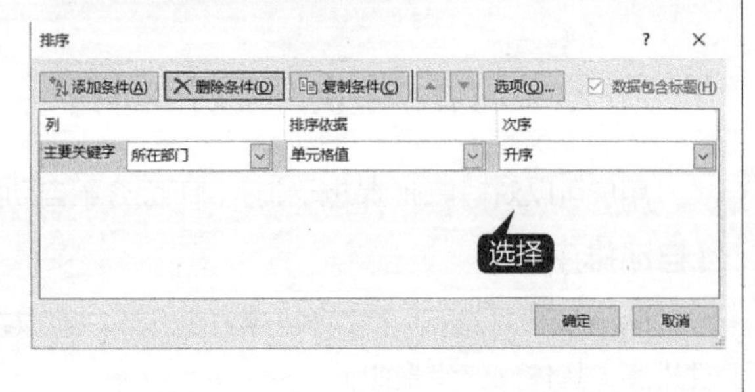

3 单击【确定】按钮

单击【添加条件】按钮，新增排序条件，单击【次要关键字】后的下拉按钮，在下那列表中选择【总销售额】选项，在【次序】下拉列表中选择【降序】选项，单击【确定】按钮。

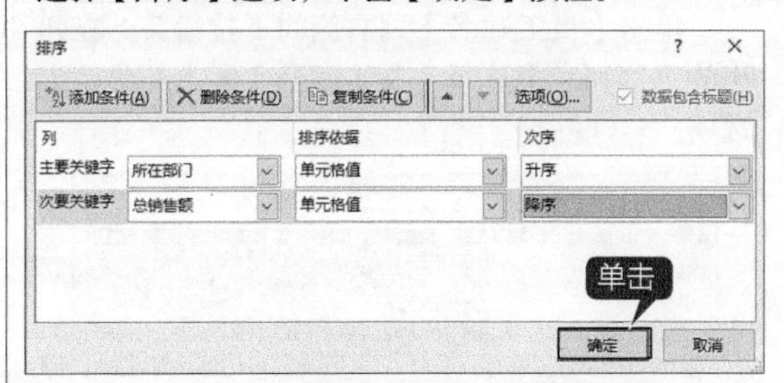

4 效果图

可查看到按照自定义排序列表排序后的结果。

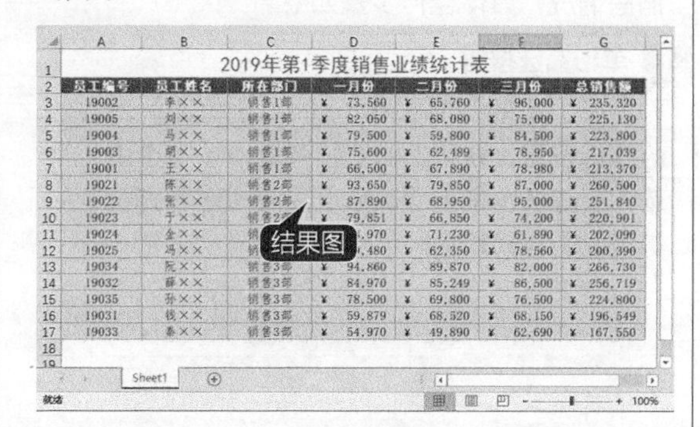

7.2.3 对数据进行筛选

Excel提供了对数据进行筛选的功能，可以准确、方便地找出符合要求的数据。具体操作步骤如下。

1.单条件筛选

Excel 2019中的单条件筛选，就是将符合一种条件的数据筛选出来。具体操作步骤如下。

1 打开工作簿

在打开的工作簿中，选择总销售额列中的任一单元格。

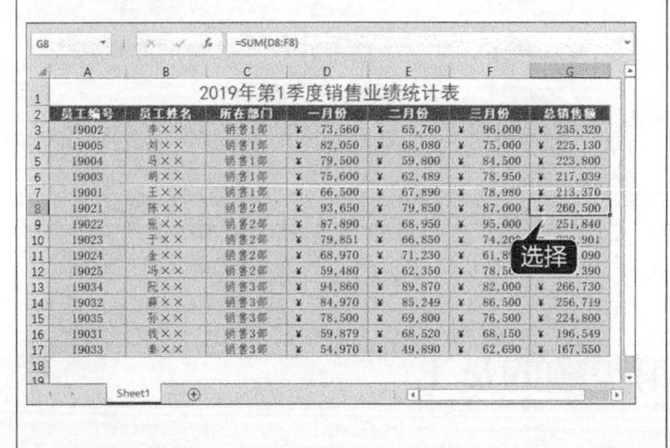

2 排序和筛选

在【数据】选项卡中，单击【排序和筛选】选项组中的【筛选】按钮，进入【自动筛选】状态，此时在标题行每列的右侧出现一个下拉箭头。

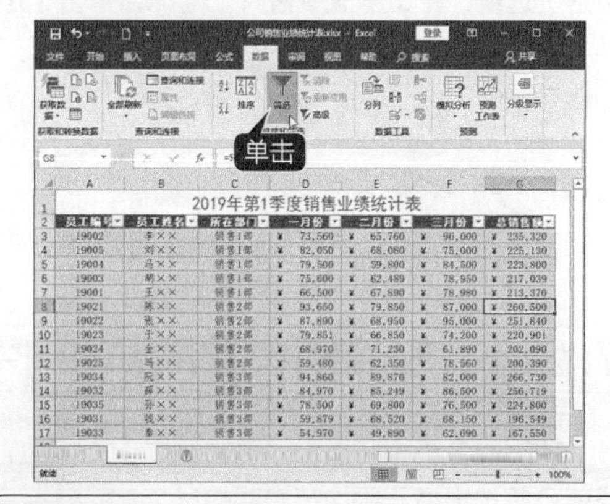

3 单击【确定】按钮

单击【员工姓名】列右侧的下拉箭头▼，在弹出的下拉列表中取消【全选】复选框，选择【李××】和【秦××】复选框，单击【确定】按钮。

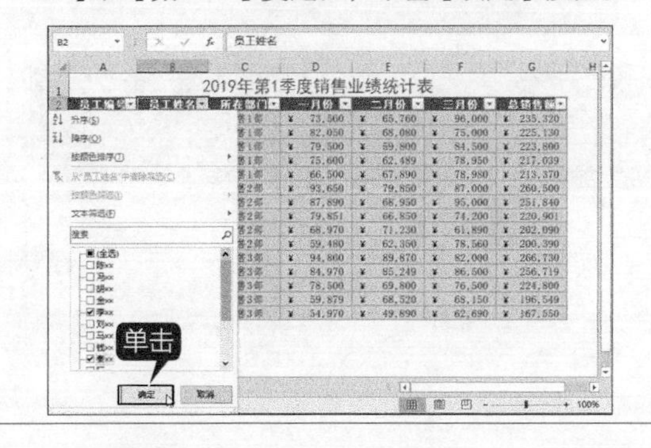

4 隐藏记录

经过筛选后的数据清单如图所示，可以看出仅显示了“李××”和“秦××”的销售情况，其他记录被隐藏。

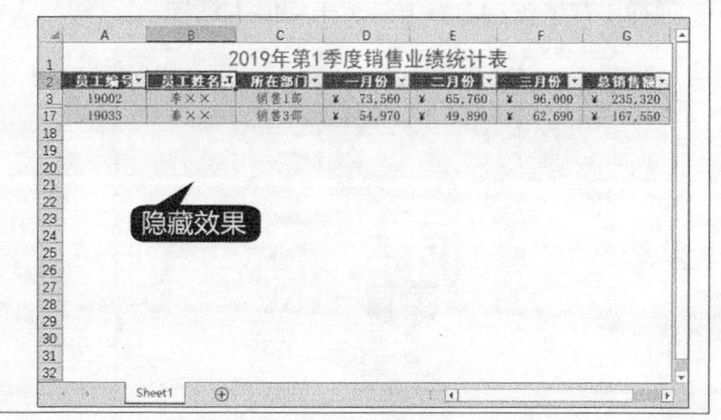

2.按文本筛选

在工作簿中，可以根据文本进行筛选，如在上面的工作簿中筛选出姓“冯”和姓“金”的员工的销售情况，具体操作步骤如下。

1 单击筛选按钮

接上节的操作，单击【员工姓名】列右侧的筛选按钮，在弹出的下拉列表中单击选中【全选】复选框，单击【确定】按钮，使所有员工的销售业绩显示出来。

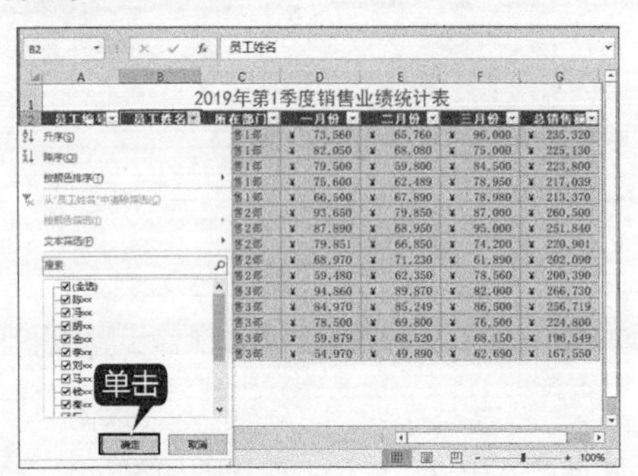

2 选择【开头是】选项

单击【员工姓名】列右侧的下拉箭头，在弹出的下拉列表中选择【文本筛选】➤【开头是】选项。

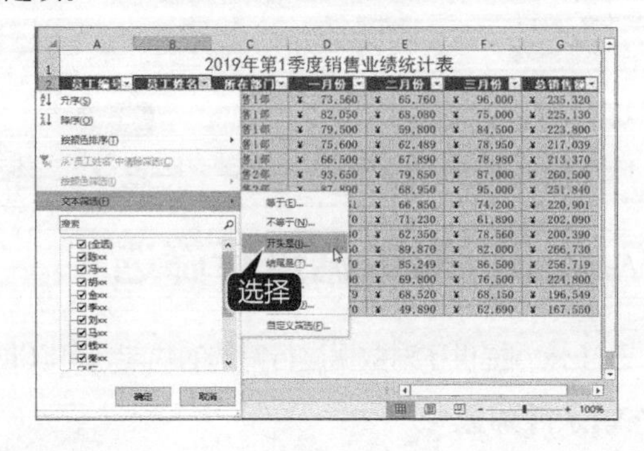

3 单击【确定】按钮

弹出【自定义自动筛选方式】对话框，在【开头是】后面的文本框中输入“冯”，单击选中【或】单选项，并在下方的选择框中选择【开头是】选项，在文本框中输入“金”，单击【确定】按钮。

4 筛选数据

筛选出姓“冯”和姓“金”的员工的销售业绩。

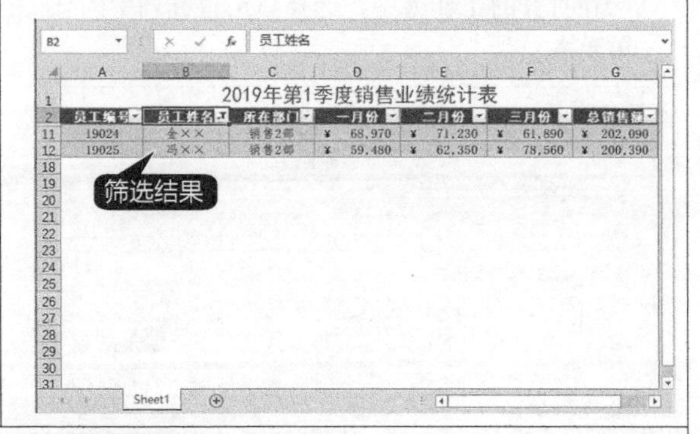

7.2.4 筛选销售业绩高于平均销售额的员工

如果要查看哪些员工的销售额高于平均值，可以使用Excel 2019的自动筛选功能，不用计算平均值就可筛选出高于平均销售额的员工。

1 取消当前筛选

接上节的操作，取消当前筛选，单击【总销售额】列右侧的下拉箭头，在弹出的下拉列表中选择【数字筛选】➤【高于平均值】选项。

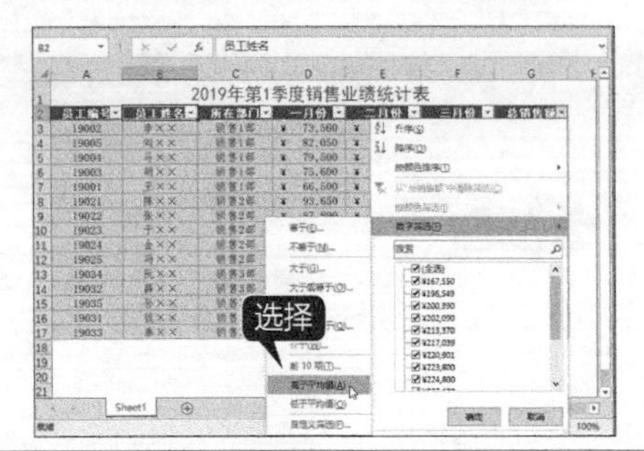

2 筛选数据

筛选出高于平均销售额的员工。

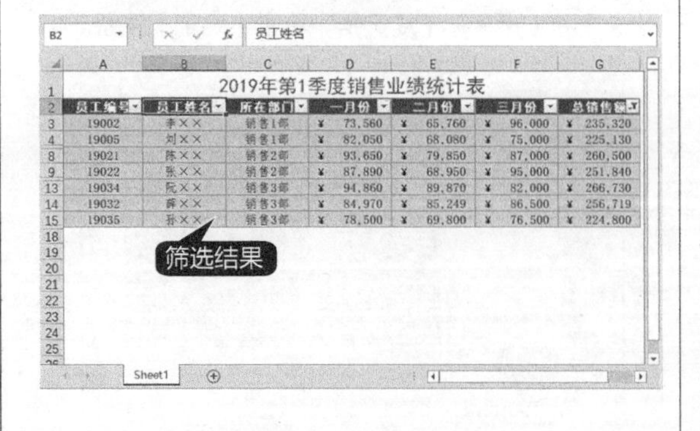

7.3 制作《汇总销售记录表》

本节视频教学时间：8分钟

《汇总销售记录表》主要是使用分类汇总功能，将大量的数据分类后进行汇总计算，并显示各级别的汇总信息。本节以制作《汇总销售记录表》为例介绍汇总功能的使用。

7.3.1 建立分类显示

为了便于管理Excel中的数据，可以建立分类显示，分级最多为8个级别，每组1级。每个内部级别在分级显示符号中由较大的数字表示，它们分别显示其前一外部级别的明细数据，这些外部级别在分级显示符号中均由较小的数字表示。使用分级显示可以对数据分组并快速显示汇总行或汇总列，或者显示每组的明细数据。可创建行的分级显示（如本节示例所示）、列的分级显示或者行和列的分级显示。具体操作步骤如下。

1 打开素材

打开“素材\ch07\汇总销售记录表.xlsx”文件，选择A1:F2单元格区域。

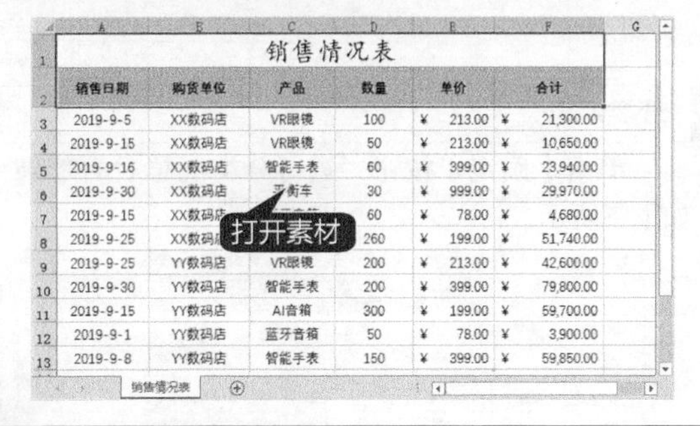

2 选择【创建组】选项

单击【数据】选项卡下【分级显示】选项组中的【组合】按钮组合，在弹出的下拉列表中选择【创建组】选项。

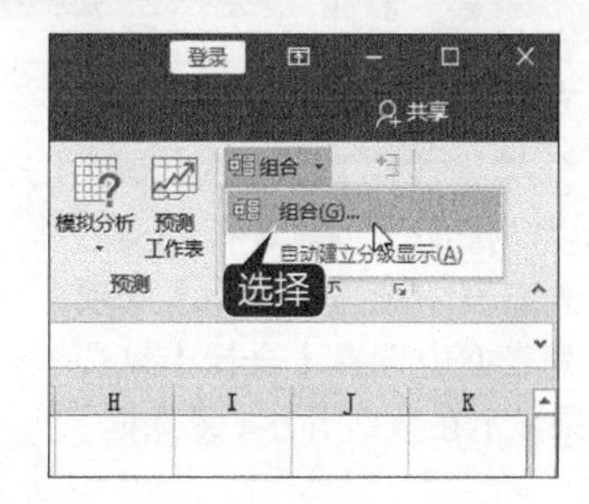

3 单击【确定】按钮

弹出【创建组】对话框，单击选中【行】单选项，单击【确定】按钮。

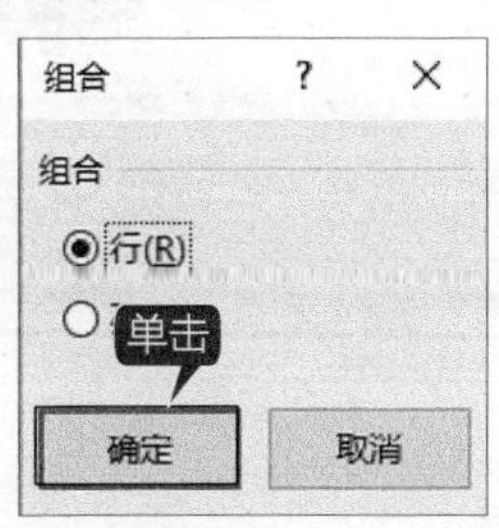

4 设置组类

将单元格区域A1:F2设置为一个组类。

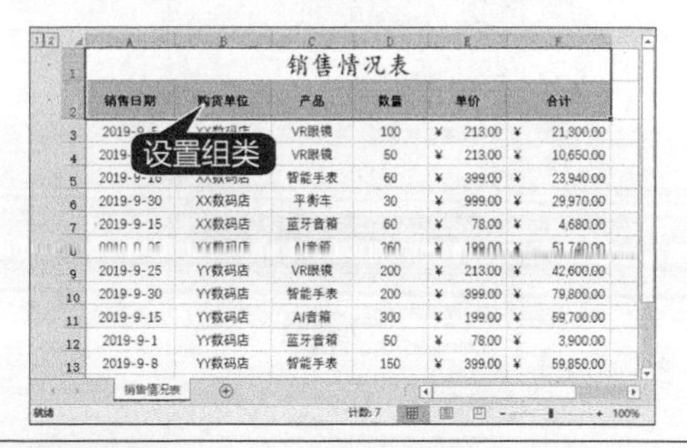

5 设置单元格区域

使用同样的方法设置单元格区域A3:F13。

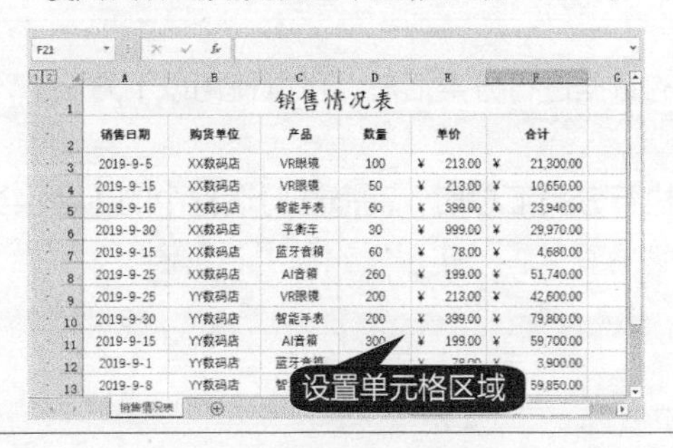

6 单击1图标

单击1图标，即可将分组后的区域折叠显示。

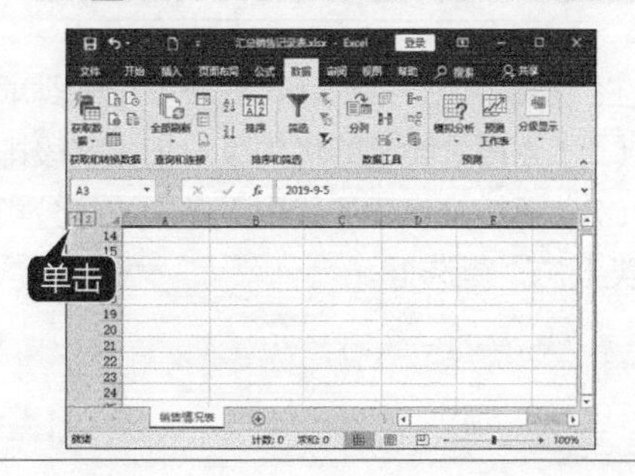

7.3.2 创建简单分类汇总

使用分类汇总的数据列表，每一列数据都要有列标题。Excel使用列标题来决定如何创建数据组以及如何计算总和。在《汇总销售记录表》中，创建简单分类汇总的具体操作步骤如下。

1 打开素材

打开“素材/ch07/汇总销售记录表.xlsx”文件，单击F列数据区域内任一单元格，单击【数据】选项卡中的【降序】按钮 进行排序。

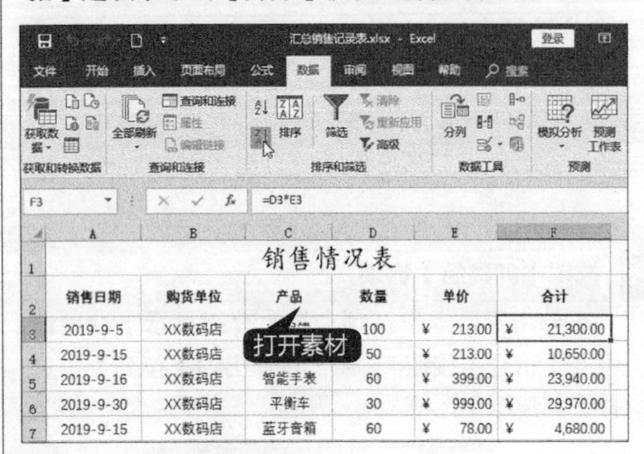

2 弹出【分类汇总】对话框

在【数据】选项卡中，单击【分级显示】选项组中的【分类汇总】按钮 ，弹出【分类汇总】对话框。

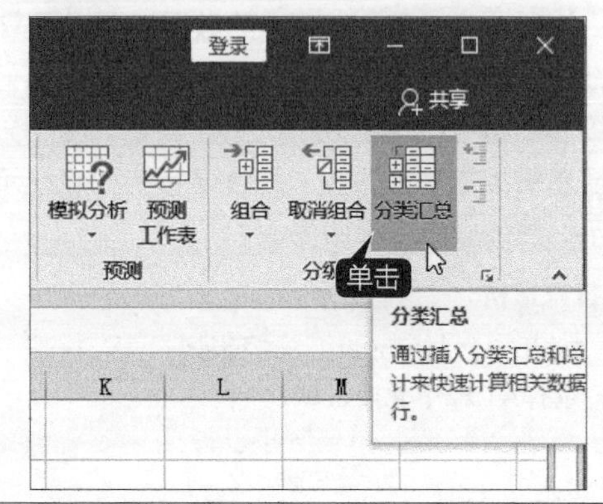

3 选择【合计】复选框

在【分类字段】列表框中选择【产品】选项，表示以“产品”字段进行分类汇总，在【汇总方式】列表框中选择【求和】选项，在【选定汇总项】列表框中选择【合计】复选框，并选择【汇总结果显示在数据下方】复选框。

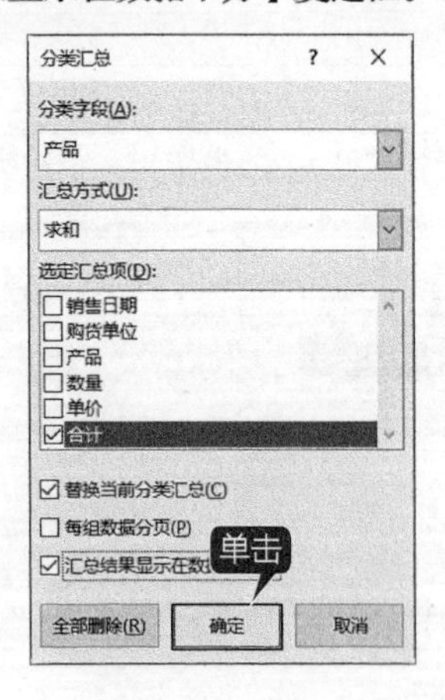

4 分类汇总

单击【确定】按钮，进行分类汇总后的效果如下图所示。

	A	B	C	D	E	F
1	销售情况表					
2	销售日期	购货单位	产品	数量	单价	合计
3		0	总计			¥ 388,130.00
4		0	VR眼镜 汇总			¥ 31,950.00
5	2019-9-5	XX数码店	VR眼镜	100	¥ 213.00	¥ 21,300.00
6	2019-9-15	XX数码店	VR眼镜	50	¥ 213.00	¥ 10,650.00
7		0	智能手表 汇总			¥ 23,940.00
8	2019-9-16	XX数码店	智能手表	60	¥ 399.00	¥ 23,940.00
9		0	平衡车 汇总			¥ 29,970.00
10	2019-9-30	XX数码店	平衡车	30	¥ 999.00	¥ 29,970.00
11		0	蓝牙音箱 汇总			¥ 4,680.00
12	2019-9-15	XX数码店	蓝牙音箱	60	¥ [illegible]	[illegible]
13		0	AI音箱 汇总			[illegible]
14	2019-9-25	XX数码店	AI音箱	260	¥ 199.00	¥ 51,740.00
15		0	VR眼镜 汇总			¥ 42,600.00
16	2019-9-25	YY数码店	VR眼镜	200	¥ 213.00	¥ 42,600.00
17		0	智能手表 汇总			¥ 79,800.00
18	2019-9-30	YY数码店	智能手表	200	¥ 399.00	¥ 79,800.00
19		0	AI音箱 汇总			¥ 59,700.00

汇总效果

7.3.3 创建多重分类汇总

在Excel中，要根据两个或更多个分类项对工作表中的数据进行分类汇总，可以使用以下方法。

（1）先按分类项的优先级对相关字段排序。

（2）再按分类项的优先级多次执行分类汇总，后面执行分类汇总时，需撤选对话框中的【替换当前分类汇总】复选框。

1 打开素材

打开“素材\ch07\汇总销售记录表.xlsx”工作簿，选择数据区域中的任意单元格，单击【数据】选项卡【排序和筛选】选项组中的【排序】按钮，弹出【排序】对话框。

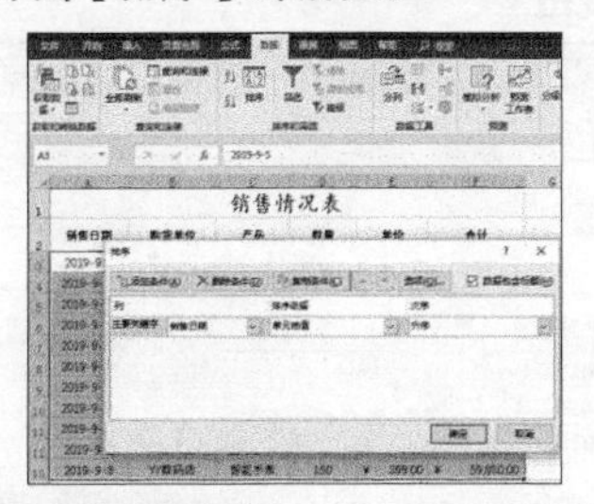

2 单击【确定】按钮

设置【主要关键字】为【购货单位】，【次序】为【升序】；单击【添加条件】按钮，设置【次要关键字】为【产品】，【次序】为【升序】。单击【确定】按钮，排序后的工作表如图所示。

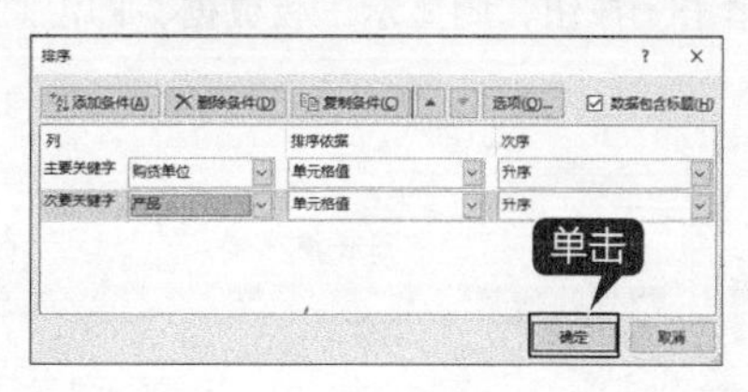

3 选择【合计】复选框

单击【分级显示】选项组中的【分类汇总】按钮，弹出【分类汇总】对话框。在【分类字段】列表框中选择【购货单位】选项，在【汇总方式】列表框中选择【求和】选项，在【选定汇总项】列表框中选择【合计】复选框，并选择【汇总结果显示在数据下方】复选框。

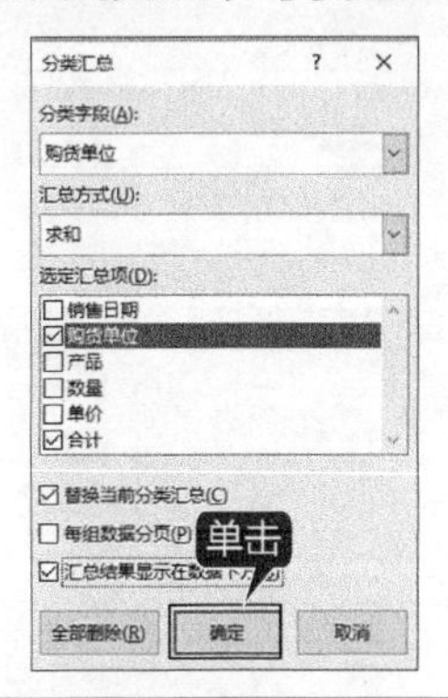

4 分类汇总

单击【确定】按钮，分类汇总后的工作表如图所示。

	销售情况表				
销售日期	购货单位	产品	数量	单价	合计
2019-9-25	XX数码店	AI音箱	260	¥ 199.00	¥ 51,740.00
2019-9-5	XX数码店	VR眼镜	100	¥ 213.00	¥ 21,300.00
2019-9-15	XX数码店	VR眼镜	50	¥ 213.00	¥ 10,650.00
2019-9-15	XX数码店	蓝牙音箱	60	¥ 78.00	¥ 4,680.00
2019-9-30	XX数码店	平衡车	30	¥ 999.00	¥ 29,970.00
2019-9-16	XX数码店	智能手表	60	¥ 399.00	¥ 23,940.00
XX数码店 汇总	0				¥ 142,280.00
2019-9-15	YY数码店	AI音箱	300	¥ 199.00	¥ 59,700.00
2019-9-25	YY数码店	VR		¥ 213.00	¥ 42,600.00
2019-9-1	YY数码店	蓝牙音箱	50	¥ 78.00	¥ 3,900.00
2019-9-30	YY数码店	智能手表	200	¥ 399.00	¥ 79,800.00
2019-9-8	YY数码店	智能手表	150	¥ 399.00	¥ 59,850.00
YY数码店 汇总	0				¥ 245,850.00
总计	0				¥ 388,130.00

5 替换当前分类汇总

再次单击【分类汇总】按钮，在【分类字段】下拉列表框中选择【产品】选项，在【汇总方式】下拉列表框中选择【求和】选项，在【选定汇总项】列表框中选择【合计】复选框，取消【替换当前分类汇总】复选框，单击【确定】按钮。

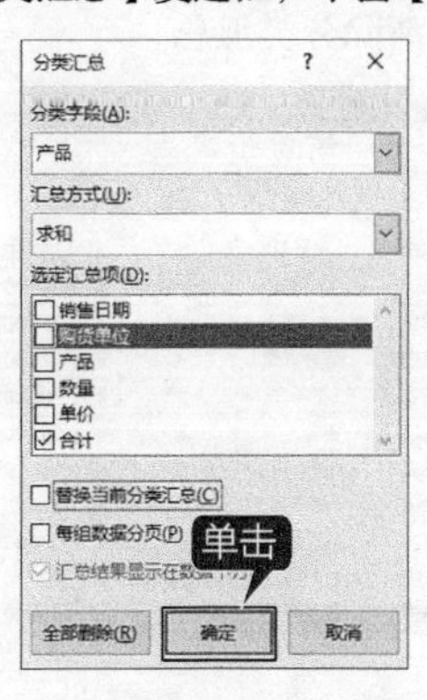

6 建立两重分类汇总

此时，即建立了两重分类汇总。

	销售情况表				
销售日期	购货单位	产品	数量	单价	合计
2019-9-25	XX数码店	AI音箱	260	¥ 199.00	¥ 51,740.00
		AI音箱 汇总			¥ 51,740.00
2019-9-5	XX数码店	VR眼镜	100	¥ 213.00	¥ 21,300.00
2019-9-15	XX数码店	VR眼镜	50	¥ 213.00	¥ 10,650.00
		VR眼镜 汇总			¥ 31,950.00
2019-9-15	XX数码店	蓝牙音箱	60	¥ 78.00	¥ 4,680.00
		蓝牙音箱 汇总			¥ 4,680.00
2019-9-30	XX数码店	平衡车	30	¥ 999.00	¥ 29,970.00
		平衡车 汇总			¥ 29,970.00
2019-9-16	XX数码店	智能手表	60	¥ 399.00	¥ 23,940.00
		能手表 汇总			¥ 23,940.00
XX数码店 汇总	0				¥ 142,280.00
2019-9-15	YY数		300	¥ 199.00	¥ 59,700.00
		AI音箱 汇总			¥ 59,700.00

7.3.4 分级显示数据

在建立的分类汇总工作表中，数据是分级显示的，并在左侧显示级别。如多重分类汇总后的《汇总销售记录表》的左侧列表中就显示了4级分类。

1 单击1按钮

单击1按钮，则显示一级数据，即汇总项的总和。

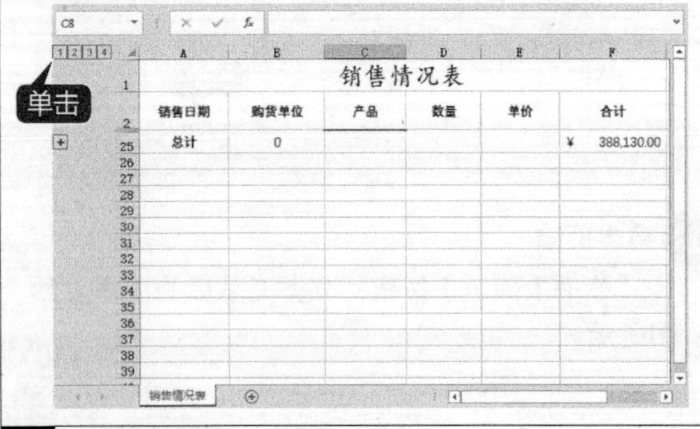

销售情况表

销售日期	购货单位	产品	数量	单价	合计
总计	0				¥ 388,130.00

2 单击2按钮

单击2按钮，则显示一级和二级数据，即总计和购货单位汇总。

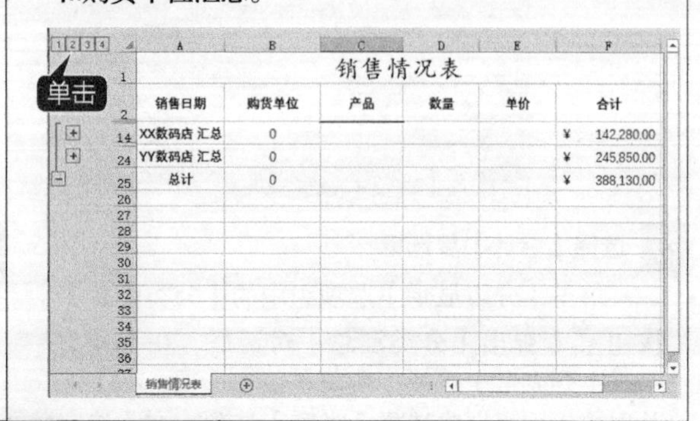

销售情况表

销售日期	购货单位	产品	数量	单价	合计
XX数码店 汇总	0				¥ 142,280.00
YY数码店 汇总	0				¥ 245,850.00
总计	0				¥ 388,130.00

3 单击3按钮

单击3按钮，则显示一、二、三级数据，即总计、购货单位和产品汇总。

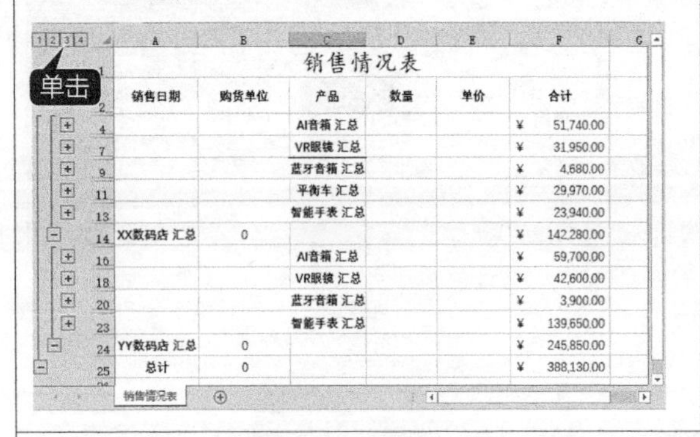

销售情况表

销售日期	购货单位	产品	数量	单价	合计
		AI音箱 汇总			¥ 51,740.00
		VR眼镜 汇总			¥ 31,950.00
		蓝牙音箱 汇总			¥ 4,680.00
		平衡车 汇总			¥ 29,970.00
		智能手表 汇总			¥ 23,940.00
XX数码店 汇总	0				¥ 142,280.00
		AI音箱 汇总			¥ 59,700.00
		VR眼镜 汇总			¥ 42,600.00
		蓝牙音箱 汇总			¥ 3,900.00
		智能手表 汇总			¥ 139,650.00
YY数码店 汇总	0				¥ 245,850.00
总计	0				¥ 388,130.00

4 单击4按钮

单击4按钮，则显示所有汇总的详细信息。

单击

销售情况表

销售日期	购货单位	产品	数量	单价	合计
2019-9-25	XX数码店	AI音箱	260	¥ 199.00	¥ 51,740.00
		AI音箱 汇总			¥ 51,740.00
2019-9-5	XX数码店	VR眼镜	100	¥ 213.00	¥ 21,300.00
2019-9-15	XX数码店	VR眼镜	50	¥ 213.00	¥ 10,650.00
		VR眼镜 汇总			¥ 31,950.00
2019-9-15	XX数码店	蓝牙音箱	60	¥ 78.00	¥ 4,680.00
		蓝牙音箱 汇总			¥ 4,680.00
2019-9-30	XX数码店	平衡车	30	¥ 999.00	¥ 29,970.00
		平衡车 汇总			¥ 29,970.00
2019-9-16	XX数码店	智能手表	60	¥ 399.00	¥ 23,940.00
		智能手表 汇总			¥ 23,940.00
XX数码店 汇总	0				¥ 142,280.00
2019-9-15	YY数码店	AI音箱	300	¥ 199.00	¥ 59,700.00
		AI音箱 汇总			¥ 59,700.00
2019-9-25	YY数码店	VR眼镜	200	¥ 213.00	¥ 42,600.00
		VR眼镜 汇总			¥ 42,600.00
2019-9-1	YY数码店	蓝牙音箱	50	¥ 78.00	¥ 3,900.00
		蓝牙音箱 汇总			¥ 3,900.00
2019-9-30	YY数码店	智能手表	200	¥ 399.00	¥ 79,800.00
2019-9-8	YY数码店	智能手表	150	¥ 399.00	¥ 59,850.00
		智能手表 汇总			¥ 139,650.00
YY数码店 汇总	0				¥ 245,850.00
总计	0				¥ 388,130.00

7.3.5 清除分类汇总

如果不再需要分类汇总，可以将其清除，其操作步骤如下。

1 分类汇总

接上节的操作，选择分类汇总后工作表数据区域内的任一单元格。在【数据】选项卡中，单击【分级显示】选项组中的【分类汇总】按钮，弹出【分类汇总】对话框。

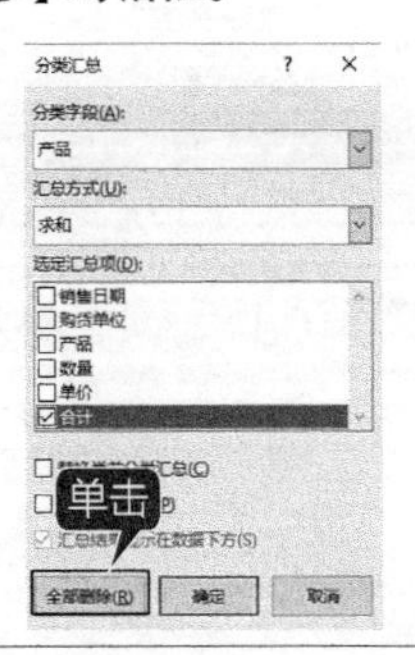

2 清除分类汇总

在【分类汇总】对话框中，单击【全部删除】按钮即可清除分类汇总。

清除汇总

销售情况表

销售日期	购货单位	产品	数量	单价	合计
2019-9-25	XX数码店	AI音箱	260	¥ 199.00	¥ 51,740.00
2019-9-5	XX数码店	VR眼镜	100	¥ 213.00	¥ 21,300.00
2019-9-15	XX数码店	VR眼镜	50	¥ 213.00	¥ 10,650.00
2019-9-15	XX数码店	蓝牙音箱	60	¥ 78.00	¥ 4,680.00
2019-9-30	XX数码店	平衡车	30	¥ 999.00	¥ 29,970.00
2019-9-16	XX数码店	智能手表	60	¥ 399.00	¥ 23,940.00
2019-9-15	YY数码店	AI音箱	300	¥ 199.00	¥ 59,700.00
2019-9-25	YY数码店	VR眼镜	200	¥ 213.00	¥ 42,600.00
2019-9-1	YY数码店	蓝牙		¥ 78.00	¥ 3,900.00
2019-9-30	YY数码店	智		¥ 399.00	¥ 79,800.00
2019-9-8	YY数码店	智能手表	150	¥ 399.00	¥ 59,850.00

7.4 合并计算《销售报表》

本节视频教学时间：5分钟

本例讲述的产品销售报表主要是使用合并计算生成汇总表，帮助用户了解使用合并计算的方法。

7.4.1 按照位置合并计算

按位置进行合并计算就是按同样的顺序排列所有工作表中的数据，将它们放在同一位置中。

1 打开素材

打开“素材\ch07\数码产品销售报表.xlsx”工作簿。选择“一月报表”工作表的A1:C5区域，在【公式】选项卡中，单击【定义的名称】选项组中的【定义名称】按钮 定义名称，弹出【新建名称】对话框，在【名称】文本框中输入“一月报表1”，单击【确定】按钮。

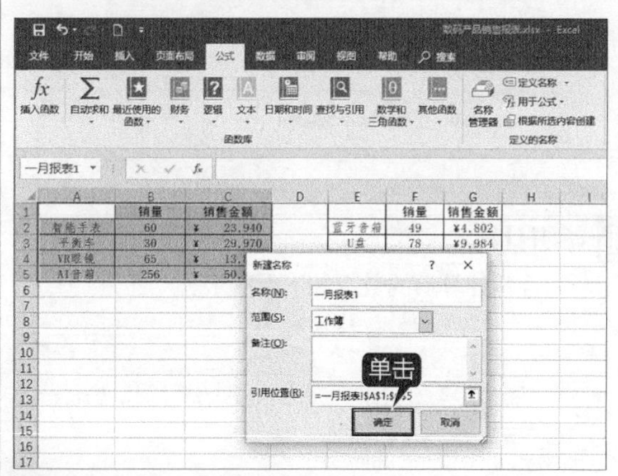

2 单击【确定】按钮

选择当前工作表的单元格区域E1:G4，使用同样方法【新建名称】对话框，打开在【名称】文本框中输入“一月报表2”，单击【确定】按钮。

G3 =F3*128

	A	B	C	D	E	F	G
1		销量	销售金额			销量	销售金额
2	智能手表	60	¥ 23,940		蓝牙音箱	49	¥4,802
3	平衡车	30	¥ 29,970		U盘	78	¥9,984
4	VR眼镜	65	¥ 13,845				
5	AI音箱	256	¥ 50,944				

新建名称

名称(N): 一月报表2

范围(S): 工作簿

备注(O):

引用位置(R): =一月报表!$E$1:$G

单击

确定　取消

3 单击【添加】按钮

选择工作表中的单元格A6，在【数据】选项卡中，单击【数据工具】选项组中的【合并计算】按钮 合并计算，在弹出的【合并计算】对话框的【引用位置】文本框中输入“一月报表2”，单击【添加】按钮，把“一月报表2”添加到【所有引用位置】列表框中并勾选【最左列】复选框，单击【确定】按钮。

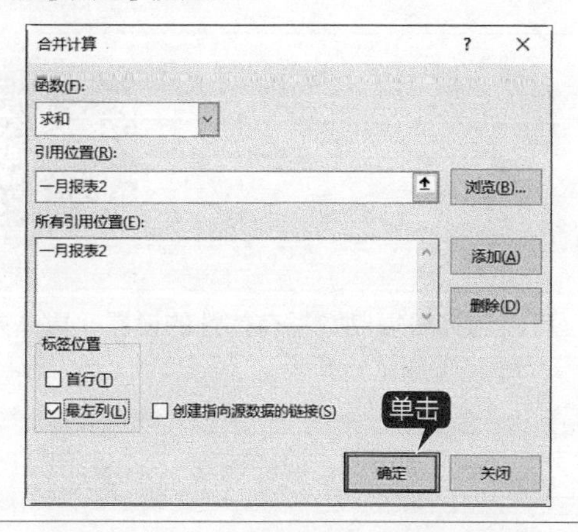

4 合并表

此时，即可将名称为“一月报表2”的区域合并到“一月报表1”区域中，如下图所示。

F19

	A	B	C	D	E	F	G
1		销量	销售金额			销量	销售金额
2	[illegible]	[illegible]	[illegible]		[illegible]	[illegible]	[illegible]
3	平衡车	30	¥ 29,970		U盘	78	¥9,984
4	VR眼镜	65	¥ 13,845				
5	AI音箱	256	¥ 50,944				
6	蓝牙音箱	49	¥ 4,802				
7	U盘	78	¥ 9,984				

效果图

第1季度销售报表　一月报表

小提示

合并前要确保每个数据区域都采用列表格式，第一行中的每列都具有标签，同一列中包含相似的数据，并且在列表中没有空行或空列。

7.4.2 由多个明细表快速生成汇总表

如果数据分散在各个明细表中，需要将这些数据汇总到1个总表中，也可以使用合并计算。具体操作步骤如下。

1 接上节操作

接上节的操作，单击“第1季度销售报表”工作表A1单元格。

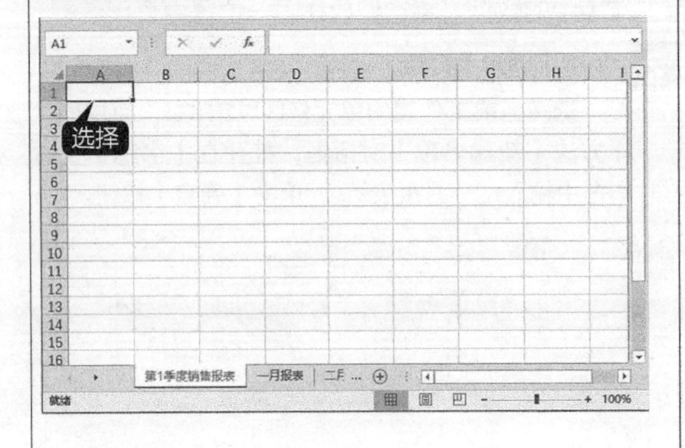

2 单击【添加】按钮

在【数据】选项卡中，单击【数据工具】选项组中的【合并计算】按钮 合并计算，弹出【合并计算】对话框，将光标定位在“引用位置”文本框中，然后选择“一月报表”工作表中的A1:C7，单击【添加】按钮。

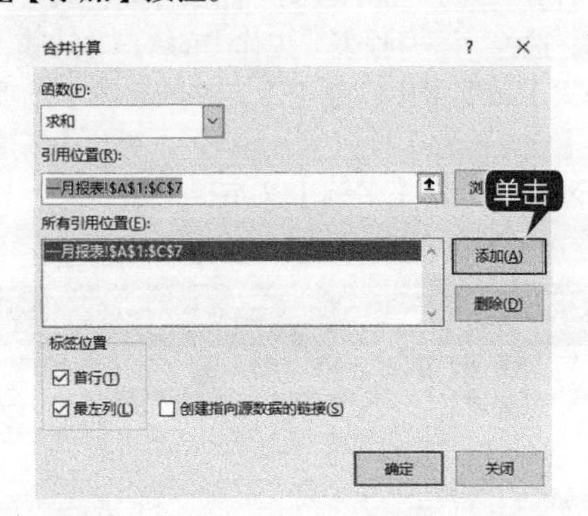

3 依次添加数据区域

重复此操作，依次添加二月、三月报表的数据区域，并选择【首行】、【最左列】复选框，单击【确定】按钮。

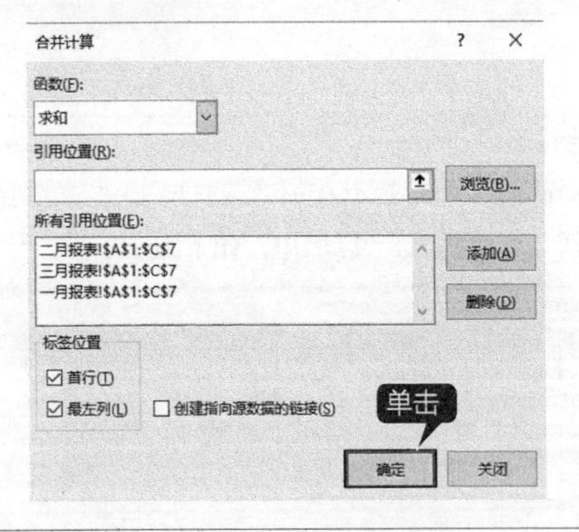

4 合并计算

合并计算后的数据如下图所示。

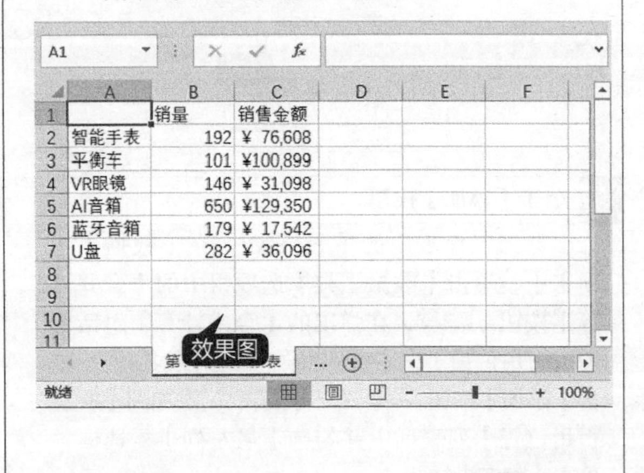

	销量	销售金额
智能手表	192	¥ 76,608
平衡车	101	¥100,899
VR眼镜	146	¥ 31,098
AI音箱	650	¥129,350
蓝牙音箱	179	¥ 17,542
U盘	282	¥ 36,096

高手私房菜

技巧1：复制数据有效性

反复设置数据有效性不免有些麻烦，为了节省时间，可以选择只复制数据有效性的设置，具体方法如下。

1 选中单元格区域

选中设置有数据有效性的单元格或单元格区域，按【Ctrl+C】组合键进行复制。

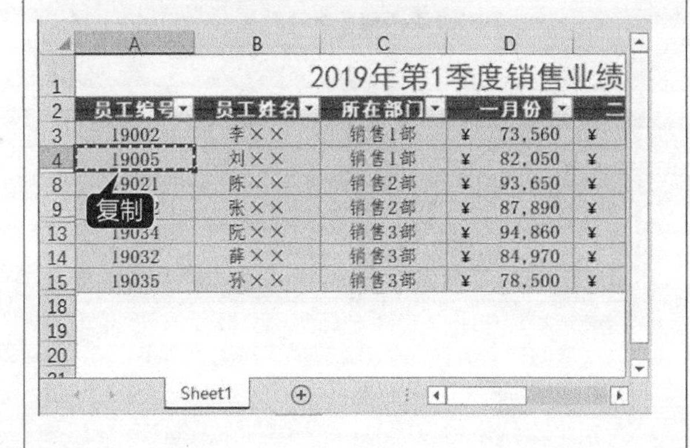

2 选择性粘贴

选中需要设置数据有效性的目标单元格或单元格区域，单击鼠标右键，在弹出的快捷菜单中选择【选择性粘贴】选项。

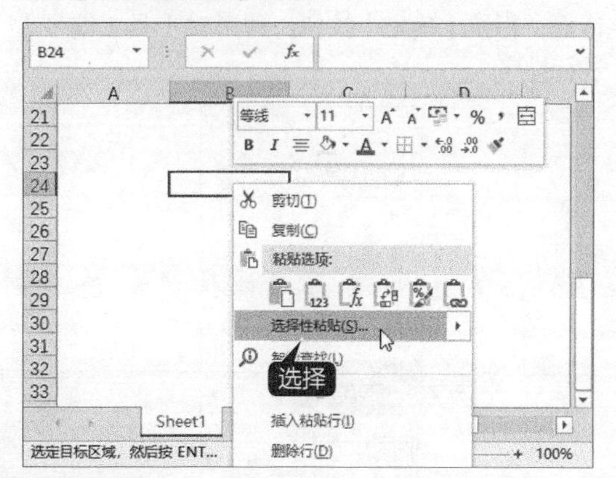

3 选择【验证】选项

弹出【选择性粘贴】对话框，在【粘贴】区域选择【验证】选项，单击【确定】按钮。

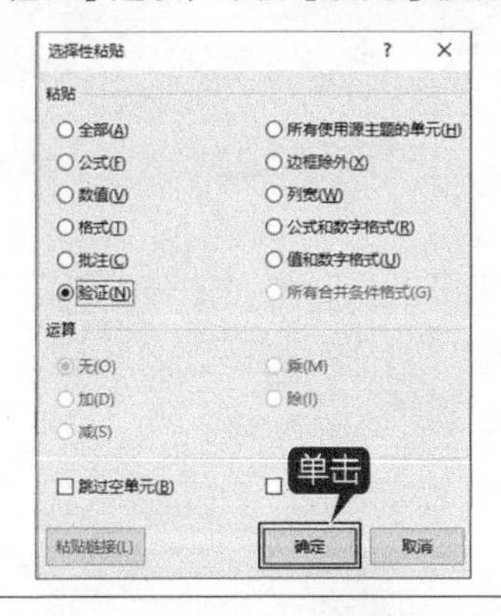

4 有效性复制

此时，即可将数据有效性设置复制至选中的单元格或单元格区域。

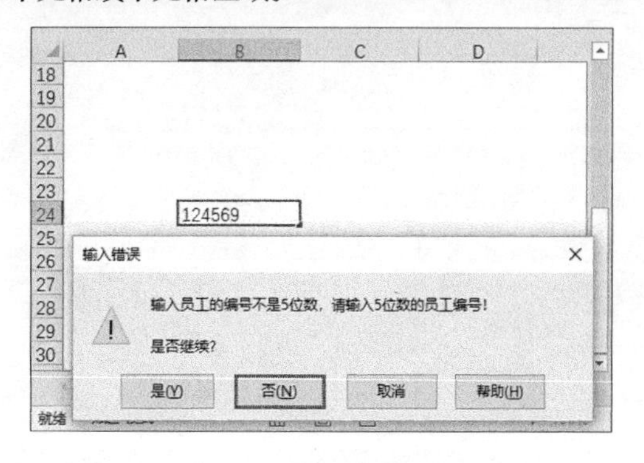

技巧2：对同时包含字母和数字的文本进行排序

如果表格中既有字母也有数字，要对该表格区域进行排序，用户可以先按数字排序，再按字母排序，达到最终排序的效果。具体操作步骤如下。

1 打开素材

打开“素材\ch07\员工业绩销售表.xlsx”文件。在A列单元格中填写带字母的编号，选择A列任一单元格，在【数据】选项卡的【排序和筛选】选项组中，单击【排序】按钮。

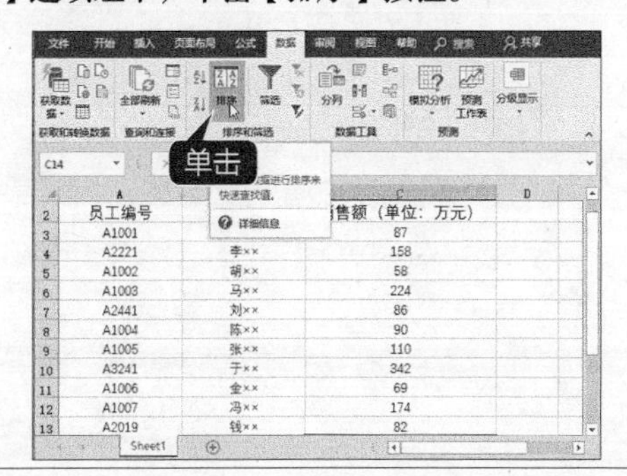

2 设置排序依据

在弹出的【排序】对话框中，单击【主要关键字】后的下拉按钮，在下拉列表中选择【员工编号】选项，设置【排序依据】为【单元格值】，设置【次序】为【升序】。

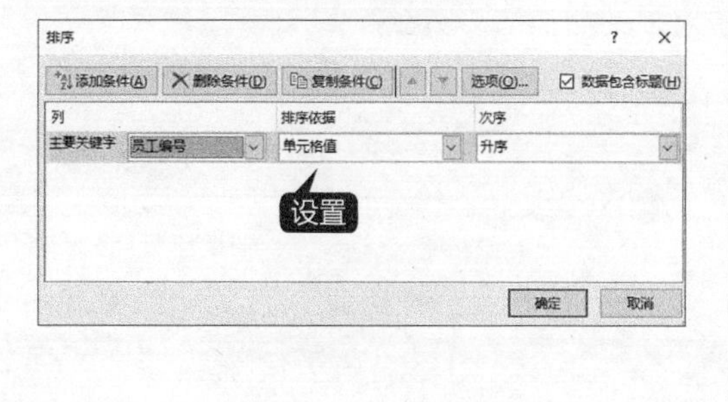

3 进行排序

在【排序】对话框中，单击【选项】按钮，打开【排序选项】对话框，选中【字母排序】复选框，然后单击【确定】按钮，返回【排序】对话框，再按【确定】按钮，即可对【员工编号】进行排序。

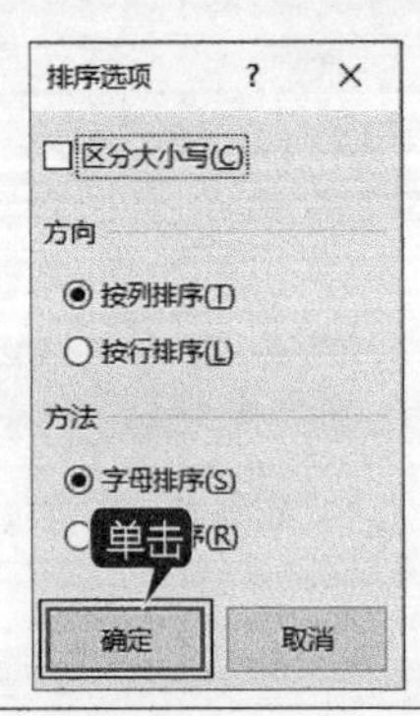

4 最终排序

最终排序后的效果如下图所示。

	A	B	C	D
1	2019年员工销售业绩表			
2	员工编号	员工姓名	销售额（单位：万元）	
3	A1001	王××	87	
4	A1002	胡××	58	
5	A1003	马××	224	
6	A1004	陈××	90	
7	A1005	张××	110	
8	A1006	金××	69	
9	A1007	冯××	174	
10	A2019	钱××	82	
11	A2221		158	
12	A2441		86	
13	A3241	于××	342	

效果图

第 8 章

数据图表

本章视频教学时间：39 分钟

图表作为一种比较形象、直观的表达形式，可以表示各种数据的数量的多少、数量增减变化的情况，以及部分数量同总数量之间的关系等，使用户易于理解、印象深刻，且更容易发现隐藏在数据背后的数据变化的趋势和规律。

【学习目标】

- 通过本章的学习，掌握 Excel 中图表的使用方法。

【本章涉及知识点】

- 图表的特点及组成
- 创建图表的方法
- 图表的编辑方法
- 美化图表的方法
- 迷你图的使用方法

8.1 制作《年度销售情况统计表》

本节视频教学时间：12分钟

制作《年度销售情况统计表》主要是计算公司的年利润。在Excel 2019中，创建图表可以帮助分析工作表中的数据。本节以制作《年度销售情况统计表》为例介绍图表的创建。

8.1.1 认识图表的特点及其构成

图表可以非常直观地反映工作表中数据之间的关系，可以方便地对比与分析数据。用图表表达数据，可以使表达结果更加清晰、直观和易懂，为用户使用数据提供了便利。

1.图表的特点

在Excel中，图表具有以下4种特点。

（1）直观形象

利用下面的图表可以非常直观地显示市场活动情况。

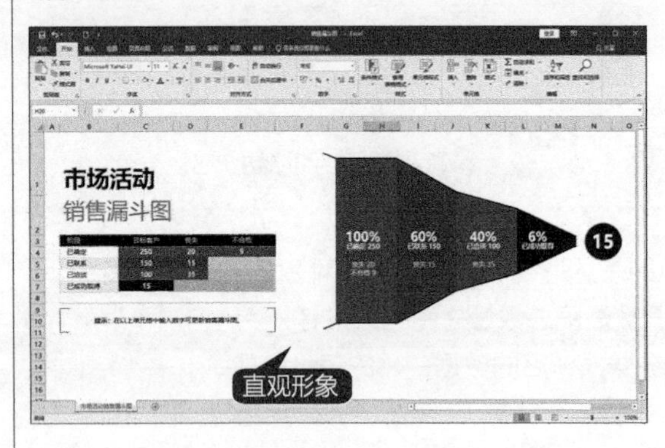

（2）种类丰富

Excel 2019提供有16种图表类型，每一种图表类型又有多种子类型，还可以自己定义图表。用户可以根据实际情况，选择现有的图表类型或者自定义图表。

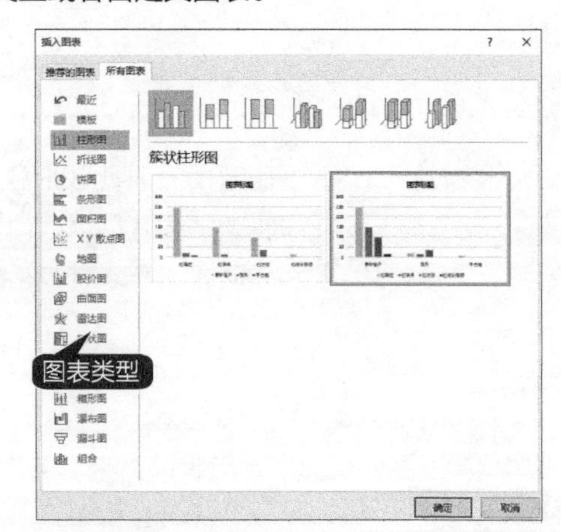

（3）双向联动

在图表上可以增加数据源，使图表和表格双向结合，更直观地表达丰富的含义。

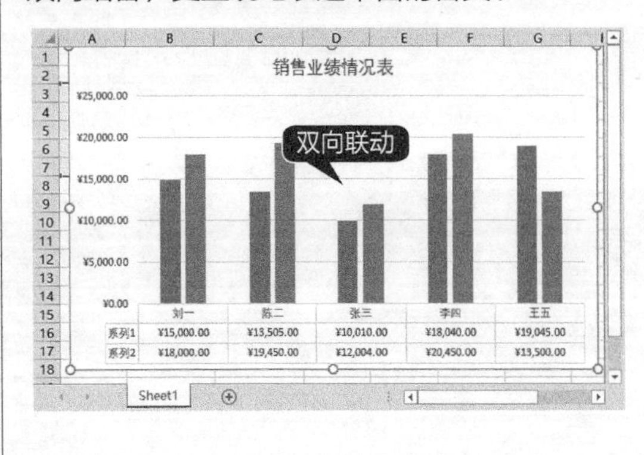

（4）二维坐标

一般情况下，图表上有两个用于对数据进行分类和度量的坐标轴，即分类（x）轴和数值（y）轴。在x轴、y轴上可以添加标题，以更明确图表所表示的含义。

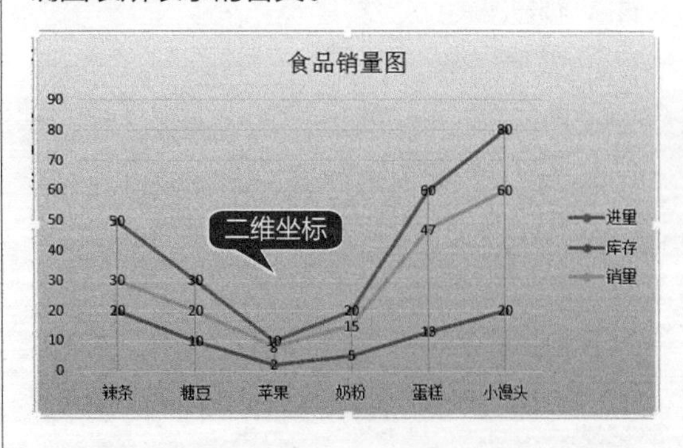

2.认识图表的构成元素

图表主要由图表区、绘图区、图表标题、数据标签、坐标轴、图例、数据表和背景组成。

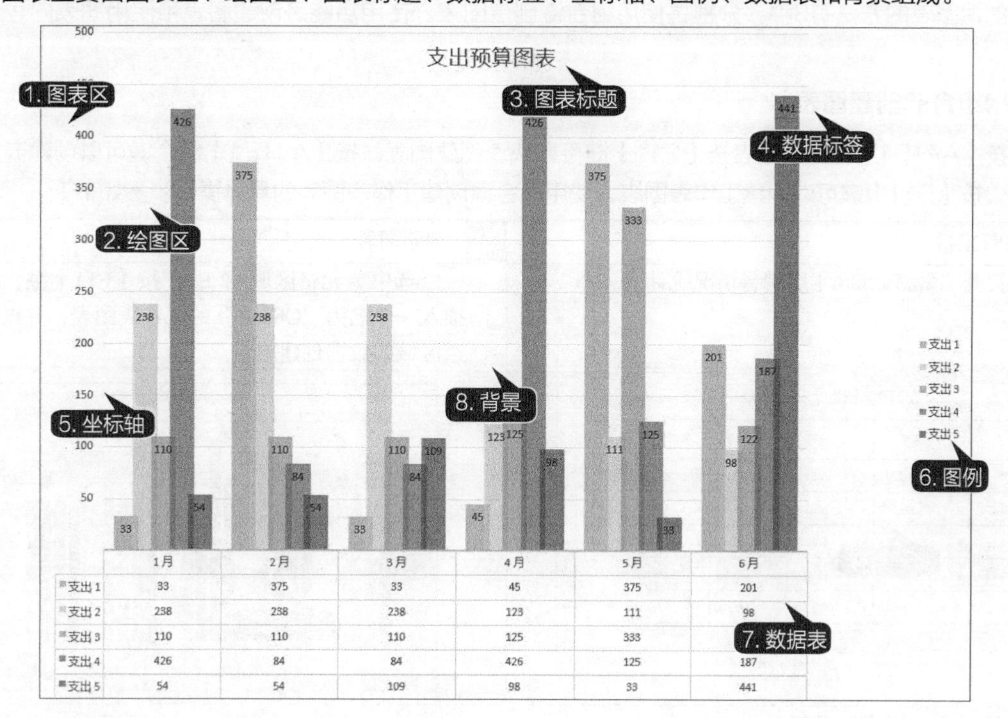

（1）图表区

整个图表以及图表中的数据称为图表区。在图表区中，当鼠标指针停留在图表元素上方时，Excel会显示元素的名称，从而方便用户查找图表元素。

（2）绘图区

绘图区主要显示数据表中的数据，数据随着工作表中数据的更新而更新。

（3）图表标题

创建图表完成后，图表中会自动创建标题文本框，只需在文本框中输入标题即可。

（4）数据标签

图表中绘制的相关数据点的数据来自数据的行和列。如果要快速标识图表中的数据，可以为图表的数据添加数据标签，在数据标签中可以显示系列名称、类别名称和百分比。

（5）坐标轴

默认情况下，Excel会自动确定图表坐标轴中图表的刻度值，也可以自定义刻度，以满足使用需要。当在图表中绘制的数值涵盖范围较大时，可以将垂直坐标轴改为对数刻度。

（6）图例

图例用方框表示，用于标识图表中的数据系列所指定的颜色或图案。创建图表后，图例以默认的颜色来显示图表中的数据系列。

（7）数据表

数据表是反映图表中源数据的表格，默认的图表一般都不显示数据表。单击【图表工具】➤【设计】选项卡下【图表布局】选项组中的【添加图表元素】按钮，在弹出的下拉列表中选择【数据表】选项，在其子菜单中选择相应的选项即可显示数据表。

（8）背景

背景主要用于衬托图表，可以使图表更加美观。

8.1.2 创建图表的3种方法

创建图表的方法有3种，分别是使用组合键创建图表、使用功能区创建图表和使用图表向导创建图表。

1.使用组合键创建图表

按【Alt+F1】组合键或者按【F11】键可以快速创建图表。按【Alt+F1】组合键可以创建嵌入式图表，按【F11】键可以创建工作表图表。使用组合键创建工作表图表的具体操作步骤如下。

1 打开素材

打开“素材\ch08\年度销售情况统计表.xlsx”文件。

2019年销售情况统计表

	第一季度	第二季度	第三季度	第四季度
刘一	¥ 102,301	¥ 165,803	¥ 139,840	¥ 149,600
陈二	¥ 123,590	¥ 145,302	¥ 156,410	¥ 125,604
张三	¥ [illegible]	¥ 179,530	¥ 106,280	¥ 122,459
李四	¥ [illegible]	¥ 136,820	¥ 132,840	¥ 149,504
王五	¥ 119,030	¥ 125,306	¥ 146,840	¥ 125,614

2 创建图表

选中单元格区域A2:E7，按【F11】键，即可插入一个名为“Chart1”的工作表图表，并根据所选区域的数据创建图表。

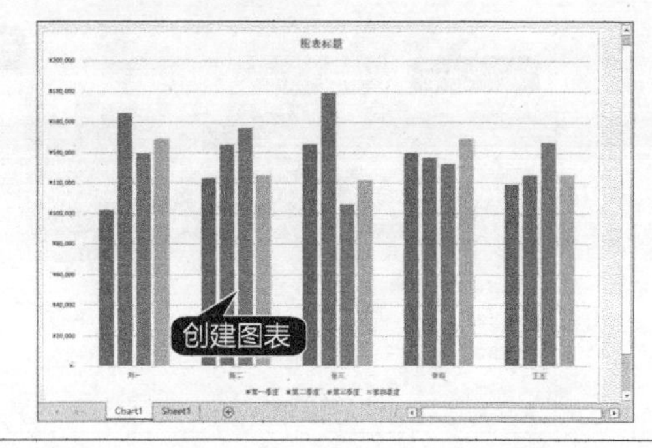

2.使用功能区创建图表

使用功能区创建图表的具体操作步骤如下。

1 选中单元格区域

打开素材文件，选中单元格区域A2:E7，单击【插入】选项卡【图表】选项组中的【插入柱形图或条形图】按钮，从弹出的下拉菜单中选择【二维柱形图】区域内的【簇状柱形图】选项。

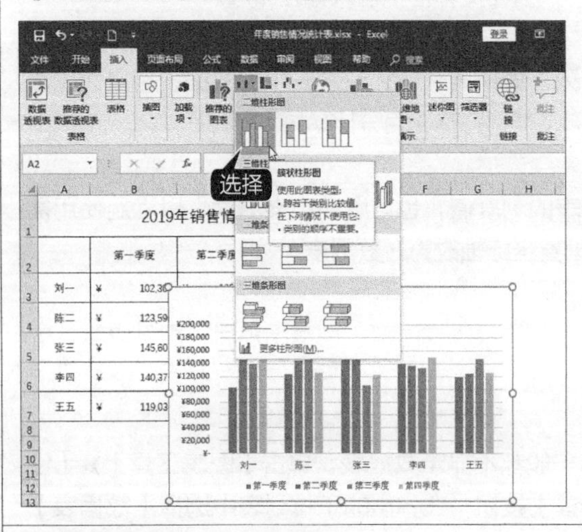

2 生成柱形图表

在该工作表中生成一个柱形图表。

3.使用图表向导创建图表

使用图表向导也可以创建图表，具体操作步骤如下。

1 选择【簇状柱形图】选项

打开素材文件，单击【插入】选项卡【图表】组中的【查看所有图表】按钮，打开【插入图表】对话框，默认显示为【推荐的图表】选项卡，选择【簇状柱形图】选项。单击【确定】按钮。

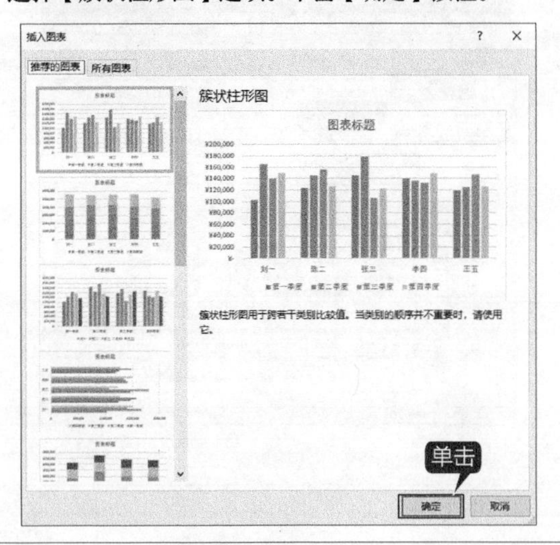

2 调整图表

调整图表的位置即可完成图表的创建。

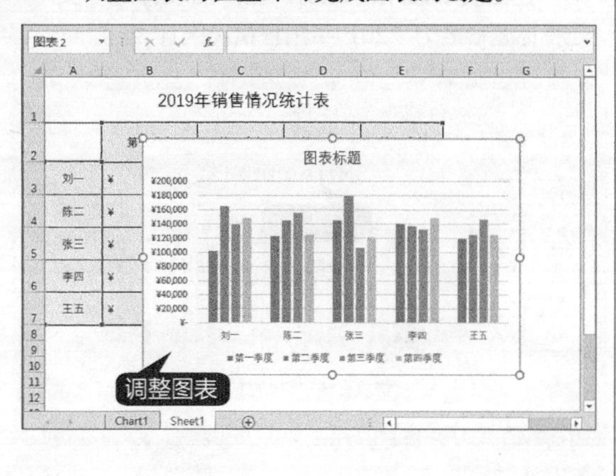

8.1.3 编辑图表

如果用户对创建的图表不满意，在Excel 2019中还可以对图表进行相应的修改。本节介绍编辑图表的方法。

1.在图表中插入对象

要为创建的图表添加标题或数据系列，具体的操作步骤如下。

1 打开素材

打开“素材\ch08\年度销售情况统计表.xlsx”文件，选择A2:E7单元格区域，并创建柱形图。

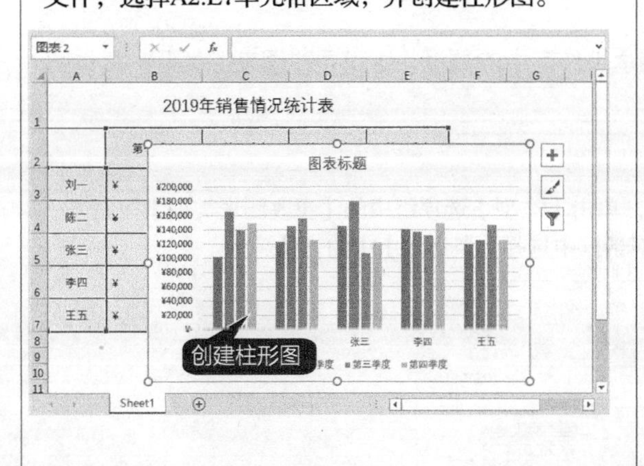

2 选择图表

选择图表，在【图表工具】➤【设计】选项卡中，单击【图表布局】选项组中的【添加图表元素】按钮，在弹出的下拉菜单中选择【网格线】➤【主轴主要垂直网格线】菜单命令。

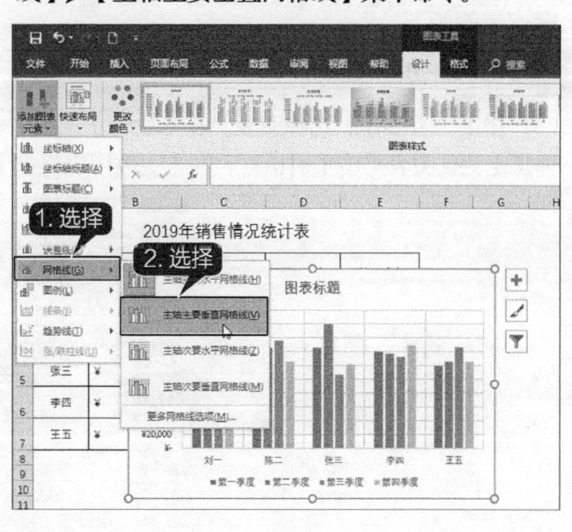

3 插入网格线

在图表中插入网格线，在“图表标题”文本处将标题命名为“2019年销售情况统计表”。

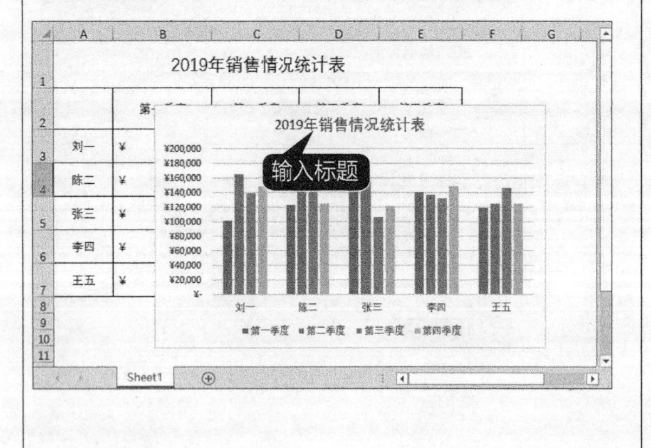

4 示图例项标示

再次单击【图表布局】选项组中的【添加图表元素】按钮，在弹出的下拉菜单中选择【数据表】➤【显示图例项标示】菜单项。

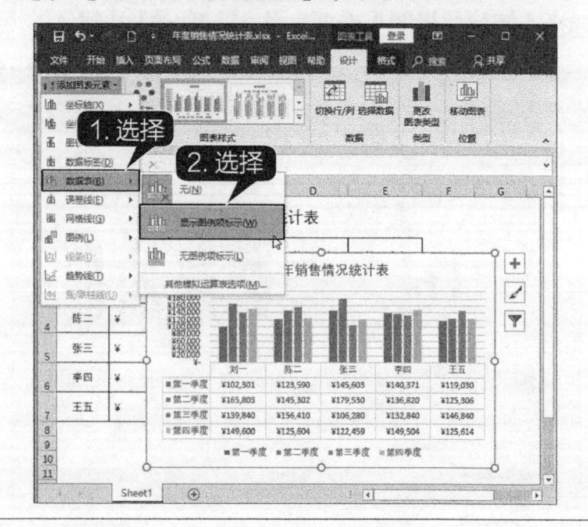

5 最终效果

调整图表大小后，最终效果如图所示。

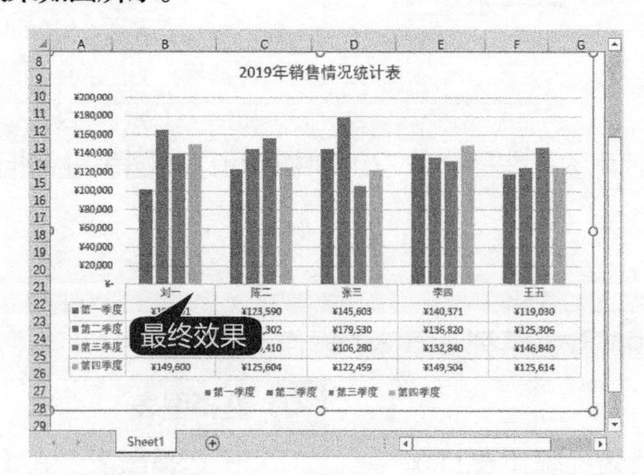

2.更改图表的类型

如果创建图表时选择的图表类型不能直观地表达工作表中的数据，则可更改图表的类型。具体的操作步骤如下。

1 更改图表类型

接上一节操作，选择图表，在【设计】选项卡中，单击【类型】选项组中的【更改图表类型】按钮，弹出【更改图表类型】对话框，在【更改图表类型】对话框中选择【条形图】中的一种。

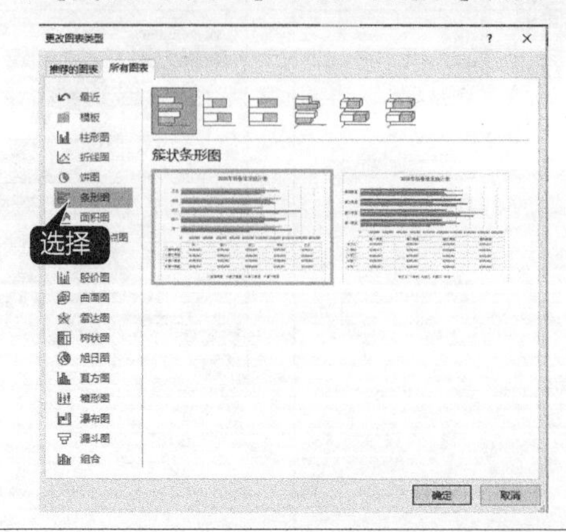

2 更改条形图表

单击【确定】按钮，即可将柱形图表更改为条形图表。

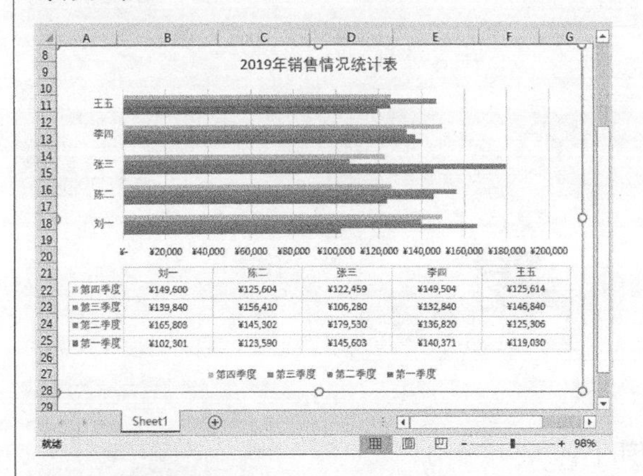

小提示

在需要更改类型的图表上单击鼠标右键，在弹出的快捷菜单中选择【更改图表类型】菜单项，在弹出的【更改图表类型】对话框中也可以更改图表的类型。

3.调整图表的大小

用户可以对已创建的图表根据不同的需求进行调整，具体的操作步骤如下。

1 选择图表

选择图表，图表周围会显示浅绿色边框，同时出现8个控制点，鼠标指针放到控制点上变成"↘"形状时单击鼠标左键并拖曳控制点，可以调整图表的大小。

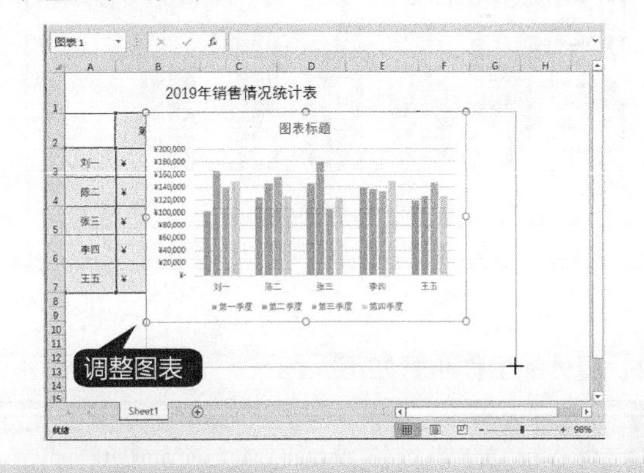

2 调整图表大小

如要精确地调整图表的大小，在【格式】选项卡中选择【大小】选项组，然后在【形状高度】和【形状宽度】微调框中输入图表的高度和宽度值，按【Enter】键确认即可。

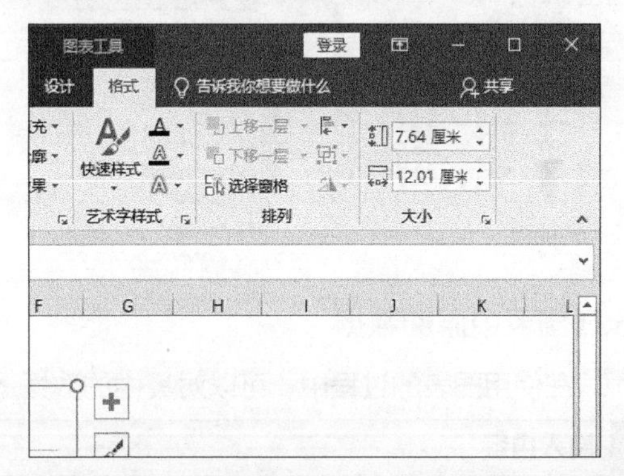

小提示

单击【格式】选项卡中【大小】选项组右下角的【大小和属性】按钮，在弹出的【设置图表区格式】窗格中，【大小属性】选项卡下，也可以设置图表的大小或缩放百分比。

4.移动和复制图表

可以通过移动图表，来改变图表的位置；可以通过复制图表，将图表添加到其他工作表中或其他文件中。

（1）移动图表

如果创建的嵌入式图表不符合工作表的布局要求，比如位置不合适、遮住了工作表的数据等，可以通过移动图表来解决。

① 在同一工作表中移动。选择图表，将鼠标指针放在图表的边缘，当指针变成✥形状时，按住鼠标左键拖曳到合适的位置，然后释放即可。

② 移动图表到其他工作表中。选中图表，在【设计】选项卡中，单击【位置】选项组中的【移动图表】按钮，在弹出的【移动图表】对话框中选择图表移动的位置后，如单击【新工作表】单选项，在文本框中输入新工作表名称，单击【确定】按钮即可。

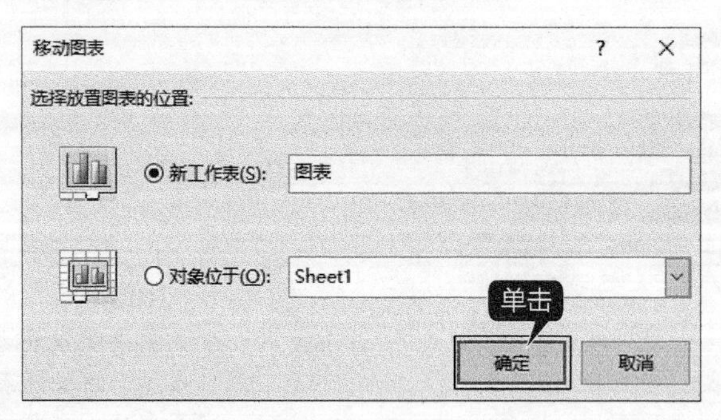

（2）复制图表

将图表复制到另外的工作表中，具体的操作步骤如下。

1 选择【复制】菜单命令

在要复制的图表上右键单击，在弹出的快捷菜单中选择【复制】菜单命令。

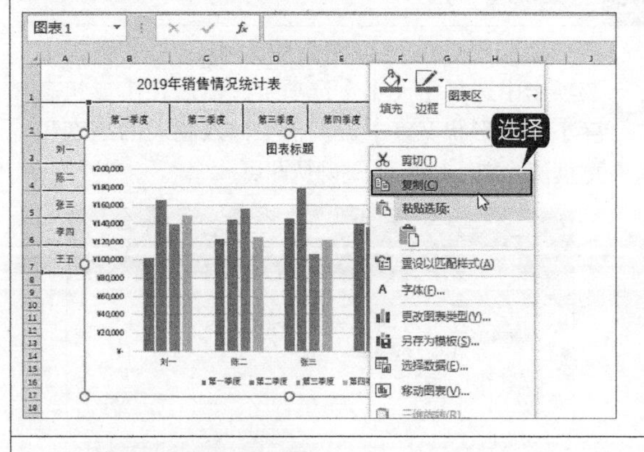

2 复制图表

在新的工作表中右键单击，在弹出的快捷菜单中单击【粘贴选项】下的【保留源格式】按钮，即可将图表复制到新的工作表中。

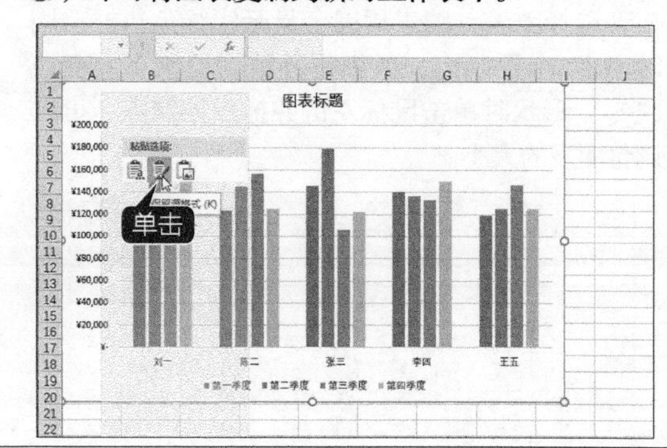

5.在图表中添加数据

在使用图表的过程中，可以对其中的数据进行修改。具体的操作步骤如下。

1 输入内容

在单元格区域A2:E8中输入如图所示的内容。

2019年销售情况统计表

	第一季度	第二季度	第三季度	第四季度
刘一	¥ 102,301	¥ 165,803	¥ 139,840	¥ 149,600
陈二	¥ 123,590	¥ 145,302	¥ 156,4[illegible]	[illegible]5,604
张三	¥ 145,603	¥ 179,530	¥ 106,2[illegible]	[illegible]22,459
李四	¥ 140,371	¥ 136,820	¥ 132,840	¥ 149,504
王五	¥ 119,030	¥ 125,306	¥ 146,840	¥ 125,614
赵六	¥ 120,950	¥ 145,780	¥ 167,400	¥ 186,500

2 选择数据源

选择图表，在【设计】选项卡中，单击【数据】选项组中的【选择数据】按钮，弹出【选择数据源】对话框。

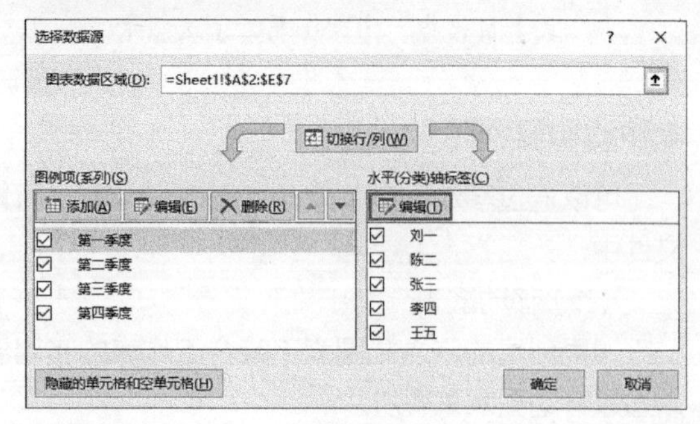

3 单击【确定】按钮

单击【图表数据区域】文本框右侧的按钮，选择A2:E8单元格区域，然后单击按钮，返回【选择数据源】对话框，可以看到“赵六”已添加到【水平（分类）轴标签】列表中了。

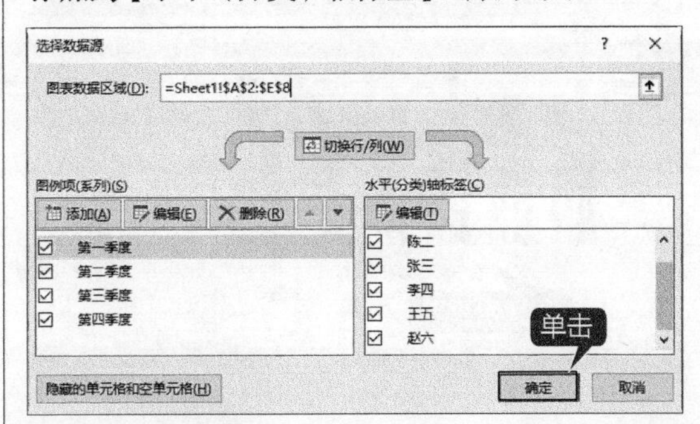

4 添加数据列

单击【确定】按钮，名为“赵六”的数据系列就会添加到图表中。

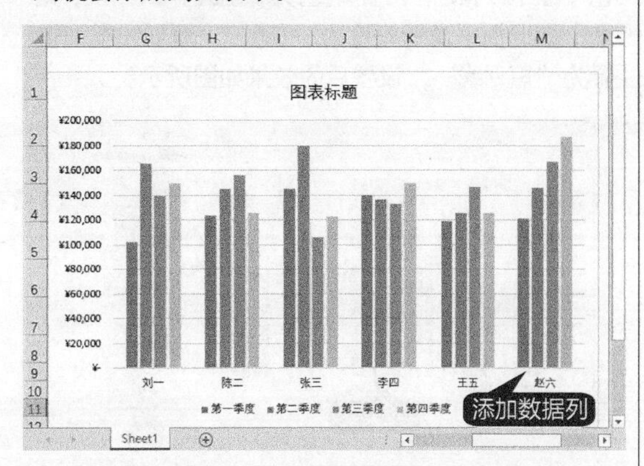

6.添加图表标题

在创建图表时，默认会添加一个图表标题，图表会根据图表数据源自动添加标题，如果没识别，就会显示“图表标题”字样。下面讲述如何添加和设置标题。

1 单击标题内容

在“图表标题”中，单击标题内容，重新输入合适的图表标题文本。

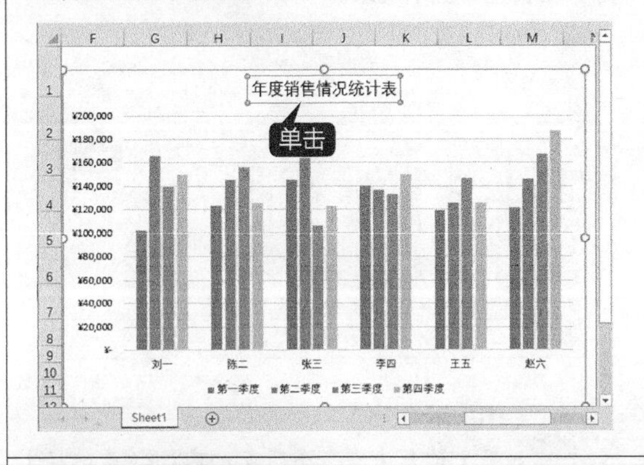

2 应用文字效果

选择标题文本，单击【图表工具】➤【艺术字样式】组中的【其他】按钮，在弹出的列表中选择要应用的样式，即可应用文字效果。

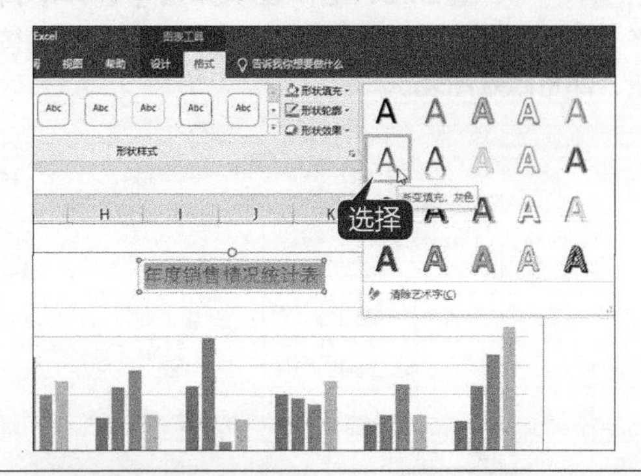

7.设置和隐藏网格线

如果对默认的网格线不满意，可以自定义网格线。具体操作步骤如下。

1 设置主要网格线格式

选中图表，单击【格式】选项卡中【当前所选内容】选项组中【图表区】右侧的按钮，在弹出的下拉列表中选择【垂直(值)轴主要网格线】选项，然后单击【设置所选内容格式】按钮 设置所选内容格式，弹出【设置主要网格线格式】窗格。

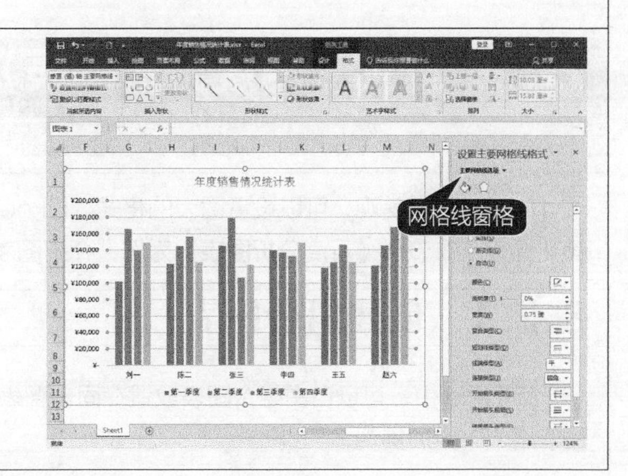

2 设置效果

在【填充线条】区域下【线条】组中【颜色】下拉列表中设置颜色为“蓝色”，在【宽度】微调框中设置宽度为“1磅”，短划线类型设置为“短划线”，设置后的效果如图所示。

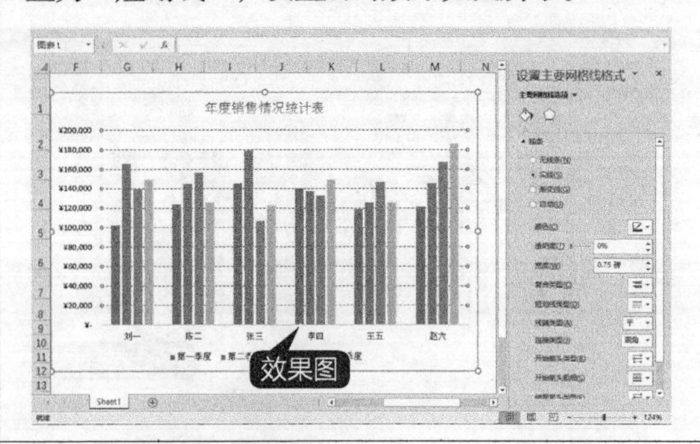

3 隐藏网格线

选择【线条】区域下的【无线条】单选项，即可隐藏所有的网格线。

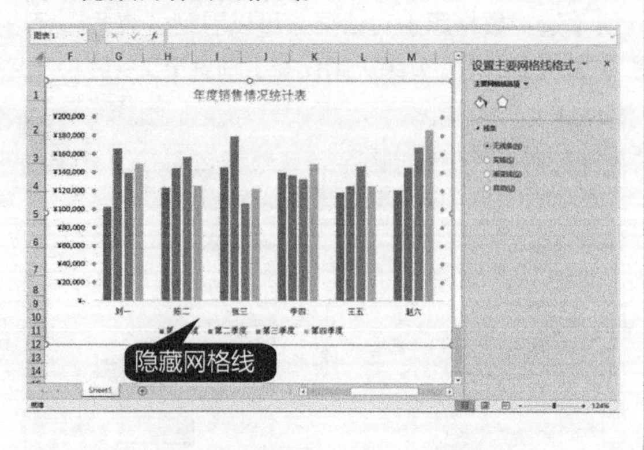

8.显示与隐藏图表

如果在工作表中已创建了嵌入了式图表，当只需显示原始数据时，则可把图表隐藏起来。具体的操作步骤如下。

1 隐藏图表

选择图表，在【图表工具】➤【格式】选项卡中，单击【排列】选项组中的【选择窗格】按钮 选择窗格，在Excel工作区中弹出【选择】窗格，在【选择】窗格中单击【图表1】右侧的 按钮，即可隐藏图表。

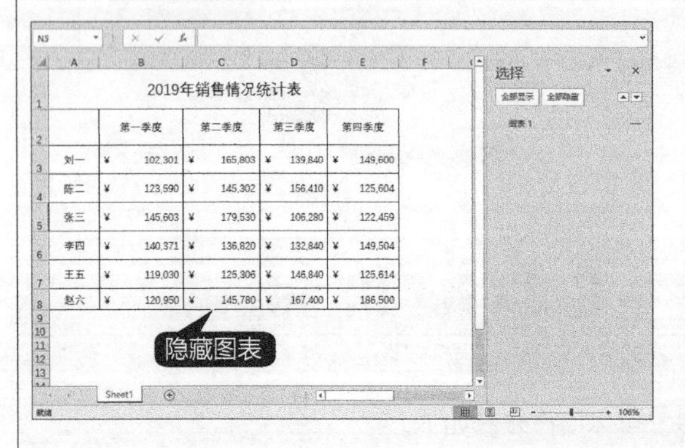

2019年销售情况统计表

	第一季度	第二季度	第三季度	第四季度
刘一	¥ 102,301	¥ 165,803	¥ 139,840	¥ 149,600
陈二	¥ 123,590	¥ 145,302	¥ 156,410	¥ 125,604
张三	¥ 145,603	¥ 179,530	¥ 106,280	¥ 122,459
李四	¥ 140,371	¥ 136,820	¥ 132,840	¥ 149,504
王五	¥ 119,030	¥ 125,306	¥ 146,840	¥ 125,614
赵六	¥ 120,950	¥ 145,780	¥ 167,400	¥ 186,500

2 显示图表

在【选择】窗格中单击【图表1】右侧的—按钮，图表就会显示出来。

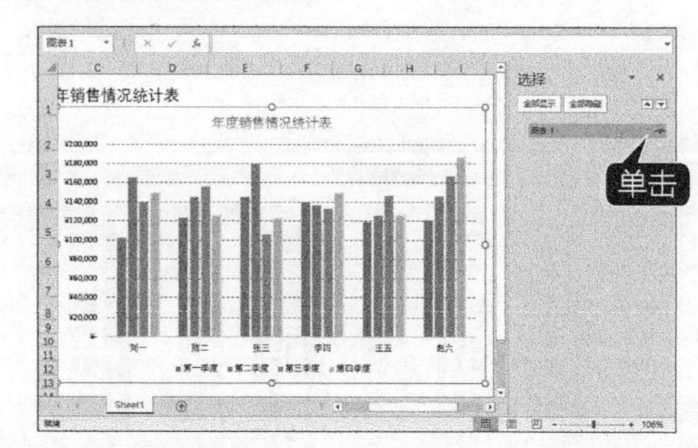

小提示

如果工作表中有多个图表，可以单击【选择】窗格上方的【全部显示】或者【全部隐藏】按钮，显示或隐藏所有的图表。

8.2 美化《月度分析图表》

本节视频教学时间：8分钟

为了使图表美观，可以设置图表的格式。Excel 2019提供有多种图表格式，直接套用即可快速地美化图表。本节以《月度分析图表》为例，介绍图表美化的技巧。

8.2.1 创建组合图表

在Excel中，可以自由组合图表放置在同一图表中，不仅可以更加准确地传递图表信息，还可以使图表看起来更加美观。

1 打开素材

打开“素材\ch08\月度分析图表.xlsx”文件，选择A2:E33单元格区域，并单击【插入】➤【图表】选项组中的查看所有图表按钮。

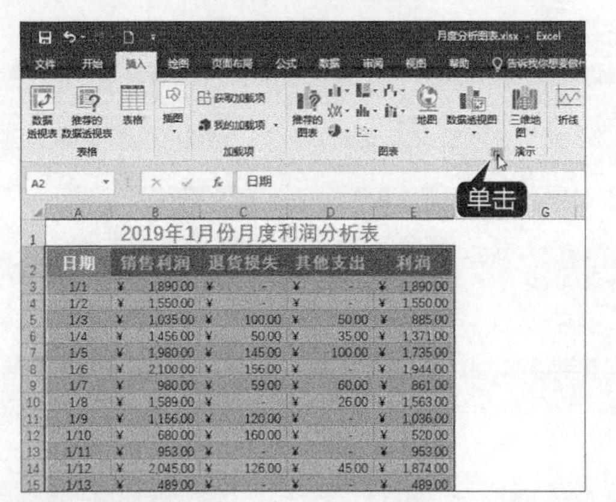

2 单击【确定】按钮

打开【插入图表】对话框，选择【所有图表】选项卡下的【组合】选项，并单击【自定义组合】图标，然后为各数据系列选择图表类型和轴，然后单击【确定】按钮。

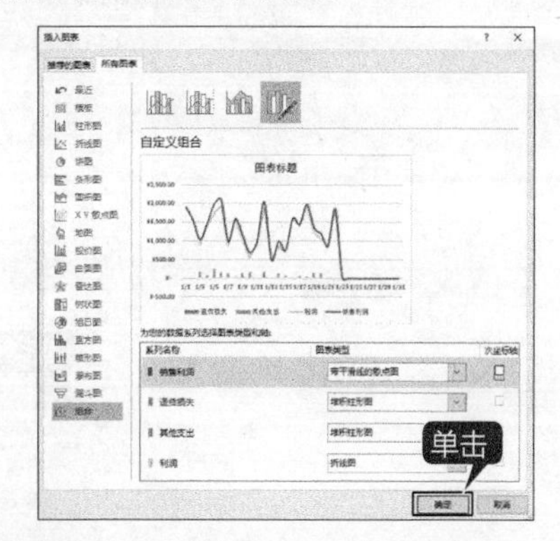

3 插入组合型图表

此时，即可为图表中插入组合型图表，如下图所示。

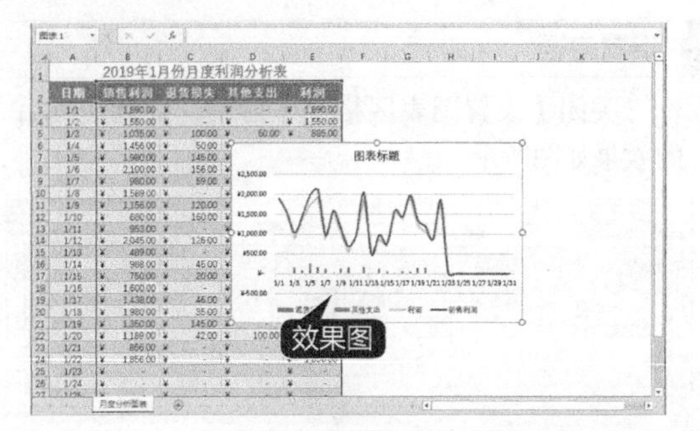

4 调整图表

为图表添加标题，并调整图表大小及位置，最终效果如下图所示。

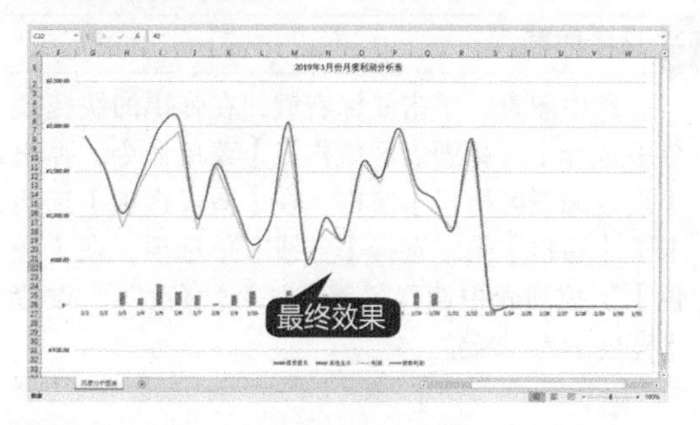

8.2.2 设置图表的填充效果

用户可以根据需要对图表区进行背景填充，设置填充效果的具体步骤如下。

1 设置图表区域格式

选中图表，单击鼠标右键，在弹出的快捷菜单中选择【设置图表区域格式】菜单项。

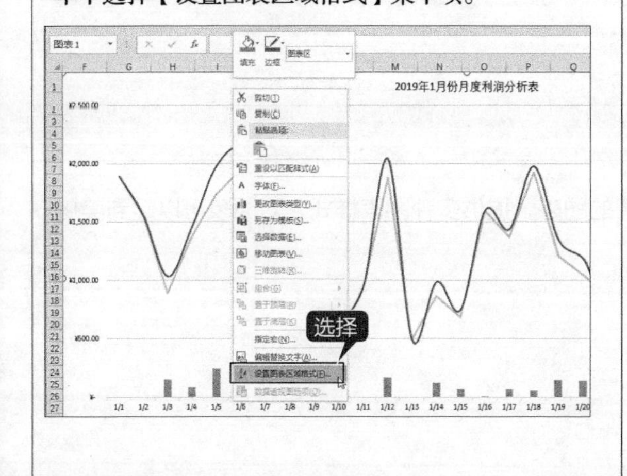

2 设置图表区格式

在窗口右侧弹出【设置图表区格式】窗格，在【图表选项】选项卡下【填充】组中选择【图案填充】单选项，并在【图案填充】区域中单击【背景】按钮，在弹出的颜色面板中，选择一种颜色，这里选择“蓝色，个性色1，淡色80%”。

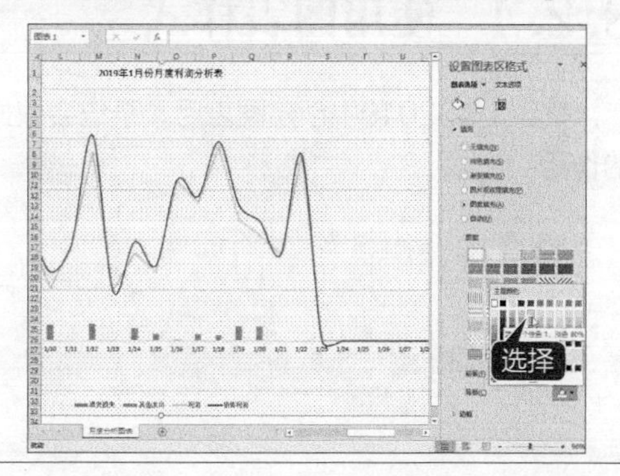

3 图案填充

单击【图案填充】区域下的【前景】按钮，在弹出的颜色面板中，选择一种颜色，这里选择"蓝色，个性色1，淡色40%"。

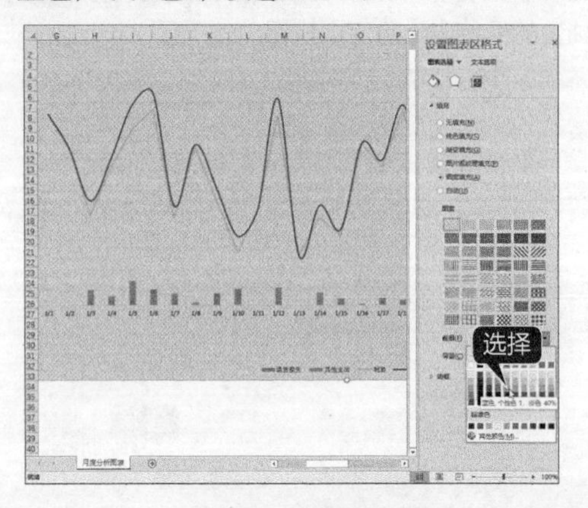

4 最终效果

在【图案】区域中，选择一种图案类型，如选择"对角线：浅色上对角"图案，关闭【设置图表区格式】窗格，图表最终效果如图所示。

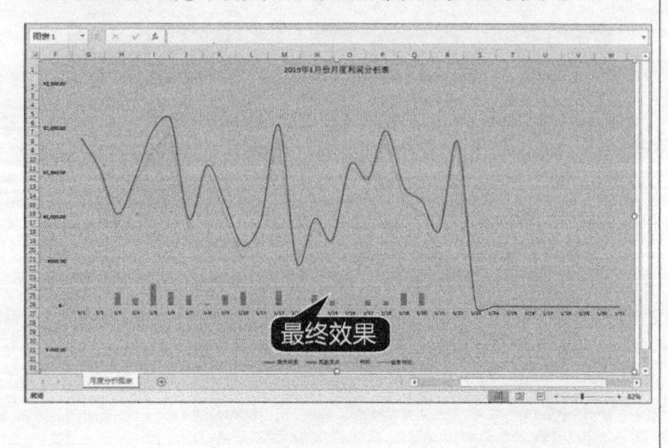

8.2.3 设置边框效果

设置边框效果的具体步骤如下所示。

1 选中图表

选中图表，单击鼠标右键，在弹出的快捷菜单中选择【选择图表区域格式】菜单命令，弹出【设置图表区格式】窗格，在【图表选项】选项卡下【边框】组中选择【实线】单选项，在【颜色】下拉列表中选择"蓝色，个性色1"，设置【宽度】为"2磅"。

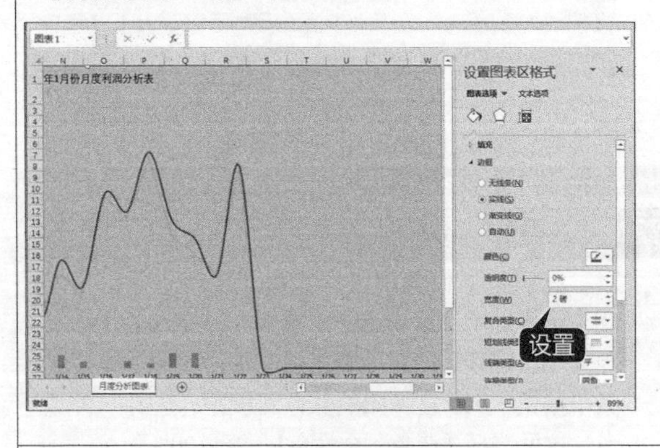

2 设置边框

关闭【设置图表区格式】窗格，设置边框后的效果如图所示。

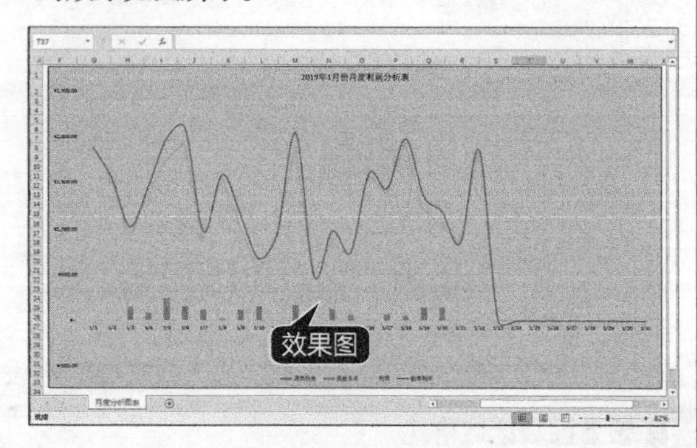

8.2.4 使用图表样式

在Excel 2019中创建图表后，系统会根据创建的图表，提供多种图表样式，对图表可以起到美化的作用。

1 选中图表

选中图表，在【设计】选项卡下，单击【图表样式】选项组中的【其他】按钮，在弹出的图表样式中，单击任一个样式即可套用。

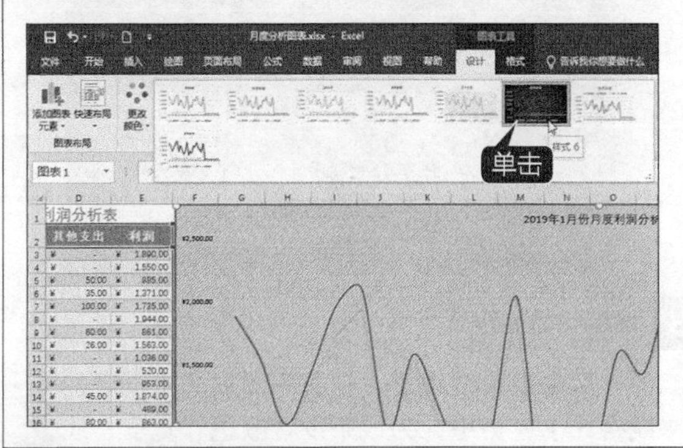

2 应用样式

应用样式后，效果如下图所示。

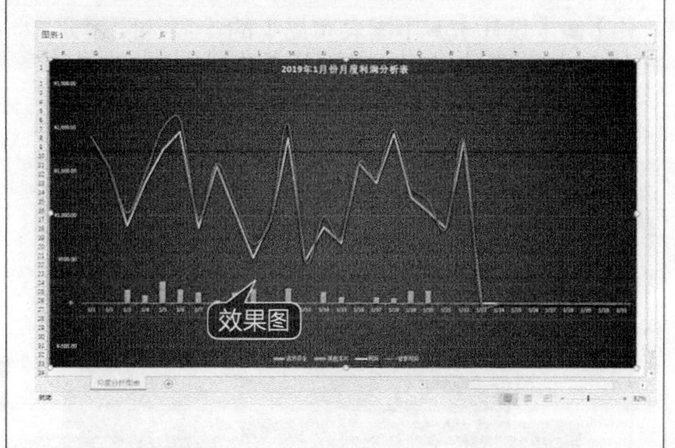

3 单击【更改颜色】按钮

单击【更改颜色】按钮，可以为图表应用不同的颜色。如这里选择“彩色调色板3”。

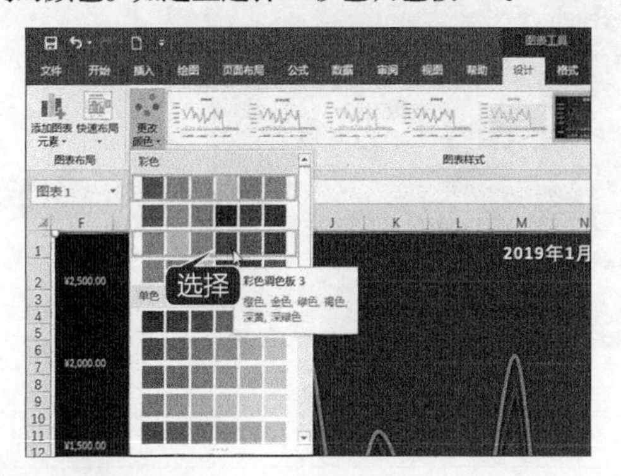

4 最终修改

最终修改后的图表如下图所示。

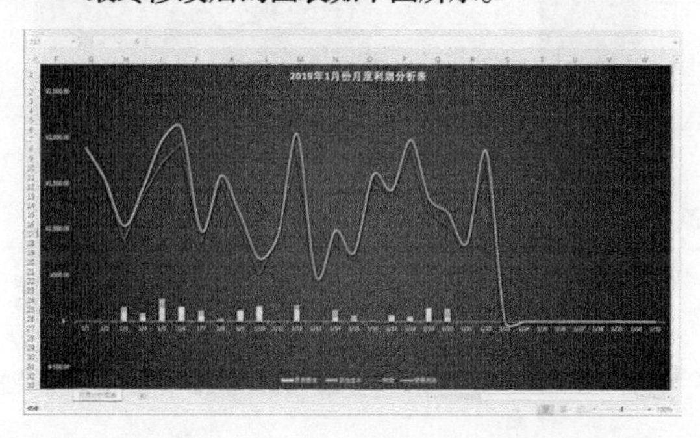

5 设置字体

由于内置样式的布局不能满足所有用户，用户可以添加图表元素。为了使图表更清楚地表现数据，可以为数据系列项添加数据标签，如这里为“利润”走势线，添加右侧标签，并设置字体颜色为“白色”。

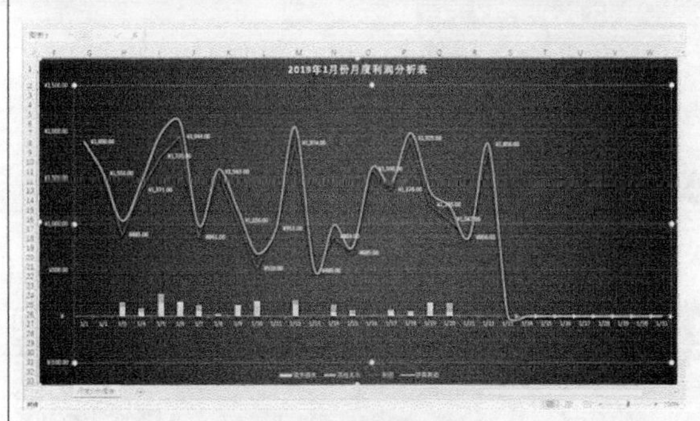

6 最终图表效果

由于本图表中数轴单位过大，用户可以设置数值单位，更好的查看。如这里将“边界”的最小值设置为“0”，最大值为“2400”，将“单位”的“大”设置为“200”，最终图表效果如下图所示。

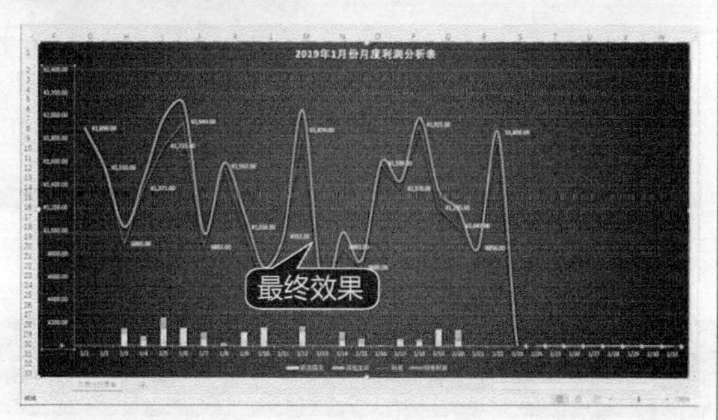

8.2.5 添加趋势线

在图表中，绘制趋势线，可以指出数据的发展趋势。在一些情况下，可以通过趋势线预测出其他的数据。单个系列可以有多个趋势线。添加趋势线的具体步骤如下。

1 添加图表元素

选择图表中“利润”走势线，单击【图表工具】➤【设计】➤【图表布局】的【添加图表元素】按钮，在弹出的下拉列表中选择【趋势线】➤【线性】选项。

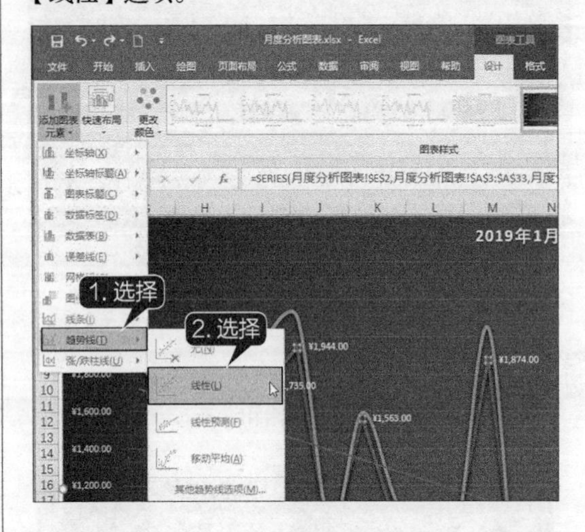

小提示

可向非堆积二维图表（面积图、条形图、柱形图、折线图、股价图、散点图或气泡图）添加趋势线。不能向堆积图或三维图表添加趋势线，如雷达图、饼图、曲面图和圆环图。

2 添加趋势线

此时，即可看到图表中添加了趋势线，如下图所示。

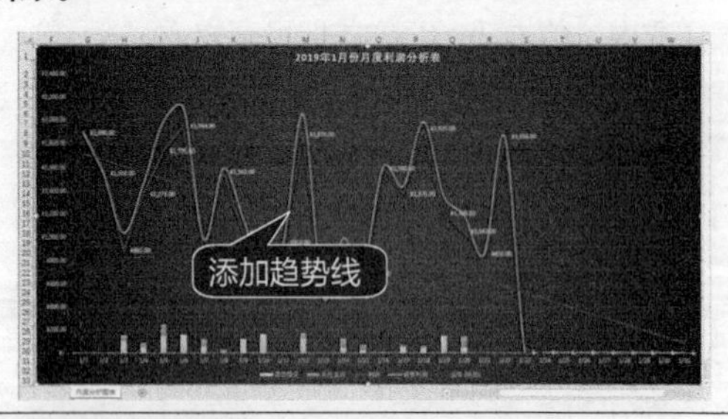

3 设置趋势线格式

双击趋势线线条，在右侧弹出的【设置趋势线格式】窗格中，为线条设置颜色、宽度、线型等参数。

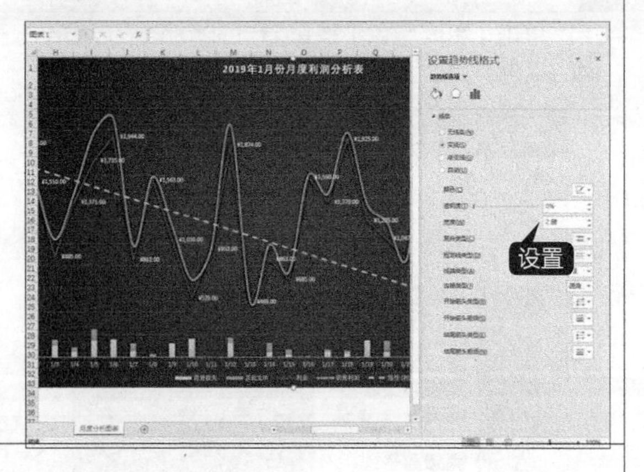

4 设置效果

关闭【设置趋势线格式】窗格，即可看到设置的效果。

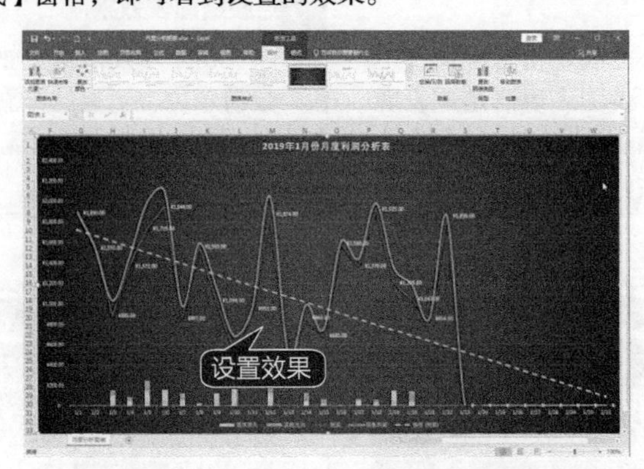

8.3 制作《销售盈亏表》迷你图

本节视频教学时间：7分钟

迷你图是一种微型图表，可放在工作表内的单个单元格中。迷你图能够以简明且非常直观的方式显示大量数据集所反映出的趋势。

使用迷你图可以显示一系列数值的趋势，可以通过不同颜色吸引对重要项目的注意，如季节性增长或降低、经济周期或突出显示最大值和最小值。将迷你图放在它所表示的数据附近时会产生最佳的效果。若要创建迷你图，必须先选择要分析的数据区域，然后选择要放置迷你图的位置。

8.3.1 创建单个迷你图

创建迷你图的方法和创建图表的方法基本相同，下面介绍《销售盈亏表》迷你图。

1 打开素材

打开“素材\ch08\销售盈亏表.xlsx”文件，选择要插入迷你图的单元格N3单元格，然后单击【插入】➤【迷你图】选项组中的【盈亏】图标。

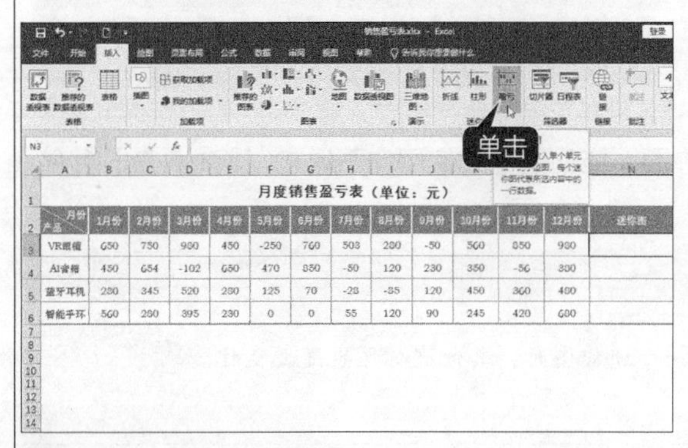

2 创建迷你图

打开【创建迷你图】对话框，单击【数据范围】文本框后的按钮，选择数据区域B3:M3单元格区域。

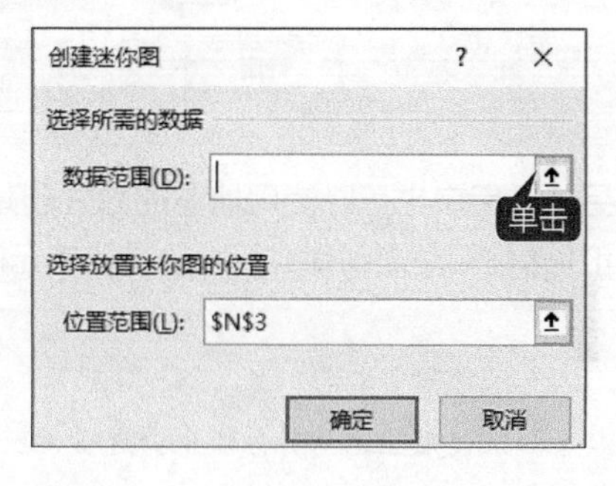

3 单击【确定】按钮

选择区域后，返回【创建迷你图】对话框，然后单击【确定】按钮。

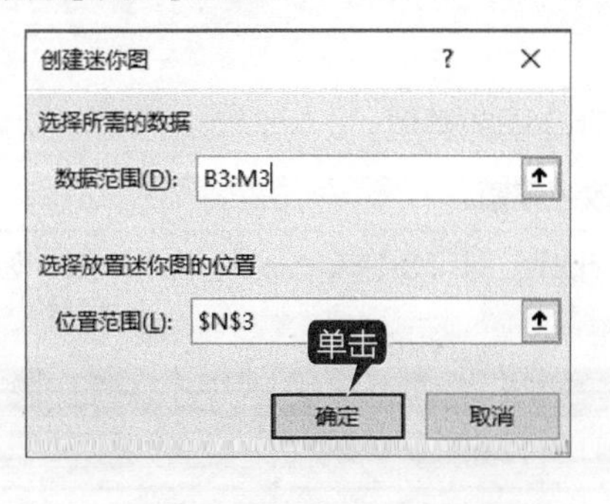

4 效果图

此时，即可为所选单元格区域创建对应的迷你图，如下图所示。

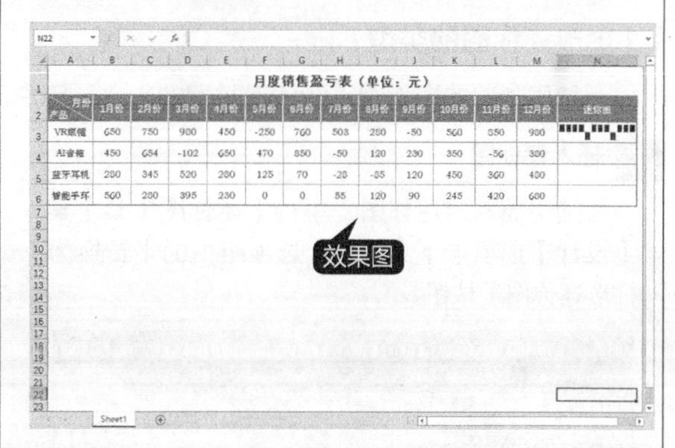

8.3.2 创建多个迷你图

在创建迷你图时，可以为多行或多列创建多个迷你图，具体操作步骤如下。

1 选择单元格区域

选择要存放迷你图的单元格区域N4:N6，然后单击【插入】➤【迷你图】选项组中的【盈亏】 图标。

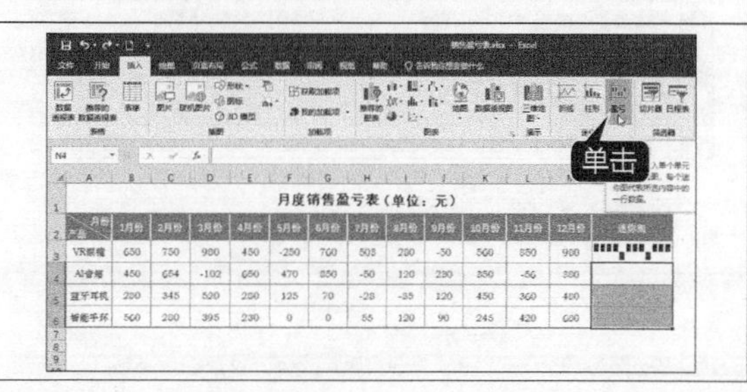

2 单击【确定】按钮

打开【创建迷你图】对话框，在【数据范围】文本框中引用要创建迷你图的数据区域B4:M6单元格区域，单击【确定】按钮。

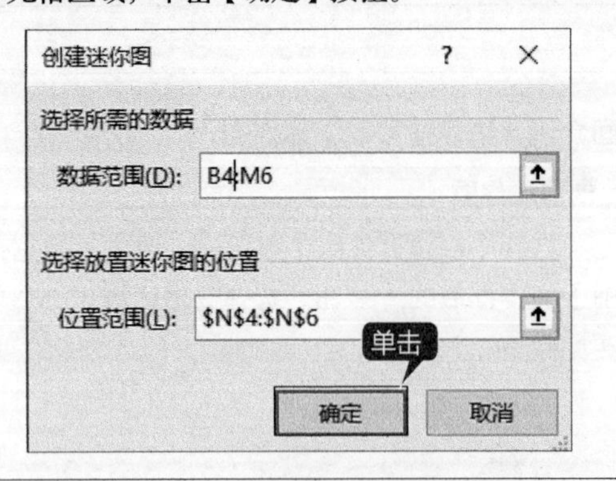

3 创建多个迷你图

此时，即可创建多个迷你图，如下图所示。

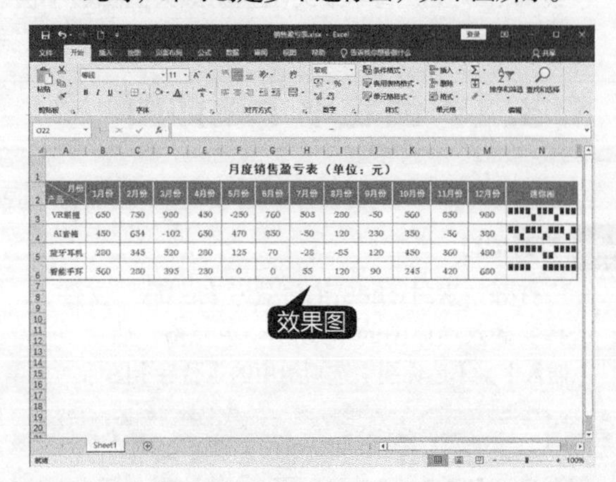

另外，用户也可以使用填充的方式创建多个迷你图。拖动鼠标或使用向下填充(【Ctrl+D】组合键) 可将迷你图复制到列或行中的其他单元格。

小提示

如果使用上述两种方法创建迷你图，修改其中一个迷你图时，其他迷你图也随之变化。

8.3.3 编辑迷你图

当插入的迷你图不合适时，可以对其进行编辑修改。本节主要介绍编辑迷你图的方法。

1.更改迷你图的类型

如果创建的迷你图不能体现数据的走势，用户可以更改迷你图的类型。

1 插入迷你图

选中插入的迷你图，单击【迷你图工具】➤【设计】选项卡下【类型】选项组中的【转换为柱形迷你图】按钮。

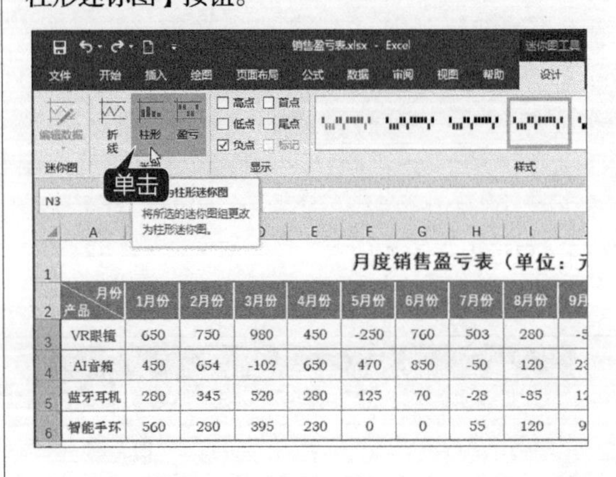

2 更改迷你图

此时，即可快速更改为柱形迷你图，如下图所示。

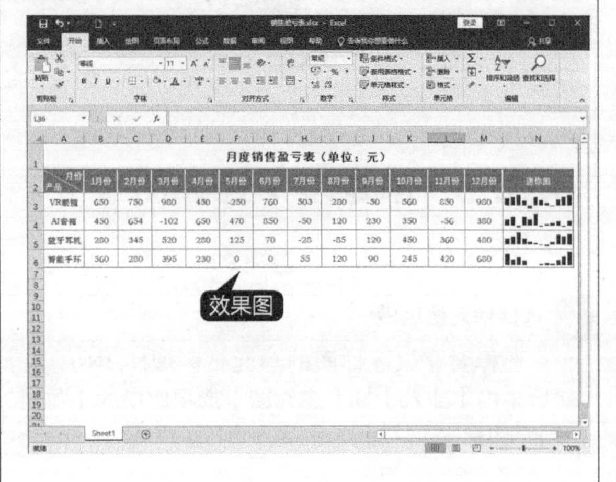

2.突出显示数据点

创建了迷你图之后，可以使用【高点】、【低点】、【负点】等显示功能，突出显示迷你图中的数 据点。

1 突出显示点

选中插入的迷你图，在【迷你图工具】➤【设计】选项卡，在【显示】选项组中，勾选要突出显示的点，如勾选【高点】和【负点】复选框。

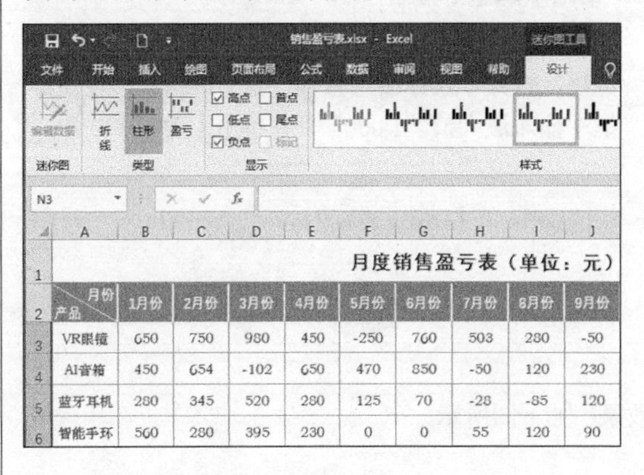

2 突出迷你图

此时，即可以红色突出显示迷你图的最高点和负数值。

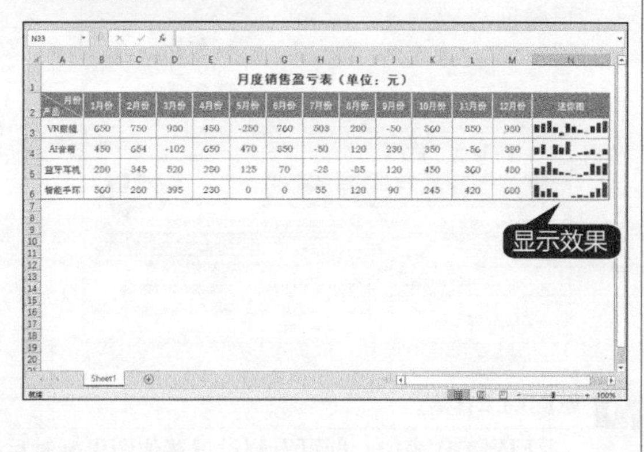

小提示

用户也可以单击标记颜色按钮，在弹出的下拉菜单中设置标记的颜色。

3. 更改迷你图样式

用户可以根据需要，对插入的迷你图的样式进行更改，让迷你图更美观。

1 选择更改样式

选中插入的迷你图，在【迷你图工具】➤【设计】选项卡，单击【样式】选项组中的【其他】按钮，在弹出迷你图样式列表中选择要更改的 样式。

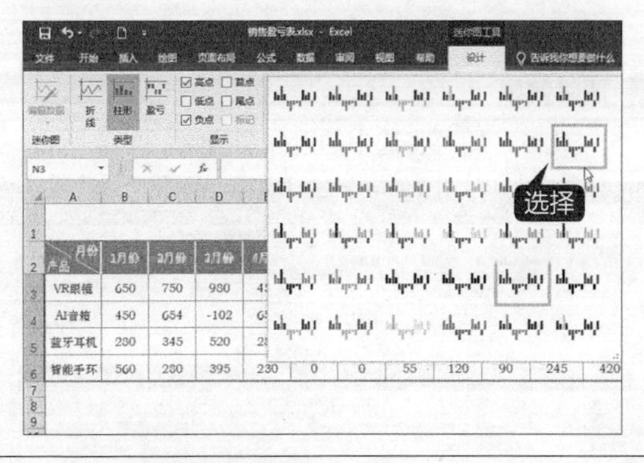

2 效果图

此时，即可为所选迷你图应用选择的样式，效果如下图所示。

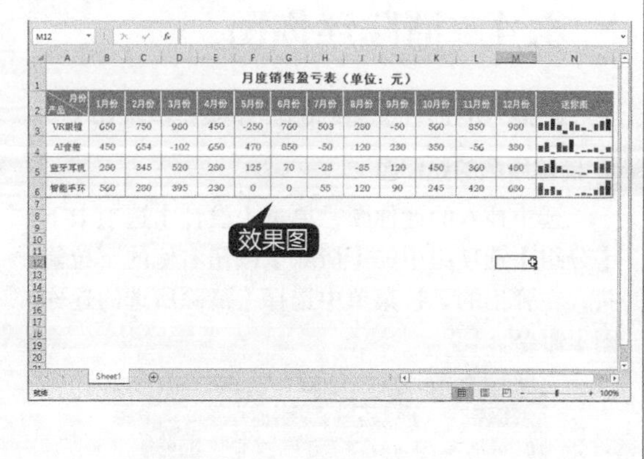

4. 设置迷你图坐标轴

通过设置迷你图的坐标轴，可以更好地体现数据点之间的差异量和趋势，具体操作步骤如下。

1 插入迷你图

选中插入的迷你图，在【迷你图工具】➤【设计】选项卡，单击【分组】选项组中的【坐标轴】的按钮，在打开的下拉菜单中，选择【纵坐标轴的最小值】➤【自定义值】命令。

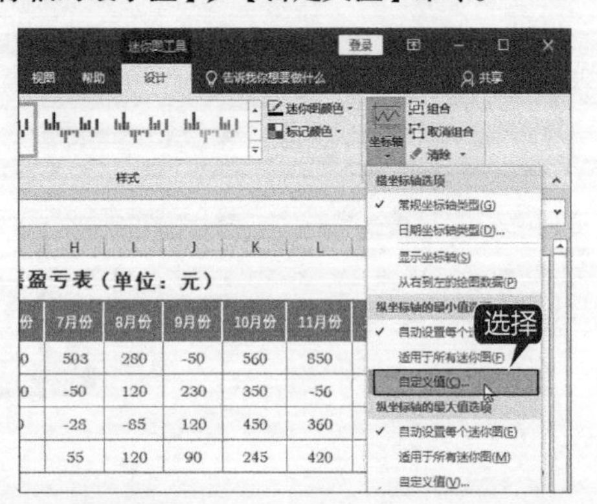

2 输入最小值

打开【迷你图垂直轴设置】对话框，在文本框中输入最小值“-300”，并单击【确定】按钮。

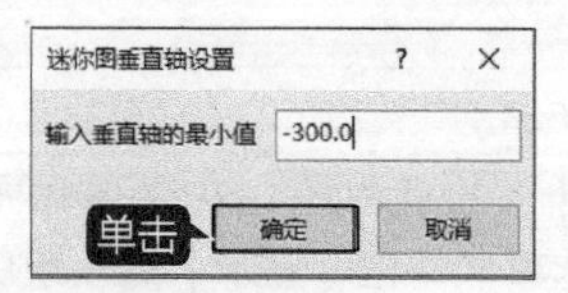

3 单击【确定】按钮

单击【纵坐标轴的最大值】下的【自定义值】选项，打开【迷你图垂直轴设置】对话框，在文本框中输入最大值“1 000”，并单击【确定】按钮。

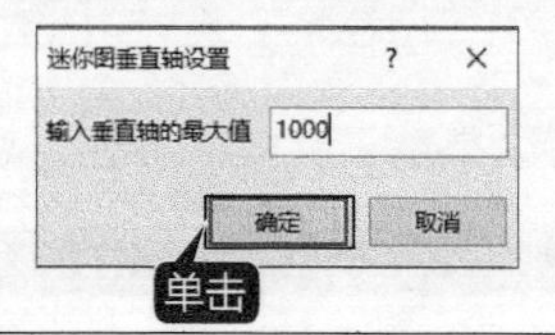

4 返回到工作表

返回到工作表中，即可看到设置迷你图坐标轴后的效果，如下图所示。

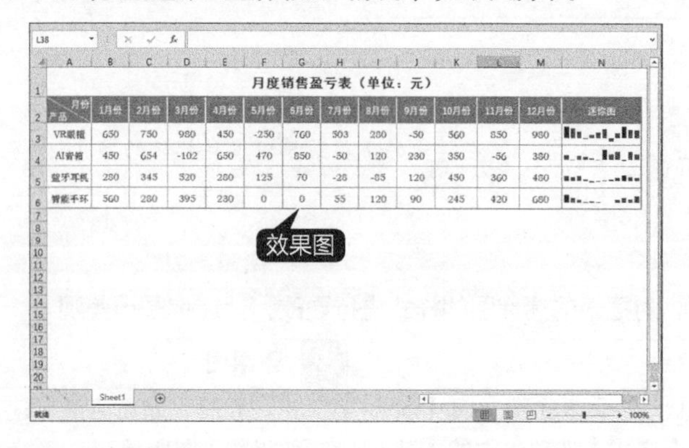

8.3.4 清除迷你图

将插入的迷你图清除的具体操作步骤如下。

1 清除所选的迷你图

选中插入的迷你图，单击【设计】选项卡下【分组】选项组中的【清除】按钮右侧的下拉箭头，在弹出的下拉菜单中选择【清除所选的迷你图】命令。

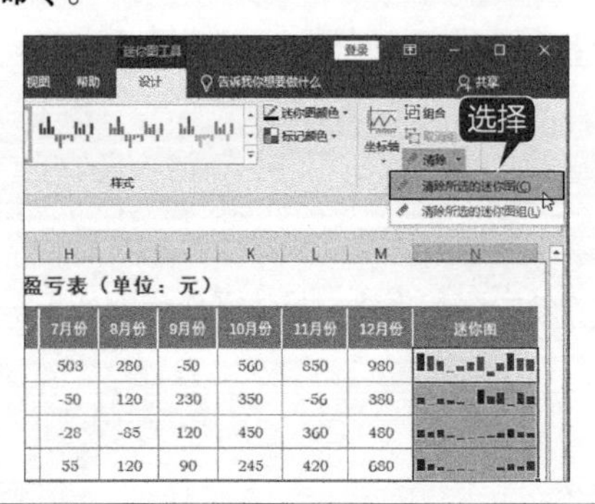

2 清除效果

此时，即可将选中的迷你图清除。

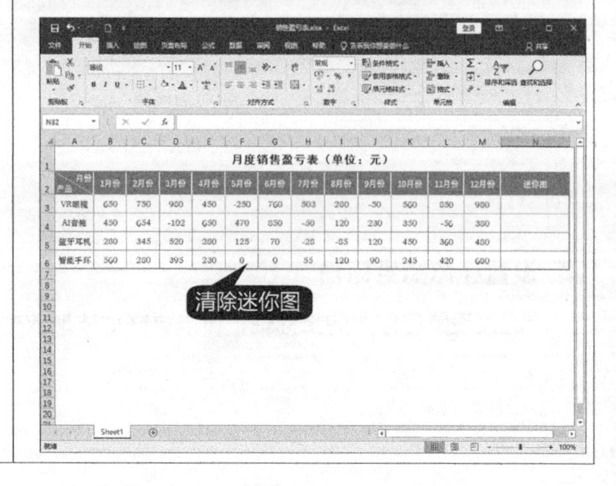

8.4 其他图表的创建与使用

 本节视频教学时间：10分钟

前面了解了图表的创建、编辑及美化方法后，接下来就开始了解不同类型的图表创建的方法及应用。

8.4.1 折线图：显示产品销量变化

折线图可以显示随时间（根据常用比例设置）变化的连续数据，因此非常适用于显示在相等时间间隔下的数据变化趋势。在折线图中，类别数据沿水平轴均匀分布，数值数据沿垂直轴均匀分布。折线图包括折线图、堆积折线图、百分比堆积折线图、带数据标记的堆积折线图、带数据标记的百分比堆积折线图和三维折线图。

以折线图描绘食品销量波动情况，具体步骤如下。

1 打开素材

打开“素材\ch08\创建图表.xlsx”文件，选择“折线图”工作表，并选择A2:C8单元格区域，在【插入】选项卡中，单击【图表】选项组中的【插入折线图或面积图】按钮，在弹出的下拉菜单中选择一种折线图，如选择【带数据标记的折线图】类型图表。

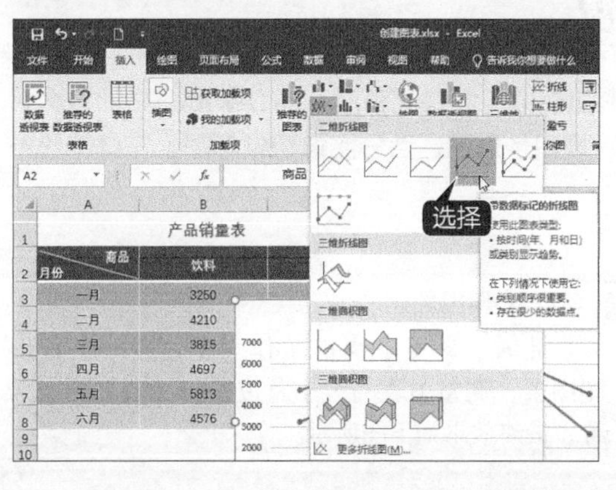

2 最终效果

此时，即可在当前工作表中创建一个折线图表，调整图表的大小及位置，并命名图表名称，最终效果如下图所示。

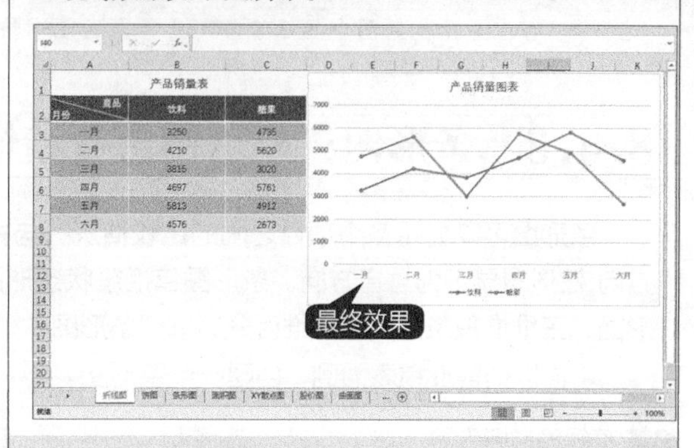

小提示

从图表上可以看出，折线图不仅能显示每个月份各品种的销量差距，也可以显示各个月份的销量变化。

8.4.2 饼图：显示公司费用支出情况

饼图是显示一个数据系列中各项的大小与各项总和的比例。在工作中如果遇到需要计算总费用或金额的各个部分构成比例的情况，一般都是通过各个部分与总额相除来计算，而且这种比例表示方法很抽象，此时就可以使用饼图，直接以图形的方式显示各个组成部分所占比例。饼图包括饼图、三维饼图、复合饼图、复合条饼图和圆环图。

以饼图来显示公司费用支出情况，具体操作步骤如下。

1 选择图表类型

在打开的工作簿中选择“饼状图”工作表，并选择A2:B10单元格区域，在【插入】选项卡中，单击【图表】选项组中的【插入饼图或圆环图】按钮，在弹出的下拉菜单中选择一种饼图，如选择【三维饼图】图表类型。

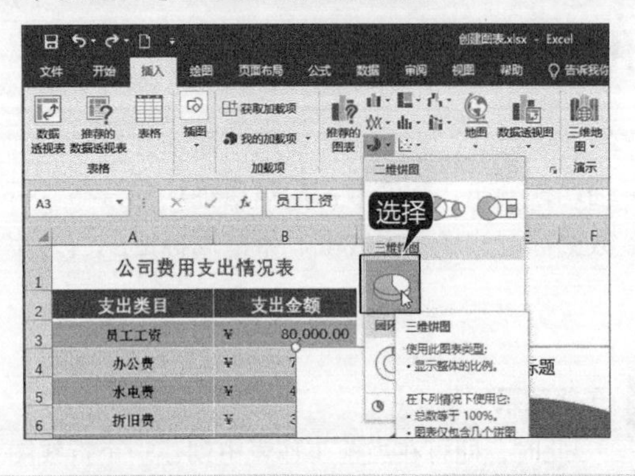

2 最终效果

此时，即可在当前工作表中创建一个三维饼图图表，调整图表的大小及位置，并命名图表名称，最终效果如下图所示。

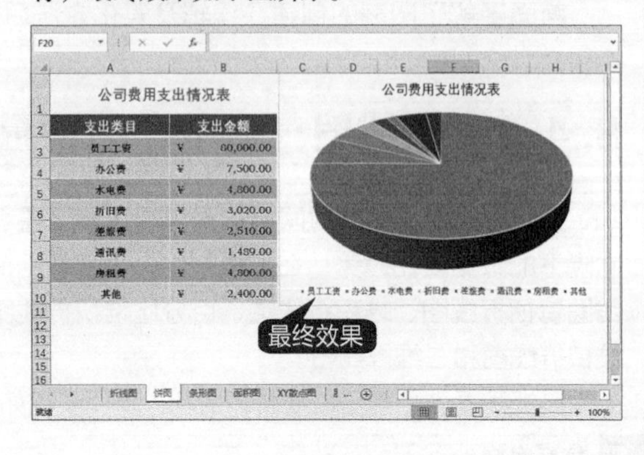

小提示

可以看出，饼图中显示了各元素所占的比例状况，以及各元素和整体之间、元素和元素之间的对比情况。

8.4.3 条形图：显示销售业绩情况

条形图可以显示各个项目之间的比较情况，与柱形图相似，但是又有所不同，条形图显示为水平方向,柱形图显示为垂直方向。条形图包括簇状条形图、堆积条形图、百分比堆积条形图、三维簇状条形图、三维堆积条形图和三维百分比堆积条形图。

下面以销售业绩表为例，创建一个条形图。

1 选择条形图类型

在打开的工作簿中选择“条形图”工作表，并选择A2:E7单元格区域，在【插入】选项卡中，单击【图表】选项组中【插入柱形图或条形图】按钮，在弹出的下拉菜单中选择任意一种条形图的类型，如选择【簇状条形图】图表类型。

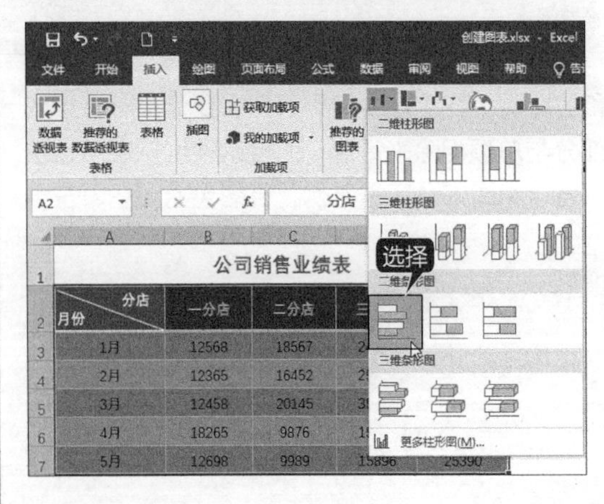

2 最终效果

此时，即可在当前工作表中创建一个条形图图表，调整图表的大小及位置，并命名图表名称，最终效果如下图所示。

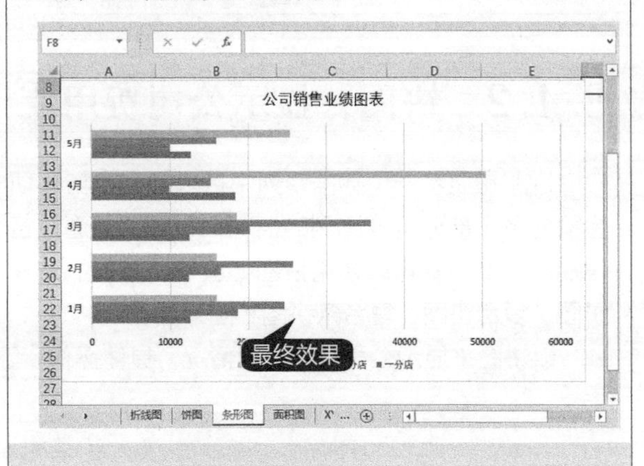

小提示

从条形图中可以清晰地看到每个月份各分店的销量差距情况。

8.4.4 面积图：显示各区域在各季度的销售情况

在工作表中以列或行的形式排列的数据可以绘制为面积图。面积图可用于绘制随时间发生的变化量，用于引起人们对总值趋势的关注。通过显示所绘制的值的总和，面积图还可以显示部分与整体的关系，例如，表示随时间而变化的销售数据。面积图包括面积图、堆积面积图、百分比堆积面积图、三维面积图、三维堆积面积图和三维百分比堆积面积图。

以面积图显示各销售区域在各季度的销售情况，具体步骤如下。

1 选择面积图类型

在打开的工作簿中选择“面积图”工作表，并选择A2:E7单元格区域，在【插入】选项卡中，单击【图表】选项组中的【插入折线图或面积图】按钮，在弹出的下拉菜单中选择任意一种面积图的类型，如选择【三维面积图】图表类型。

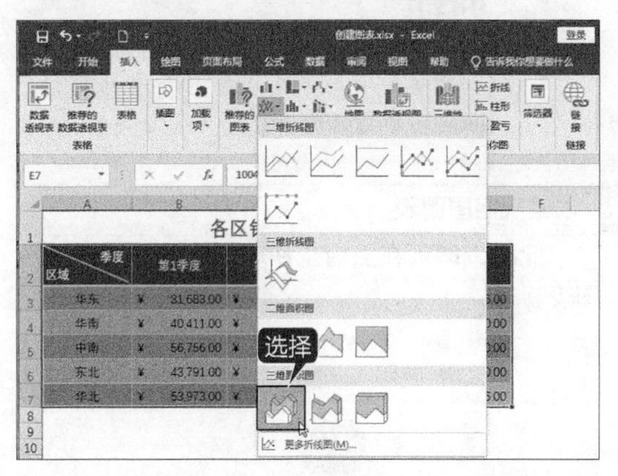

2 最终效果

此时，即可在当前工作表中创建一个面积图图表，调整图表的大小及位置，并命名图表名称，最终效果如下图所示。

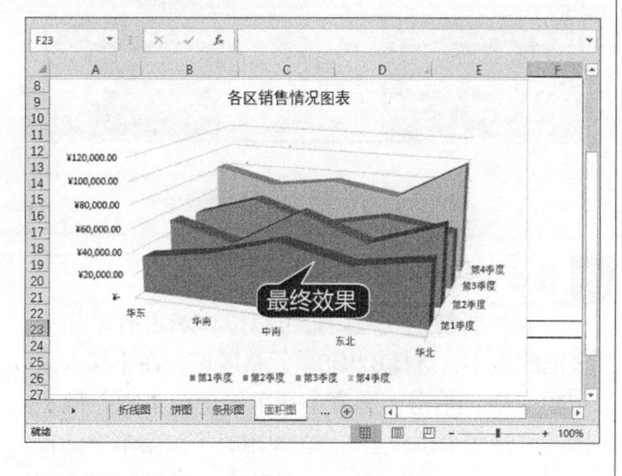

小提示

从面积图中可以清晰地看到，面积图强调幅度随时间的变化，通过显示所绘数据的总和，说明部分与整体的关系。

8.4.5 *XY*散点图（气泡图）：显示各区域销售完成情况

*XY*散点图表示因变量随自变量而变化的大致趋势，据此可以选择合适的函数对数据点进行拟合。如果要分析多个变量间的相关关系时，可利用散点图矩阵来同时绘制各自变量间的散点图，这样可以快速发现多个变量间的主要相关性，例如科学数据、统计数据和工程数据。

气泡图与散点图相似，可以把气泡图当作显示一个额外数据系列的*XY*散点图，额外的数据系列以气泡的尺寸代表。与*XY*散点图一样，所有的轴线都是数值，没有分类轴线。

*XY*散点图（气泡图）包括散点图、带平滑线和数据标记的散点图、带平滑线的散点图、带直线和数据的散点图、带直线的散点图、气泡图和三维气泡图。

以*XY*散点图和气泡图描绘各区域销售完成情况，具体步骤如下。

1 选择散点图类型

在打开的工作簿中选择“*XY*散点图”工作表，并选择B2:C8单元格区域，在【插入】选项卡中，单击【图表】选项组中的【插入散点图或气泡图】按钮，在弹出的下拉菜单中选择任意一种散点图类型，如选择【散点图】图表类型。

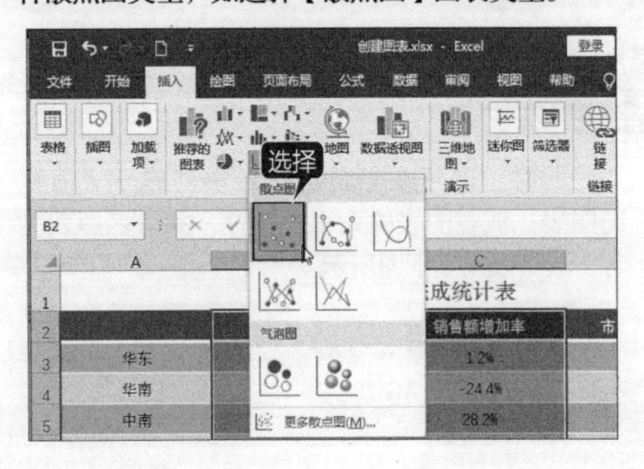

2 创建散点图

此时，即可在当前工作表中创建一个散点图图表。

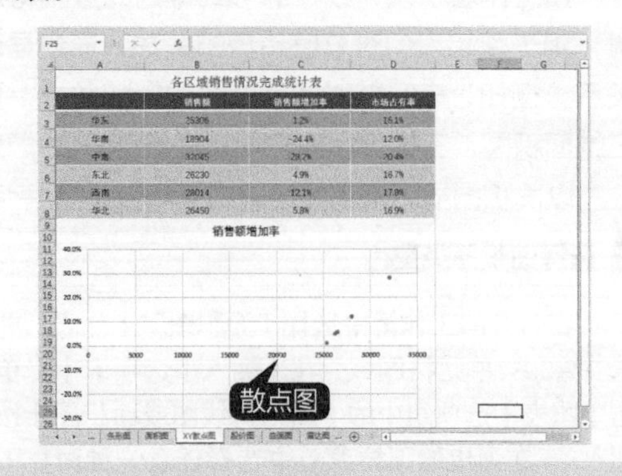

小提示

从*XY*散点图中可以看到图表以销售额为*x*轴，销售额增长率为*y*轴，*XY*散点图通常用来显示成组的两个变量之间的关系。

3 任意气泡图类型

如果要创建气泡图，可以以市场占有率作为气泡的大小，选择B2:D8单元格区域。在【插入】选项卡中，单击【图表】选项组中的【插入散点图或气泡图】按钮，在弹出的下拉菜单中选择任意一种气泡图类型，如选择【三维气泡图】图表类型。

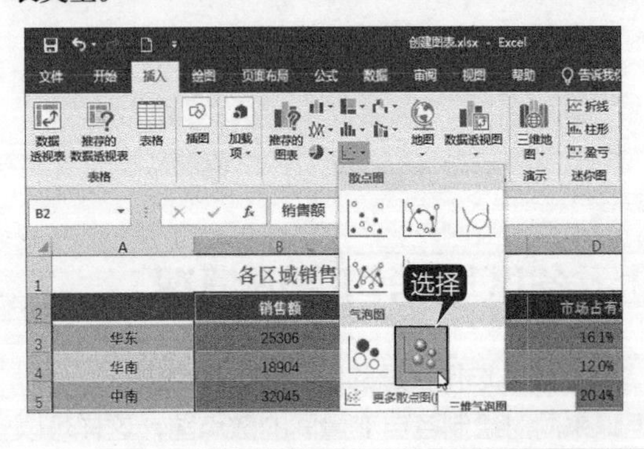

4 创建气泡图图表

此时，即可在当前工作表中创建一个气泡图图表。

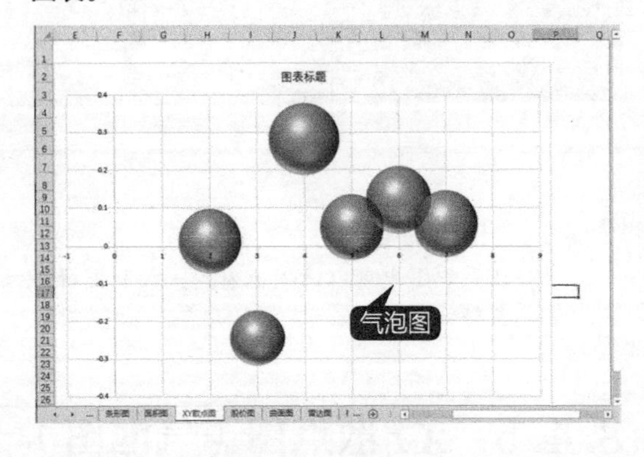

8.4.6 股价图：显示股价的涨跌

股价图可以显示股价的波动。以特定顺序排列在工作表的列或行中的数据可以绘制为股价图，不过这种图表也可以显示其他数据（如日降雨量和每年温度）的波动，必须按正确的顺序组织数据才能创建股价图。股价图包括盘高-盘低-盘图、开盘-盘高-盘低-收盘图、成交量-盘高-盘低-收盘图、成交量-开盘-盘高-盘低-收盘图

使用股价图显示股价涨跌的具体步骤如下。

1 插入图表类型

在打开的工作簿中选择“股价图”工作表，并选择数据区域的任一单元格，在【插入】选项卡中，单击【图表】选项组中的【插入瀑布图、漏斗图、股价图、曲面图或雷达图】按钮，在弹出的下拉菜单中选择【开盘-盘高-盘低-收盘图】图表类型。

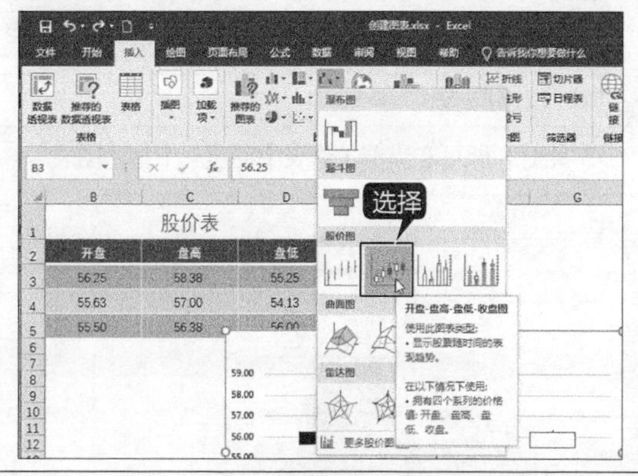

2 创建股价图图表

此时，即可在当前工作表中创建一个股价图图表。

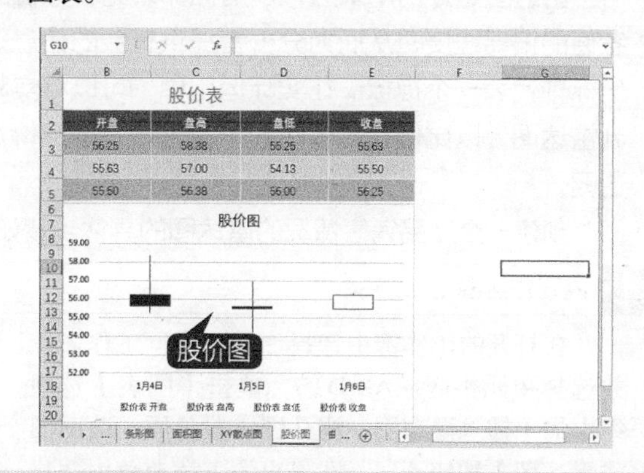

小提示

从股价图中可以清晰地看到股票的价格走势，股价图对于显示股票市场信息很有用。

8.4.7 曲面图：显示成本分析情况

曲面图实际上是折线图和面积图的另一种形式。曲面图其有3个轴，分别代表分类、系列和数值。在工作表中以列或行的形式排列的数据可以绘制为曲面图，以找到两组数据之间的最佳组合。

创建一个成本分析曲面图的具体步骤如下。

1 选择三维曲面图类型

在打开的工作簿选择“曲面图”工作表，并选择A2:I8单元格区域，在【插入】选项卡中，单击【图表】选项组中的【插入瀑布图、漏斗图、股价图、曲面图或雷达图】按钮，在弹出的下拉菜单中选择【曲面图】中的任意类型，如选择【三维曲面图】图表类型。

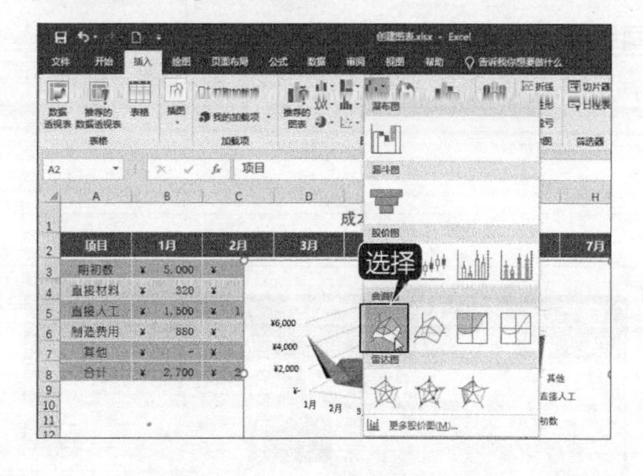

2 创建曲面图表

此时，即可在当前工作表中创建一个曲面图表。

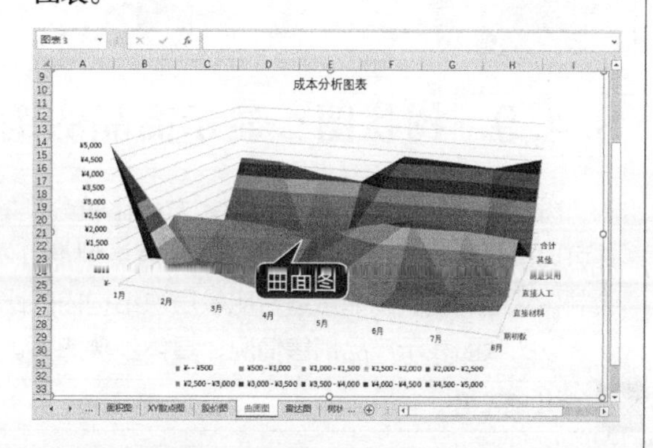

小提示

从曲面图中看到每种成本在不同时期内的支出情况。曲面中的颜色和图案用来指示在同一取值范围内的区域。

8.4.8 雷达图：显示产品销售情况

雷达图是专门用来进行多指标体系比较分析的专业图表。从雷达图中可以看出指标的实际值与参考值的偏离程度，从而为分析者提供有益的信息。雷达图通常由一组坐标轴和三个同心圆构成，每个坐标轴代表一个指标。在实际运用中，可以将实际值与参考的标准值进行计算比值，以比值大小来绘制雷达图，以比值在雷达图的位置进行分析评价。雷达图包括雷达图、带数据标记的雷达图、填充雷达图。

创建一个产品销售情况的雷达图的具体步骤如下。

1 填充雷达图

在打开的工作簿中选择“雷达图”工作表，并选择单元格区域A3:D15，单击【图表】选项组中的【插入瀑布图、漏斗图、股价图、曲面图或雷达图】按钮，在弹出的下拉菜单中选择【雷达图】中的任意类型，如选择【填充雷达图】类型。

2 创建雷达图表

此时，即可在当前工作表中创建一个雷达图表。

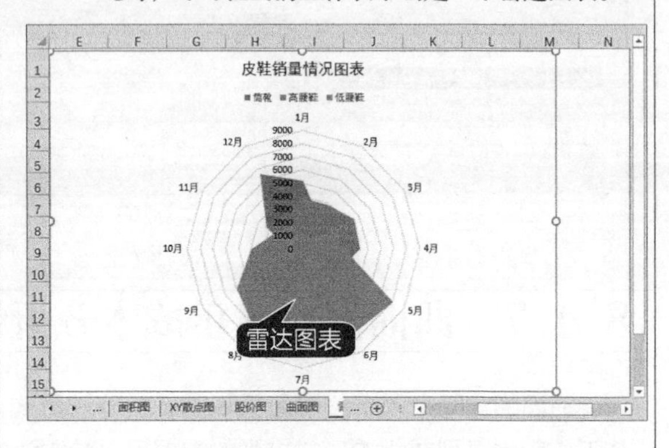

小提示

从雷达图中可以看出，每个分类都有一个单独的轴线，轴线从图表的中心向外伸展，并且每个数据点的值均被绘制在相应的轴线上。

8.4.9 树状图：显示商品的销售情况

树状图提供数据的分层视图，方便比较分类的不同级别。树状图可以按颜色和接近度显示类别，并可以轻松显示大量数据，而其他图表类型难以做到。当层次结构内存在空（空白）单元格时也可以绘制树状图。树状图非常适合比较层次结构内的比例。

以树状图表示产品销售情况，具体步骤如下。

1 合并单元格

在打开的工作簿中选择“树状图”工作表，并选择单元格区域A2:E12，单击【图表】选项组中的【插入层次结构图表】按钮，在弹出的下拉菜单中选择【树状图】。

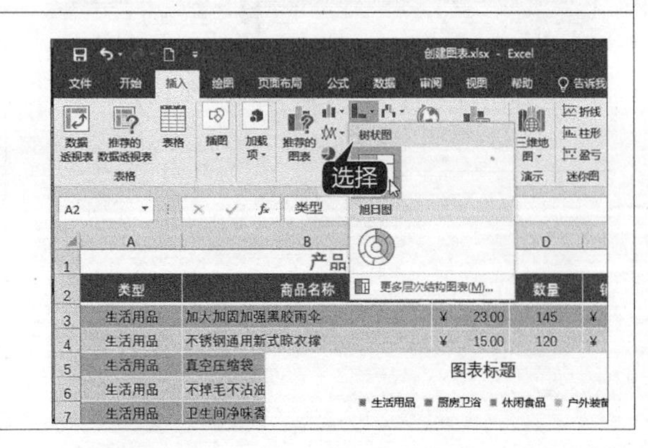

2 创建树状图表

此时，即可在当前工作表中创建一个树状图表。

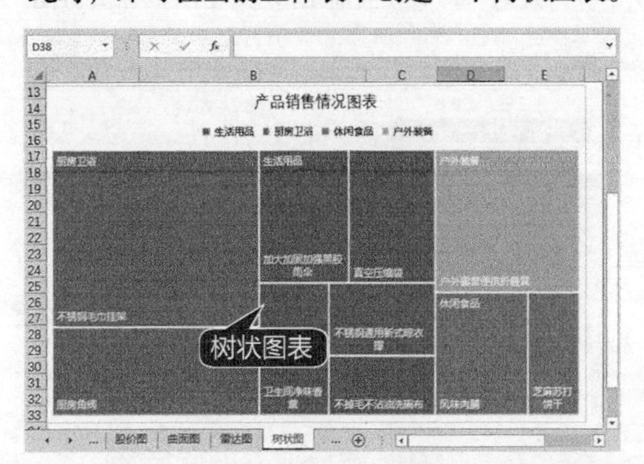

小提示

从树状图中可以看出，生活用品、厨房卫浴、休闲食品和户外装备，不同层次结构内所占的比例。

8.4.10 旭日图：分析不同季度、月份产品销售额所占比例

旭日图非常适合显示分层数据，当层次结构内存在空（空白）单元格时也可以绘制。层次结构的每个级别均通过一个环或圆形表示，最内层的圆表示层次结构的顶级，不含任何分层数据（类别的一个级别）的旭日图与圆环图类似，但具有多个级别的类别的旭日图显示外环与内环的关系。旭日图在显示一个环如何被划分为作用片段时最有效。

以旭日图表示不同季度、月份产品销售额所占比例，具体步骤如下。

1 选择树状图

在打开的工作簿中选择“旭日图”工作表，并选择单元格区域A2:D20，单击【图表】选项组中的【插入层次结构图表】按钮，在弹出的下拉菜单中选择【旭日图】。

2 创建旭日图表

此时，即可在当前工作表中创建一个旭日图表。

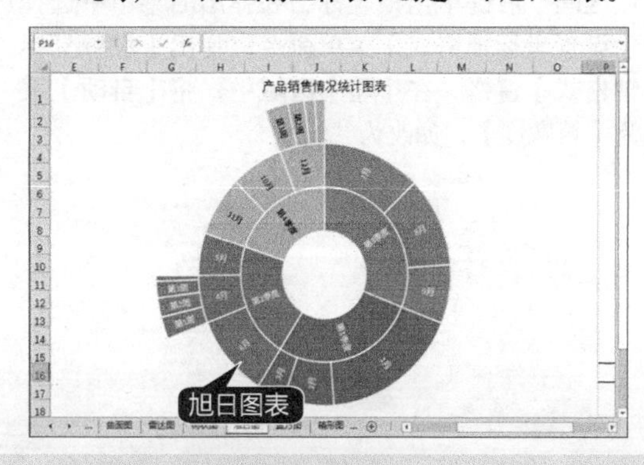

小提示

从旭日图中可以看出，不同季度、月份、周产品的销售情况，及销量占总销量的比例。

8.4.11 直方图：显示员工培训成绩分数分布情况

直方图类似于柱形图，由一系列高度不等的纵向条纹或线段，绘制数据显示分布内的频率，图表中的每一列称为箱，表示频数，可以清楚地显示各组频数分布情况及差别。直方图包括直方图和排列图两种图表类型。

以直方图显示员工培训成绩分布情况表，具体步骤如下。

1 选择直方图图表

在打开的工作簿中选择“直方图”工作表，并选择单元格区域A2:B12，单击【图表】选项组中的【插入统计图表】按钮，在弹出的下拉菜单中选择【直方图】图表。

2 创建直方图

此时，即可在当前工作表中创建一个直方图。

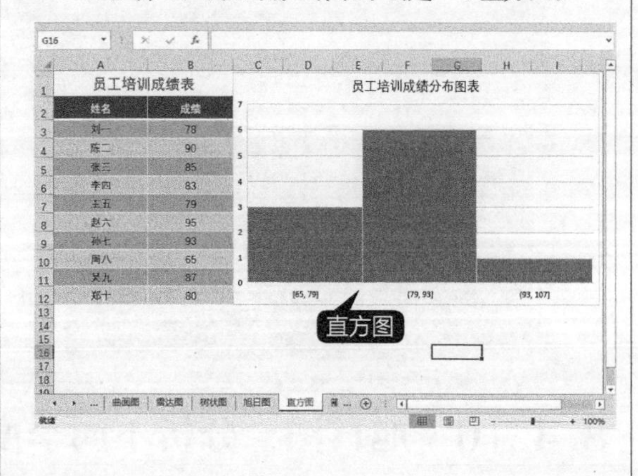

小提示

从直方图可以看出，横坐标轴是每列考试成绩的值域区间，纵坐标轴显示了每个值域区间的人数情况。

3 设置坐标轴格式

如果值域区间范围过大，用户可以自定义值域区间。右键单击横坐标，在弹出的菜单中选择【设置坐标轴格式】菜单命令，弹出【设置坐标轴格式】窗格，在【箱】区域中，将【自动】改为【箱宽度】，如改为“5”。

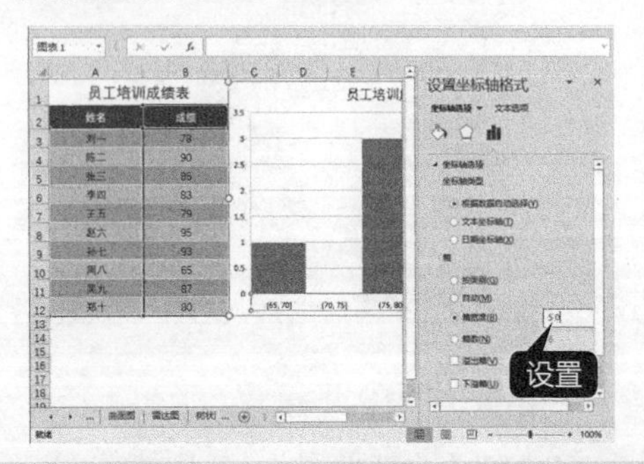

小提示

也可以直接修改箱数，如设置为“5”，直方图则会分为5个区间。

4 效果图

关闭【设置坐标轴格式】窗格，即可看到直方图显示为以5为箱宽度，分为了6个区间，如下图所示。

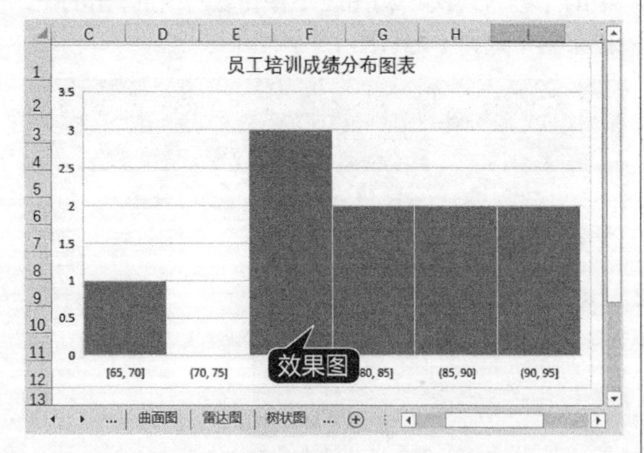

8.4.12 箱形图：显示销售情况的平均值和离群值

箱形图，又称为盒须图、盒式图或箱线图，显示数据到四分位点的分布，突出显示平均值和离群值。箱形可能具有可垂直延长的名为“须线”的线条，这些线条指示超出四分位点上限和下限的变化程度，处于这些线条或须线之外的任何点都被视为离群值。当有多个数据集以某种方式彼此相关时，就可以使用箱形图。

1 选择箱形图图表

在打开的工作簿中选择“箱形图”工作表，并选择单元格区域A2:B14，单击【图表】选项组中的【插入统计图表】按钮，在弹出的下拉菜单中选择【箱形图】图表。

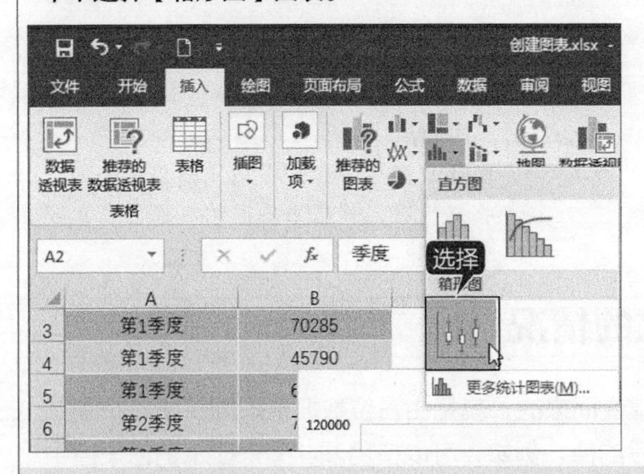

2 创建箱形图

此时，即可在当前工作表中创建一个箱形图。

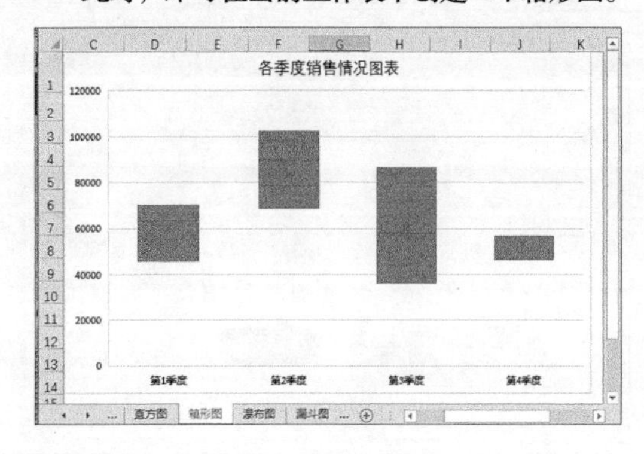

小提示

从箱形图可以看到各季度销售情况最高值、最低值、平均值和中间值等，如右图可以看到箱形图的结构分布情况。

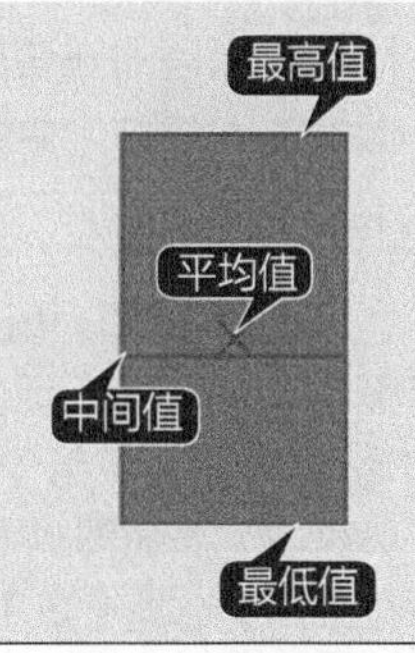

8.4.13 瀑布图：反映投资收益情况

瀑布图是柱形图的变形，悬空的柱子代表数据的增减。在处理正值和负值对初始值的影响时，采用瀑布图则非常适用，可以直观地展现数据的增加变化。

以瀑布图反映投资收益情况，具体步骤如下。

1 选择瀑布图图表

在打开的工作簿中选择“瀑布图”工作表，并选择A2:B15单元格区域，在【插入】选项卡中，单击【图表】选项组中的【插入瀑布图、漏斗图、股价图、曲面图或雷达图】按钮，在弹出的下拉菜单中选择【瀑布图】图表。

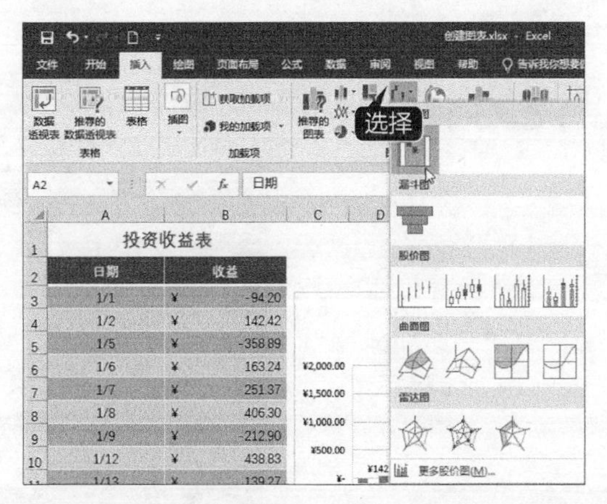

2 创建瀑布图

此时，即可在当前工作表中创建一个瀑布图。

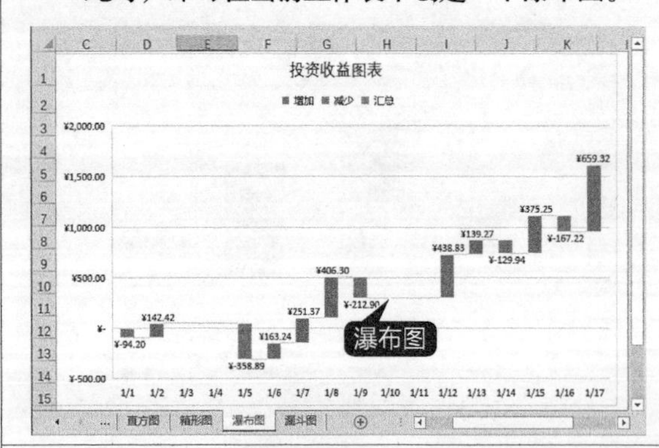

小提示

从瀑布图中可以清晰地看到每个时间段收益情况，并采用不同的颜色区分正数和负数。

8.4.14 漏斗图：分析用户转化的情况

漏斗图又叫倒三角图，该图表是由堆积条形图演变而来的，就是由占位数把条形图挤成一个倒三角的形状而形成。漏斗图常用于显示流程中多个阶段的值。例如，可以使用漏斗图来显示销售渠道中每个阶段的销售潜在客户数及转化分析。一般情况下，值逐渐减小，从而使条形图呈现出漏斗形状。

以漏斗图反应用户转化情况，具体步骤如下。

1 选择漏斗图图表

在打开的工作簿中选择“漏斗图”工作表，并选择A2:C7单元格区域，在【插入】选项卡中，单击【图表】选项组中的【插入瀑布图、漏斗图、股价图、曲面图或雷达图】按钮，在弹出的下拉菜单中选择【漏斗图】图表。

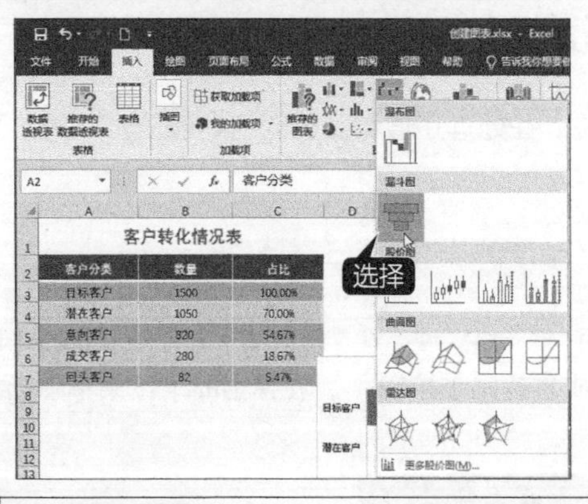

2 创建漏斗图

此时，即可在当前工作表中创建一个漏斗图。

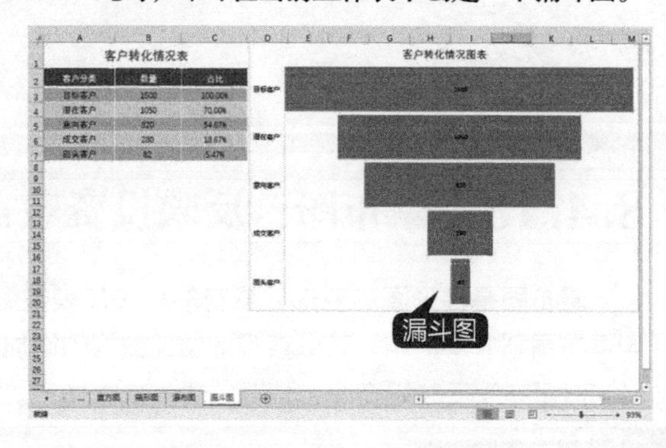

3 更改漏斗图颜色

在【图表工具】➤【设计】选项卡下，更改漏斗图的颜色及数据标签颜色。

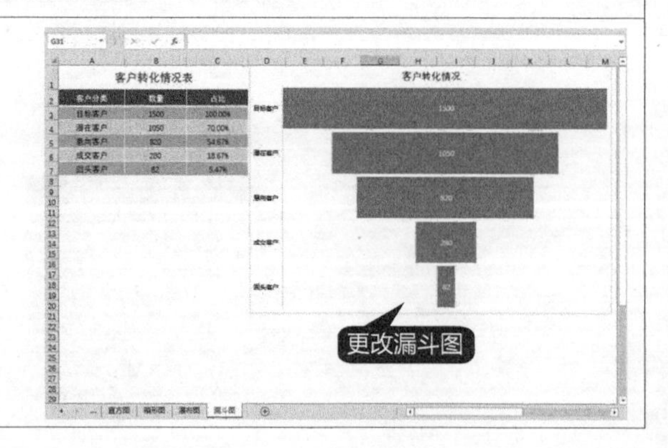

4 最终效果

单击【插入】➤【插图】➤【形状】按钮，在弹出的形状列表中，选择【直线】形状，绘制漏斗图的图形，最终效果如下图所示。

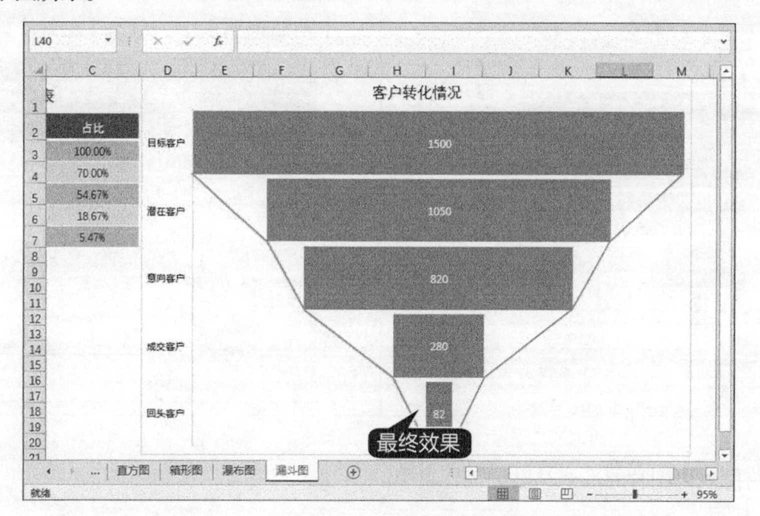

高手私房菜

技巧1：打印工作表时，不打印图表

在打印工作表时，用户可以通过设置不打印工作表中的图表。

双击图表区的空白处，弹出【设置图表区格式】窗格。在【图表选项】选项下，单击【属性】选项，撤销勾选【打印对象】复选框即可。单击【文件】➤【打印】➤【打印】按钮，打印该工作表时，将不会打印图表。

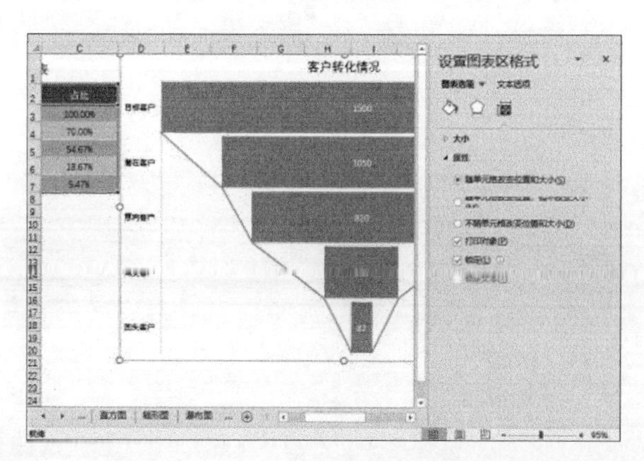

技巧2：将图表变为图片

将图表变成图片或图形在某些情况下会有一定的作用，比如发布到网页上或者粘贴到PPT中。

1 复制图表

选择要转换的图表，按【Ctrl+C】组合键复制图表。

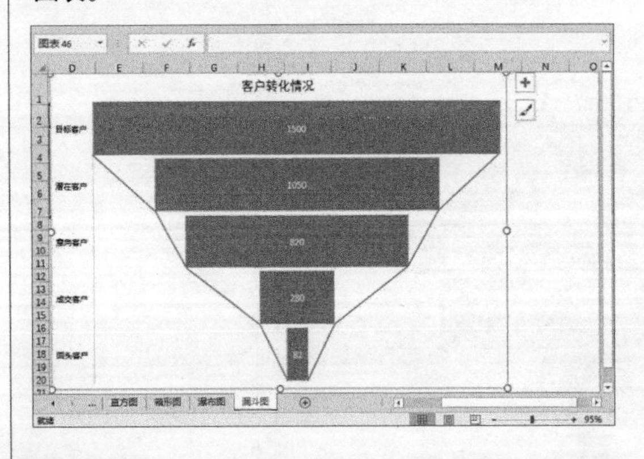

2 单击【图片】按钮

在目标工作表中，选择【开始】选项卡下【剪贴板】选项组中的【粘贴】按钮，在弹出的【粘贴选项】中，单击【图片】按钮。

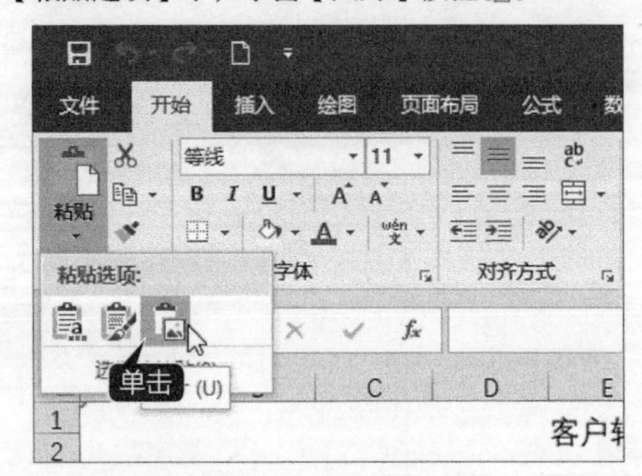

3 效果图

此时，即可将图表以图片的形式粘贴到工作表中。

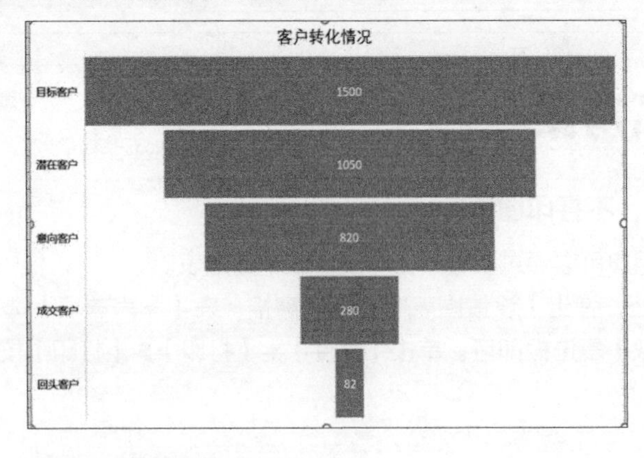

第 9 章

数据透视表和数据透视图

本章视频教学时间：26 分钟

数据透视表和数据透视图可以清晰地展示出数据的汇总情况，对数据的分析、决策起到至关重要的作用。

【学习目标】

通过本章的学习，掌握数据透视表与数据透视图的使用方法。

【本章涉及知识点】

- 数据透视表的使用方法
- 数据透视图的使用方法
- 切片器的使用技巧

9.1 制作《销售业绩透视表》

本节视频教学时间：9分钟

《销售业绩透视表》可以清晰地展示出数据的汇总情况，对于数据的分析、决策起到至关重要的作用。在Excel 2019中，使用数据透视表可以深入分析数值数据。创建数据透视表以后，就可以对它进行编辑了，对数据透视表的编辑包括修改布局、添加或删除字段、格式化表中的数据，以及对透视表进行复制和删除等操作。本节以制作《销售业绩透视表》为例介绍透视表的相关操作。

9.1.1 认识数据透视表

数据透视表是一种对大量数据快速汇总和建立交叉列表的交互式动态表格，能帮助用户分析、组织既有数据，是Excel中的数据分析利器。下图所示即为透视表。

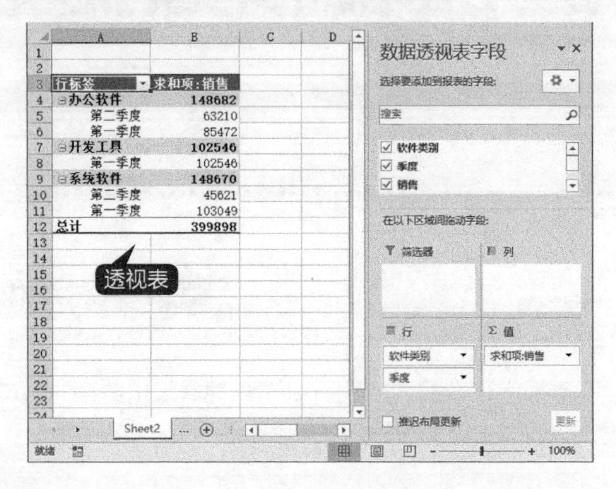

1.数据透视表的用途

数据透视表的主要用途是从数据库的大量数据中生成动态的数据报告，对数据进行分类汇总和聚合，帮助用户分析和组织数据。数据透视表还可以对记录数量较多、结构复杂的工作表进行筛选、排序、分组和有条件地设置格式，显示数据中的规律。

（1）可以使用多种方式查询大量数据。

（2）按分类和子分类对数据进行分类汇总和计算。

（3）展开或折叠要关注结果的数据级别，查看部分区域汇总数据的明细。

（4）将行移动到列或将列移动到行，以查看源数据的不同汇总方式。

（5）对最有用和最关注的数据子集进行筛选、排序、分组和有条件地设置格式，使用户能够关注所需的信息。

（6）提供简明、有吸引力并且带有批注的联机报表或打印报表。

2.数据透视表的有效数据源

用户可以从4种类型的数据源中组织和创建数据透视表。

（1）Excel数据列表。Excel数据列表是最常用的数据源。如果以Excel数据列表作为数据源，则标题行不能有空白单元格或者合并的单元格，否则不能生成数据透视表，会出现如下图所示的错误提示。

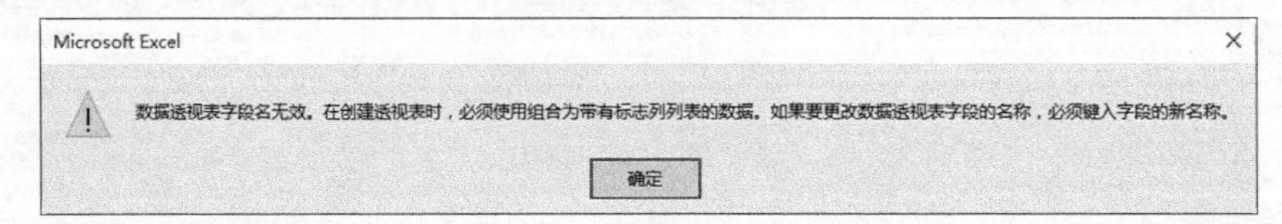

（2）外部数据源。文本文件、Microsoft SQL Server数据库、Microsoft Access数据库、dBase数据库等均可作为数据源。Excel 2000及以上版本还可以利用Microsoft OLAP多维数据集创建数据透视表。

（3）多个独立的Excel数据列表。数据透视表可以将多个独立Excel表格中的数据汇总到一起。

（4）其他数据透视表。创建完成的数据透视表也可以作为数据源来创建另外一个数据透视表。

9.1.2 数据透视表的组成结构

对于任何一个数据透视表来说，可以将其整体结构划分为4大区域，分别是行区域、列区域、值区域和筛选器。

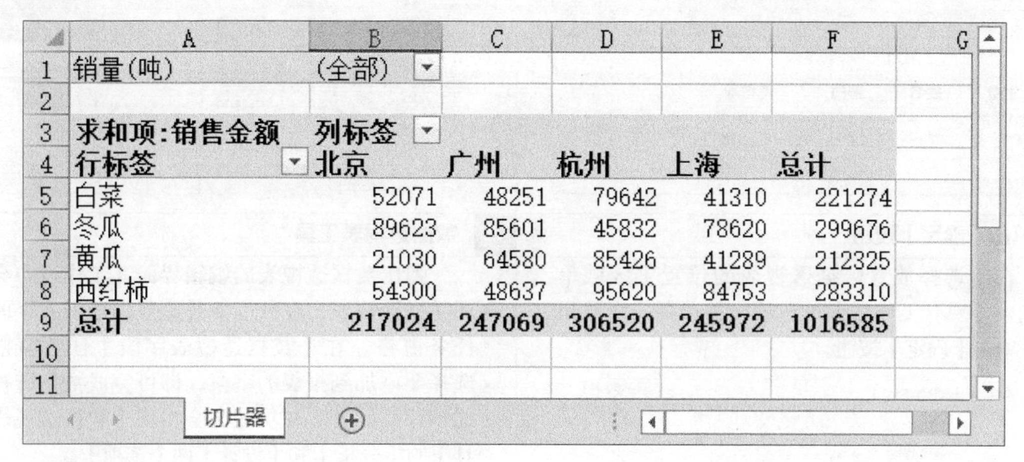

	A	B	C	D	E	F	G
1	销量(吨)	(全部)					
2							
3	求和项:销售金额	列标签					
4	行标签	北京	广州	杭州	上海	总计	
5	白菜	52071	48251	79642	41310	221274	
6	冬瓜	89623	85601	45832	78620	299676	
7	黄瓜	21030	64580	85426	41289	212325	
8	西红柿	54300	48637	95620	84753	283310	
9	总计	217024	247069	306520	245972	1016585	
10							
11							

切片器

（1）行区域

行区域位于数据透视表的左侧，每个字段中的每一项都显示在行区域的每一行中。通常在行区域中放置一些可用于进行分组或分类的内容，例如办公软件、开发工具及系统软件等。

（2）列区域

列区域由数据透视表各列顶端的标题组成。每个字段中的每一项都显示在列区域的每一列中。通常在列区域中放置一些可以随时间变化的内容，例如，第一季度和第二季度等，可以很明显地看出数据随时间变化的趋势。

（3）值区域

在数据透视表中，包含数值的大面积区域就是值区域。值区域中的数据是对数据透视表中行字段和列字段数据的计算和汇总，该区域中的数据一般都是可以进行运算的。默认情况下，Excel对数值区域中的数值型数据进行求和，对文本型数据进行计数。

（4）筛选器

筛选器位于数据透视表的左上方，由一个或多个下拉列表组成，通过选择下拉列表中的选项，可以一次性对整个数据透视表中的数据进行筛选。

9.1.3 创建数据透视表

创建数据透视表的具体操作步骤如下。

1 打开素材

打开“素材\ch09\销售业绩透视表.xlsx”文件，单击【插入】选项卡下【表格】选项组中的【数据透视表】按钮。

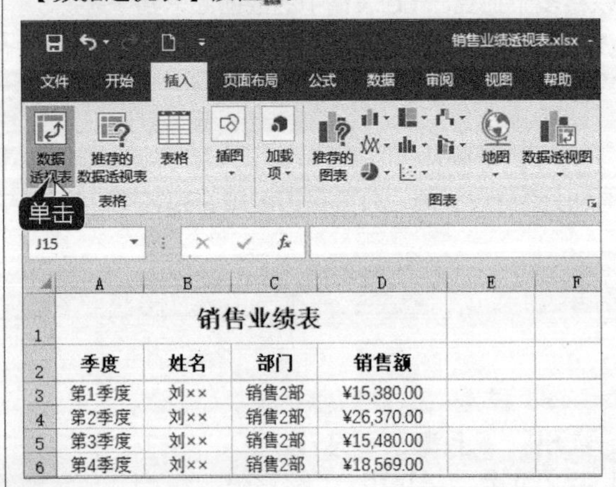

2 创建数据透视表

弹出【创建数据透视表】对话框，在【请选择要分析的数据】区域单击选中【选择一个表或区域】单选项，在【表/区域】文本框中设置数据透视表的数据源，单击其后的按钮，然后用鼠标拖曳选择A2:D22单元格区域，然后单击按钮返回到【创建数据透视表】对话框。

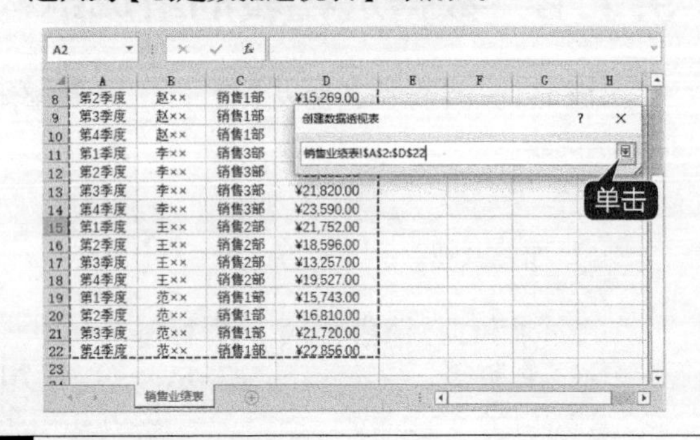

3 单击【确定】按钮

在【选择放置数据透视表的位置】区域单击选中【现有工作表】单选项，并选择一个单元格，单击【确定】按钮。

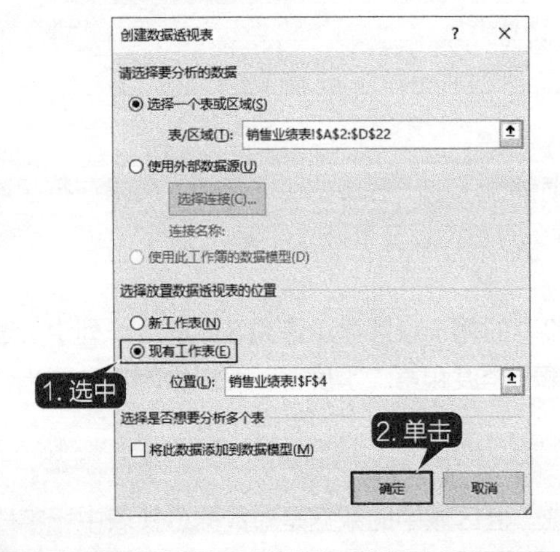

4 数据透视表工具

弹出数据透视表的编辑界面，工作表中会出现数据透视表，在其右侧是【数据透视表字段】任务窗格。在【数据透视表字段】任务窗格中选择要添加到报表的字段，即可完成数据透视表的创建。此外，在功能区会出现【数据透视表工具】的【分析】和【设计】两个选项卡。

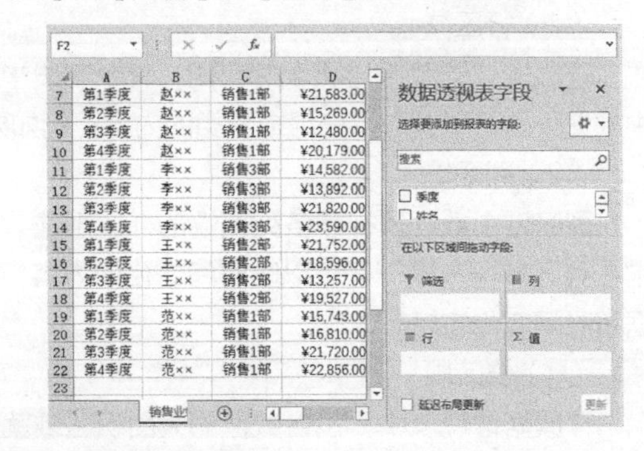

5 拖曳区域

将“销售额”字段拖曳到【Σ值】区域中，将“季度”拖曳至【列】区域中，将“姓名”拖曳至【行】区域中，将“部门”拖曳至【筛选】区域中，如下图所示。

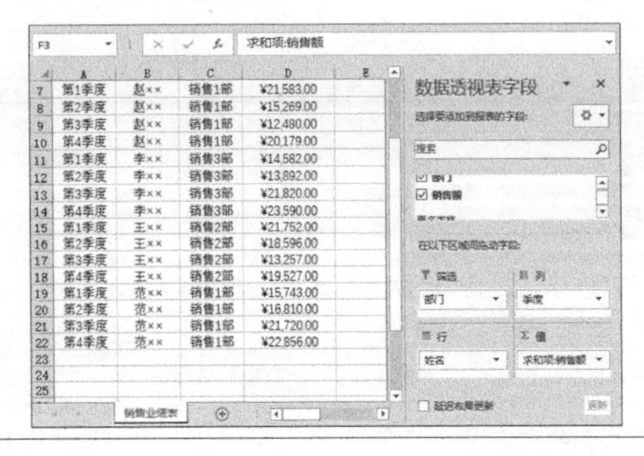

6 创建数据透视表

创建的数据透视表如下图所示。

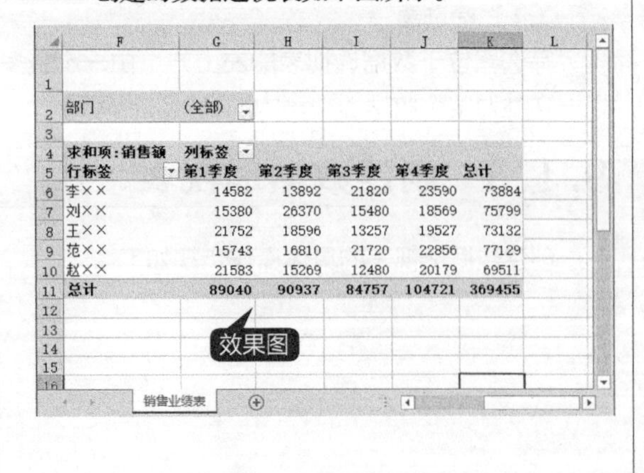

9.1.4 修改数据透视表

创建数据透视表后可以对透视表的行和列进行互换，从而修改数据透视表的布局，重组数据透视表。

1 拖曳到【行】区域

打开【字段列表】，在右侧的【行】区域中单击“季度”并将其拖曳到【行】区域中。

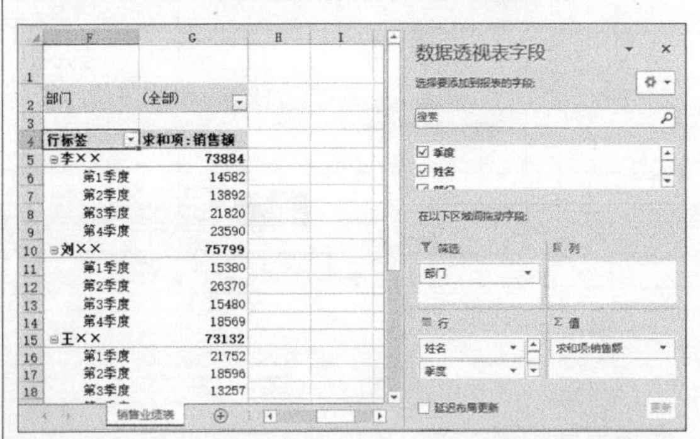

2 透视表如下

此时左侧的透视表如下图所示。

3 效果如下

将“姓名”拖曳到【列】区域中，并将“销售额”拖曳到“季度”上方，此时左侧的透视表如下图所示。

9.1.5 设置数据透视表选项

选择创建的数据透视表，Excel在功能区将自动激活【数据透视表工具】选项组中的【分析】选项卡，用户可以在该选项卡中设置数据透视表选项，具体操作步骤如下。

1 选择【选项】菜单命令

接上一节的操作，单击【分析】选项卡下的【数据透视表】选项组中【选项】按钮右侧的下拉按钮，在弹出的下拉菜单中，选择【选项】菜单命令。

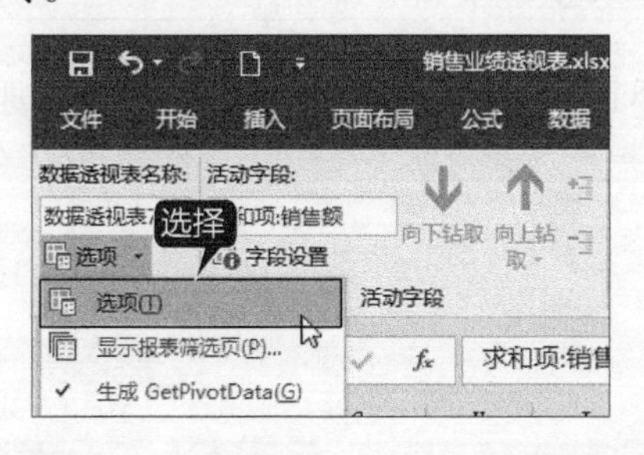

2 单击【确定】按钮

弹出【数据透视表选项】对话框，在该对话框中可以设置数据透视表的布局和格式、汇总和筛选、显示等。设置完成，单击【确定】按钮即可。

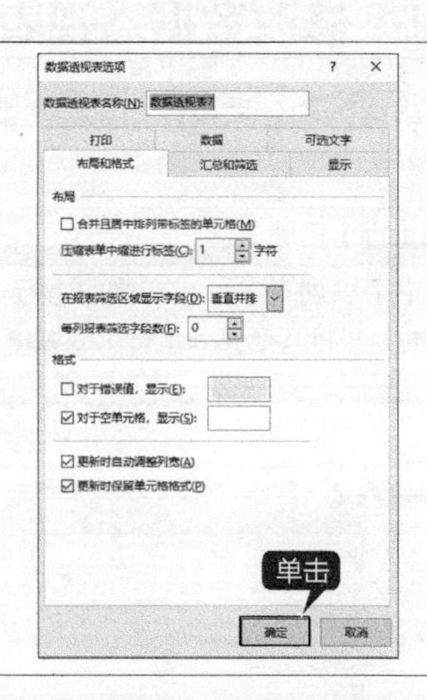

9.1.6 改变数据透视表的布局

改变数据透视表的布局包括设置分类汇总、总计、报表布局和空行等。具体操作步骤如下。

1 创建数据透视表

选择上节创建的数据透视表，单击【设计】选项卡下【布局】选项组中的【报表布局】按钮，在弹出的下拉列表中选择【以表格形式显示】选项。

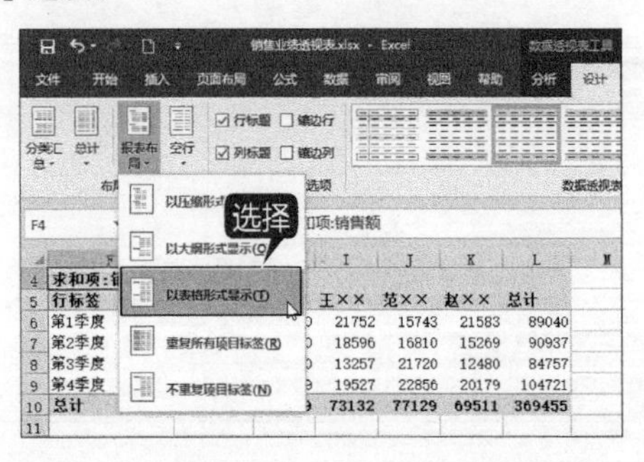

2 效果如下

该数据透视表即以表格形式显示，效果如下图所示。

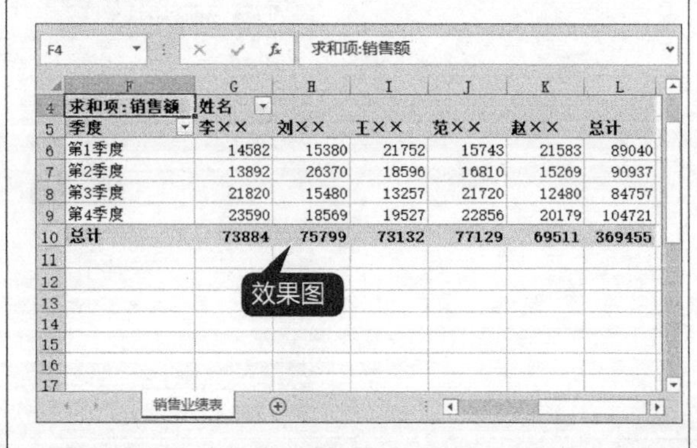

	F	G	H	I	J	K	L
4	求和项：销售额	姓名					
5	季度	李××	刘××	王××	范××	赵××	总计
6	第1季度	14582	15380	21752	15743	21583	89040
7	第2季度	13892	26370	18596	16810	15269	90937
8	第3季度	21820	15480	13257	21720	12480	84757
9	第4季度	23590	18569	19527	22856	20179	104721
10	总计	73884	75799	73132	77129	69511	369455

小提示

此外，还可以在下拉列表中选择以压缩形式显示、以大纲形式显示、重复所有项目标签和不重复项目标签等选项。

9.1.7 设置数据透视表的格式

创建数据透视表后，还可以对其格式进行设置，使数据透视表更加美观。

1 选择透视表区域

接上一节的操作，选择透视表区域，单击【设计】选项卡下【数据透视表样式】选项组中的【其他】按钮，在弹出的下拉列表中选择一种样式。

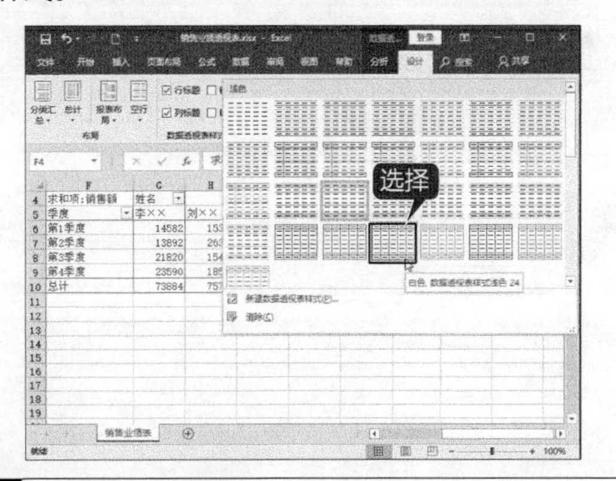

2 更改数据透视表

更改数据透视表的样式。

求和项:销售额	姓名					
季度	李××	刘××	王××	范××	赵××	总计
第1季度	14582	15380	21752	15743	21583	89040
第2季度	13892	26370	18596	16810	15269	90937
第3季度	21820	15480	13257	21720	12480	84757
第4季度	23590	18569	19527	22856	20179	104721
总计	73884	75799	73132	77129	69511	369455

3 自定义数据透视表

此外，还可以自定义数据透视表样式，选择透视表区域，单击【设计】选项卡下【数据透视表样式】选项组中的【其他】按钮，在弹出的下拉列表中选择【新建数据透视表样式】选项。

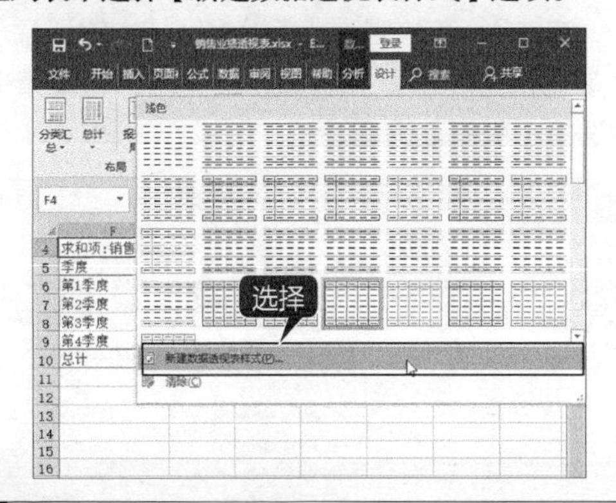

4 单击【格式】按钮

弹出【新建数据透视表样式】对话框，在【名称】文本框中输入样式的名称，在【表元素】列表框中选择【整个表】选项，单击【格式】按钮。

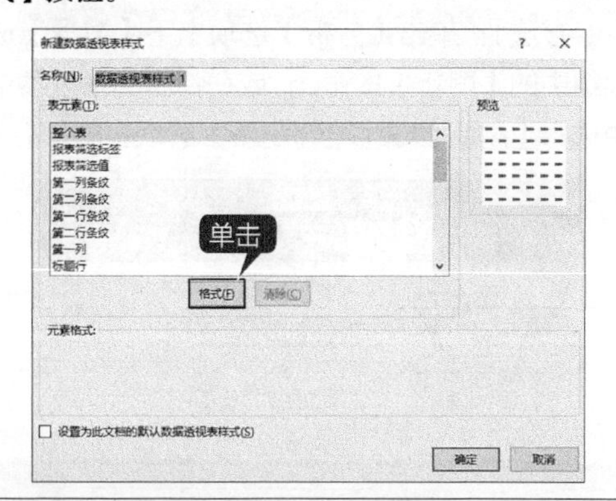

5 单击【外边框】选项

弹出【设置单元格格式】对话框，选择【边框】选项卡，在【样式】列表框中选择一种边框样式，设置边框的颜色为“紫色”，单击【外边框】选项。

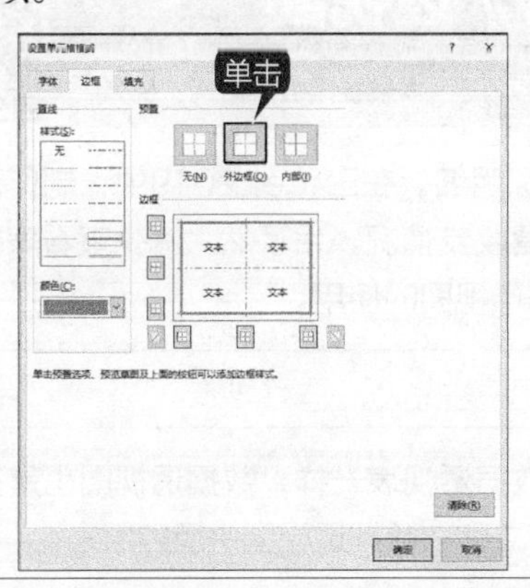

6 单击【确定】按钮

使用同样的方法，设置数据透视表其他元素的样式，设置完成后单击【确定】按钮，返回【新建数据透视表样式】对话框中，单击【确定】按钮。

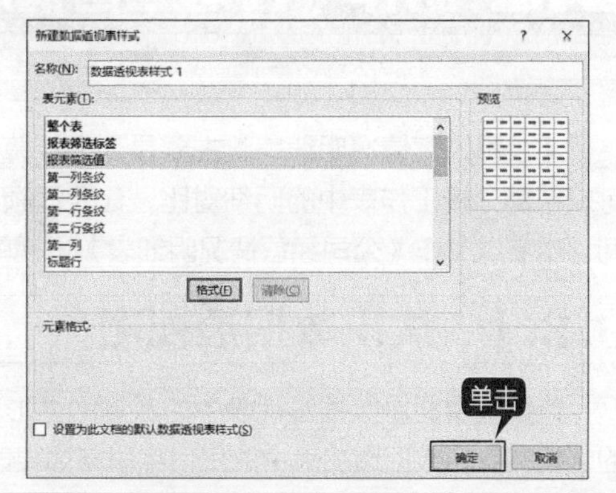

7 单击【设计】选项卡

再次单击【设计】选项卡下【数据透视表样式】选项组中的【其他】按钮，在弹出的下拉列表中选择【自定义】中的【销售业绩透视表】选项。

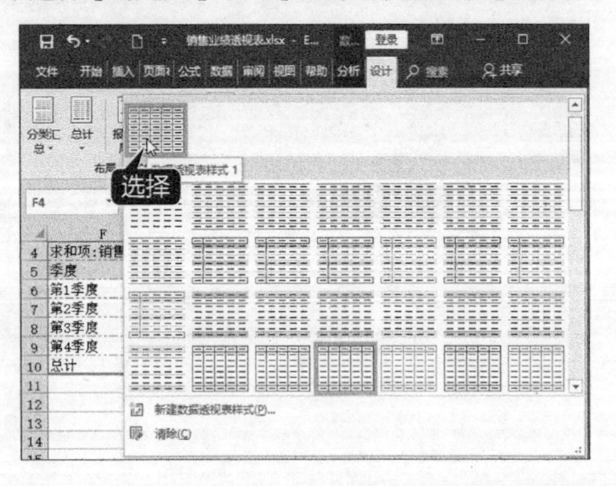

8 应用效果

应用自定义样式后的效果如下图所示。

9.1.8 数据透视表中的数据操作

用户修改数据源中的数据时，数据透视表不会自动更新，用户需要执行数据操作才能刷新数据透视表。刷新数据透视表有两种方法。

方法1：单击【分析】选项卡下【数据】选项组中的【刷新】按钮，或在弹出的下拉菜单中选择【刷新】或【全部刷新】选项。

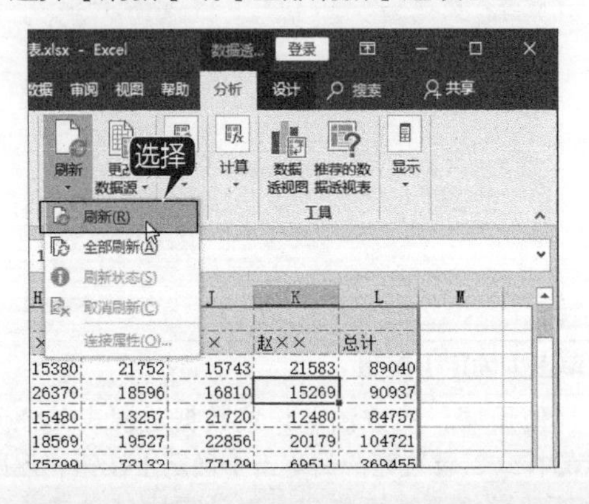

方法2：在数据透视表数据区域中的任意一个单元格上单击鼠标右键，在弹出的快捷菜单中选择【刷新】选项。

9.2 制作《公司经营情况明细表》透视图

本节视频教学时间：6分钟

《公司经营情况明细表》主要是列举计算公司的经营情况明细。在Excel 2019中，制作透视图可以帮助分析工作表中的明细对比，让公司领导对公司的经营收支情况一目了然，减少查看表格的时间。本节以制作《公司经营情况明细表》透视图为例介绍数据透视图的使用。

9.2.1 认识数据透视图

数据透视图是数据透视表中的数据的图形表示形式。与数据透视表一样，数据透视图也是交互式的。相关联的数据透视表中的任何字段布局更改和数据更改将立即在数据透视图中反映出来。

9.2.2 数据透视图与标准图表之间的区别

数据透视图中的大多数操作和标准图表中的一样，但是二者之间也存在以下差别。

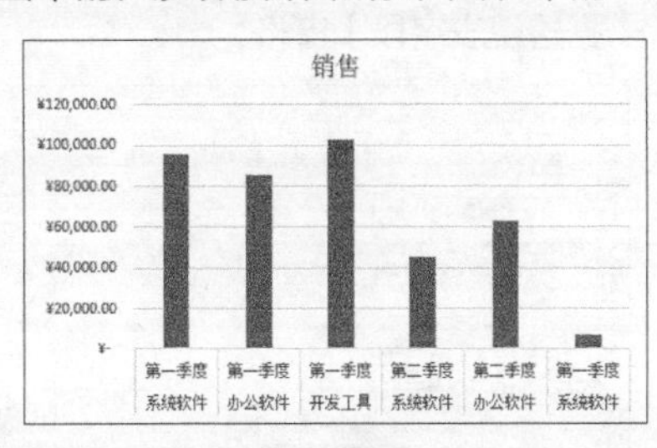

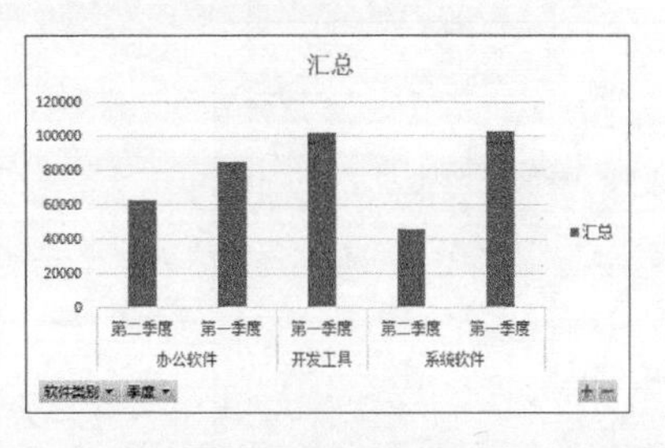

（1）交互：对于标准图表，需要为查看的每个数据视图创建一张图表，它们不交互；而对于数据透视图，只要创建单张图表就可通过更改报表布局或显示的明细数据以不同的方式交互查看数据。

（2）源数据：标准图表可直接链接到工作表单元格中，数据透视图可以基于相关联的数据透视表中的几种不同数据类型创建。

（3）图表元素：数据透视图除包含与标准图表相同的元素外，还包括字段和项，可以添加、旋转或删除字段和项来显示数据的不同视图；标准图表中的分类、系列和数据分别对应于数据透视图中的分类字段、系列字段和值字段，而这些字段中都包含项，这些项在标准图表中显示为图例中的分类标签或系列名称；数据透视图中还可包含报表筛选。

（4）图表类型：标准图表的默认图表类型为簇状柱形图，它按分类比较值；数据透视图的默认图表类型为堆积柱形图，它比较各个值在整个分类总计中所占的比例；用户可以将数据透视图类型更改为柱形图、折线图、饼图、条形图、面积图和雷达图。

（5）格式：刷新数据透视图时，会保留大多数格式（包括元素、布局和样式），但是不保留趋势线、数据标签、误差线及对数据系列的其他更改；标准图表只要应用了这些格式，就不会消失。

（6）移动或调整项的大小：在数据透视图中，即使可为图例选择一个预设位置并可更改标题的字体大小，也无法移动或重新调整绘图区、图例、图表标题或坐标轴标题的大小；而在标准图表中，可移动和重新调整这些元素的大小。

（7）图表位置：默认情况下，标准图表是嵌入在工作表中；而数据透视图默认情况下是创建在工作表上的；数据透视图创建后，还可将其重新定位到工作表上。

9.2.3 创建数据透视图

在工作簿中，用户可以使用两种方法创建数据透视图：一种是直接通过数据表中的数据创建数据透视图，另一种是通过已有的数据透视表创建数据透视图。

1. 通过数据区域创建数据透视图

在工作表中，通过数据区域创建数据透视图的具体操作步骤如下。

1 打开素材

打开“素材\ch09\公司经营情况明细表.xlsx”文件，选择数据区域中的一个单元格，单击【插入】选项卡下【图表】选项组中的【数据透视图】按钮，在弹出下拉列表中选择【数据透视图】选项。

2 单击【确定】按钮

弹出【创建数据透视图】对话框，选择数据区域和图表位置，单击【确定】按钮。

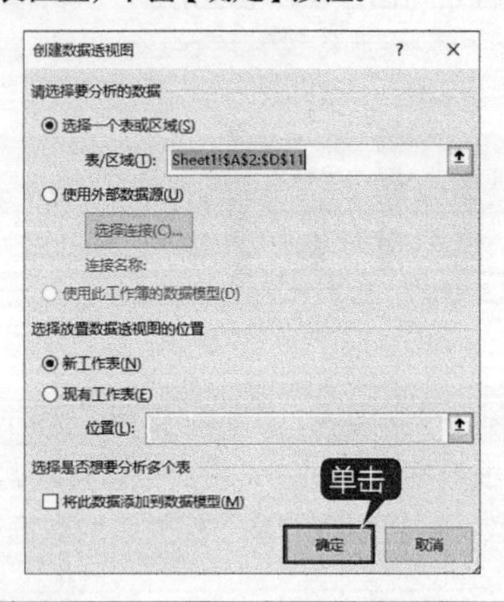

3 数据透视表字段列表

弹出数据透视表的编辑界面，工作表中会出现图表1和数据透视表2，在其右侧出现的是【数据透视表字段】窗格。

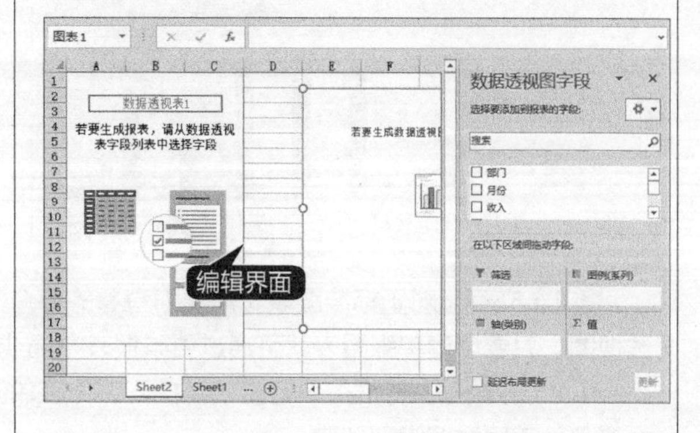

4 完成效果

在【数据透视表字段】中选择要添加到视图的字段，即可完成数据透视图的创建。

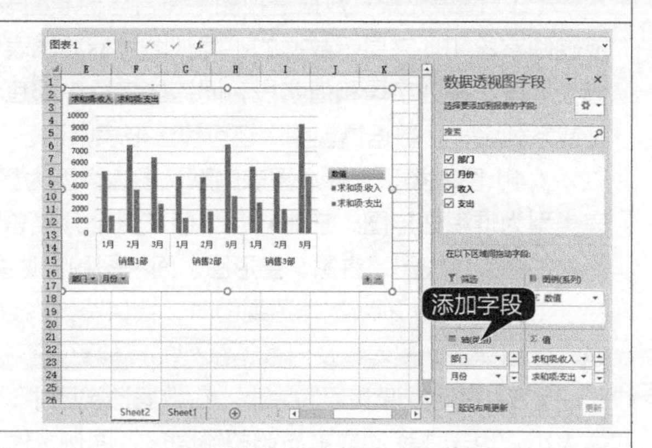

2. 通过数据透视表创建数据透视图

在工作簿中，用户可以先创建数据透视表，再根据数据透视表创建数据透视图，具体操作步骤如下。

1 打开素材

打开“素材\ch09\公司经营情况明细表.xlsx”文件，并根据9.1.3的内容创建一个数据透视表。

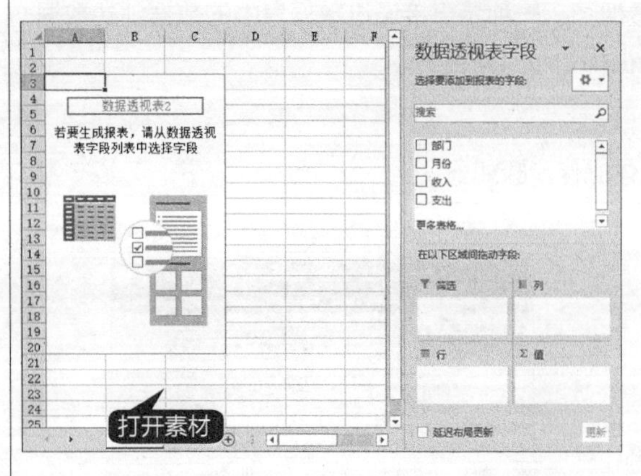

2 单击【分析】选项卡

单击【分析】选项卡下【工具】选项组中的【数据透视图】按钮。

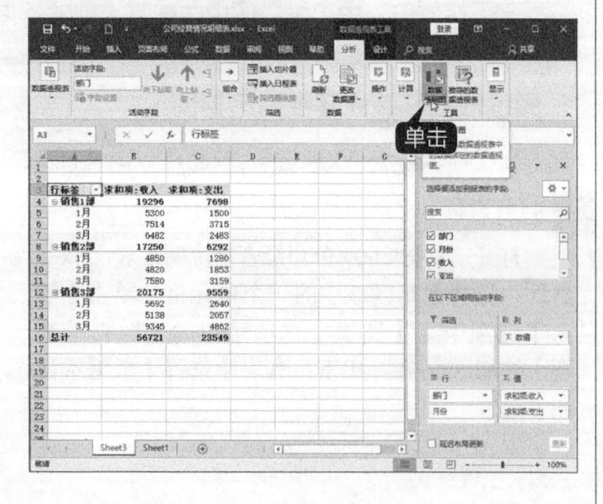

3 单击【确定】按钮

弹出【插入图表】对话框，选择一种图表类型，单击【确定】按钮。

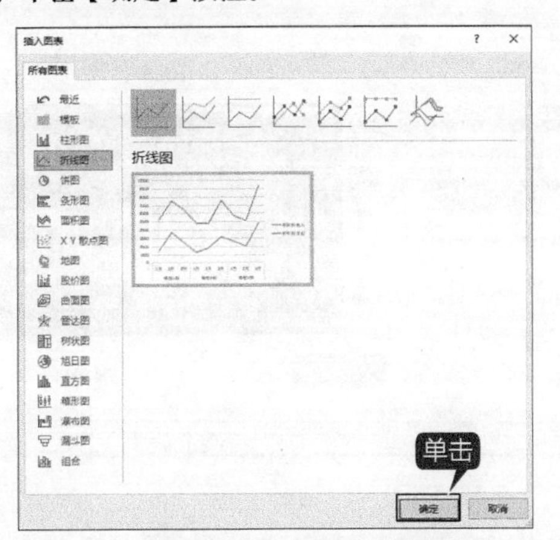

4 完成创建

完成数据透视图的创建。

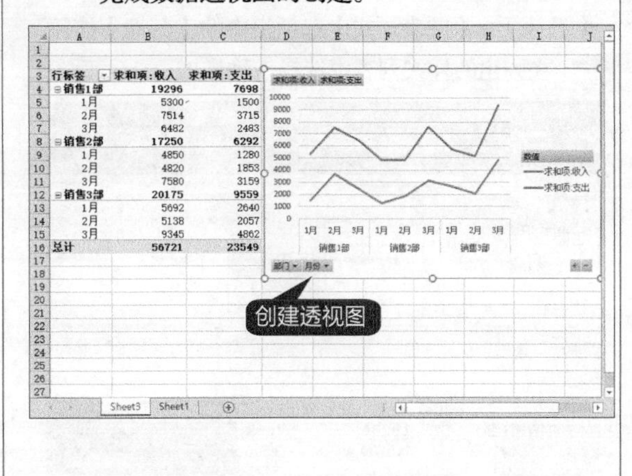

9.2.4 美化数据透视图

数据透视图和图表一样，都可以对其进行美化，使其呈现出更好的效果，如添加元素、应用布局、更改颜色及应用图表样式等。

1 添加标题

添加标题。单击【数据透视图工具】➤【设计】➤【图表布局】选项组中的【添加图表元素】按钮，在弹出的下拉列表中选择【图表标题】➤【图表上方】选项。

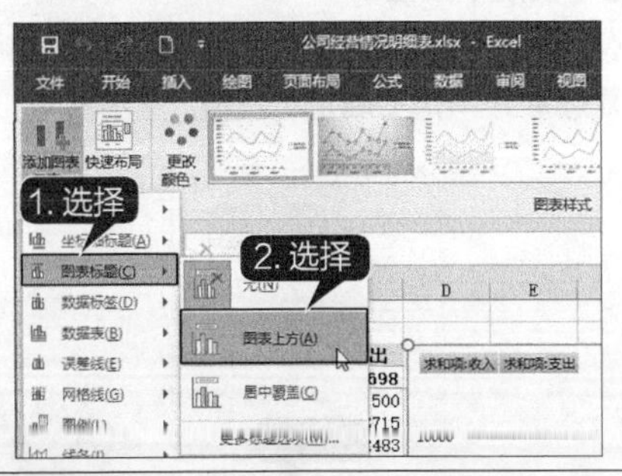

2 设置艺术字样式

此时，即可添加标题，另外也可以对字体设置艺术字样式，如下图所示。

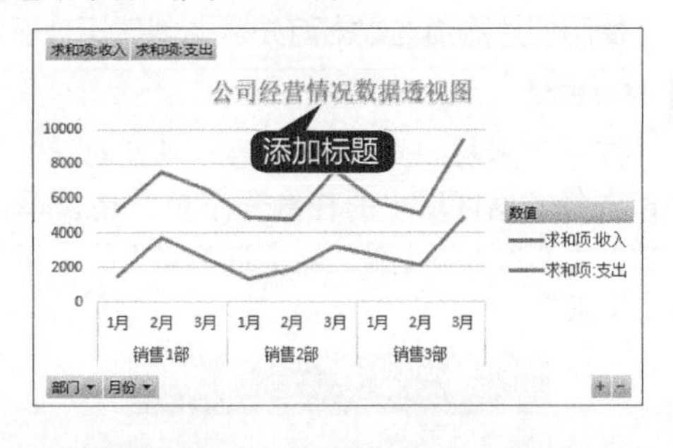

3 选择颜色

更改图表颜色。单击【数据透视图工具】➤【设计】➤【图表样式】选项组中的【更改颜色】按钮，在弹出的下拉列表中选择要应用的颜色。

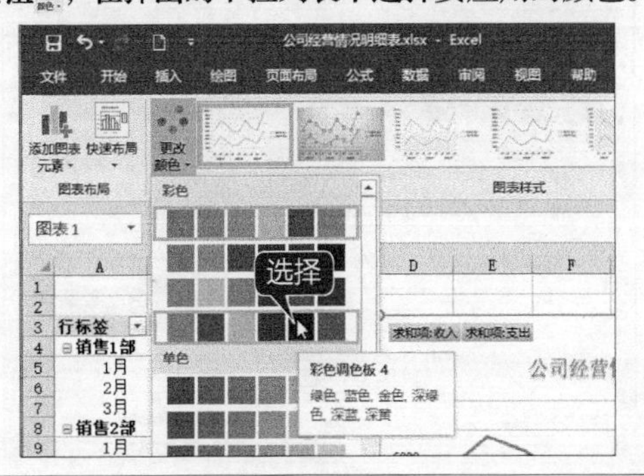

4 更改图表颜色

此时，即可更改图表的颜色，如下图所示。

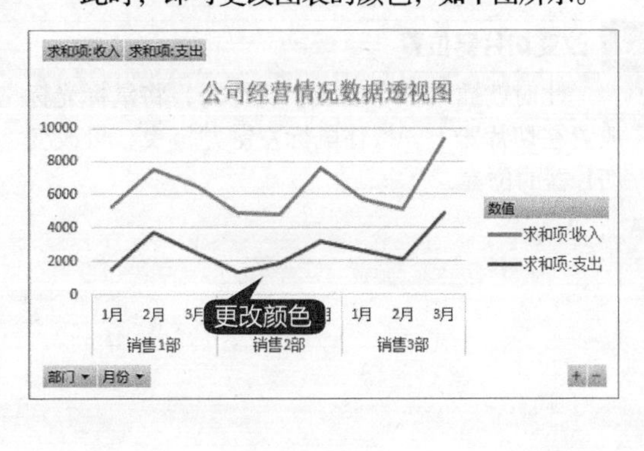

5 选择样式

更改图表样式。单击【数据透视图工具】➤【设计】➤【图表样式】选项组中的【其他】按钮 ，在弹出的样式列表中选择一种样式。

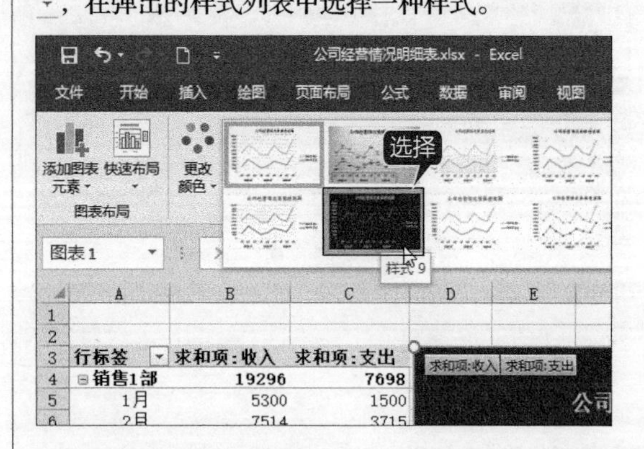

6 效果如下

此时，即可为数据透视图的应用新样式，效果如下图所示。

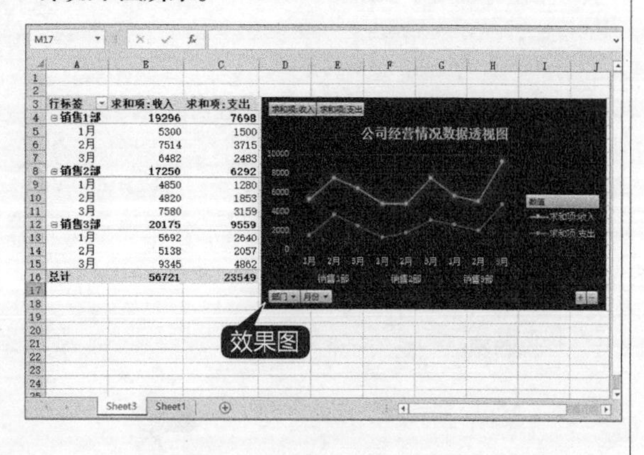

9.3 为《产品销售透视表》添加切片器

本节视频教学时间：8分钟

使用切片器能够直观地筛选表、数据透视表、数据透视图和多维数据集函数中的数据。

9.3.1 创建切片器

使用切片器筛选数据首先需要创建切片器。创建切片器的具体操作步骤如下。

1 打开素材

打开“素材\ch09\产品销售透视表.xlsx”文件，选择数据区域中的任意一个单元格，单击【插入】选项卡下【筛选器】选项组中的【切片器】按钮 。

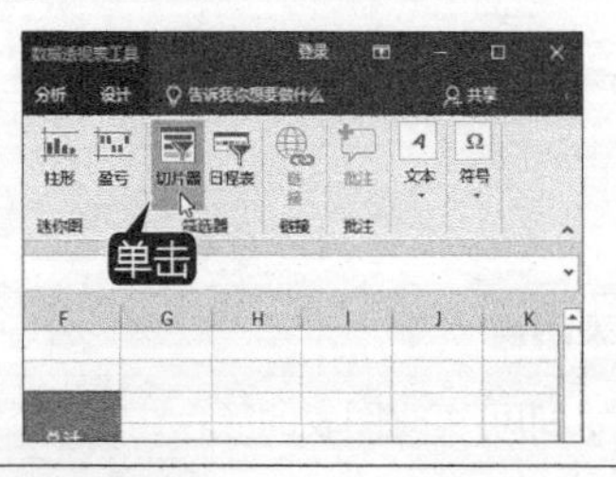

2 单击【确定】按钮

弹出【插入切片器】对话框，单击选中【地区】复选框，单击【确定】按钮。

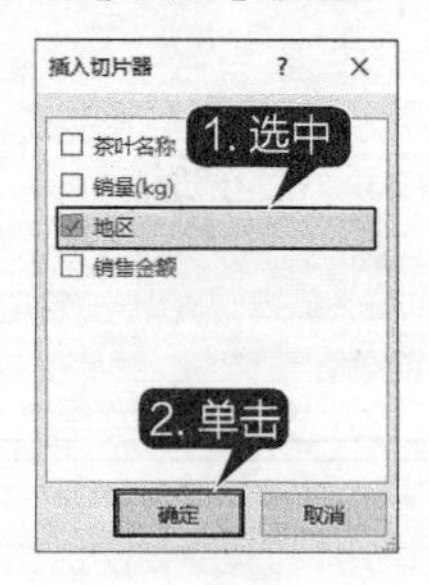

3 改变切片器位置

此时就插入了【地区】切片器，将鼠标光标放置在切片器上，按住鼠标左键并拖曳，可改变切片器的位置。

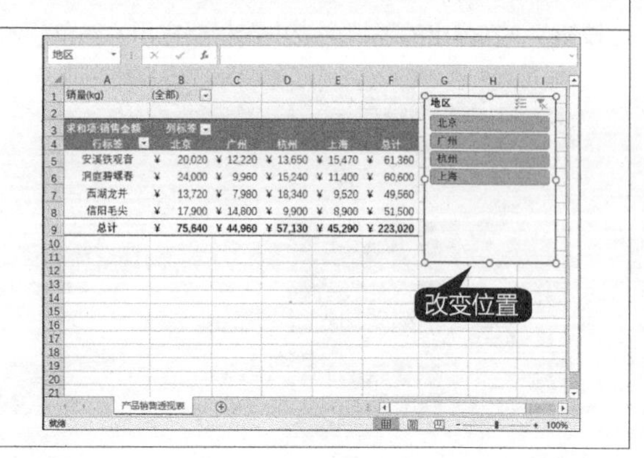

4 显示销售金额

在【地区】切片器中单击【广州】选项，则在透视表中仅显示广州地区各类茶叶的销售金额。

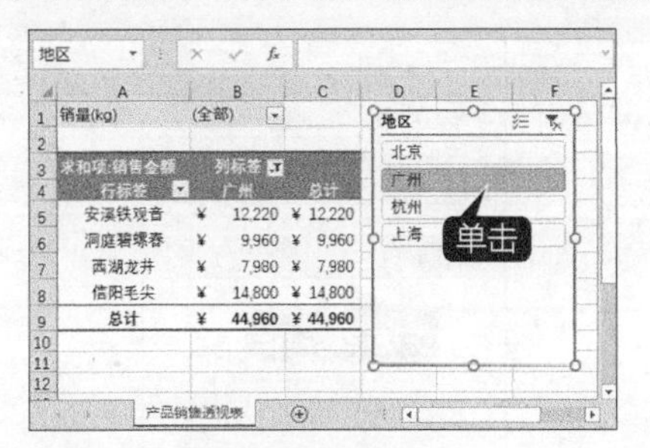

小提示

单击在【地区】切片器右上角的【清除筛选器】按钮或按【Alt+C】组合键，将清除地区筛选，即可在透视表中显示所有地区的销售金额。

9.3.2 删除切片器

有两种方法可以删除不需要的切片器。

1. 按【Delete】键删除

选择要删除的切片器，在键盘上按【Delete】键，即可将切片器删除。

小提示

使用切片器筛选数据后，按【Delete】键删除切片器，数据表中将仅显示筛选后的数据。

2. 使用【删除】菜单命令删除

选择要删除的切片器（如【地区】切片器）并单击鼠标右键，在弹出的快捷菜单中选择【删除"地区"】菜单命令，即可将【地区】切片器删除。

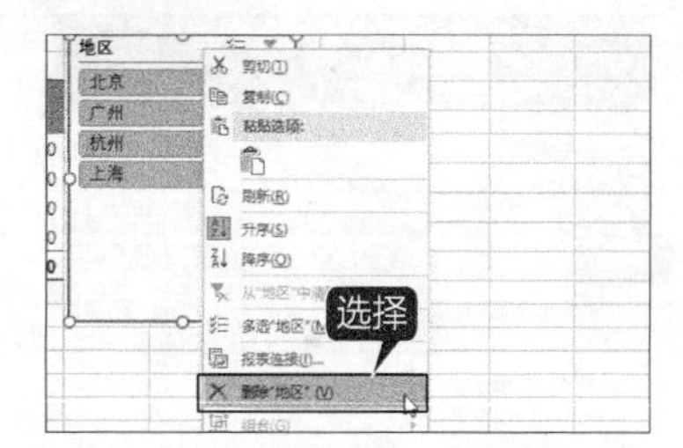

9.3.3 隐藏切片器

如果添加的切片器较多，可以将暂时不使用的切片器隐藏起来，使用时再显示。

1 隐藏切片器

选择要隐藏的切片器，单击【选项】选项卡下【排列】选项组中的【选择窗格】按钮。

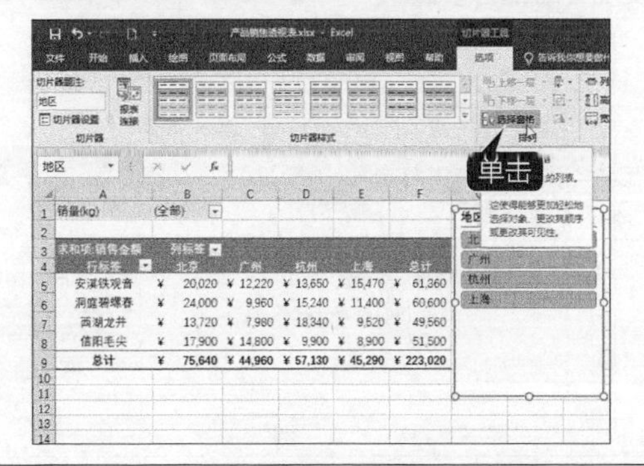

2 打开【选择】窗格

打开【选择】窗格，单击切片器名称后的按钮，即可隐藏切片器，此时按钮显示为按钮，再次单击按钮即可取消隐藏，此外单击【全部隐藏】和【全部显示】按钮可隐藏和显示所有切片器。

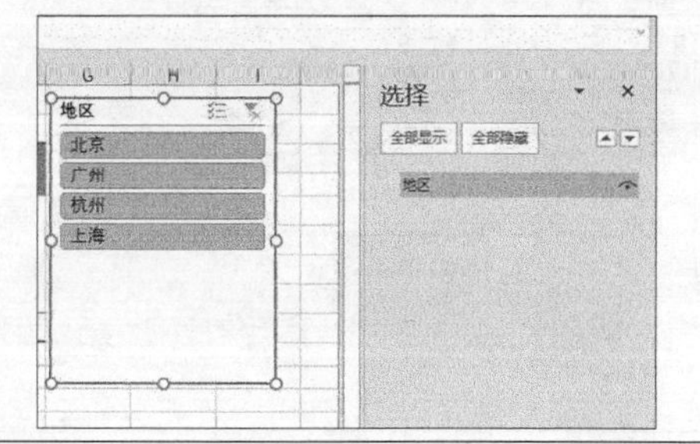

9.3.4 设置切片器的样式

用户可以根据使用内置的切片器样式，美化切片器，具体操作步骤如下。

1 切片器样式

选择要设置字体格式的切片器，单击【选项】选项卡下【切片器样式】选项组中的【其他】按钮，在弹出的样式列表中，即可看到内置的样式。

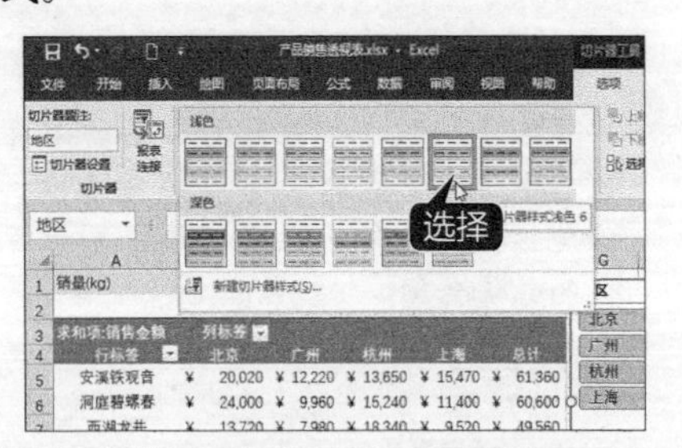

2 单击样式

单击样式，即可应用该切片器样式，如下图所示。

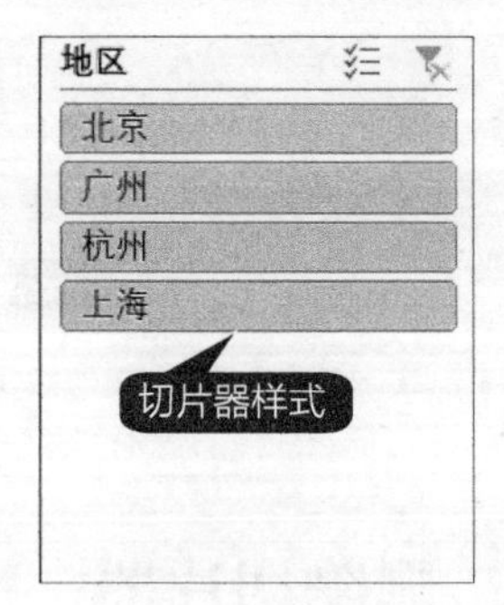

9.3.5 筛选多个项目

使用切片器不但能筛选单个项目，还可以筛选多个项目，具体操作步骤如下。

1 选择单元格

选择透视表数据区域中的任意一个单元格，单击【插入】选项卡下【筛选器】选项组中的【切片器】按钮。

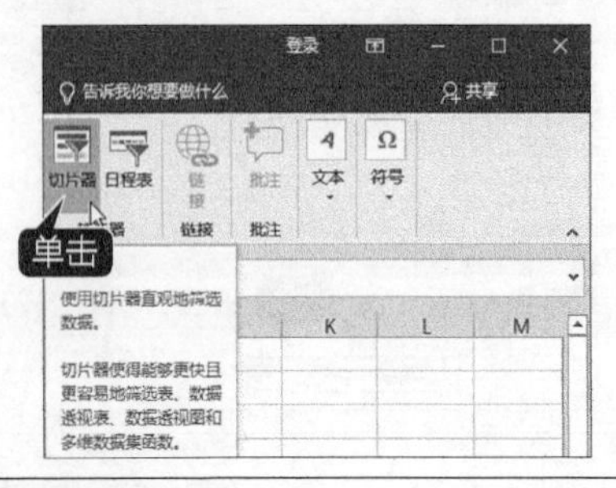

2 单击【确定】按钮

弹出【插入切片器】对话框，单击选中【茶叶名称】复选框，单击【确定】按钮。

3 调整切片器位置

此时就插入了【茶叶名称】切片器，调整切片器的位置。

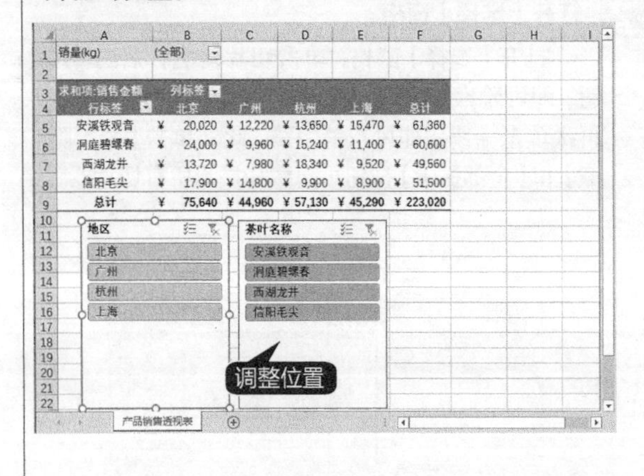

4 单击【安溪铁观音】选项

在【地区】切片器中单击【广州】选项，在【茶叶名称】切片器中单击【信阳毛尖】选项，按住【Ctrl】键的同时单击【安溪铁观音】选项，则可在透视表中仅显示广州地区信阳毛尖和安溪铁观音的销售金额。

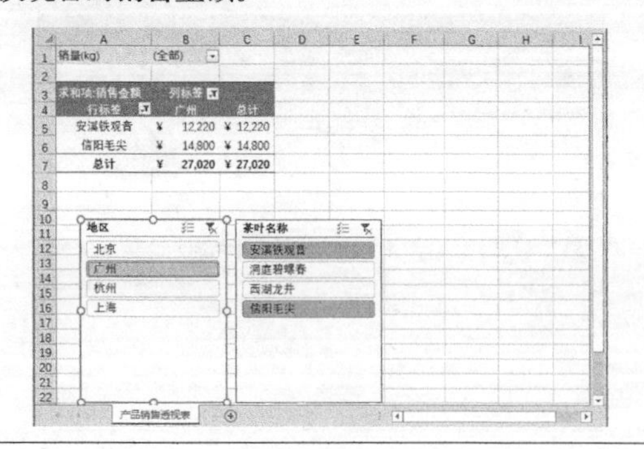

9.3.6 自定义排序切片器项目

用户可以对切片器中的内容进行自定义排序，具体操作步骤如下。

1 选择“地区”切片器

清除“地区”和“茶叶名称”的筛选，选择“地区”切片器。

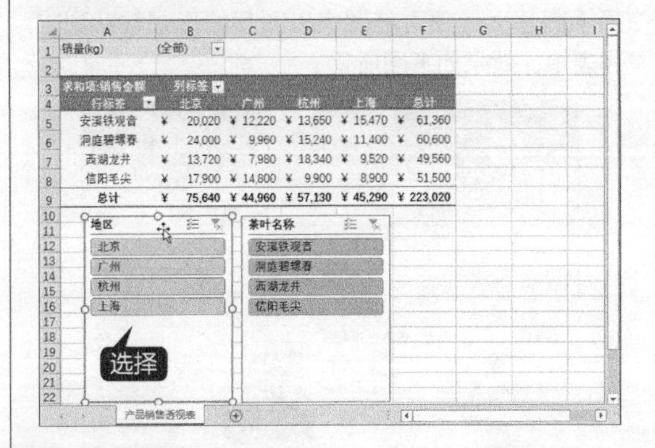

2 编辑自定义列表

单击【文件】➤【选项】选项，打开【Excel选项】对话框，选择【高级】选项卡，单击右侧【常规】区域中的【编辑自定义列表】按钮。

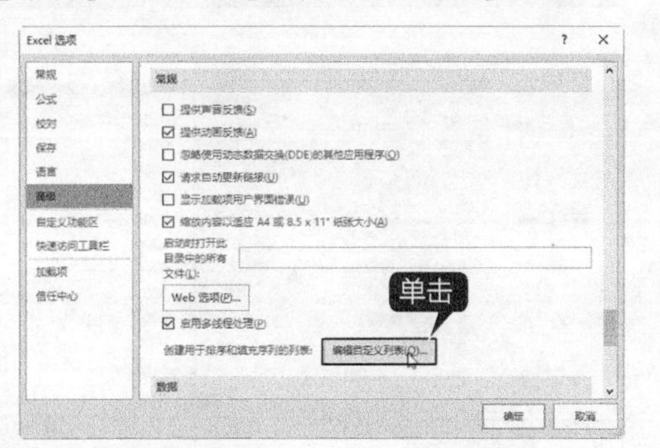

3 单击【确定】按钮

弹出【自定义序列】对话框，在【输入序列】文本框中输入自定义序列，输入完成后单击【添加】按钮，然后单击【确定】按钮。

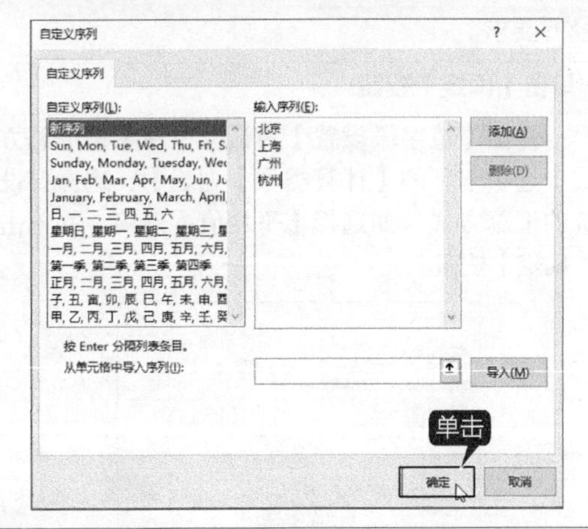

4 选择【降序】选项

返回【选项】对话框，单击【确定】按钮。在【地区】切片器上单击鼠标右键，在弹出的快捷菜单上选择【降序】选项。

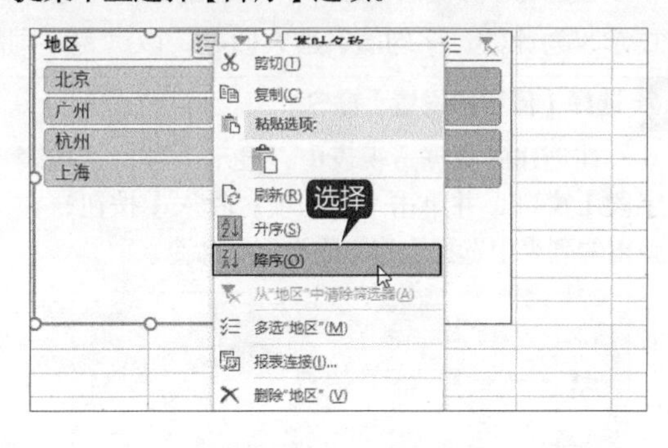

5 显示效果

切片器即按照自定义降序的方式显示。

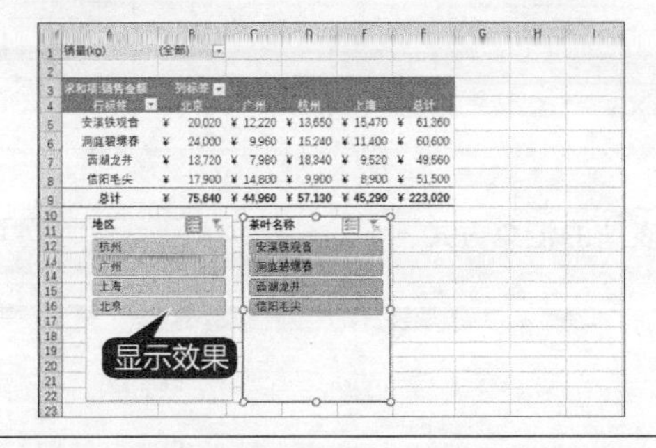

高手私房菜

技巧1：将数据透视表转换为静态图片

将数据透视表变为图片，在某些情况下可以发挥特有的作用，例如发布到网页上或者粘贴到PPT中。

1 选择数据透视表

选择整个数据透视表，按【Ctrl+C】组合键复制图表。

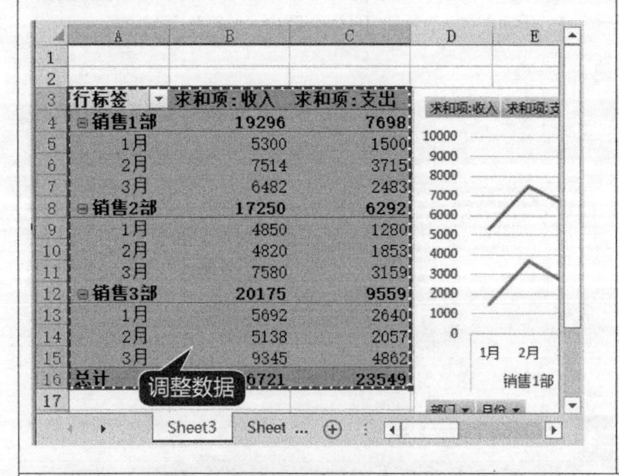

2 选择【图片】选项

单击【开始】选项卡下【剪贴板】选项组中的【粘贴】按钮的下拉按钮，在弹出的列表中选择【图片】选项，将图表以图片的形式粘贴到工作表中，效果如下图所示。

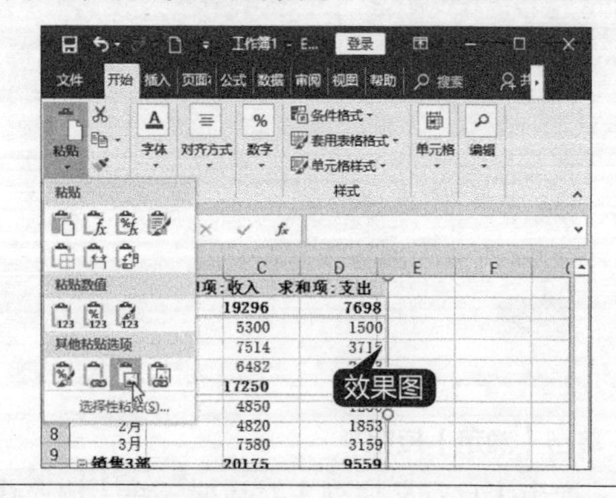

技巧2：更改数据透视表的汇总方式

在Excel数据透视表中，默认的值的汇总方式是“求和”，不过用户可以根据需求，将值的汇总方式修改为计数、平均值、最大值等，以满足不同的数据分析要求。

1 选择【值字段设置】命令

在创建的数据透视表中，显示【数据透视表字段】窗口，并单击【求和项：收入】按钮，在弹出的列表中选择【值字段设置】命令。

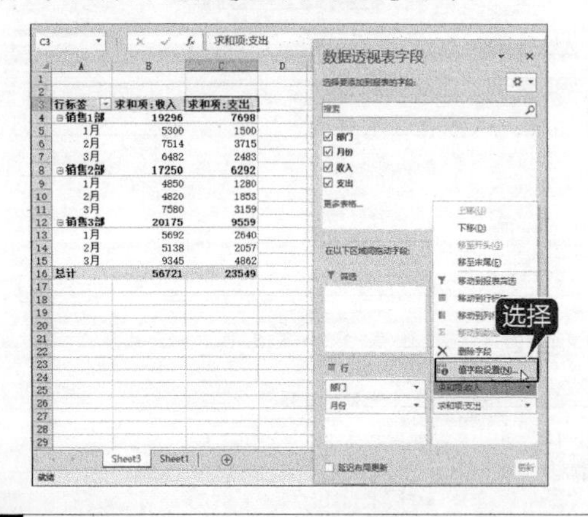

2 单击【确定】按钮

弹出【值字段设置】对话框，在【值汇总方式】选项卡下的【计算类型】列表中，选择要设置的汇总方式，如选择【平均值】选项，并单击【确定】按钮。

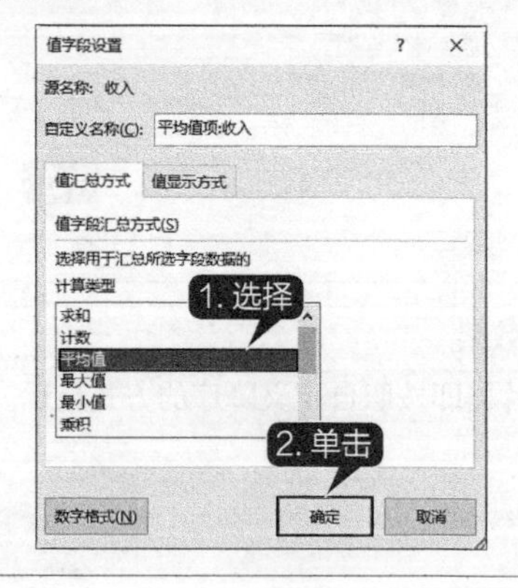

3 效果如下

此时，即可更改数据透视表值的汇总方式，效果如图所示。

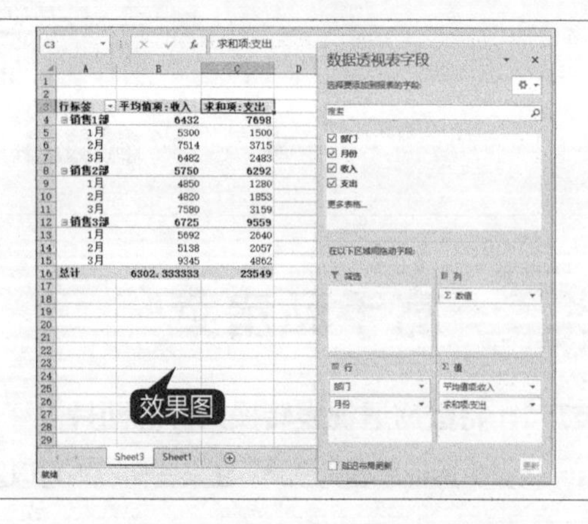

第 10 章

Excel 2019 的行业应用——人事行政

本章视频教学时间：54 分钟

在人事行政中，经常会遇到各种表格，如常见的登记表、工资表、信息表等，利用 Excel 2019 可以让这些工作达到事半功倍的效果。本章主要介绍《员工基本资料表》、《客户访问接洽表》、《员工年度考核》系统的制作方法。

【学习目标】

通过本章学习，掌握 Excel 图表的应用、其他函数的应用和条件格式的应用，使人事行政工作变得更加简单、快捷。

【本章涉及知识点】

- 《客户访问接洽表》
- 《员工基本资料表》
- 《员工年度考核》系统

10.1 制作《客户访问接洽表》

 本节视频教学时间：19分钟

客户访问接洽表与来客登记表、来电登记表等相比，相对正式一些，但基本类似，没有太大差别，主要是行政人员对客户的来访信息进行记录的一种表格。

不管是哪种来访或来电记录表，都会包含一些固定的信息，如来访者姓名、来访时间、来访事由、接洽人、处理结果等信息，这都方便领导对这些进行查看和筛选，尤其是公司前台人员必备的表格。本节主要介绍《客户访问接洽表》的制作。

10.1.1 设置字体格式

在制作《客户访问接洽表》时，首先介绍设置表头的字体格式。

1 打开 Excel 2019

打开Excel 2019，新建一个工作簿，在单元格A1中输入“客户访问接洽表”。

2 选择单元格区域

选择单元格区域A1:G1，单击【开始】选项卡下【对齐方式】选项组中的【合并后居中】按钮 合并后居中 。

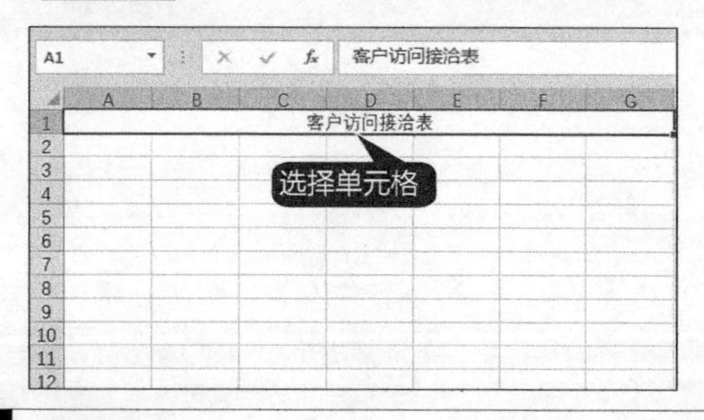

3 输入文本内容

在单元格区域A2:G2中分别输入如图所示文本内容。

4 设置字体

将A1单元格字体设置为【华文楷体】，字号为【22】。设置A2:G2单元格区域的字体为【汉仪中宋简】，字号为【12】。

	A	B	C	D	E	F	G
1	客户访问接洽表						
2	编号	客户姓名	时间	事由	结果	接洽人	备注

设置字体

10.1.2 制作接洽表表格内容

制作接洽表表格内容的具体步骤如下。

1 输入数字

在单元格A3中输入数字“1”。

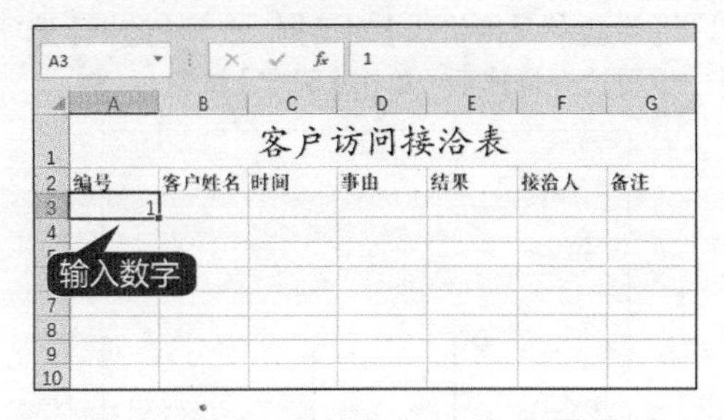

2 选择 A3 单元格

选择A3单元格，按【Ctrl】键不放，按住鼠标左键并拖曳鼠标向下填充到“25”。

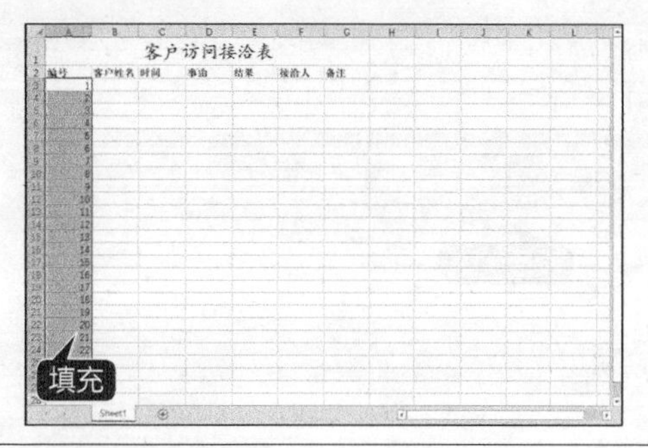

3 输入内容

在A28:E33单元格区域，输入如下内容。

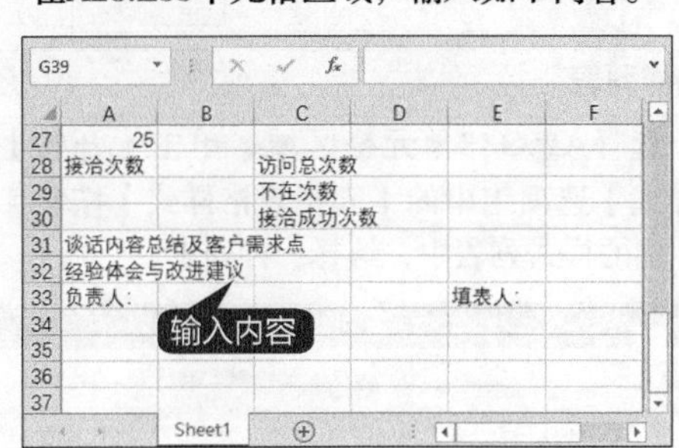

4 合并单元格区域

分别合并单元格区域A28:B30、D28:G28、D29:G29、D30:G30、A31:B31、C31:G31、A32:B32、C32:G32、A33:B33、C33:D33、F33:G33，效果如下图所示。

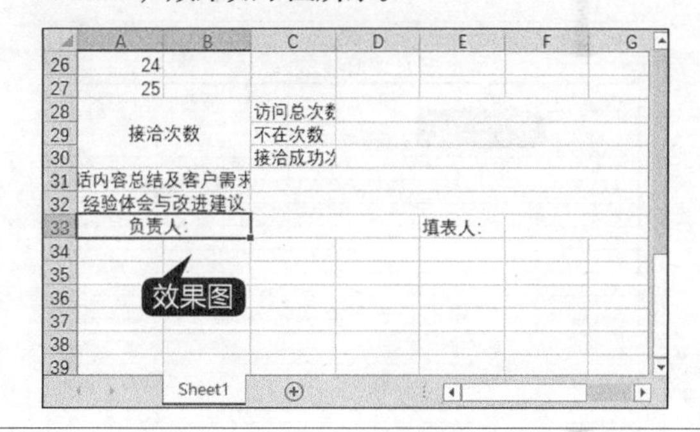

10.1.3 美化接洽表

表格内容输入完成后，下面可以为表格调整单元格行高和列宽、添加表框、应用表格样式等。

1 调整单元格

选中第3~30行，将单元格行高设置为“20”，并根据需要调整其他单元格行高及列宽。

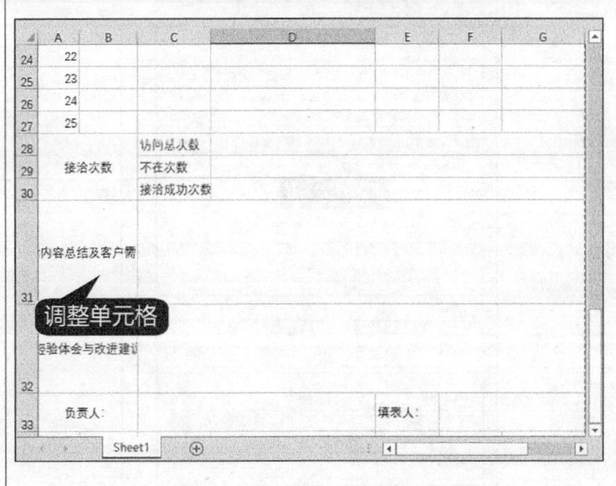

2 自动换行

将表格文本内容居中显示，并将A31和A32单元格的文本内容自动换行，效果如下图所示。

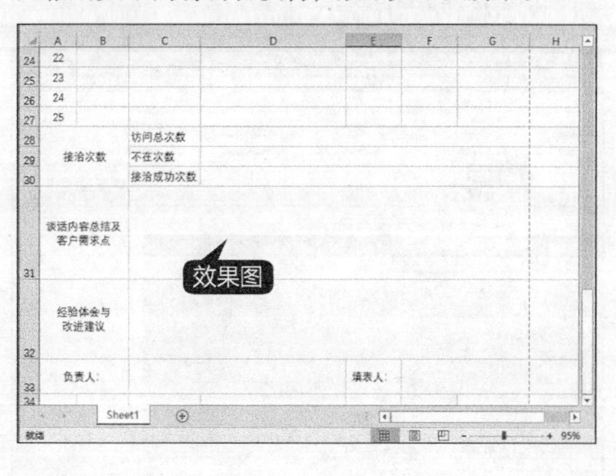

3 设置字体

设置A28:G33单元格区域的字体，如下图所示。

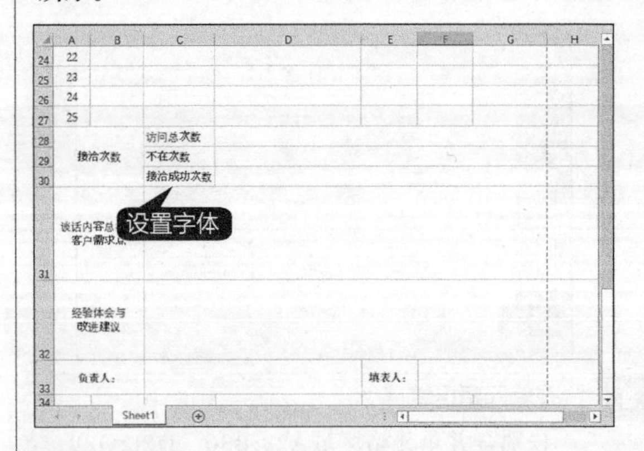

4 单击【确定】按钮

选择A2:G33单元格区域，按【Ctrl+1】组合键，打开【设置单元格格式】对话框，选择【边框】选项卡，设置边框样式后，单击【确定】按钮。

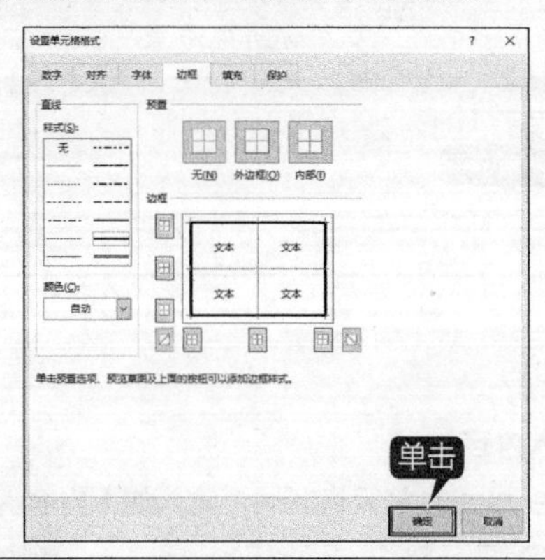

5 添加边框

此时，即可为表格添加边框，如下图所示。

6 选择列表

选择A2:G33单元格区域，单击【开始】→【样式】选项组中的【套用表格样式】按钮，在弹出的样式列表中，选择一种列表。

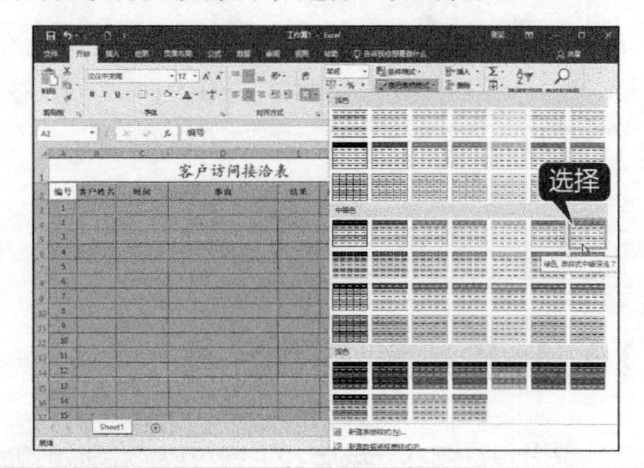

7 应用表格样式

应用表格样式后，单击【表格工具】➤【设计】➤【工具】选项组中的【转换为区域】按钮，将表格转换为普通区域。

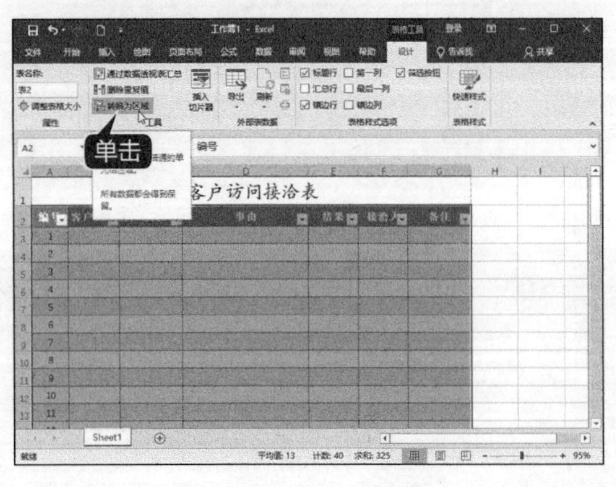

8 应用表格

应用表格后，对部分合并单元格重新做下调整，即可完成表格制作，将其保存即可。

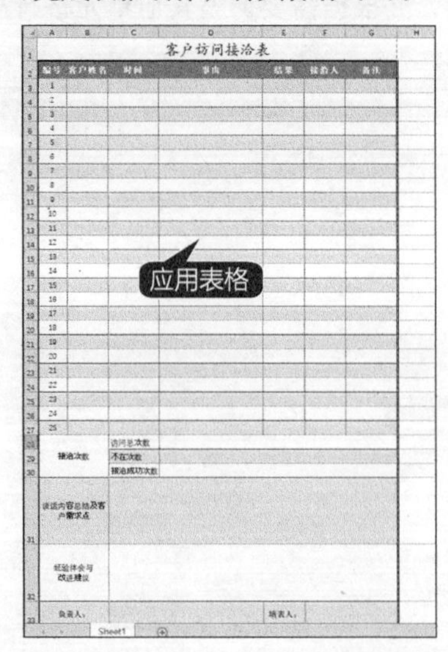

10.2 制作《员工基本资料表》

本节视频教学时间：15分钟

《员工基本资料表》是记录公司员工基本资料的表格，可以根据公司的需要记录基本信息。

10.2.1 设计《员工基本资料表》表头

设计《员工基本资料表》首先需要设计表头，表头中需要添加完整的员工信息标题。具体操作步骤如下。

1 选择【重命名】选项

新建空白Excel 2019工作簿，并将其另存为"员工基本资料表.xlsx"。在"Sheet1"工作表标签上单击鼠标右键，在弹出的快捷菜单中选择【重命名】选项。

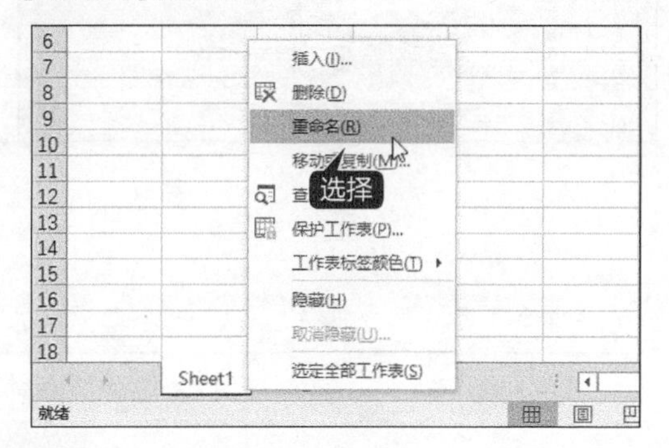

2 重命名操作

输入"基本资料表"，按【Enter】键确认，完成工作表重命名操作。

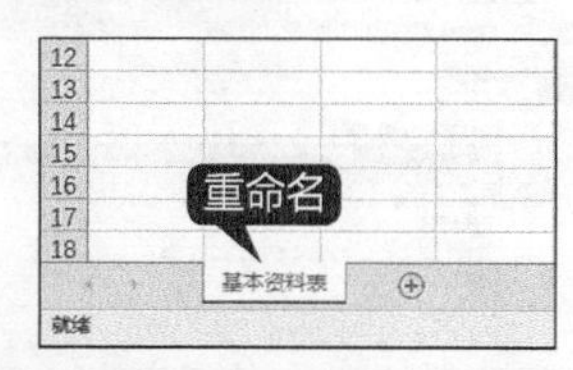

3 选择A1单元格

选择A1单元格，输入"员工基本资料表"文本。

4 选择【合并后居中】选项

选择A1:H1单元格区域，单击【开始】选项卡下【对齐方式】选项组中【合并后居中】按钮的下拉按钮，在弹出的下拉列表中选择【合并后居中】选项。

5 调整行高

选择A1单元格中的文本内容，设置其【字体】为【华文楷体】，【字号】为【16】，并为A1单元格添加"蓝色，个性色1，淡色60%"底纹填充颜色，然后根据需要调整行高。

6 效果图

选择A2单元格，输入"姓名"文本，然后根据需要在B2:H2单元格区域中输入表头信息，并适当调整行高，效果如图所示。

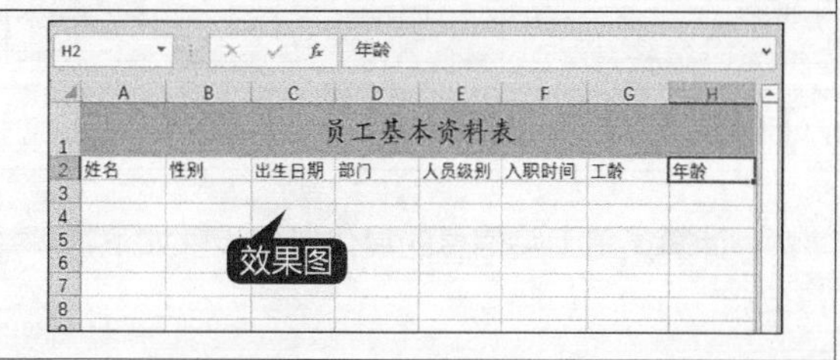

10.2.2　录入员工基本信息内容

表头创建完成后，就可以根据需要录入员工基本信息内容。

1 单击【确定】按钮

按住【Ctrl】键的同时选择C列和F列并单击鼠标右键，在弹出的快捷菜单中选择【设置单元格格式】选项。打开【设置单元格格式】对话框，选择【数字】选项卡，在【分类】列表框中选择【日期】选项，在右侧【类型】列表框中选择一种日期类型，单击【确定】按钮。

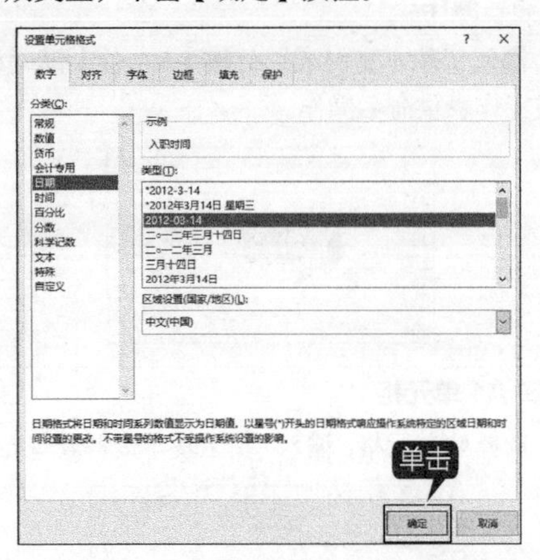

2 打开素材

打开 “素材\ch10\员工基本资料.xlsx” 文件，复制A2:F23单元格区域中的内容，并将其粘贴至 “员工基本资料表.xlsx” 工作簿中，然后根据需要调整列宽，显示所有内容。

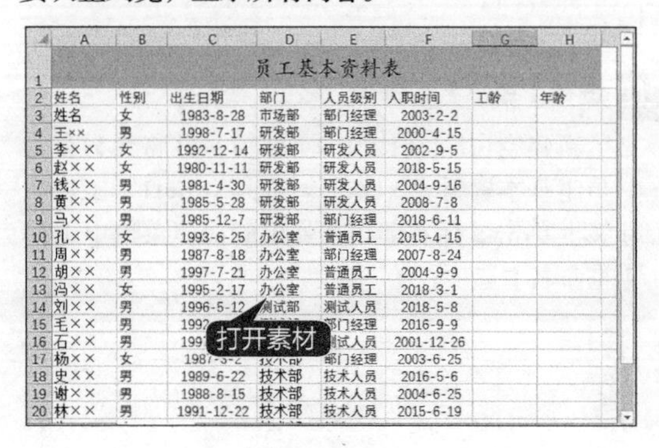

10.2.3　计算员工年龄信息

在《员工基本资料表》中可以使用公式计算员工的年龄，每次使用该工作表时都将显示当前员工的年龄信息。

1 输入公式

选择H3:H24单元格区域，输入公式 “=DATEDIF(C3,TODAY(),"y")” 。

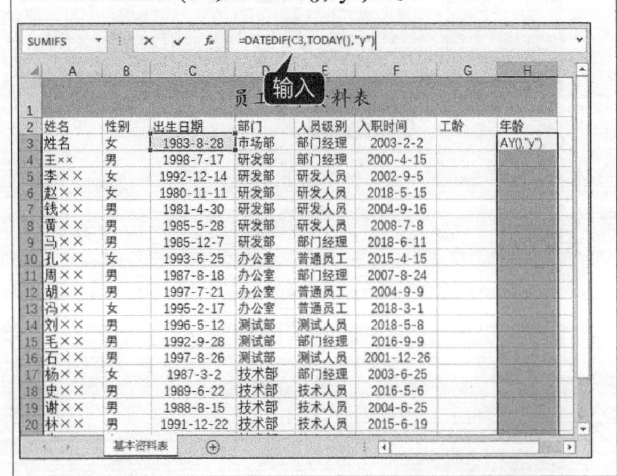

2 按【Ctrl+Enter】组合键

按【Ctrl+Enter】组合键，即可计算出所有员工的年龄信息。

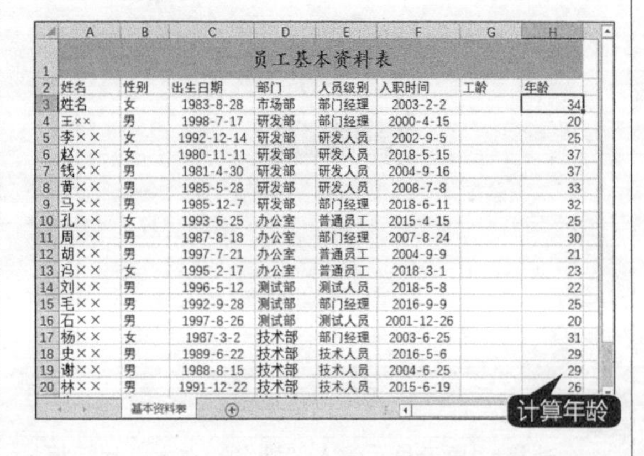

10.2.4　计算员工工龄信息

计算员工工龄信息的具体操作步骤如下。

1 选择单元格区域

选择G3:G24单元格区域，输入公式“=DATEDIF(F3,TODAY(),"y")”。

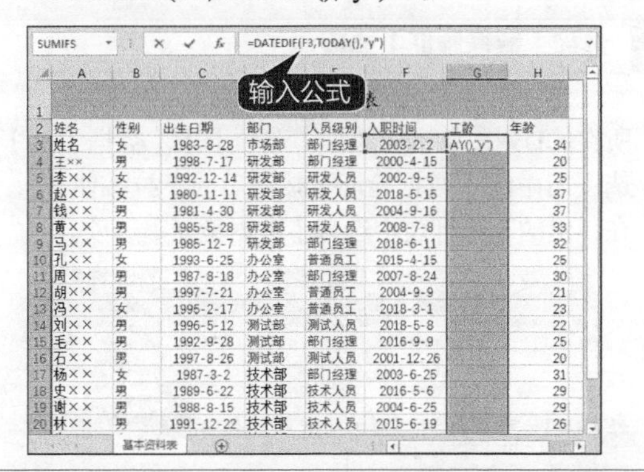

2 按【Ctrl+Enter】组合键

按【Ctrl+Enter】组合键，即可计算出所有员工的工龄信息。

10.2.5 美化员工基本资料表

输入员工基本信息并进行相关计算后，可以进一步美化《员工基本资料表》，具体操作步骤如下。

1 选择单元格区域

选择A2:H24单元格区域，单击【开始】选项卡下【样式】选项组中【套用表格格式】按钮后的下拉按钮，在弹出的下拉列表中选择一种表格样式。

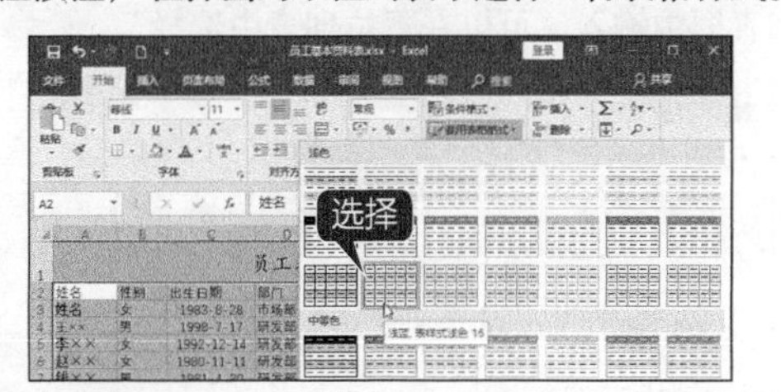

2 单击确定按钮

弹出【套用表格式】对话框，单击【确定】按钮。

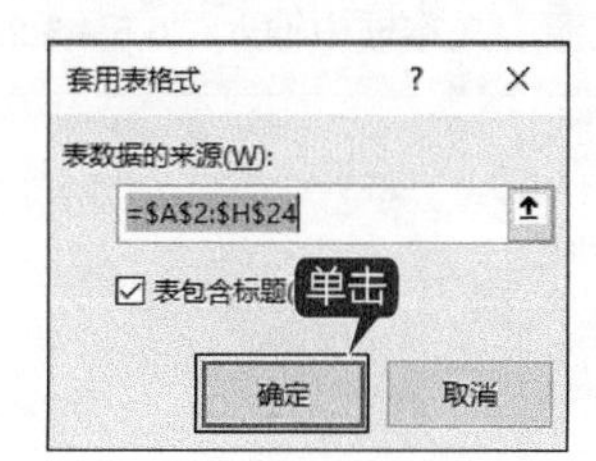

3 套用表格

套用表格格式后的效果如下图所示。

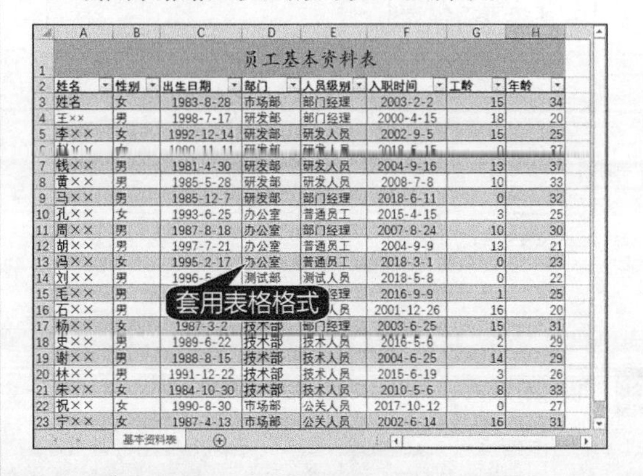

4 选择单元格

选择第2行中包含数据的任意单元格，按【Ctrl+Shift+L】组合键，取消工作表的筛选状态。将所有内容居中对齐，就完成了员工基本资料表的美化操作，最终效果如下图所示。

10.3 制作《员工年度考核》系统

本节视频教学时间：20分钟

人事部门一般都会在年终或季度末对员工的表现进行一次考核，这不但可以对员工的工作进行督促和检查，还可以根据考核的情况发放年终和季度奖金。

10.3.1 设置数据验证

设置数据验证的具体操作步骤如下。

1 打开素材

打开“素材\ch10\员工年度考核.xlsx”文件，其中包含两个工作表，分别为“年度考核表”和“年度考核奖金标准”。

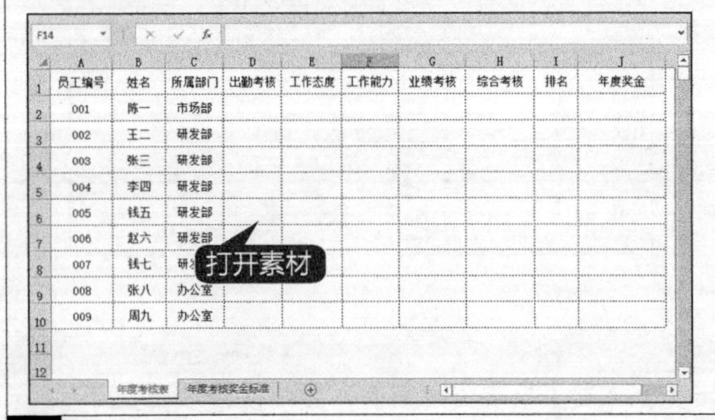

2 选择【数据验证】选项

选中“年度考核表”工作表中“出勤考核”所在的D列，单击【数据】选项卡下【数据工具】选项组中的【数据验证】按钮后的下拉按钮，在弹出的下拉列表中选择【数据验证】选项。

3 输入数字

弹出【数据验证】对话框，选择【设置】选项卡，在【允许】下拉列表中选择【序列】选项，在【来源】文本框中输入“6,5,4,3,2,1”。

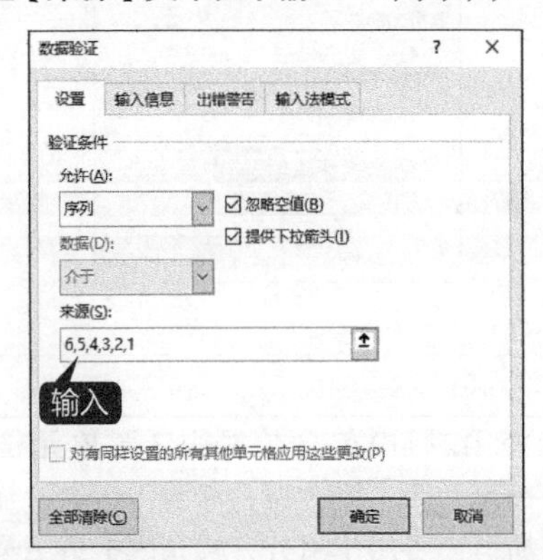

小提示

假设企业对员工的考核成绩分为6、5、4、3、2和1共6个等级，从6到1依次降低。在输入“6,5,4,3,2,1”时，中间的逗号要在英文状态下输入。

4 输入信息

切换到【输入信息】选项卡，选中【选定单元格时显示输入信息】复选框，在【标题】文本框中输入“请输入考核成绩”，在【输入信息】列表框中输入“可以在下拉列表中选择”。

5 切换选项卡

切换到【出错警告】选项卡，选中【输入无效数据时显示出错警告】复选框，在【样式】下拉列表中选择【停止】选项，在【标题】文本框中输入“考核成绩错误”，在【错误信息】列表框中输入“请到下拉列表中选择！”。

6 如图所示

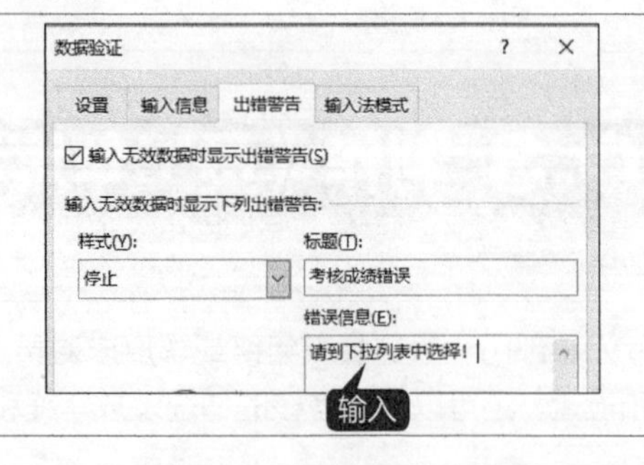

7 单击确定按钮

切换到【输入法模式】选项卡，在【模式】下拉列表中选择【关闭（英文模式）】选项，以保证在该列输入内容时始终不是英文输入法，单击【确定】按钮。

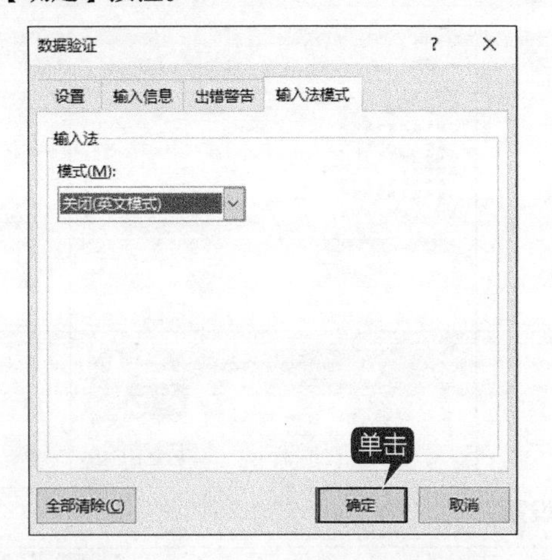

8 单击单元格

完成数据验证的设置。单击单元格D2，将会显示黄色的信息框。

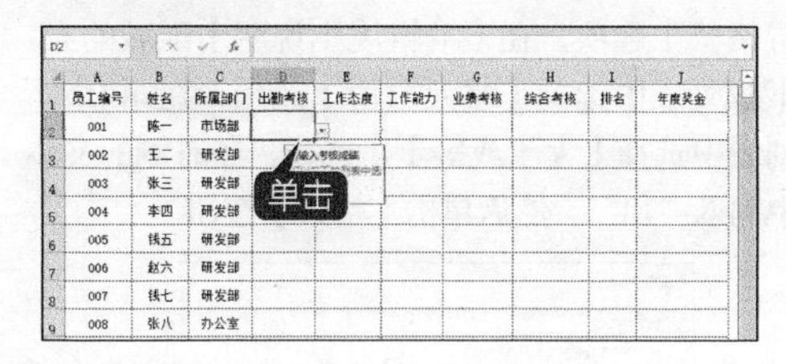

9 重新输入

在单元格D2中输入“8”，按【Enter】键，会弹出【考核成绩错误】提示框。如果单击【重试】按钮，则可重新输入。

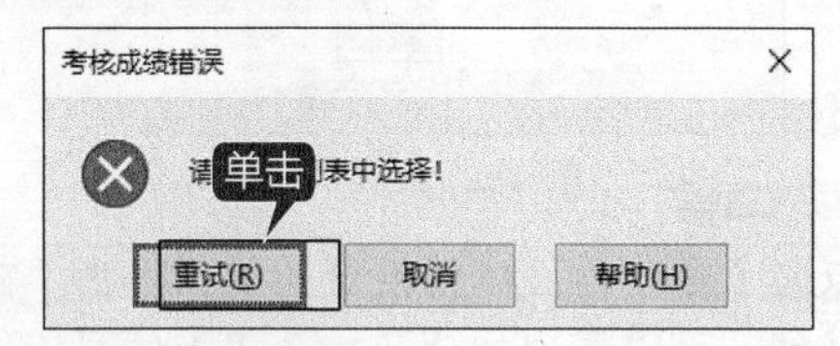

10 设置数据

参照步骤1～7，设置E、F、G等列的数据有效性，并依次输入员工的成绩。

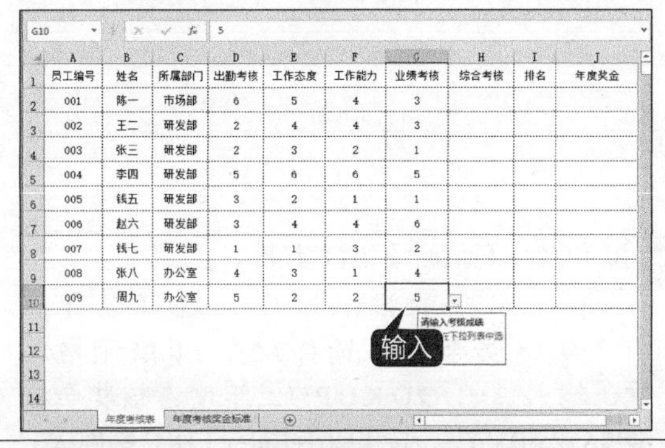

11 计算综合考核成绩

计算综合考核成绩。选择H2:H10单元格区域，输入“=SUM(D2:G2)”，按【Ctrl+Enter】组合键确认，即可计算出员工的综合考核成绩。

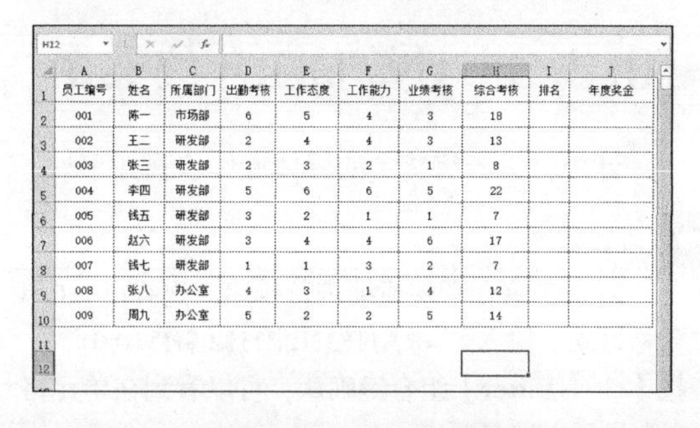

10.3.2 设置条件格式

设置条件格式的具体操作步骤如下。

1 选择单元格区域

选择单元格区域H2:H10，单击【开始】选项卡下【样式】选项组中的【条件格式】按钮 条件格式，在弹出的下拉菜单中选择【新建规则】菜单项。

2 如图所示

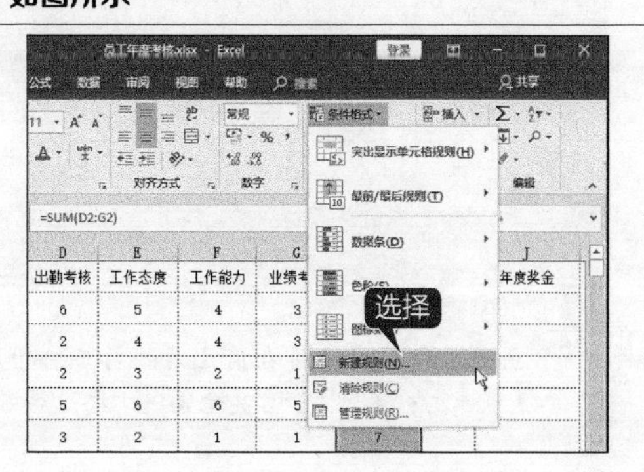

3 单击【格式】按钮

弹出【新建格式规则】对话框，在【选择规则类型】列表框中选择【只为包含以下内容的单元格设置格式】选项，在【编辑规则说明】区域的第1个下拉列表中选择【单元格值】选项，在第2个下拉列表中选择【大于或等于】选项，在右侧的文本框中输入“18”。然后单击【格式】按钮。

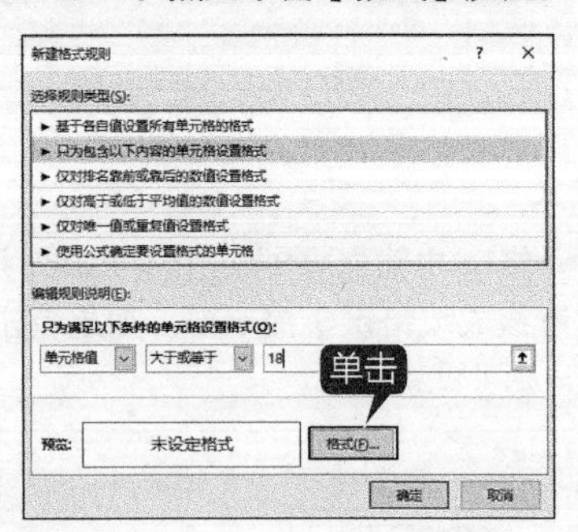

4 单击【确定】按钮

打开【设置单元格格式】对话框，选择【填充】选项卡，在【背景色】列表框中选择一种颜色，在【示例】区可以预览效果，单击【确定】按钮。

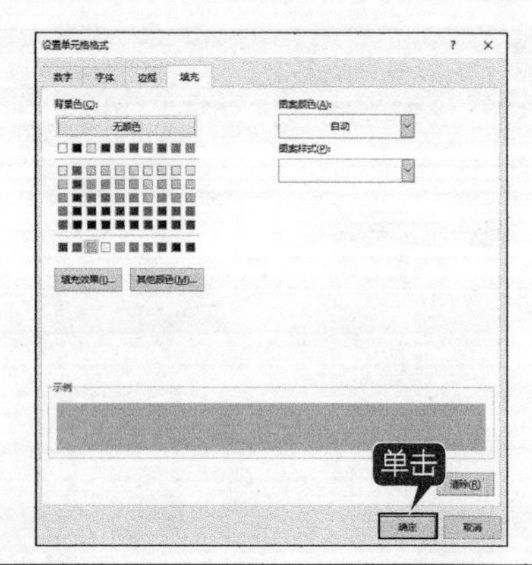

5 返回对话框

返回【新建格式规则】对话框，单击【确定】按钮。可以看到18分及18分以上的员工的“综合考核”将会以设置的背景色显示。

6 设置完成

	A	B	C	D	E	F	G	H	I	J
1	员工编号	姓名	所属部门	出勤考核	工作态度	工作能力	业绩考核	综合考核	排名	年度奖金
2	001	陈一	市场部	6	5	4	3	18		
3	002	王二	研发部	2	4	4	3	13		
4	003	张三	研发部	2	3	2	1	8		
5	004	李四	研发部	5	6	6	5	22		
6	005	钱五	研发部	3	[illegible]	[illegible]	1	7		
7	006	赵六	研发部	3	[illegible]	[illegible]	6	17		
8	007	钱七	研发部	1	1	3	2	7		
9	008	张八	办公室	4	3	1	4	12		

设置完成

10.3.3 计算员工年终奖金

计算员工年终奖金的具体操作步骤如下。

1 排名顺序

对员工综合考核成绩进行排序。选择I2:I10单元格区域，输入“=RANK(H2,$H$2:$H$10,0)”，按【Ctrl+Enter】组合键确认，可以看到在单元格I2中显示出排名顺序。

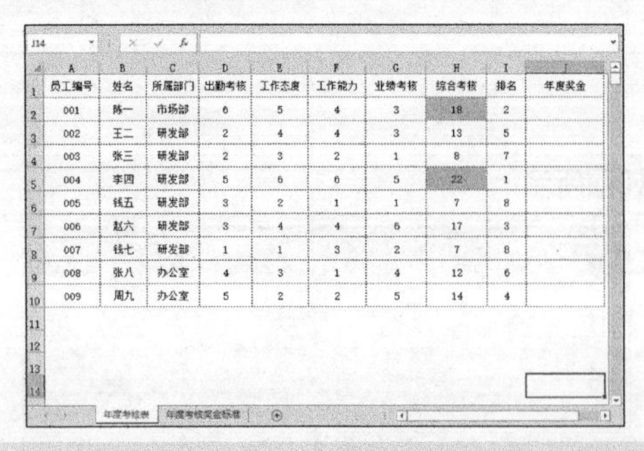

	A	B	C	D	E	F	G	H	I	J
1	员工编号	姓名	所属部门	出勤考核	工作态度	工作能力	业绩考核	综合考核	排名	年度奖金
2	001	陈一	市场部	6	5	4	3	18	2	
3	002	王二	研发部	2	4	4	3	13	5	
4	003	张三	研发部	2	3	2	1	8	7	
5	004	李四	研发部	5	6	6	5	22	1	
6	005	钱五	研发部	3	2	1	1	7	8	
7	006	赵六	研发部	3	4	4	6	17	3	
8	007	钱七	研发部	1	1	3	2	7	8	
9	008	张八	办公室	4	3	1	4	12	6	
10	009	周九	办公室	5	2	2	5	14	4	

2 按【Ctrl+Enter】组合键确认

有了员工的排名顺序，就可以计算出“年终奖金”。选择J2:J10单元格区域，输入“=LOOKUP(I2,年度考核奖金标准!$A$2:$B$5)”，按【Ctrl+Enter】组合键确认，可以计算出员工的“年终奖金”。

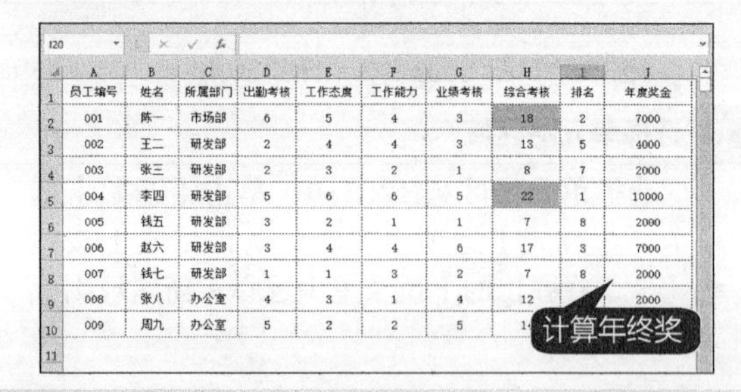

	A	B	C	D	E	F	G	H	I	J
1	员工编号	姓名	所属部门	出勤考核	工作态度	工作能力	业绩考核	综合考核	排名	年度奖金
2	001	陈一	市场部	6	5	4	3	18	2	7000
3	002	王二	研发部	2	4	4	3	13	5	4000
4	003	张三	研发部	2	3	2	1	8	7	2000
5	004	李四	研发部	5	6	6	5	22	1	10000
6	005	钱五	研发部	3	2	1	1	7	8	2000
7	006	赵六	研发部	3	4	4	6	17	3	7000
8	007	钱七	研发部	1	1	3	2	7	8	2000
9	008	张八	办公室	4	3	1	4	12	[illegible]	2000
10	009	周九	办公室	5	2	2	5	[illegible]	[illegible]	[illegible]

小提示

企业对年度考核排在前几名的员工给予奖金奖励，标准为：第 1 名奖金 10 000 元；第 2、3 名奖金 7 000 元；第 4、5 名奖金 4 000 元；第 6 ~ 10 名奖金 2 000 元。

至此，就完成了《员工年度考核》系统的制作，最后只需要将制作完成的工作簿进行保存即可。

第 11 章

Excel 2019 的行业应用——财务管理

本章视频教学时间：19 分钟

财务管理是财务处理流程中至关重要的环节，而在今天日常的财务管理工作中，传统的手工处理方法已经远远不能满足工作的需要，功能强大的 Excel 2019 正发挥着越来越重要的作用。

【学习目标】

- 通过本章学习，为使用 Excel 处理账务打好基础。

【本章涉及知识点】

- 《明细账表》
- 《项目成本预算分析表》
- 《住房贷款速查表》

11.1 处理《明细账表》

 **本节视频教学时间：4分钟**

财务管理中重要的一部分工作就是进行财务分析。财务分析，又称财务报表分析，是指在财务报表及其相关资料的基础上，通过一定的方法和手段，对财务报表提供的数据进行系统和深入的分析研究，揭示有关指标之间的关系、变动情况及其形成原因，从而向使用者提供相关和全面的信息，也就是将财务报表及相关数据转换为对特定决策有用的信息，对企业过去的财务状况和经营成果以及未来前景做出评价。通过这一评价，可以为财务决策、计划和控制提供广泛的帮助。

11.1.1 计算月末余额

在制作《明细账表》前，计算月末余额的具体步骤如下。

1 打开素材

打开“素材\ch11\明细账表.xlsx”文件。单击F3单元格，在编辑栏中输入“=C3+D3-E3”，按【Enter】键确认。

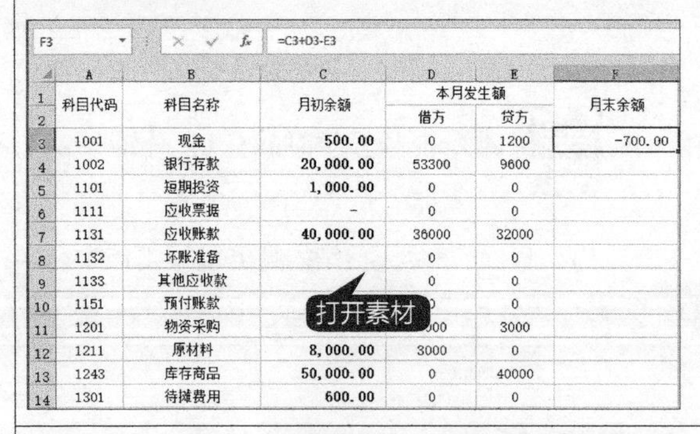

2 快速填充

使用快速填充功能，填充单元格区域F3:F52。

填充

11.1.2 设置单元格数字格式

《明细账表》数据添加完毕后，后面可以对数据设置单元格格式，如会计数字格式。

1 选择 C3:F53 单元格区域

选择C3:F53单元格区域，单击【开始】➤【数字】选项组中的【会计数字格式】按钮。

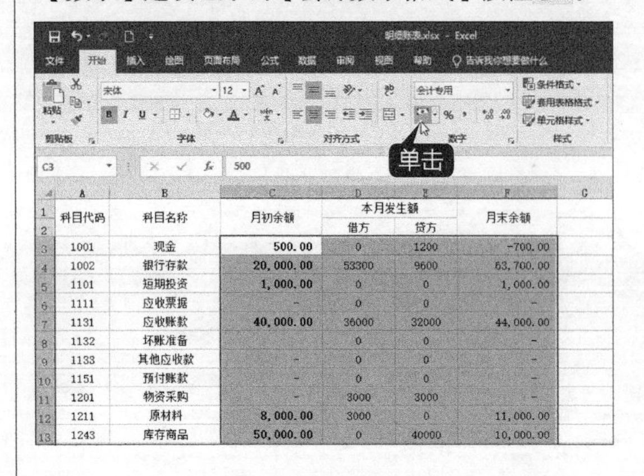

2 最终效果

此时，即可添加会计格式，并根据情况调整列宽，使数据完整显示，最终效果如下图所示。

最终效果

11.1.3 明细账表单的美化

《明细账表》数据及格式设置完毕后，可以对其进行美化，如字体、填充效果等。

1 设置字体

选择A1:F2单元格区域，将字体设置为【楷体】，字号设置为【12】，并【加粗】显示，然后将颜色设置为“蓝色”。

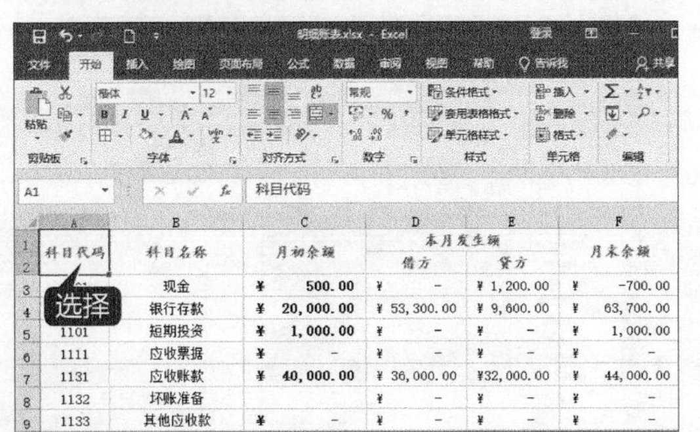

2 设置字体颜色

选择A3:F53单元格区域，将字体设置为【华文仿宋】，字体颜色设置为“蓝色”。

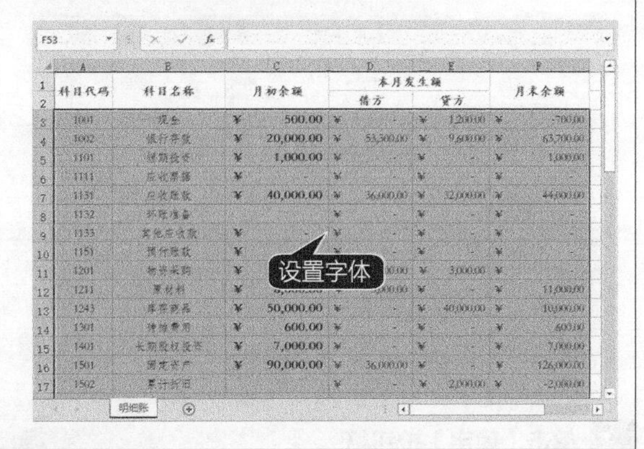

3 单击【确定】按钮

选择A1: F53单元格区域，按【Ctrl+1】组合键，打开【设置单元格格式】对话框，选择【边框】选项卡，设置边框线的样式及颜色，并分别添加内部边框和外边框，然后单击【确定】按钮。

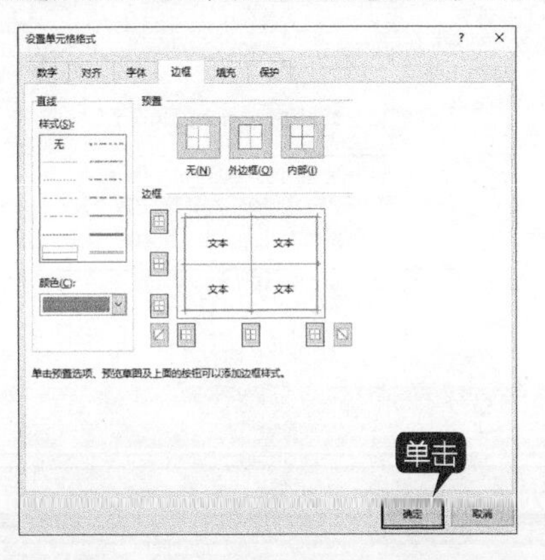

4 最终效果

此时，即可为明细账表添加内外框线，最终效果如下图所示。

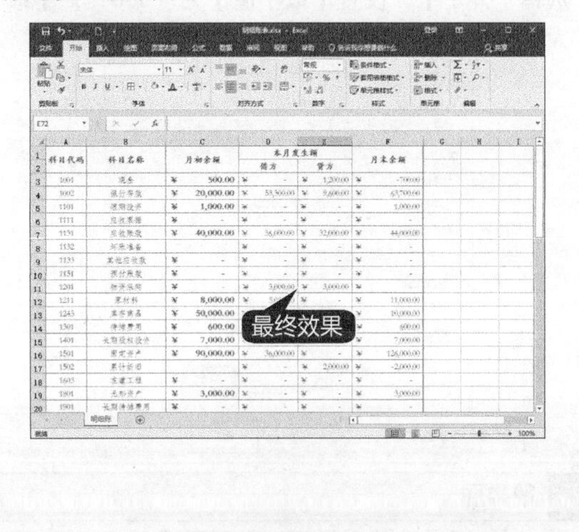

11.2 制作《项目成本预算分析表》

本节视频教学时间：6分钟

成本预算是施工单位在项目实施中有效控制成本、实现目标成本和目标利润的重要途径，而一个清晰的《项目成本预算分析表》可以便于项目分析，发现问题，研究可行性对策，规避市场风险，从而确保项目顺利完成。

一般，一个完整的《项目成本预算分析表》，应包括项目名称、项目类别、项目工期、项目具体内容、参与人员、项目各项金额及详细情况说明等。本节主要制作的《项目成本预算分析表》，是较为基础且最为常用的工作表，其内容相对较为简单。而表格的具体内容，用户可以根据实际需求进行设计。

11.2.1 为预算分析表添加数据验证

添加数据验证，具体操作步骤如下。

1 打开素材

打开“素材\ch11\项目成本预算分析表.xlsx”工作簿。

2 选择【数据验证】选项

选择B3:D11单元格区域，单击【数据】➤【数据工具】选项组中的【数据验证】按钮，在弹出的下拉列表中选择【数据验证】选项。

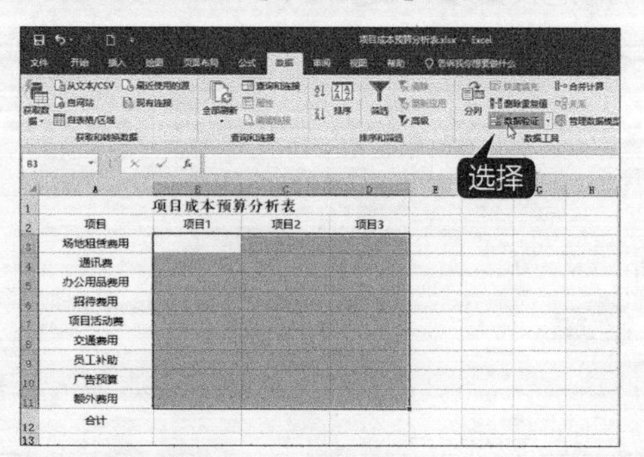

3 单击【确定】按钮格

弹出【数据验证】对话框，在【允许】下拉列表框中选择【整数】，在【数据】下拉列表中选择【介于】，设置【最小值】为“500”，【最大值】为“10000”，单击【确定】按钮。

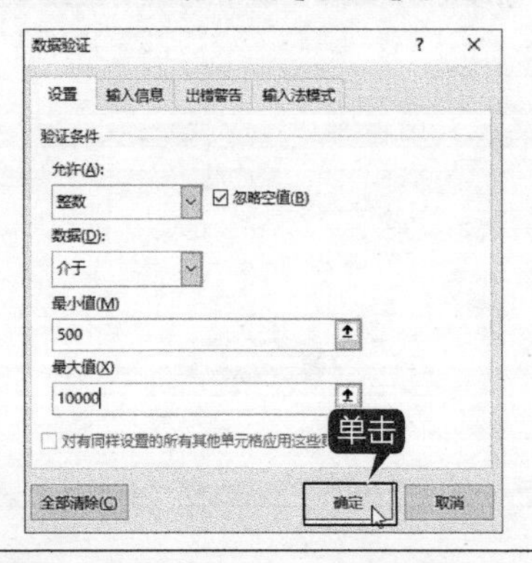

4 弹出如下警告框

当输入的数字不符合要求时，会弹出如下警告框。

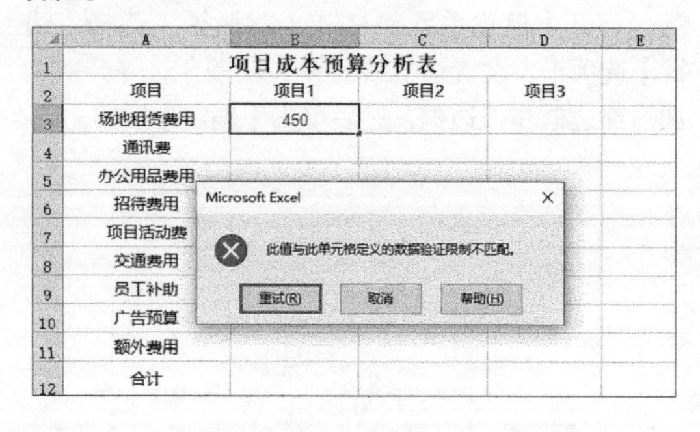

5 效果图

在工作表中输入数据，如下图所示。

11.2.2 计算合计预算

计算合并预算具体步骤如下。

1 选择单元格区域

选择B12:D12单元格区域，并在编辑栏中输入"=SUM（B3：B11）"。

2 按【Ctrl+Enter】组合键

按【Ctrl+Enter】组合键，即可算出B12:D12单元格区域的合计项。

	A	B	C	D
1	项目成本预算分析表			
2	项目	项目1	项目2	项目3
3	场地租赁费用	1500	1200	1600
4	通讯费	800	700	500
5	办公用品费用	2300	2700	1300
6	招待费用	1800	3500	2100
7	项目活动费	2400	1700	1600
8	交通费用	1500	800	950
9	员工补助	1200	1700	1600
10	广告预算	8000	6500	5000
11	额外费用	1500	800	1100
12	合计	21000	19600	15750

11.2.3 美化工作表

本例中主要讲述添加样式和边框美化工作表。

1 选择单元格样式

选择A2:D2单元格区域，单击【开始】选项卡下【样式】选项组中的【其他】按钮，在弹出的下拉列表中选择一种单元格样式。

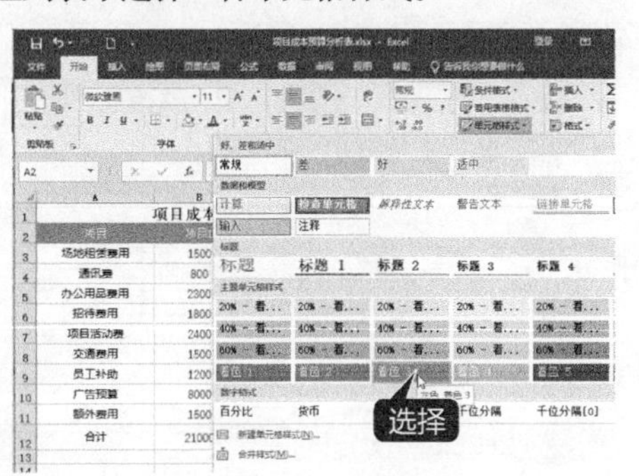

2 添加样式

此时，即可为选中的单元格添加样式。

	A	B	C	D
1	项目成本预算分析表			
2	项目	项目1	项目2	项目3
3	场地租赁费用	1500	1200	1600
4	通讯费	800	700	500
5	办公用品费用	2300	2700	1300
6	招待费用	1800	3500	2100
7	项目活动费	2400	1700	1600
8	交通费用	1500	800	950
9	员工补助	1200	1700	1600
10	广告预算	8000	6500	5000
11	额外费用	1500	800	1100
12	合计	21000	19600	15750

添加样式

3 单击【确定】按钮

选择A1:D12单元格区域，按【Ctrl+1】组合键，打开弹出【设置单元格格式】对话框，选择【边框】选项卡，在【样式】列表中选择一种线条样式，并设置边框的颜色，选择需要设置边框的位置，单击【确定】按钮。

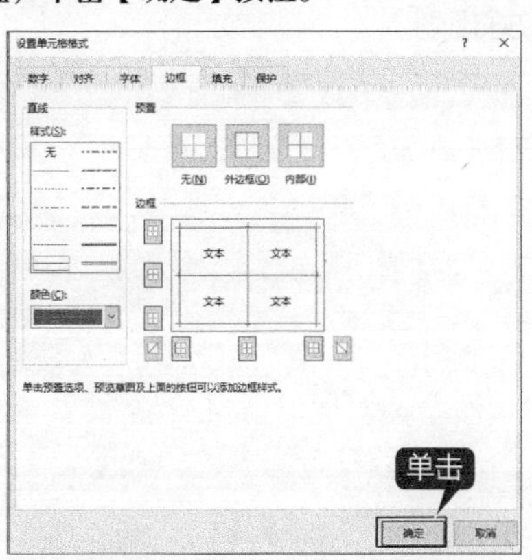

4 添加边框

此时，即可为工作表添加边框。

	A	B	C	D
1	项目成本预算分析表			
2	项目	项目1	项目2	项目3
3	场地租赁费用	1500	1200	16
4	通讯费	800	700	500
5	办公用品费用	2300	2700	1300
6	招待费用	1800	3500	2100
7	项目活动费	2400	1700	1600
8	交通费用	1500	800	950
9	员工补助	1200	1700	1600
10	广告预算	8000	6500	5000
11	额外费用	1500	800	1100
12	合计	21000	19600	15750

添加边框

11.2.4　预算数据的筛选

在处理预算表时，用户可以根据条件，筛选出相关的数据。

1　选择任意单元格

选择任意单元格，按【Shift+Ctrl+L】组合键，在标题行的每列的右侧出现一个下拉按钮。

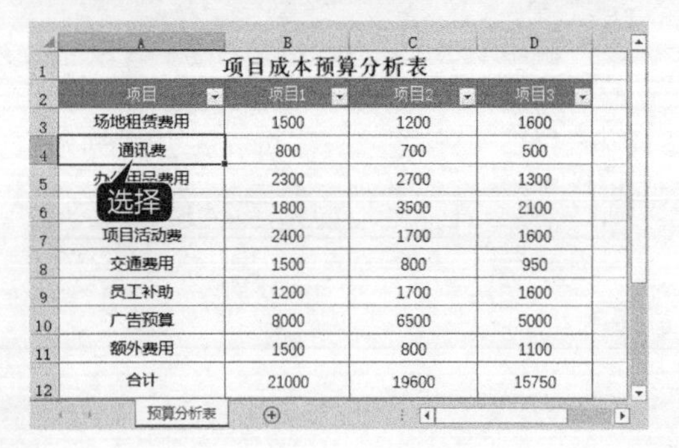

项目成本预算分析表			
项目	项目1	项目2	项目3
场地租赁费用	1500	1200	1600
通讯费	800	700	500
办公用品费用	2300	2700	1300
[illegible]	1800	3500	2100
项目活动费	2400	1700	1600
交通费用	1500	800	950
员工补助	1200	1700	1600
广告预算	8000	6500	5000
额外费用	1500	800	1100
合计	21000	19600	15750

2　选择【大于】选项

单击【项目1】列标题右侧的下拉按钮，在弹出的下拉列表中选择【数字筛选】➤【大于】选项。

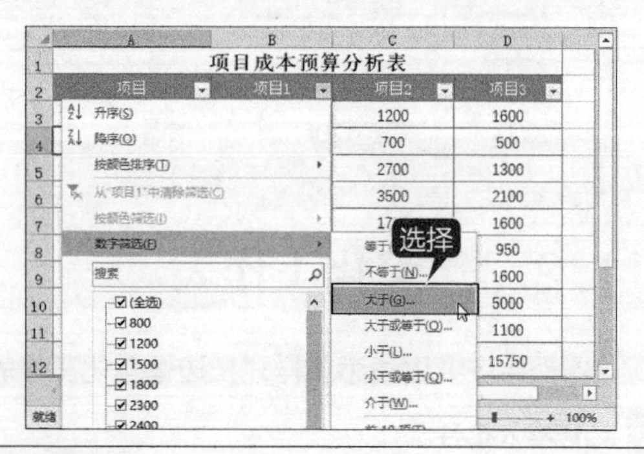

3　单击【确定】按钮

弹出【自定义自动筛选方式】对话框，在【大于】右侧的文本框中输入“2000”，单击【确定】按钮。

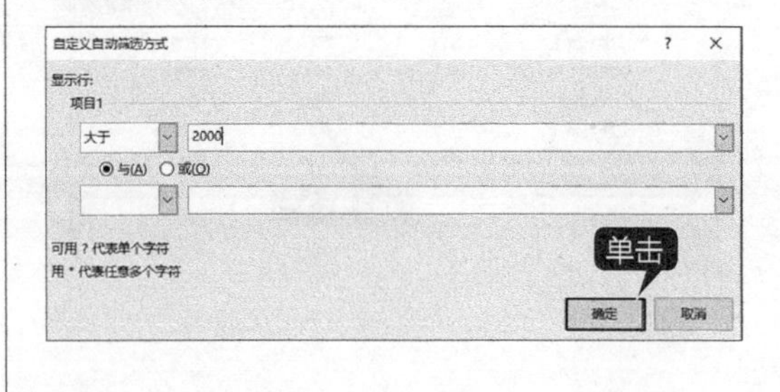

4　制作完成

此时，即可将预算费用大于2000元的项目筛选出来。至此，《项目成本预算分析表》就制作完成了。

项目成本预算分析表			
项目	项目1	项目2	项目3
办公用品费用	2300	2700	1300
项目活动费	2400	1700	1600
广告预算	8000	6500	5000
合计	21000	19600	15750

制作完成

预算分析表

11.3 制作《住房贷款速查表》

 本节视频教学时间：9分钟

在日常生活中，越来越多的人选择申请住房贷款来购买房产。制作一份详细的《住房贷款速查表》能够帮助用户了解自己的还款状态，提前为自己的消费做好规划。

11.3.1　设置单元格数字格式

设置单元格数字格式具体步骤如下。

1　打开素材

打开“素材\ch11\住房贷款速查表.xlsx”文件。

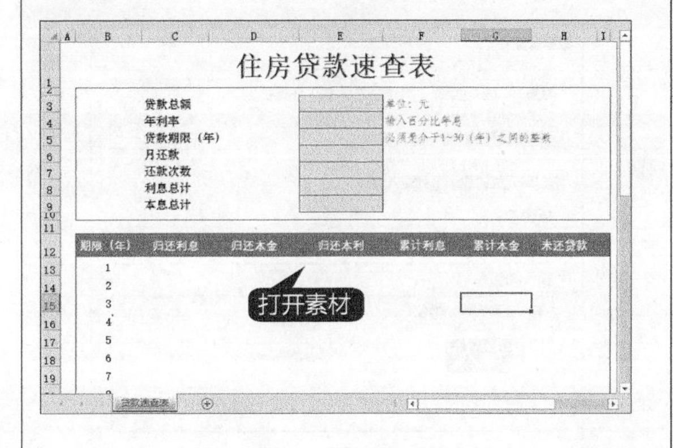

2　选择 E4 单元格

选择E4单元格，按【Ctrl+1】组合键，弹出【设置单元格格式】对话框，在【数字】选项卡下的【分类】列表框中选择【百分比】选项。设置【小数位数】为“2”，单击【确定】按钮。

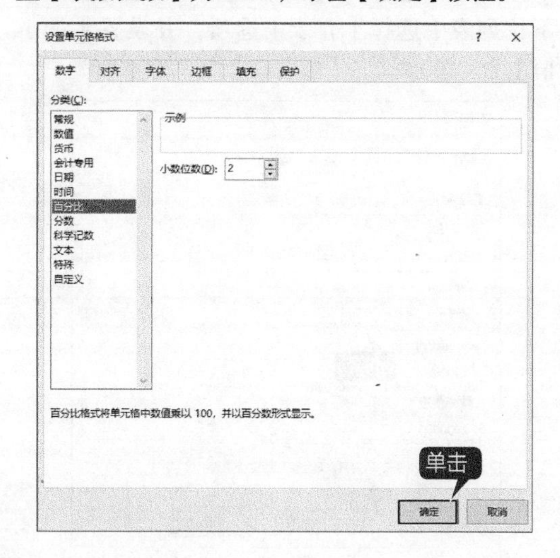

3　选择单元格区域

选择C13:H42单元格区域，然后按【Ctrl+1】组合键。

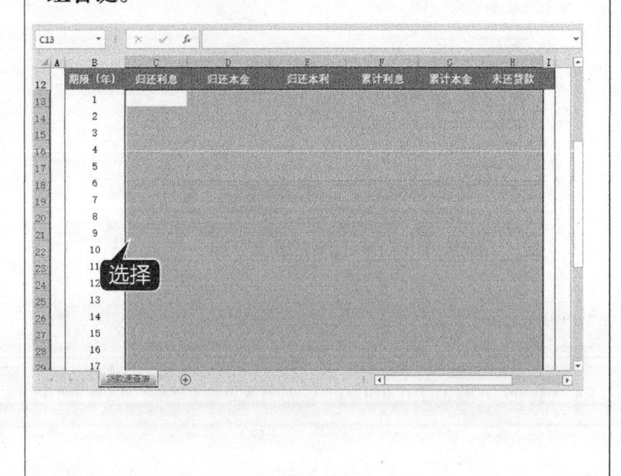

4　单击【确定】按钮

打开【设置单元格格式】对话框，选择【数字】选项卡，并单击【货币】类别，为单元格区域应用货币格式，单击【确定】按钮完成设置。

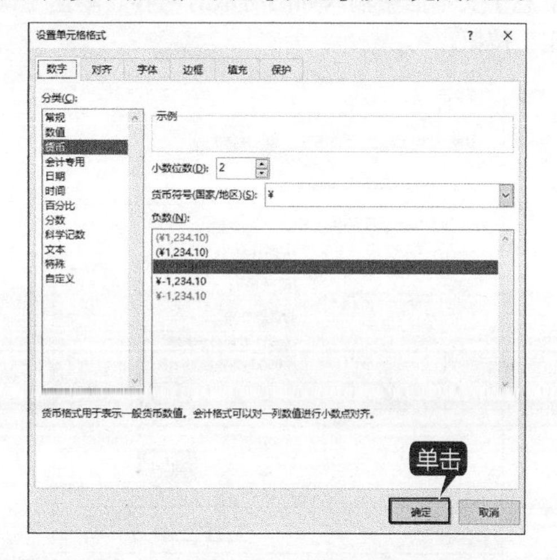

11.3.2　设置数据验证

为单元格添加数据验证可以提醒表格录入者，可以更准确地输入表格数据。另外在年限单元格设置序列的数据验证，可以更方便选择贷款年限。

1 选择 E3 单元格

选择E3单元格，单击【数据】选项卡【数据工具】选项组中的【数据验证】按钮，弹出【数据验证】对话框，在【设置】选项卡的【允许】下拉列表中选择【整数】数据格式。在【数据】下拉列表中选择【介于】选项，并设置【最小值】为“10000”，【最大值】为“2000000”。

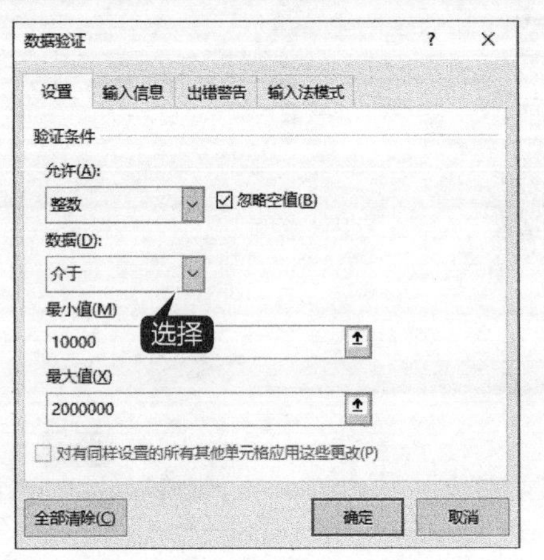

2 选择【输入信息】选项卡

选择【输入信息】选项卡。在【标题】和【输入信息】文本框中，输入如图所示的内容。

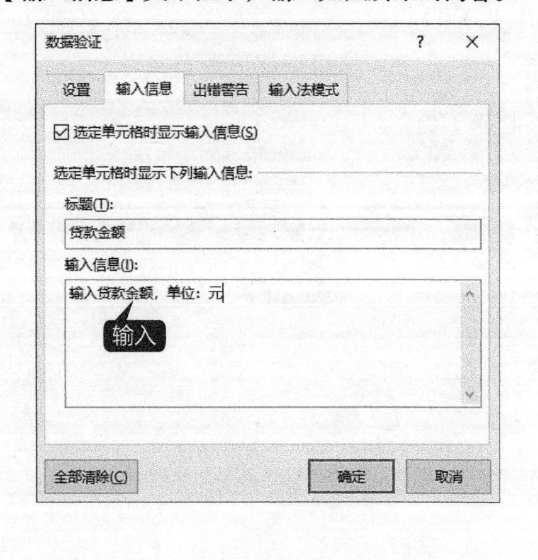

3 单击【确定】按钮

选择【出错警告】选项卡，在【样式】下拉列表中选择【警告】选项，在【标题】和【错误信息】文本框中输入如图所示的内容。单击【确定】按钮。

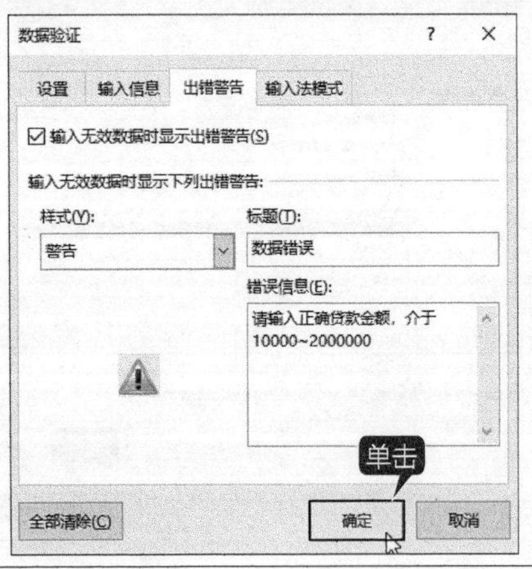

4 选择 E3 单元格

返回至工作表之后，选择E3单元格，将会看到提示信息。

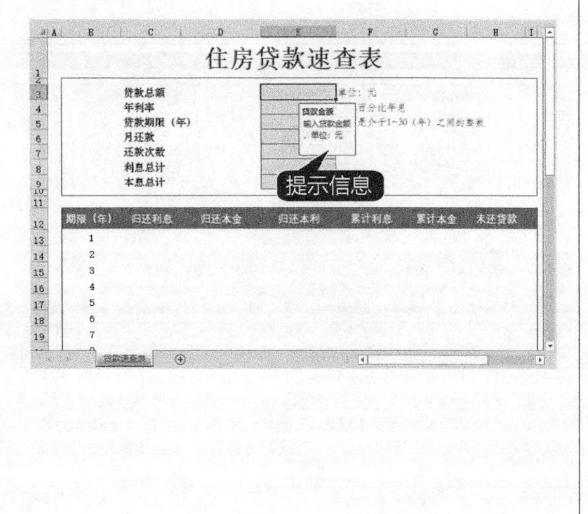

5 单击【否】按钮

如果输入了10 000~2 000 000之外的数据，将会弹出【数据错误】提示框，只需要单击【否】按钮，并输入正确数据即可。

6　选择 E5 单元格

选择E5单元格，打开【数据验证】对话框，在【设置】选项卡的【允许】下拉列表中选择【序列】数据格式，在【来源】文本框中输入"10,20,30"，单击【确定】按钮。

7　返回至工作表

返回至工作表，单击E5单元格后的下拉按钮，可以在弹出的下拉列表中选择贷款年限数据。

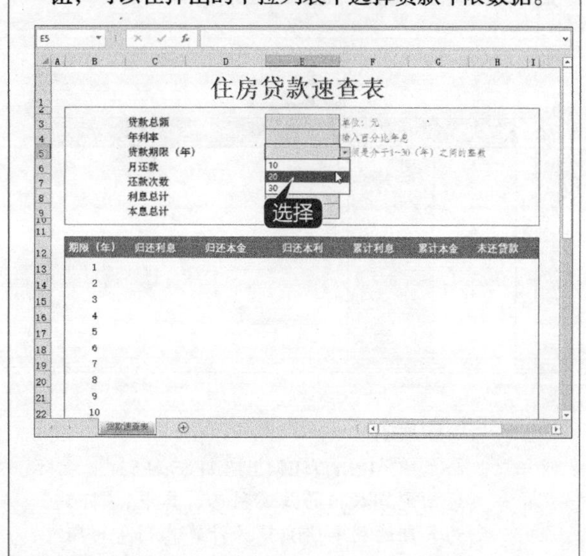

8　输入数据

根据需要在E3:E5单元格区域中分别输入"600 000""4.9%"和"30"的数据。

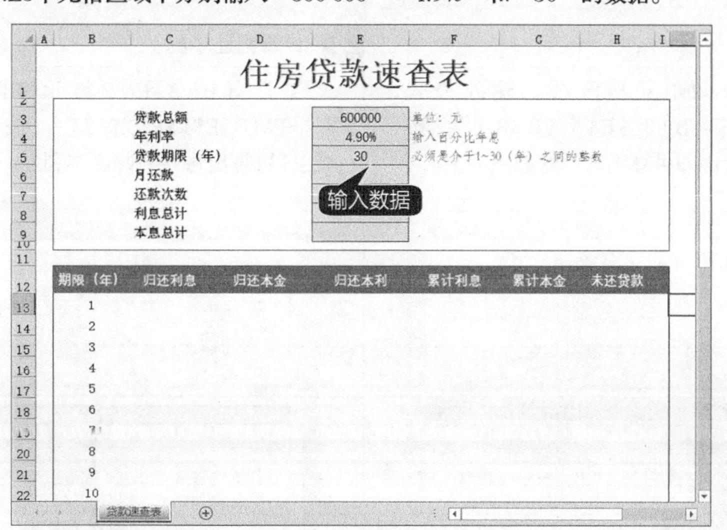

11.3.3　计算贷款还款情况

表格设置完成后，即可输入函数进行贷款还款情况的计算了。

1 选择单元格区域

选择C13:C42单元格区域，在编辑栏中输入公式"=IPMT($E$4,B13,$E$5,$E$3)"。

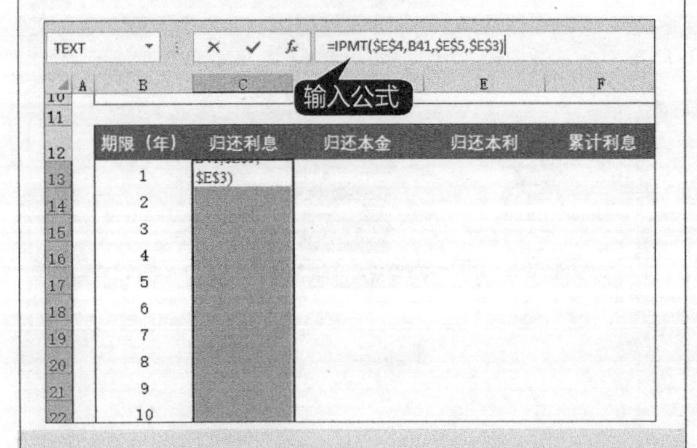

小提示

公式"=IPMT($E$4,B13,$E$5,$E$3)"表示返回定期数内的归还利息。其中，"$E$4"为各期的利率;"B13"为计算其利息的期次，这里计算的是第一年的归还利息；"$E$5"为"贷款的期限"；"$E$3"表示了贷款的总额。

2 按【Ctrl+Enter】组合键

按【Ctrl+Enter】组合键，计算每年的归还利息。

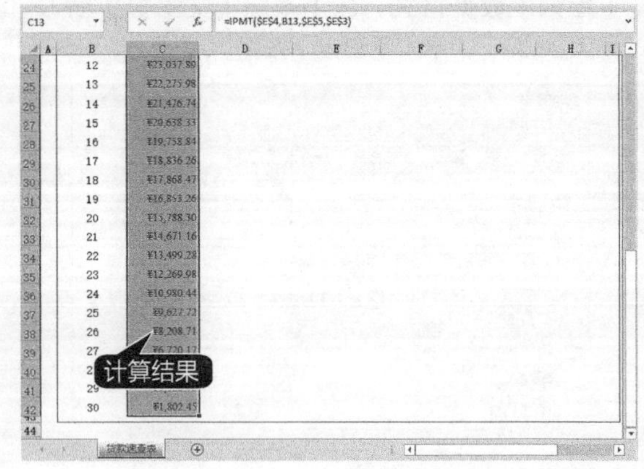

3 输入公式

选择D13:D42单元格区域，输入公式"=PPMT（$E$4,B13,$E$5,$E$3）"，按【Ctrl+Enter】组合键即可算出每年的归还本金。

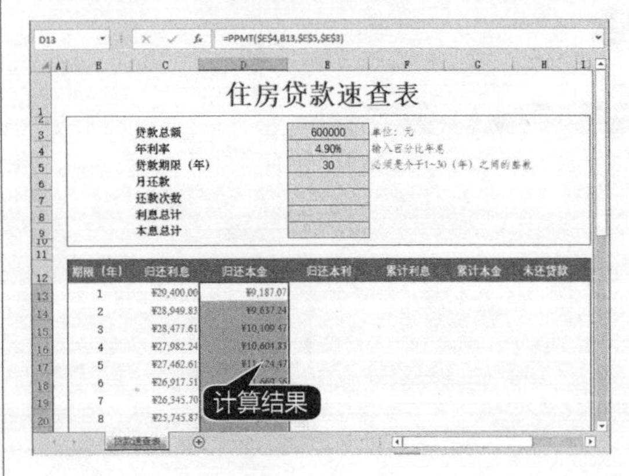

小提示

公式"=PPMT（$E$4,B13,$E$5,$E$3）"表示返回定期数内的归还本金。其中，"$E$4"为各期的利率;"B13"为计算其本金的期次，这里计算的是第一年的归还本金；"$E$5"为"贷款的期限"；"$E$3"表示了贷款的总额。

4 计算归还本利

选择E13:E42单元格区域，输入公式"=PMT($E$4,$E$5,$E$3)"，按【Ctrl+Enter】组合键即可算出每年的归还本利。

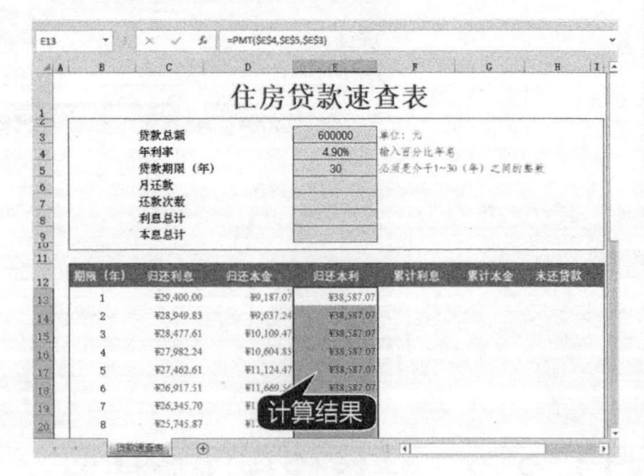

小提示

公式"=PMT($E$4,$E$5,$E$3)"表示返回贷款每期的归还总额。其中"$E$4"为各期的利息，"$E$5"为"贷款的期限"，"$E$3"表示了贷款的总额。

5 计算累计利息

选择F13:F42单元格区域，输入公式“=CUMIPMT（$E$4,$E$5,$E$3,1,B13,0）”，按【Ctrl+Enter】组合键即可算出每年的累计利息。

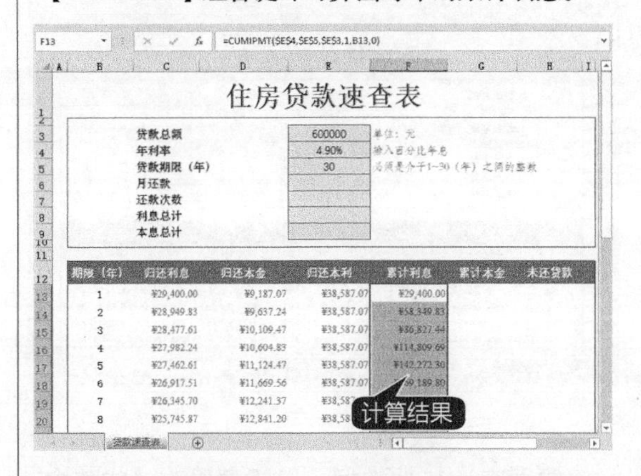

小提示

公式“=CUMIPMT（$E$4,$E$5,$E$3,1,B13,0）”表示返回两个周期之间的累计利息。其中,“$E$4”为各期的利息;“$E$5”为“贷款的期限”；“$E$3”表示了贷款的总额；“1”表示计算中的首期，付款期数从 1 开始计数；“B13”表示期次；“0”表示付款方式是在期末。

6 计算累计本金

选择G13:G42单元格区域，输入公式“=CUMPRINC（$E$4,$E$5,$E$3,1,B13,0）”，按【Ctrl+Enter】组合键即可算出每年的累计本金。

小提示

公式“=CUMPRINC($E$4,$E$5,$E$3,1,B13,0）”表示返回两个周期之间的支付本金总额。其中“$E$4”为各期的利息；“$E$5”为“贷款的期限”；“$E$3”表示了贷款的总额；“1”表示计算中的首期，付款期数从 1 开始计数；“B13”表示期次；“0”表示付款方式是在期末。

7 计算还利息

选择H13:H42单元格区域，输入公式“=$E$3+F5”,按【Ctrl+Enter】组合键即可算出每年的未还贷款。

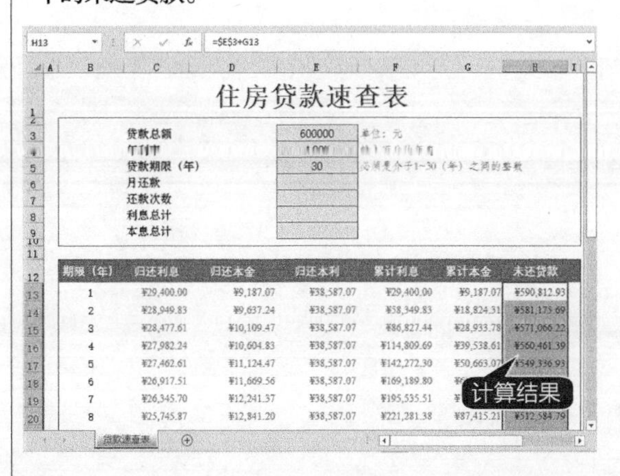

8 选择 E7 单元格区域

选择E7单元格区域，输入公式“=E5*12”，计算出还款次数。

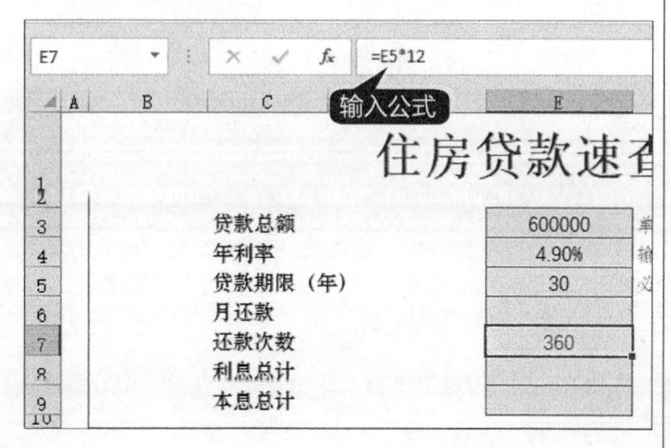

9 输入公式

分别在E8、E9单元格中输入公式“=SUM(C13:C42)”和“=SUM(E13:E42)”,计算出利息和本息的总和。

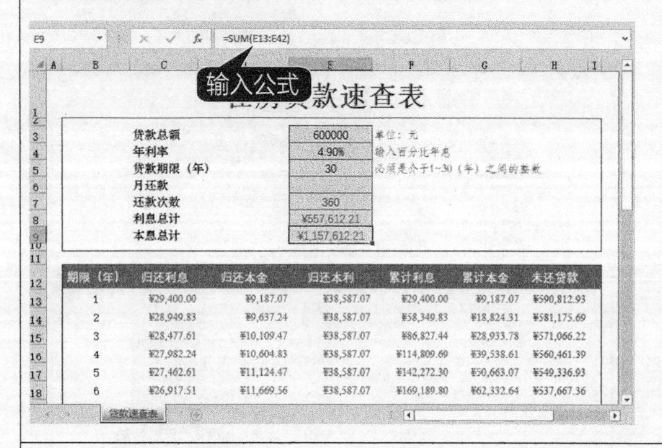

10 计算出月还额

单击E6单元格中输入公式“=E9/E7”，计算出月还额。

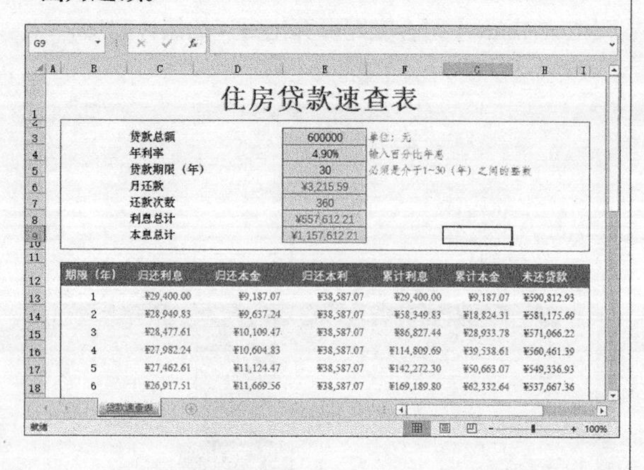

至此，就完成了《住房贷款速查表》的制作，如果需要查询其他数据，只需要更改“贷款金额”“年利率”和“贷款期限（年）”等数据即可。

第 12 章

Excel 2019 的行业应用——市场营销

本章视频教学时间：17 分钟

使用 Excel 可以快速制作各种销售统计分析报表和图表，对销售信息进行整理和分析，包括市场调研、产品使用状况追踪、售后服务和信息反馈等一系列活动。

【学习目标】

- 通过本章的学习，掌握 Excel 2019 在市场营销中的应用方法。

【本章涉及知识点】

- 汇总与统计销售额
- 制作产品销售分析图表
- 根据透视表分析员工销售业绩

12.1 汇总与统计销售额

本节视频教学时间：5分钟

要统计各个地区及每个销售员的销售业绩，可以使用求和函数，但因为要统计的种类很多，这样做很麻烦，所以下面讲解一种简单方法——分类汇总。这种方法可以方便地求解多种类数据的总和及平均值等。

12.1.1 统计产品销售数量与销售额

使用分类汇总可以将相同规格的产品汇总统计到一起，便于分析。下面讲解具体做法。

1 打开素材

打开 “素材\ch12\年度销售统计表.xlsx”文件中的“基本数据”工作表。

	A	B	C	D
1	产品名称	数量	月份	销售额
2	比特女式上衣	2	1	¥ 400.00
3	比特女式衬衣	5	2	¥ 1,000.00
4	比特女式长裤	8	3	¥ 1,600.00
5	比特男式上衣	10	4	¥ 2,000.00
6	比特男式衬衣	3	5	¥ 600.00
7	比特男式长裤	5	6	¥ 1,000.00
8	比特女式上衣	7	7	¥ 1,400.00
9	比特女式衬衣	5	8	¥ 1,000.00
10	比特女式长裤	6	9	¥ 1,200.00
11	比特男式上衣	[illegible]	10	¥ 600.00
12	比特男式衬衣	[illegible]	[illegible]	¥ 1,600.00
13	比特男式长裤	[illegible]	12	¥ 2,200.00
14	比特女式上衣	3	5	¥ 600.00
15	比特女式衬衣	4	6	¥ 800.00
16	比特女式长裤	6	7	¥ 1,200.00
17	比特男式上衣	7	8	¥ 1,400.00
18	比特男式衬衣	10	9	¥ 2,000.00
19	比特男式长裤	7	12	¥ 1,400.00

打开素材

基本数据

小提示

对数据列表中的某一列进行分类汇总时，如果该列没有按照一定的顺序排列，则应先对该列进行排序。在此例中应先对“产品名称”列进行排序。

2 选择 A2 单元格

选择A2单元格，单击【数据】选项卡【排序和筛选】选项组中的【降序】按钮，对工作表进行排序。

年度销售统计表.xlsx - Excel

文件 开始 插入 绘图 页面布局 公式 数据 审阅 视图 帮助

获取和转换数据 查询和连接 排序和筛选 数据工具

选择

最高到最低。

	A	B	C	D
1	产品名称	数量	月份	销售额
2	比特女式上衣	2	1	¥ 400.00
3	比特女式衬衣	5	2	¥ 1,000.00
4	比特女式长裤	8	3	¥ 1,600.00
5	比特男式上衣	10	4	¥ 2,000.00
6	比特男式衬衣	3	5	¥ 600.00
7	比特男式长裤	5	6	¥ 1,000.00
8	比特女式上衣	7	7	¥ 1,400.00
9	比特女式衬衣	5	8	¥ 1,000.00

3 单击【分类汇总】按钮

在【数据】选项卡中，单击【分级显示】选项组中的【分类汇总】按钮。

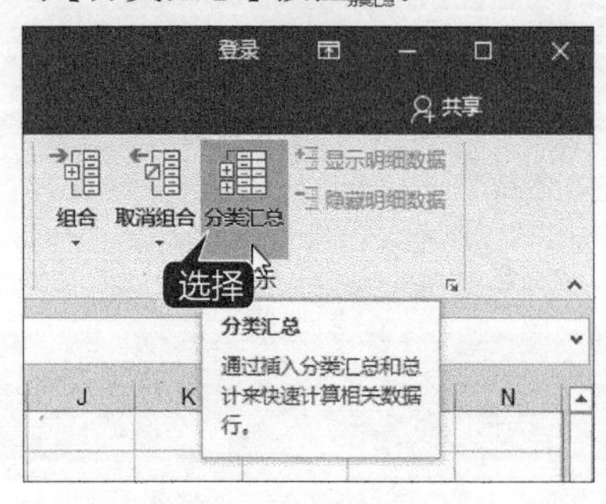

4 选择【求和】选项

弹出【分类汇总】对话框，在【分类字段】下拉列表框中选择【产品名称】选项，在【汇总方式】下拉列表框中选择【求和】选项，在【选定汇总项】列表框中选择【数量】和【销售额】复选框。

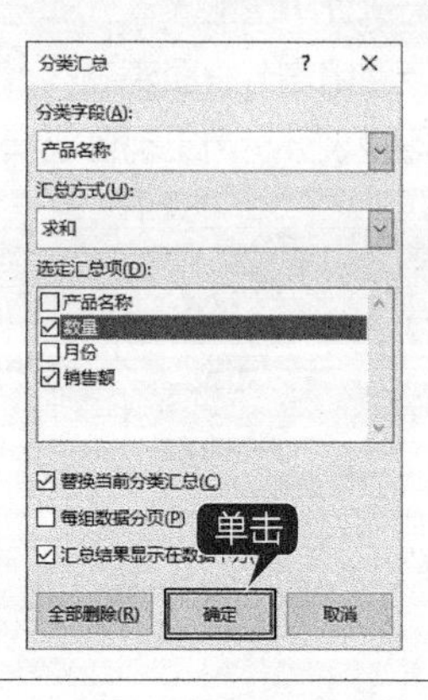

小提示

【汇总方式】列表框中除了默认的“求和”外，还有“平均值”“计数”和“方差”等，共计 11 种方式。

5 单击【确定】按钮

单击【确定】按钮，得到按产品名称分类汇总的销售数量和销售总额。

	A	B	C	D
1	产品名称	数量	月份	销售额
2	比特女式长裤	8	3	¥ 1,600.00
3	比特女式长裤	6	9	¥ 1,200.00
4	比特女式长裤	6	7	¥ 1,200.00
5	比特女式长裤 汇总	20		¥ 4,000.00
6	比特女式上衣	2	1	¥ 400.00
7	比特女式上衣	7	7	¥ 1,400.00
8	比特女式上衣	3	5	¥ 600.00
9	比特女式上衣 汇总	12		¥ 2,400.00
10	比特女式衬衣	5	2	¥ 1,000.00
11	比特女式衬衣	5	8	¥ 1,000.00
12	比特女式衬衣	4	6	¥ 800.00
13	比特女式衬衣 汇总	14		¥ 2,800.00
14	比特男式长裤	5	6	¥ 1,000.00
15	比特男式长裤	11	12	¥ 2,200.00
16	比特男式长裤	7	12	¥ 1,400.00
17	比特男式长裤 汇总	23		¥ 4,600.00

6 单击 A9 单元格

单击A9 单元格左侧对应的[-]按钮。

	A	B	C	D
1	产品名称	数量	月份	销售额
2	比特女式长裤	8	3	¥ 1,600.00
3	比特女式长裤	6	9	¥ 1,200.00
4	比特女式长裤	6	7	¥ 1,200.00
5	比特女式长裤 汇总	20		¥ 4,000.00
6	比特女式上衣	2	1	¥ 400.00
7	比特女式上衣	7	7	¥ 1,400.00
8	比特女式上衣	3	5	¥ 600.00
9	比特女式上衣 汇总	12		¥ 2,400.00
10	比特女式衬衣	5	2	¥ 1,000.00
11	比特女式衬衣	5	8	¥ 1,000.00
12	比特女式衬衣	4	6	¥ 800.00
13	比特女式衬衣 汇总	14		¥ 2,800.00
14	比特男式长裤	5	6	¥ 1,000.00
15	比特男式长裤	11	12	¥ 2,200.00
16	比特男式长裤	7	12	¥ 1,400.00
17	比特男式长裤 汇总	23		¥ 4,600.00

单击

7 隐藏行

数据清单中的6~8 行隐藏起来，同时[-]按钮变为[+]按钮。

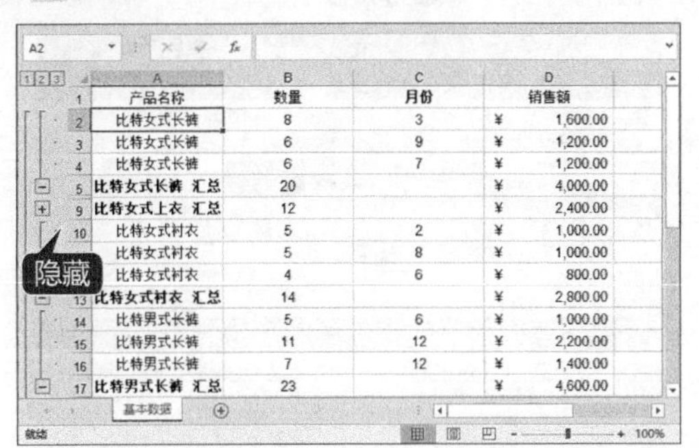

	A	B	C	D
1	产品名称	数量	月份	销售额
2	比特女式长裤	8	3	¥ 1,600.00
3	比特女式长裤	6	9	¥ 1,200.00
4	比特女式长裤	6	7	¥ 1,200.00
5	比特女式长裤 汇总	20		¥ 4,000.00
9	比特女式上衣 汇总	12		¥ 2,400.00
10	比特女式衬衣	5	2	¥ 1,000.00
11	比特女式衬衣	5	8	¥ 1,000.00
12	比特女式衬衣	4	6	¥ 800.00
13	比特女式衬衣 汇总	14		¥ 2,800.00
14	比特男式长裤	5	6	¥ 1,000.00
15	比特男式长裤	11	12	¥ 2,200.00
16	比特男式长裤	7	12	¥ 1,400.00
17	比特男式长裤 汇总	23		¥ 4,600.00

小提示

在上步操作中，再单击[+]按钮可以将 6~8 行展开。

8 单击[2]按钮

单击[2]按钮，各个月的明细数据将隐藏起来。

	A	B	C	D
1	产品名称	数量	月份	销售额
5	比特女式长裤 汇总	20		¥ 4,000.00
9	比特女式上衣 汇总	12		¥ 2,400.00
13	比特女式衬衣 汇总	14		¥ 2,800.00
17	比特男式长裤 汇总	23		¥ 4,600.00
21	比特男式上衣 汇总	20		¥ 4,000.00
25	比特男式衬衣 汇总	21		¥ 4,200.00
26	总计	110		¥ 22,000.00

9 单击[1]按钮

单击[1]按钮，全部的明细数据都隐藏起来。

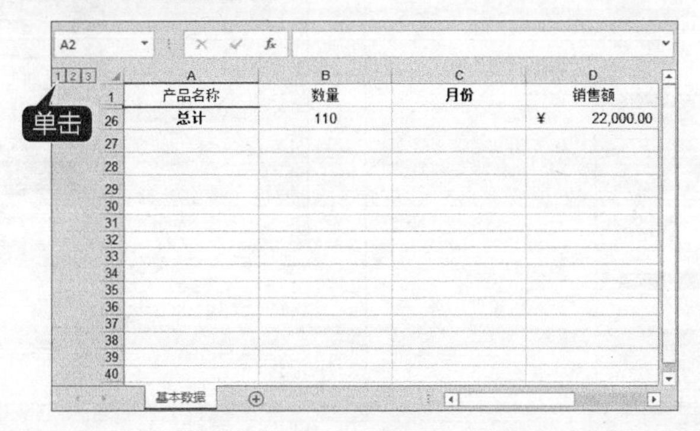

	A	B	C	D
1	产品名称	数量	月份	销售额
26	总计	110		¥ 22,000.00

10 单击【确定】按钮

如果要清除建立好的分类汇总，则可以选择数据表中数据区域内任意单元格，再次打开【分类汇总】对话框，单击【全部删除】按钮，再单击【确定】按钮返回即可。

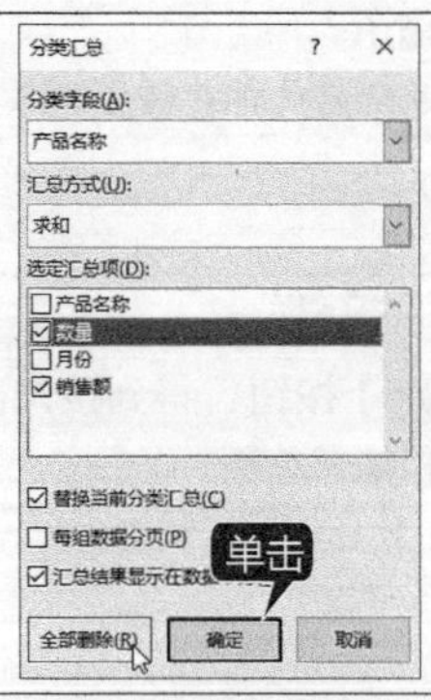

通过对“年度销售统计表.xlsx”工作簿中的数据进行分类汇总，可以很清楚地了解到各类商品的销售数量及总销售额。

12.1.2 汇总与评比员工销售业绩

下面使用分类汇总的方法，对《销售总额统计表》中的销售员信息及销售数据进行分析整理。

1 打开素材

打开“素材\ch12\销售总额统计表.xlsx”文件中的“分公司销售业绩”工作表。

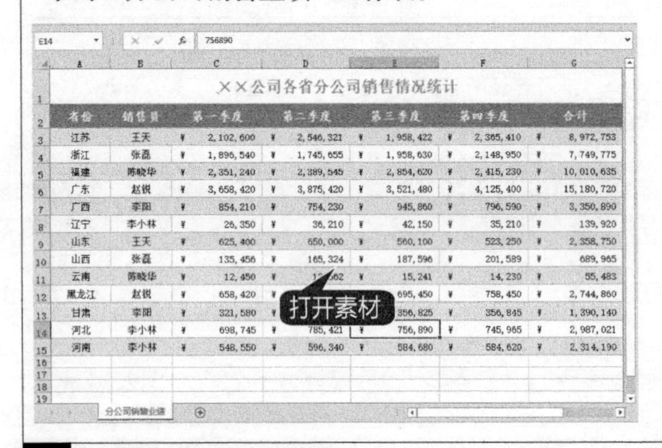

2 选择 B3 单元格

选择B3单元格，单击【数据】选项卡【排序和筛选】选项组中的【升序】按钮，依据【销售员】列对工作表进行排序。

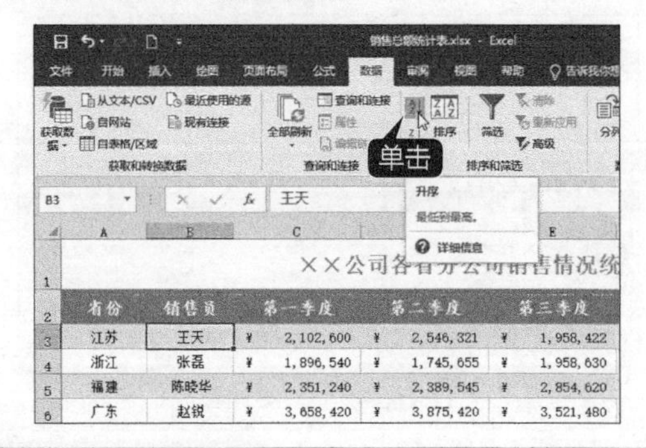

3 选择【合计】复选框

在【数据】选项卡中，单击【分级显示】选项组中的【分类汇总】按钮，弹出【分类汇总】对话框，在【分类字段】下拉列表框中选择【销售员】选项，【汇总方式】下拉列表框中选择【求和】选项，在【选定汇总项】列表框中选择【合计】复选框。

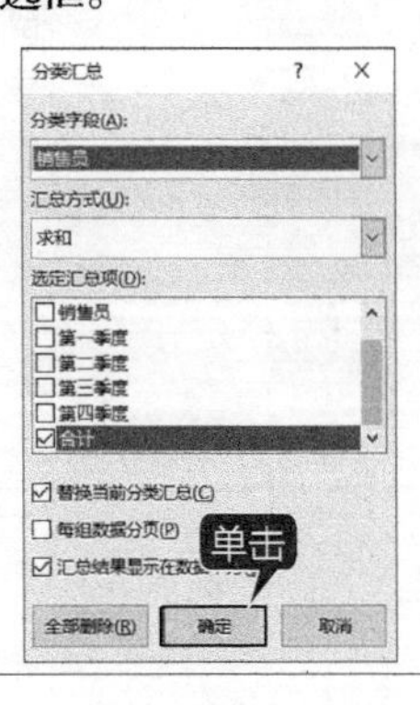

4 单击【确定】按钮

单击【确定】按钮，得到按销售员分类汇总的数据清单。

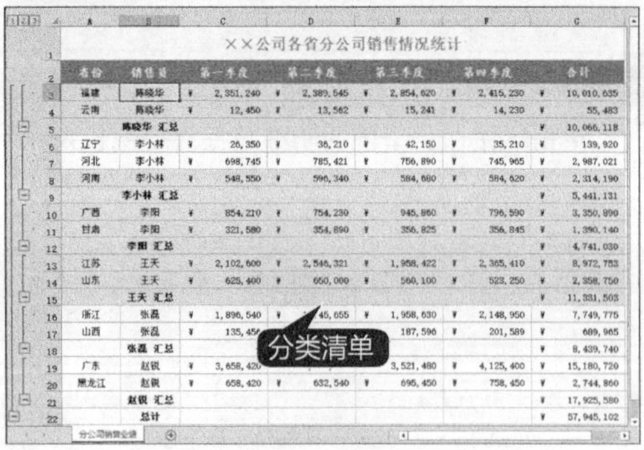

5 单击⊟按钮

单击A5单元格左侧对应的⊟按钮。

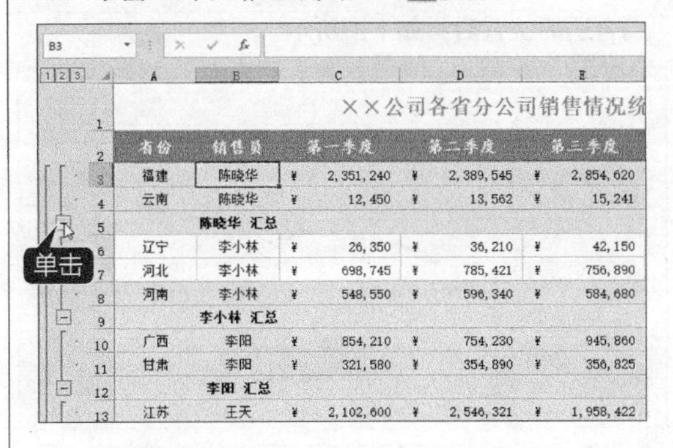

6 隐藏行

数据清单中的3~4行隐藏起来，同时⊟按钮变为⊞按钮。

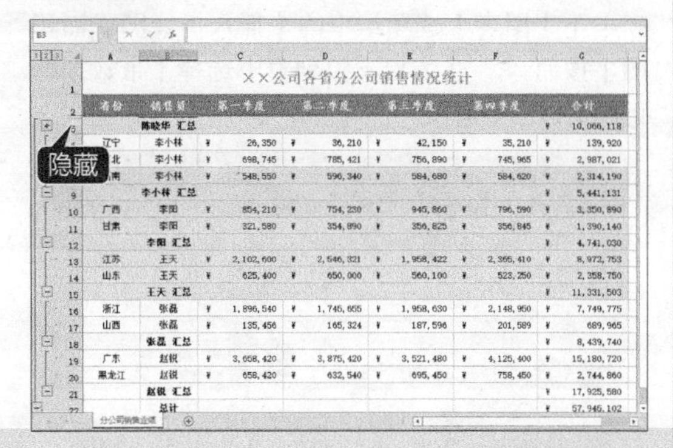

小提示

在上步中，再单击⊞按钮可以将 3~4 行展开。

7 单击2按钮

单击2按钮，各个地区的明细数据将隐藏起来。

8 单击1按钮

单击1按钮，全部的明细数据都隐藏起来。

本节主要讲解如何使用分类汇总功能汇总及统计不同产品的销售情况及员工的销售业绩。

12.2 制作产品销售分析图表

本节视频教学时间：6分钟

在对产品的销售数据进行分析时，除了对数据本身进行分析外，人们还经常使用图表来直观地表示产品销售状况，还可以使用函数预测其他销售数据，从而方便分析数据。产品销售分析图表具体制作步骤如下。

12.2.1 插入销售图表

对数据进行分析，图表是Excel中最常用的呈现方式，可以更直观地表现数据在不同条件下的变化及趋势。

1 打开素材

打开“素材\ch12\产品销售统计表.xlsx”文件，选择B2:B11单元格区域。单击【插入】选项卡下【图表】选项组中的【插入折线图或面积图】按钮，在弹出下拉列表中选择【带数据标记的折线图】选项。

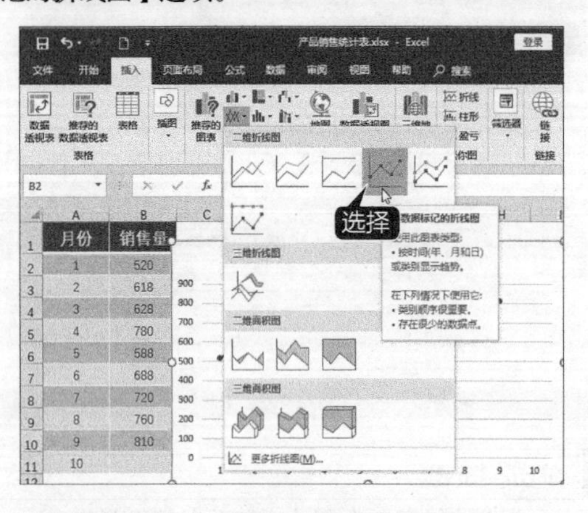

2 调整图表

此时，即可在工作表中插入图表，调整图表到合适的位置后，如下图所示。

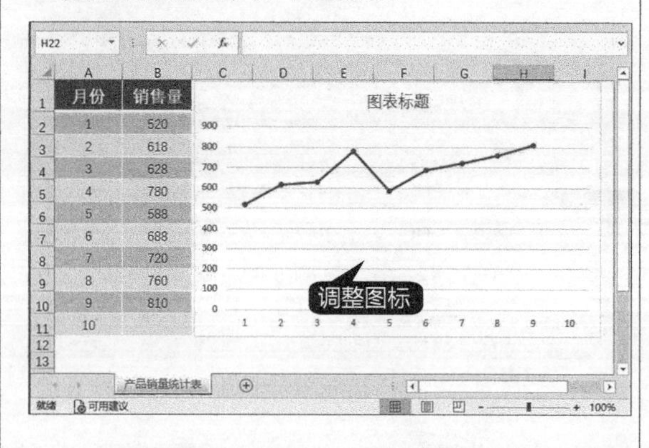

12.2.2 设置图表格式

插入图表后，图表格式的设置是一项不可缺少的工作。设置图表格式可以使图表更美观、数据更清晰。

1 选择图表

选择图表，单击【设计】选项卡下【图表样式】选项组中的【其他】按钮，在弹出的下拉列表中选择一种图表的样式。

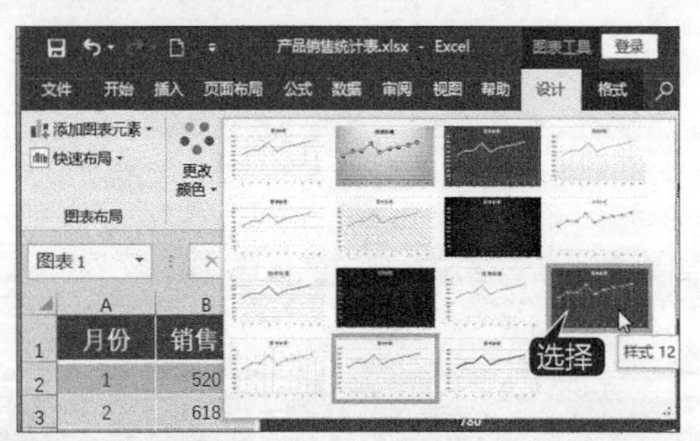

2 更改图表的样式

此时，即可更改图表的样式，如下图所示。

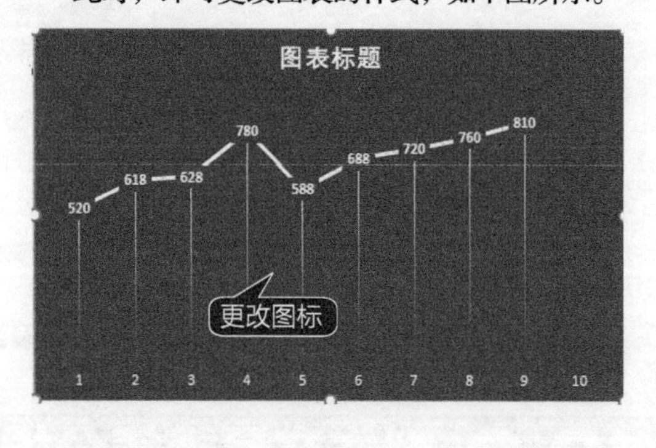

3 选择艺术字样式

选择图表的标题文字，单击【格式】选项卡下【艺术字样式】选项组中的【其他】按钮，在弹出的下拉列表中选择一种艺术字样式。

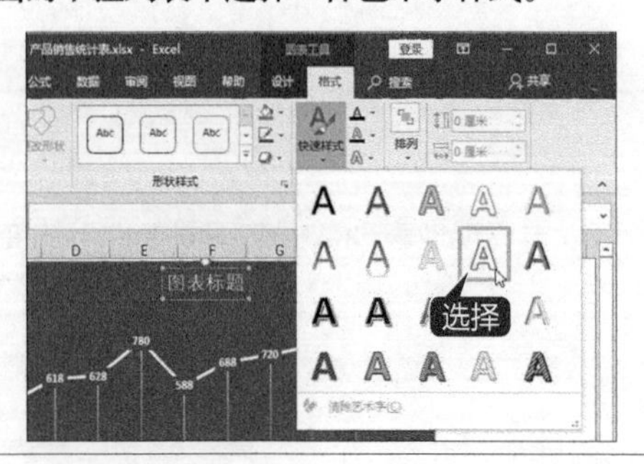

4 效果图

将图表标题命名为“产品销售分析图表”，添加的艺术字效果如下图所示。

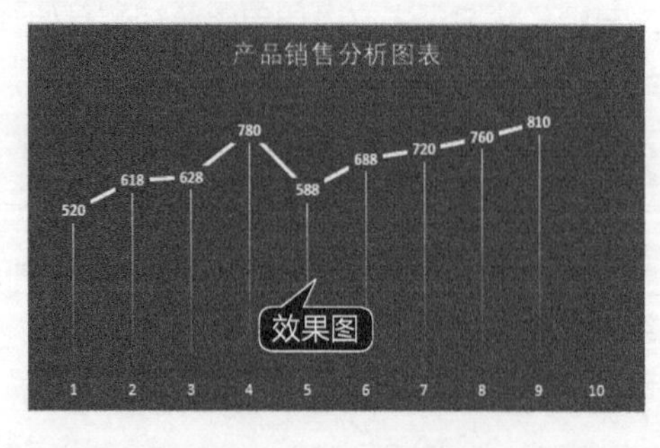

12.2.3 添加趋势线

在分析图表中，常使用趋势线进行预测研究。下面通过前9月份的销售情况，对10月份的销量进行分析和预测。

1 选择图表

选择图表，单击【设计】选项卡下【图表布局】选项组中的【添加图表元素】按钮，在弹出的下拉列表中选择【趋势线】➤【线性】选项。

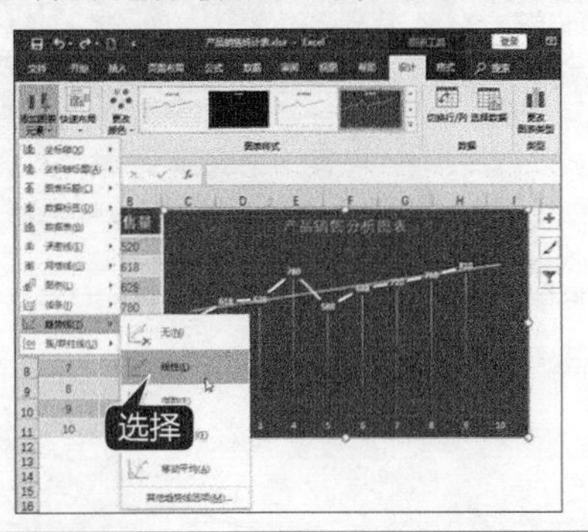

2 添加线性趋势线

此时，即可为图表添加线性趋势线。

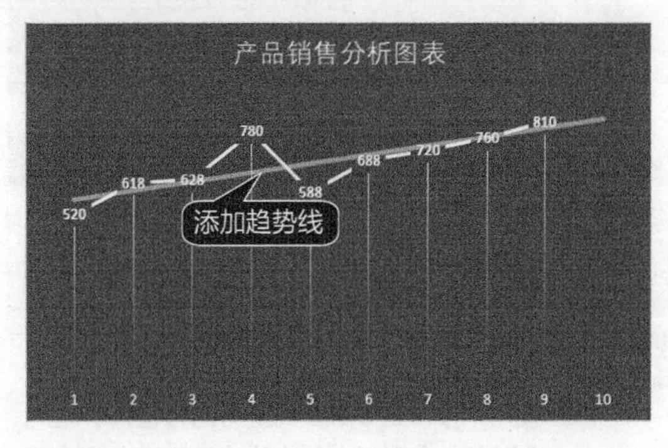

3 双击趋势线

双击趋势线，工作表右侧弹出【设置趋势线格式】窗格，在此窗格中可以设置趋势线的填充线条、效果等。

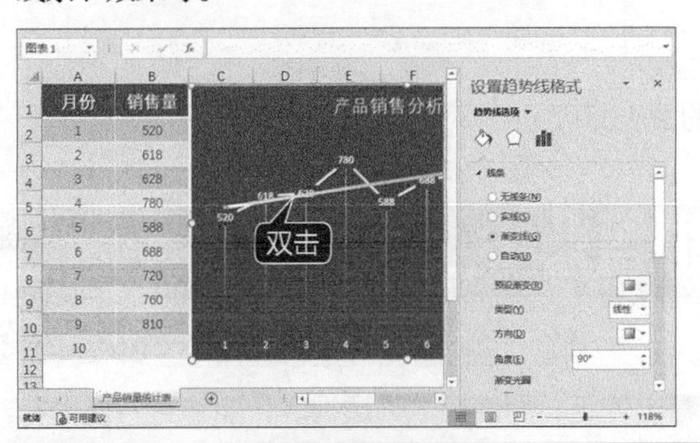

4 最终效果

设置好趋势线线条并填充颜色后的最终图表效果见下图。

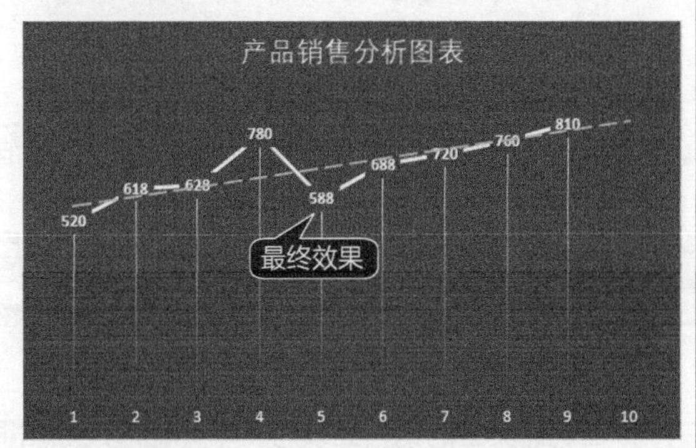

12.2.4 预测趋势量

除了添加趋势线来销量预测，还可以通过使用预测函数计算趋势量。下面通过FORECAST函数，计算10月的销量。

1 选择单元格 B11

选择单元格B11，输入公式“=FORECAST(A11,B2:B10,A2:A10)”。

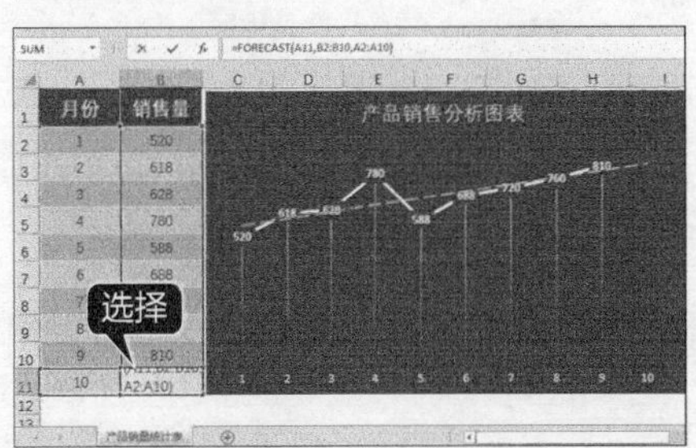

小提示

公式“=FORECAST(A11,B2:B10,A2:A10)”是根据已有的数值计算或预测未来值。“A11”为进行预测的数据点，“B2:B10”为因变量数组或数据区域，“A2:A10”为自变量数组或数据区域。

2 预测结果

此时，即可计算出10月销售量的预测结果，并将数值以整数形式显示。

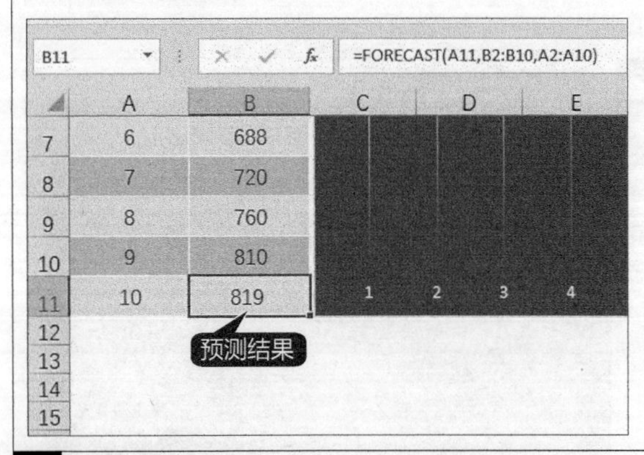

3 最终效果

产品销售分析图的最终效果如下图所示，保存制作好的产品销售分析图。

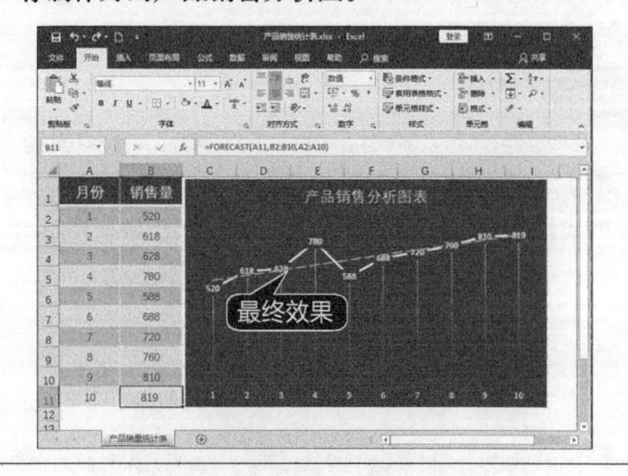

4 预测数据趋势

除了使用FORECAST函数预测销售量外，还可以单击【数据】➤【预测】组中的【预测工作表】按钮，可创建新的工作表，预测数据的趋势。

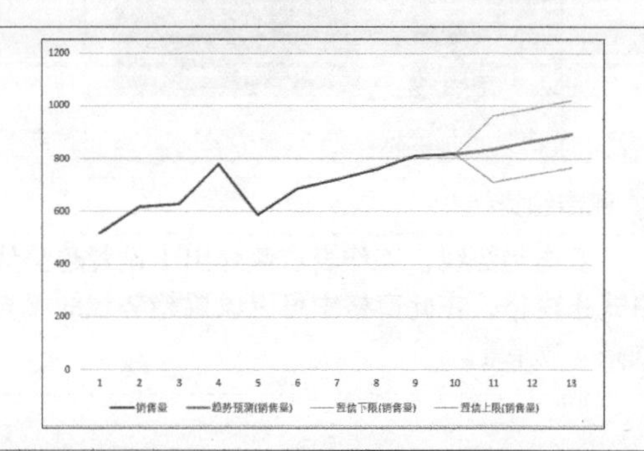

至此，产品销售分析图表制作完成，保存制作好的图表即可。

12.3 根据透视表分析员工销售业绩

本节视频教学时间：6分钟

在统计员工的销售业绩时，单纯地通过数据很难看出差距。而使用数据透视表，能够更方便地筛选与比较数据。如果想要使数据表更加美观，还可以设置数据透视表的格式。

12.3.1 创建销售业绩透视表

创建销售业绩透视表的具体操作步骤如下。

1 打开素材

打开“素材\ch12\销售业绩表.xlsx”文件，选择数据区域的任意单元格，单击【插入】选项卡下【表格】选项组中的【数据透视表】按钮。

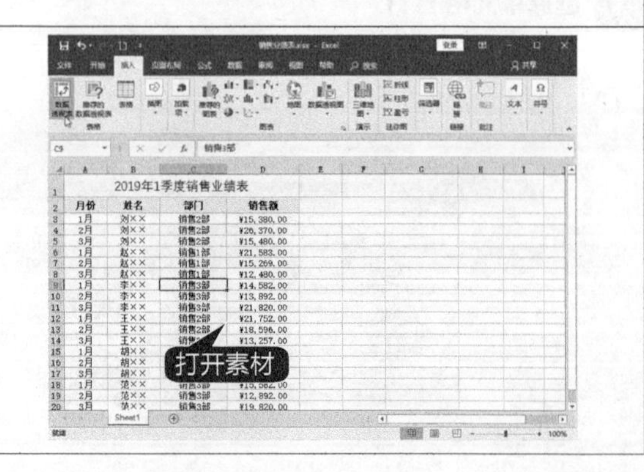

2 单击【确定】按钮

弹出【创建数据透视表】对话框，在【请选择要分析的数据】区域单击选中【选择一个表或区域】单选项，在【表/区域】文本框中设置数据透视表的数据源，在【选择放置数据透视表的位置】区域单击选中【现有工作表】单选项，并选择存放的位置，单击【确定】按钮。

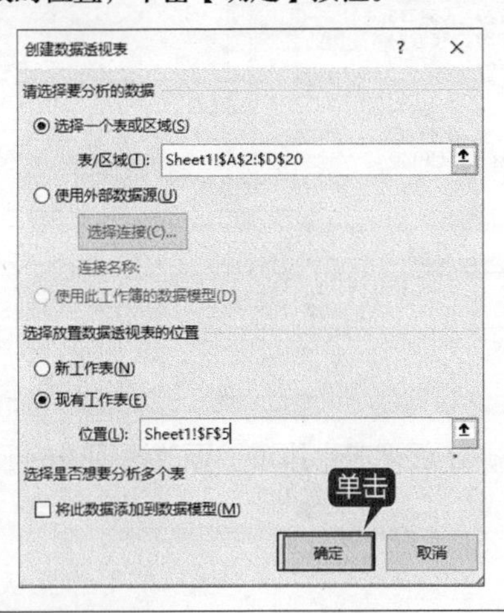

3 编辑数据透视表

弹出数据透视表的编辑界面，将【销售额】字段拖曳到【Σ值】区域中，将【月份】字段拖曳到【列】区域中，将【姓名】字段拖曳至【行】区域中，将【部门】字段拖曳至【筛选】区域中，如下图所示。

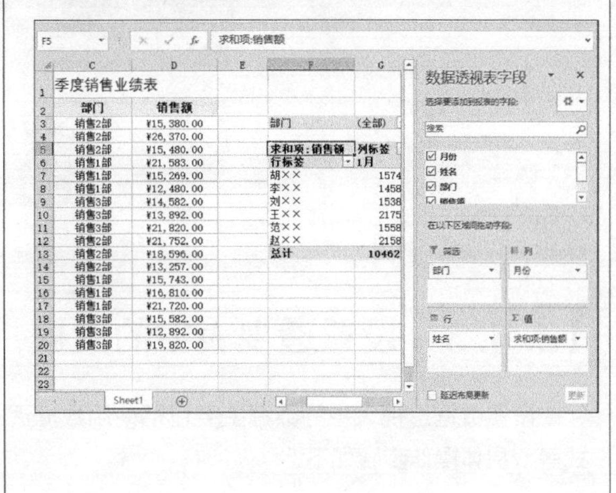

4 创建数据透视表

创建的数据透视表如下图所示。

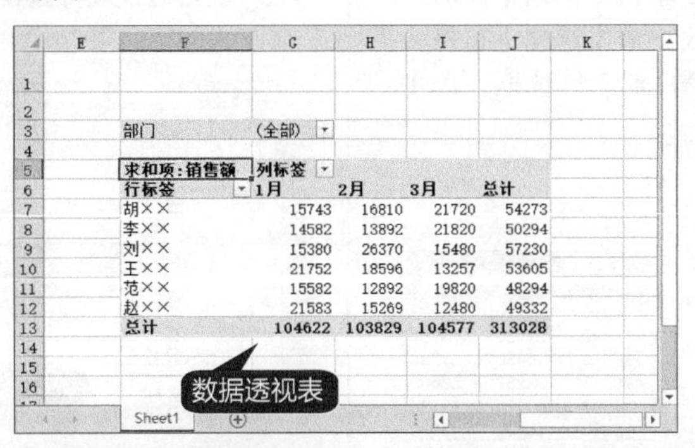

部门	(全部)			
求和项:销售额	**列标签**			
行标签	**1月**	**2月**	**3月**	**总计**
胡××	15743	16810	21720	54273
李××	14582	13892	21820	50294
刘××	15380	26370	15480	57230
王××	21752	18596	13257	53605
范××	15582	12892	19820	48294
赵××	21583	15269	12480	49332
总计	**104622**	**103829**	**104577**	**313028**

12.3.2 美化销售业绩透视表

美化销售业绩透视表的具体操作步骤如下。

1 创建数据透视表

选中创建的数据透视表，单击【数据透视表工具】➤【设计】选项卡下【数据透视表样式】选项组中的【其他】按钮，在弹出的下拉列表中选择一种样式。

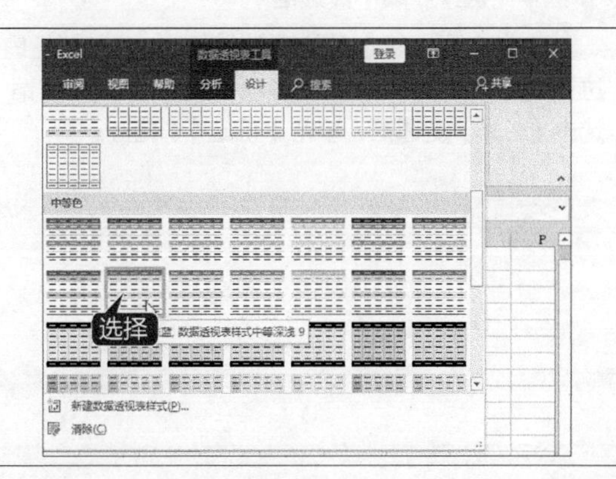

2 效果图

美化数据透视表的效果如下图所示。

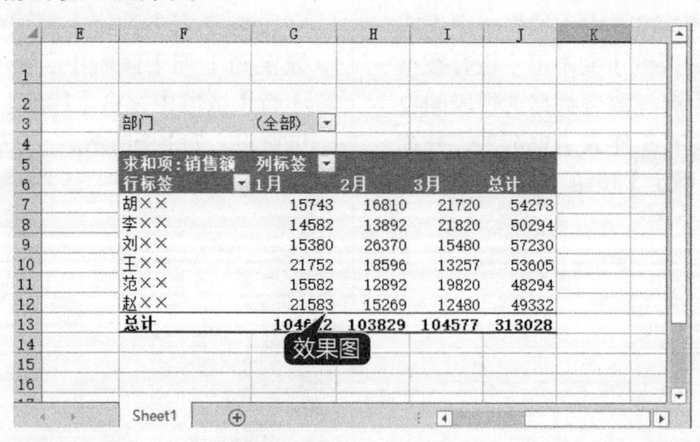

12.3.3 设置透视表中的数据

设置数据透视表中的数据主要包括使用数据透视表筛选、在透视表中排序、更改透视表的汇总方式等。具体操作步骤如下。

1. 使用数据透视表筛选

1 单击【确定】按钮

在创建的数据透视表中单击【部门】后的下拉按钮，在弹出的下拉列表中单击选中【选择多项】复选框，并选中【销售1部】复选框，单击【确定】按钮。

2 销售结果

数据透视表筛选出【部门】在“销售1部”的员工的销售结果。

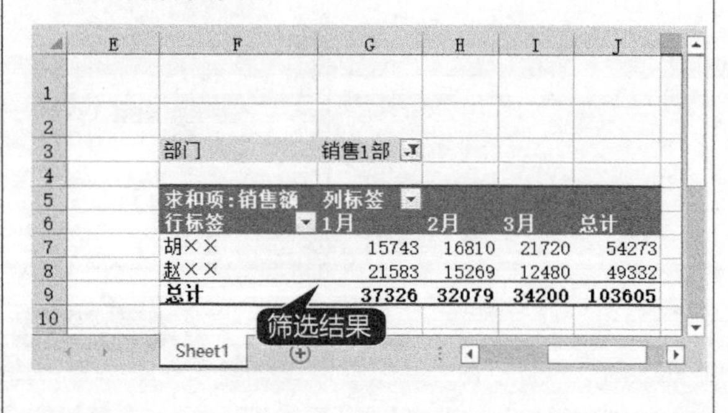

3 选中【选择多项】复选框

单击【列标签】后的下拉按钮，在弹出的下拉列表中单击选中【选择多项】复选框，并撤销选中【2月】复选框，单击【确定】按钮。

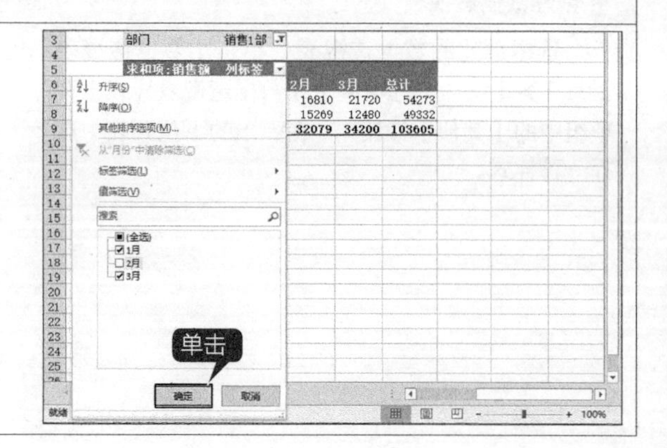

4 筛选结果

数据透视表筛选出【部门】在“销售1部”，并且【月份】在“1月”及“3月”的员工的销售结果。

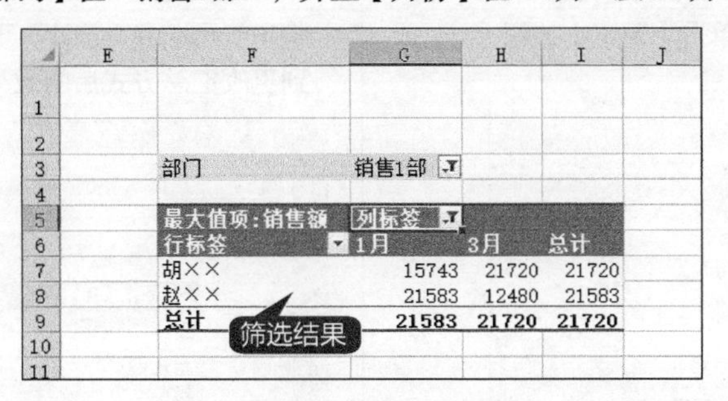

2. 在透视表中排序数据

1 显示全部数据

在透视表中显示全部数据，选择H列中的任意单元格。

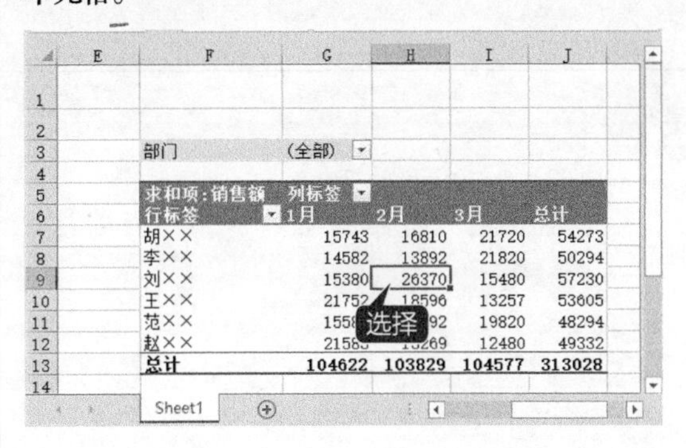

2 排序结果

单击【数据】选项卡下【排序和筛选】选项组中的【升序】按钮 或【降序】按钮 ，即可根据该列数据进行排序。下图所示为对H列升序排序后的效果。

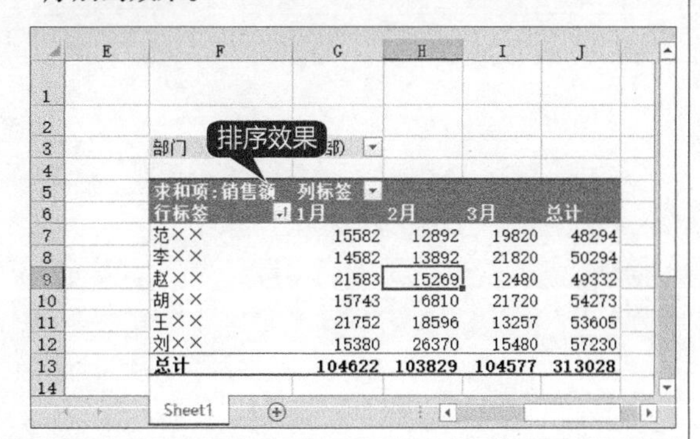

3. 更改汇总方式

1 选择【值字段设置】选项

单击【数据透视表字段】窗格中【Σ数值】列表中的【求和项：销售额】右侧的下拉按钮，在弹出的下拉菜单中选择【值字段设置】选项。

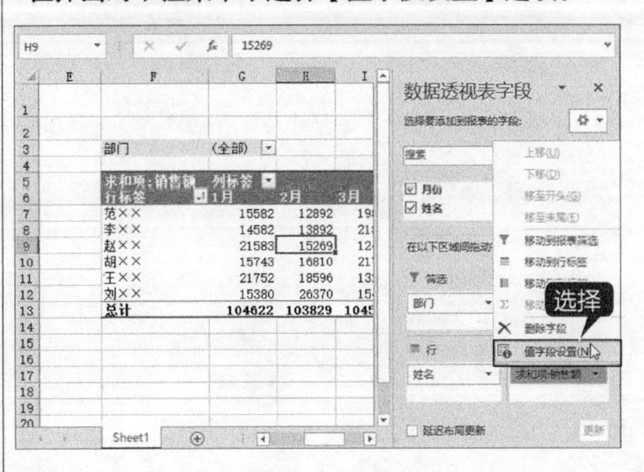

2 值字段设置

弹出【值字段设置】对话框。

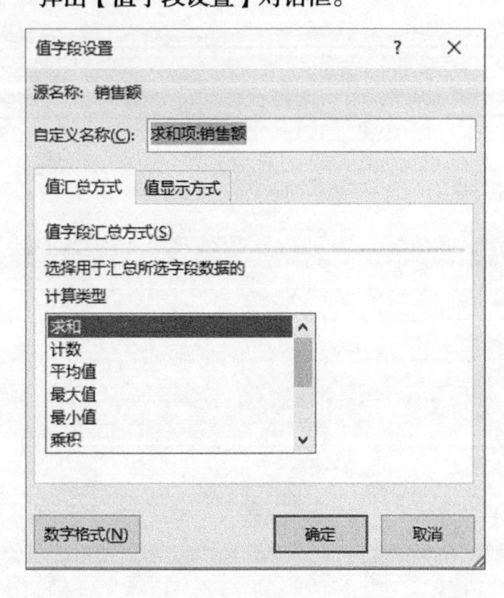

3 单击【确定】按钮

在【计算类型】列表框中选择汇总方式，这里选择【最大值】选项，单击【确定】按钮。

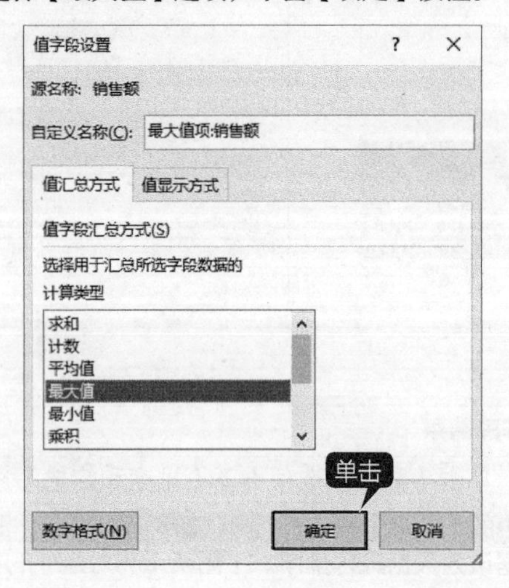

4 更改汇总方式

返回至透视表后，根据需要更改标题名称，将J6单元格由“总计”更改为“最大值”，即可看到更改汇总方式后的效果。

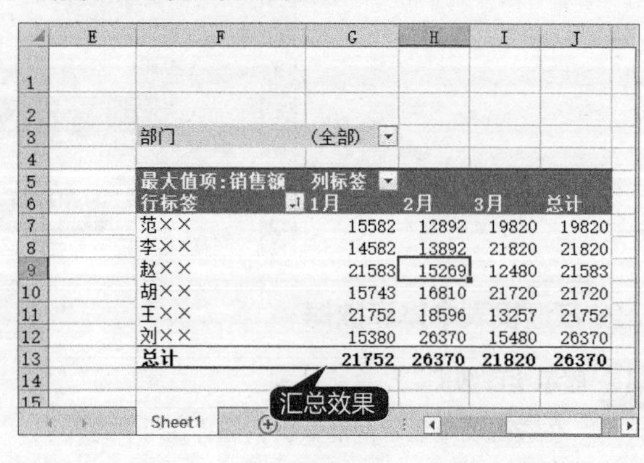

第 13 章

宏与 VBA

本章视频教学时间：1 小时 22 分钟

本章主要介绍宏和 VBA 的基础与应用，包括宏的应用、VBA 的应用基础及用户窗体和控件的应用等知识。

【学习目标】

- 通过本章的学习，能够使用宏和 VBA 高效地完成 Excel 应用。

【本章涉及知识点】

- 宏的创建与应用
- VBA 基础知识
- 熟悉 VBA 编程环境
- VBA 的数据类型
- VBA 的基本语法

13.1 宏的创建与应用

 本节视频教学时间：15分钟

宏是由一系列的命令和操作指令组成的用来完成特定任务的指令集合。Visual Basic for Applications（VBA）是一种Visual Basic的宏语言。实际上宏是一个Visual Basic程序，可以是文档编辑中的任意操作或操作的任意组合。无论以何种方式创建的宏，最终都可以转换为Visual Basic的代码形式。

如果在Excel中重复进行某项工作，可用宏使其自动执行。宏是将一系列的Excel命令和指令组合在一起形成一个命令，以实现任务执行的自动化。用户可以创建并执行一个宏，以替代人工进行一系列费时而重复的操作。

本节介绍宏的创建、运行、管理及安全设置等内容。

13.1.1 创建宏

宏的用途非常广泛，其中最典型的应用就是可将多个选项组合成一个选项的集合，以加速日常编辑或格式的设置，使一系列复杂的任务得以自动执行，从而简化用户所做的操作。

1.录制宏

在Excel中进行的任何操作都能记录在宏中，可以通过录制的方法来创建宏，称为“录制宏”。在Excel中录制宏的具体操作步骤如下。

1 选择【自定义功能区】选项

在Excel 2019功能区的任意空白处单击鼠标右键，在弹出的快捷菜单中选择【自定义功能区】选项。

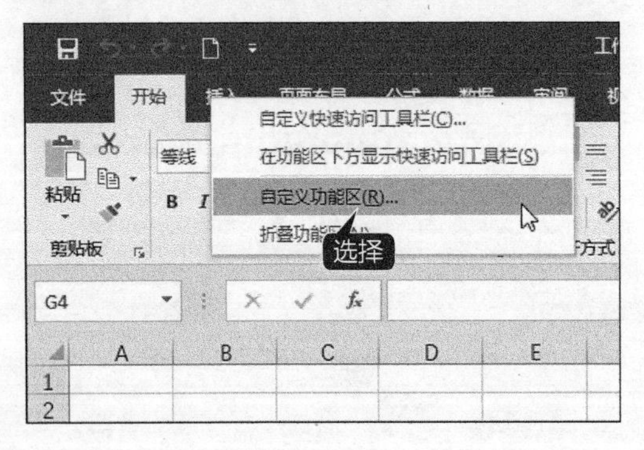

2 单击【确定】按钮

在弹出的【Excel 选项】对话框中，单击选中【自定义功能区】列表框中的【开发工具】复选框。然后单击【确定】按钮，关闭对话框。

3 单击【开发工具】选项卡

单击【开发工具】选项卡，可以看到在该选项卡的【代码】选项组中包含了所有宏的操作按钮。在该选项组中单击【录制宏】按钮录制宏。

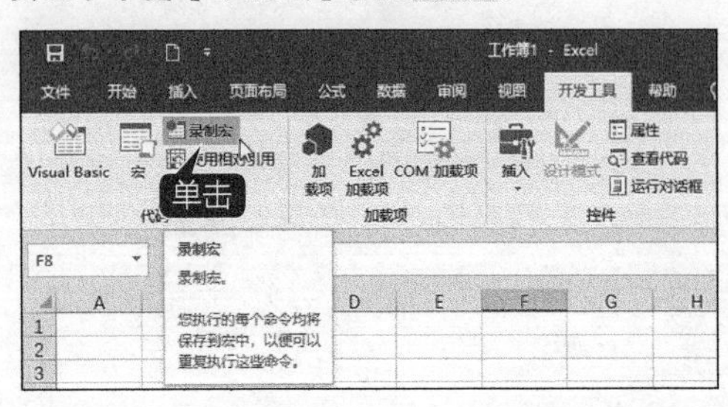

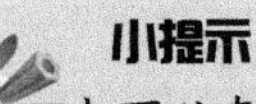

小提示

也可以直接在状态栏上单击【录制宏】按钮。

4 设置宏

弹出【录制宏】对话框，在此对话框中可设置宏的名称、快捷键、宏的保存位置和宏的说明，然后单击【确定】按钮，返回工作表，即可进行宏的录制。录制完成后单击【停止录制】按钮，即可结束宏的录制。

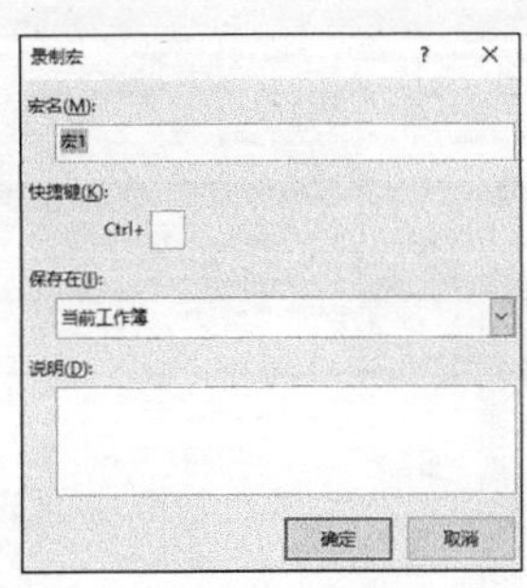

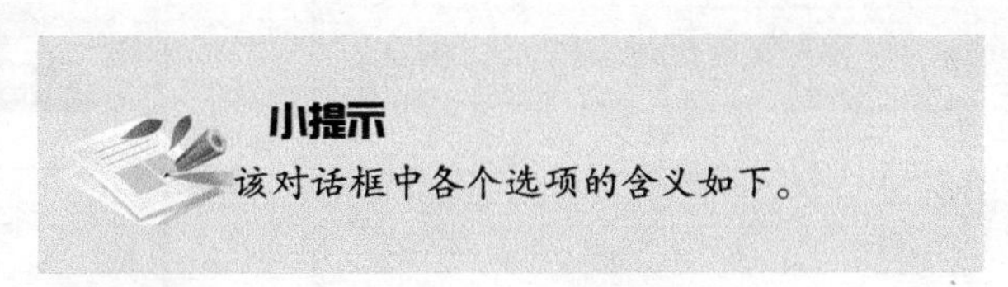

小提示

该对话框中各个选项的含义如下。

【宏名】：宏的名称。默认为Excel提供的名称，如Macro1、Macro2等。

【快捷键】：用户可以自己指定一个按键组合来执行这个宏，该按键组合总是使用【Ctrl】键和一个其他的按键。还可以在输入字母的同时按【Shift】键。

【保存在】：宏所在的位置。

【说明】：宏的描述信息。Excel默认插入用户名称和时间，用户还可以添加更多的信息。

单击【确定】按钮，即可开始记录用户的活动。

2.使用Visual Basic创建宏

用户还可以通过使用Visual Basic创建宏，具体的操作步骤如下。

1 单击【开发工具】

单击【开发工具】选项卡下【代码】选项组中的【Visual Basic】按钮 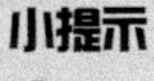。

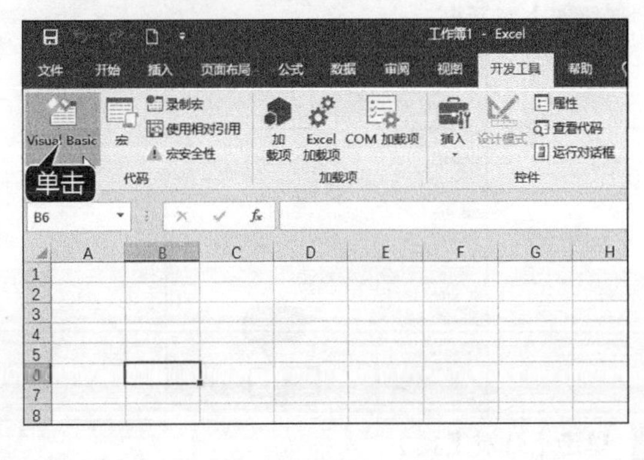

2 打开【Visual Basic】窗口

打开【Visual Basic】窗口，选择【插入】➤【模块】选项，弹出【工作簿1-模块1】窗口。

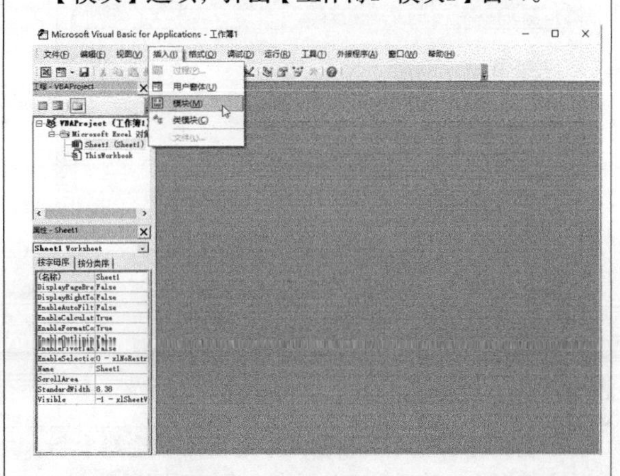

小提示

按【Alt+F11】组合键，可以快速打开【Visual Basic】窗口。

3 输入代码

将需要设置的代码输入或复制到【工作簿1-模块1】窗口中。

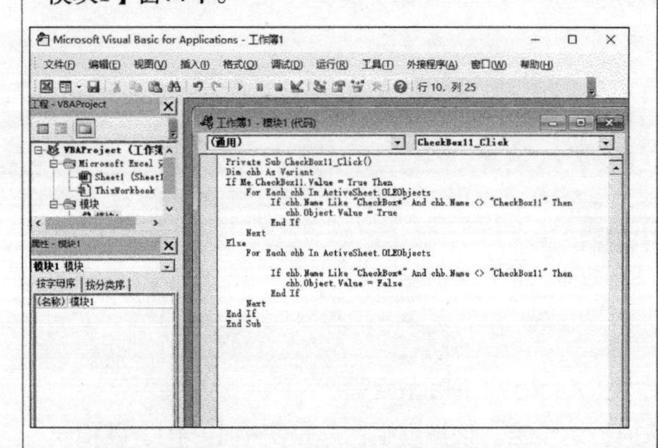

4 关闭窗口

编写完宏后，选择【文件】➤【关闭并返回到Microsoft Excel】选项，即可关闭窗口。

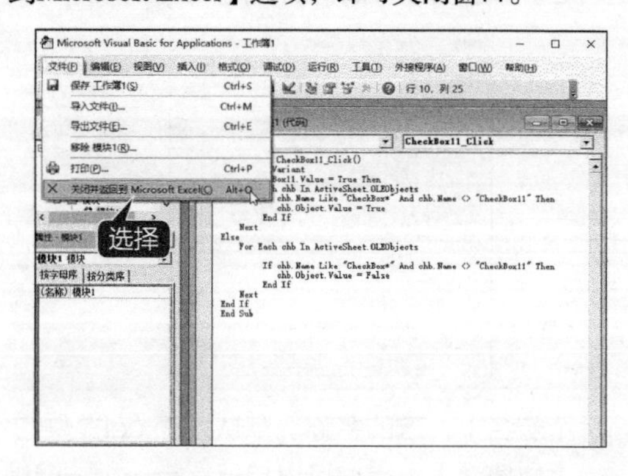

3.使用宏录制Excel操作过程

下面以实例讲述录制宏的步骤。该宏改变当前选中单元格的格式，使被选中区域格式为方正楷体_GBK，14号字，加粗，颜色为红色。

1 打开 Excel 2019

打开Excel 2019，在任意一个单元格中输入值或者文本，例如“Excel 2019办公应用实战从入门到精通”，并选中该单元格。

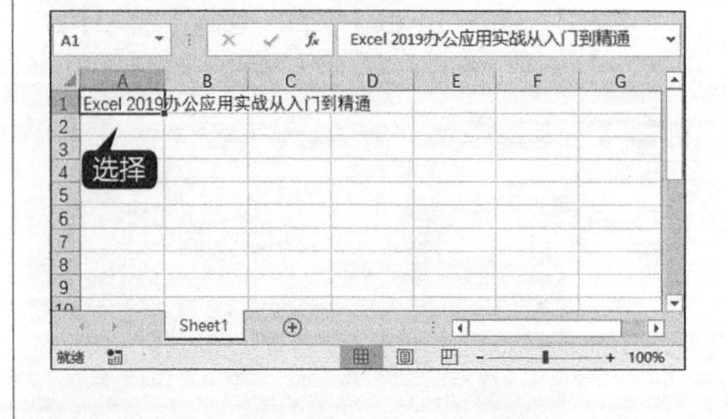

2 选择【开发工具】

选择【开发工具】➤【代码】➤【录制宏】按钮 录制宏，弹出【录制宏】对话框。输入宏名称“changeStyle”，在按住【Shift】键的同时，在【快捷键】文本框中输入“X”，为宏指定快捷键【Ctrl+Shift+X】，单击【确定】按钮，关闭【录制新宏】对话框。

3 设定单元格格式

打开【设置单元格格式】对话框，选择【字体】选项卡，然后设定单元格格式如下图所示。

4 单击【开发工具】

单击【开发工具】➤【代码】➤【停止录制】按钮 停止录制，即可完成宏的录制。

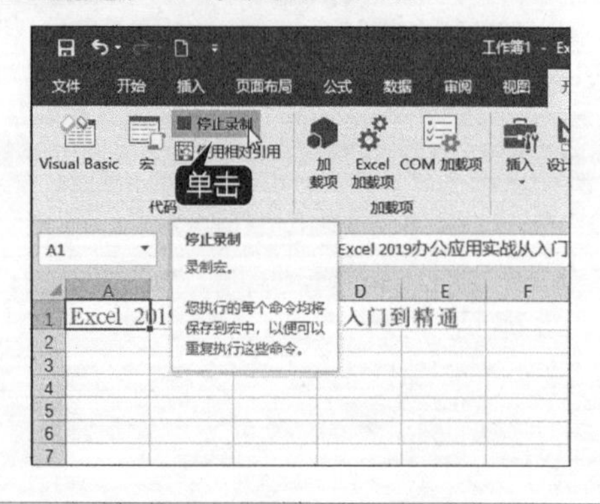

13.1.2 运行宏

宏的运行是执行宏命令并在屏幕上显示运行结果的过程。在运行一个宏之前，首先要明确这个宏将进行什么样的操作。运行宏有多种方法，下面将具体介绍运行宏的方法。

1.使用宏对话框运行

在【宏】对话框中运行宏是较常用的一种方法。使用【宏】对话框运行宏的具体操作步骤如下。

1 打开素材

打开"素材/ch10/运行宏.xlsm"文件，并选择A2:A4单元格区域。

2 按【Alt+F8】组合键

按【Alt+F8】组合键，打开【宏】对话框。

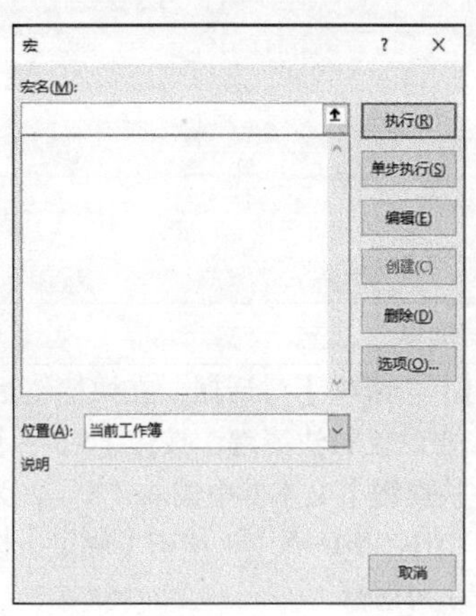

小提示

创建宏时打开的工作簿不能关闭。

3 选择要执行的宏

在【位置】下拉列表框中选择【所有打开的工作簿】选项，在【宏名】列表框中就会显示出所有能够使用的宏命令。选择要执行的宏，单击【执行】按钮即可执行宏命令。

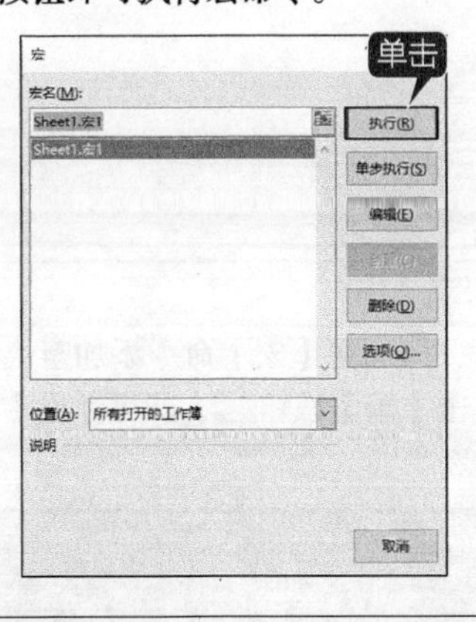

4 完成结果

此时，即可看到对所选择内容执行宏命令后的效果。

2.为宏设置快捷键

可以为宏设置快捷键，便于宏的执行。为录制的宏设置快捷键并运行宏的具体操作步骤如下。

1 打开素材

打开“素材/ch10/运行宏.xlsm”文件，并选择A2:A4单元格区域。

2 按【Alt+F8】组合键

按【Alt+F8】组合键，打开【宏】对话框。在【位置】下拉列表框中选择【所有打开的工作簿】选项，在【宏名】列表框中就会显示出所有能够使用的宏命令。选择要执行的宏，单击【选项】按钮。

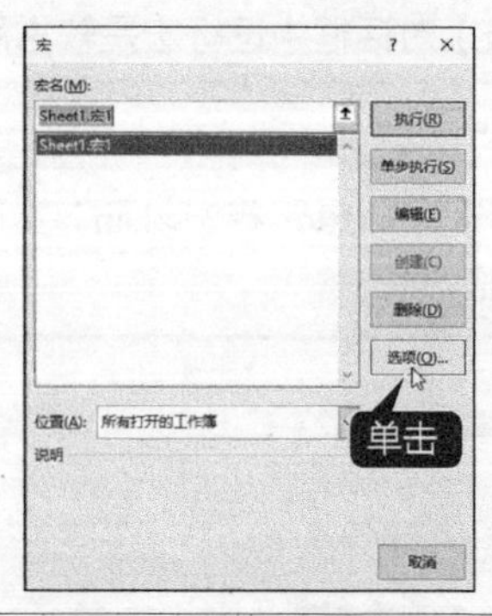

3 设置快捷键

弹出【宏选项】对话框，在快捷键后的文本框中输入要设置的快捷键，按住【Shift】键的同时，在【快捷键】文本框中输入“X”，为宏指定快捷键【Ctrl+Shift+X】，单击【确定】按钮，并关闭【宏】对话框。

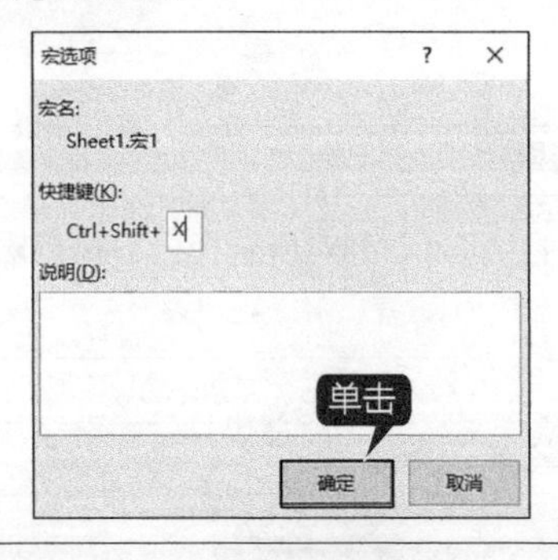

4 按【Ctrl+Shift+X】组合键

按【Ctrl+Shift+X】组合键，即可看到对所选择内容执行宏命令后的效果。

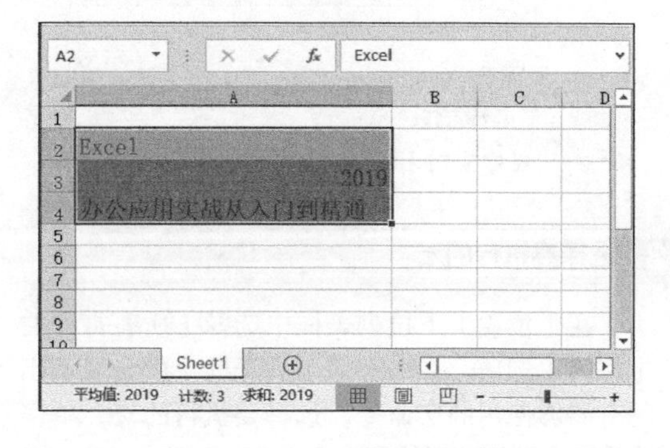

3.使用快速访问工具栏运行宏

可以将宏命令添加至快速访问工具栏中，方便快速执行宏命令。

1 单击鼠标右键

在【开发工具】选项卡下【代码】选项组中的【宏】按钮上单击鼠标右键，在弹出的快捷菜单中选择【添加到快速访问工具栏】选项。

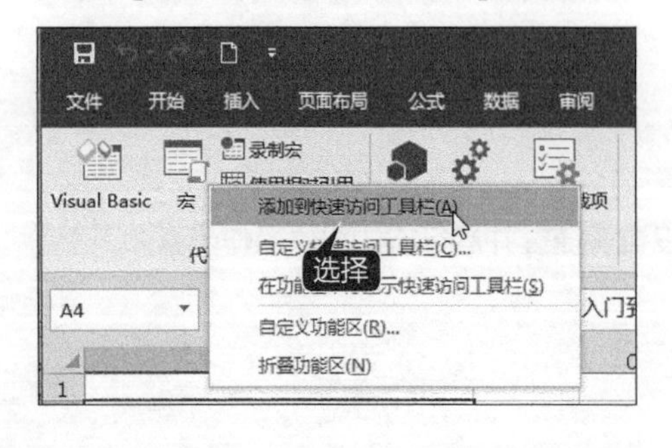

2 单击【宏】按钮

此时，即可将【宏】命令添加至快速访问工具栏，单击【宏】按钮，即可弹出【宏】对话框来运行宏。

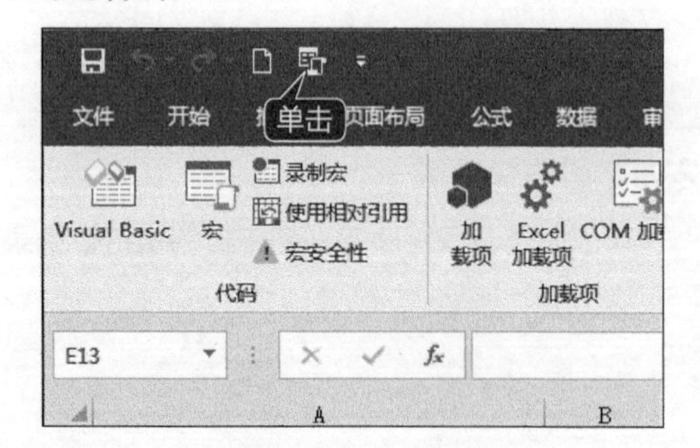

4.单步运行宏

单步运行宏的具体操作步骤如下。

1 打开【宏】对话框

打开【宏】对话框，在【位置】下拉列表框中选择【所有打开的工作簿】选项，在【宏名】列表框中选择宏命令，单击【单步执行】按钮。

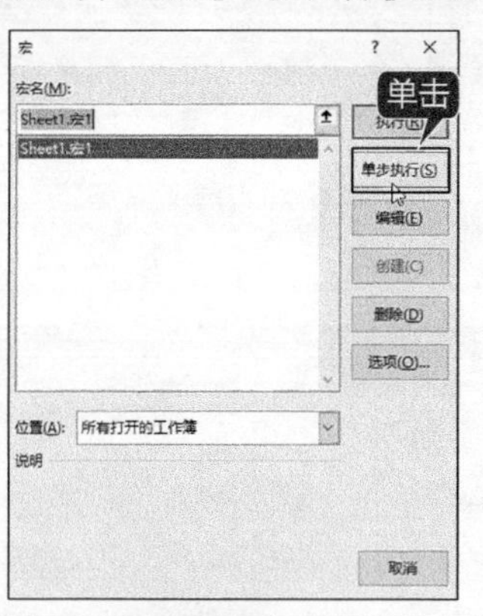

2 单步运行宏

弹出编辑窗口。选择【调试】➤【逐语句】菜单命令，即可单步运行宏。

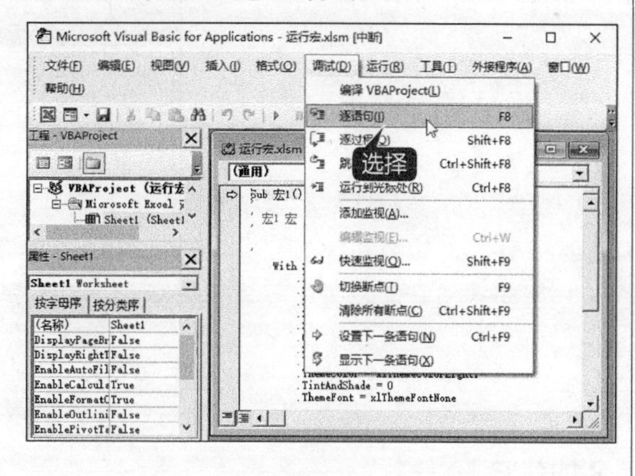

13.1.3 管理宏

在创建及运行宏后，用户可以对创建的宏进行管理，包括编辑宏、删除宏和加载宏等。

1.编辑宏

在创建宏之后，用户可以在Visual Basic编辑器中打开宏并进行编辑和调试。

1 打开【宏】对话框

打开【宏】对话框，在【宏名】列表框中选择需要修改的宏的名字，单击【编辑】按钮。

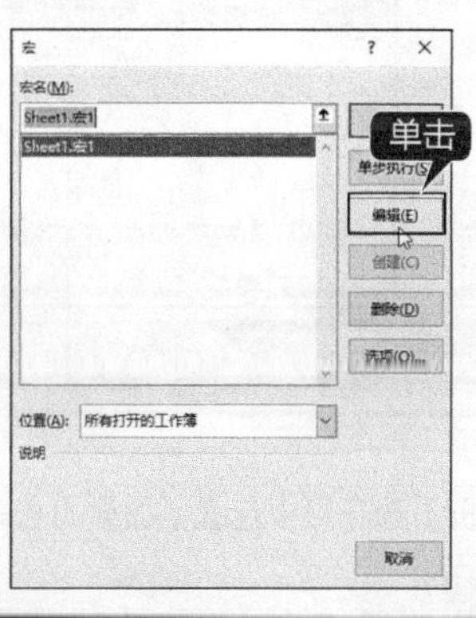

2 打开编辑窗口

此时，即可打开编辑窗口，如下图所示。

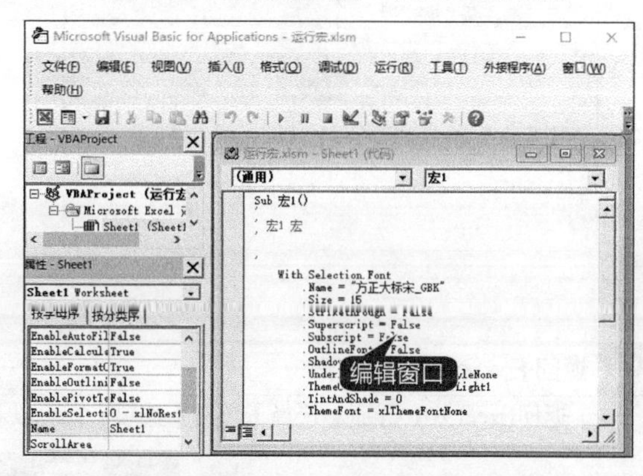

3 修改宏命令

根据需要修改宏命令，如将第3行的“.Name="方正大标宋_GBK"”修改为“.Name = "华文仿宋"”，按【Ctrl+S】组合键保存，即可完成宏的编辑。

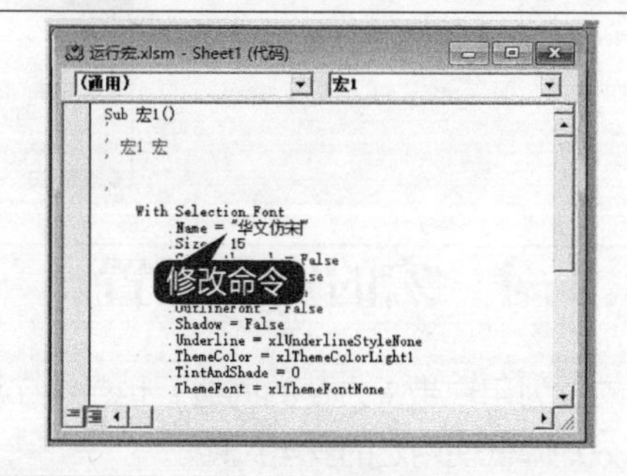

2.删除宏

删除宏的操作非常简单，打开【宏】对话框，选中需要删除的宏名称，单击【删除】按钮即可将宏删除。选择需要修改的宏命令内容，按【Delete】键也可以将宏删除。

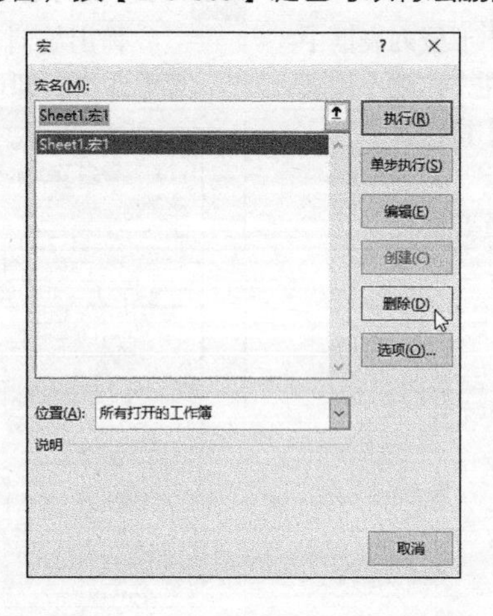

3.加载宏

加载项是Microsoft Excel中的功能之一，它提供附加功能和命令。下面以加载【分析工具库】和【规划求解加载项】为例，介绍加载宏的具体操作步骤。

1 单击【开发工具】

单击【开发工具】选项卡下【加载项】选项组中的【Excel加载项】按钮。

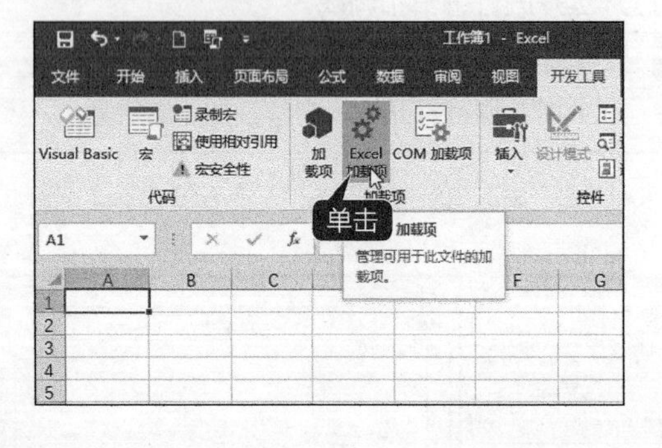

2 单击【确定】按钮

弹出【加载项】对话框。在【可用加载宏】列表框中，单击勾选复选框选中要添加的内容，单击【确定】按钮。

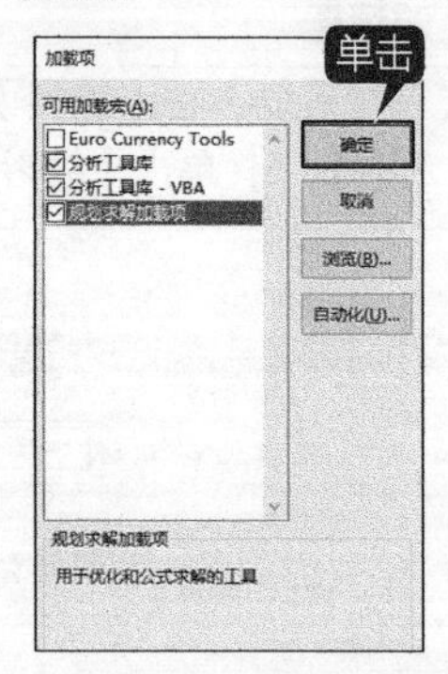

3 返回 Excel 2019 界面

返回Excel 2019界面，选择【数据】选项卡，可以看到添加的【分析】选项组中包含了加载的宏命令。

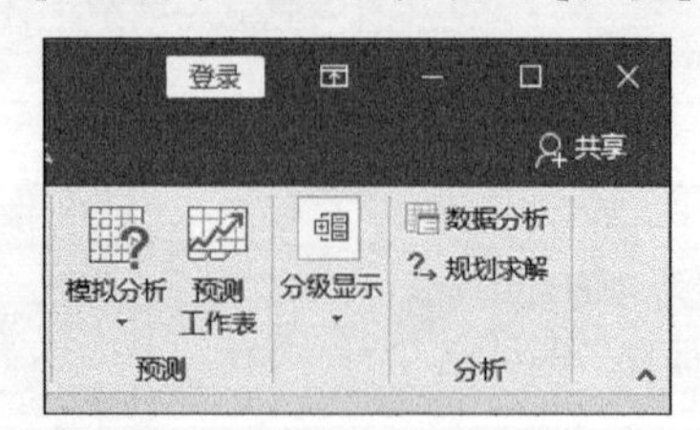

13.1.4 宏的安全设置

宏在为用户带来方便的同时，也带来了潜在的安全风险，因此，掌握宏的安全设置就可以帮助用户有效地降低使用宏的安全风险。

1.宏的安全作用

宏语言是一类编程语言，其全部或多数计算是由扩展宏完成的。宏语言并未在通用编程中广泛使用，但在文本处理程序中应用普遍。

宏病毒是一种寄存在文档或模板的宏中的计算机病毒。一旦打开这样的文档，其中的宏就会被执行，于是宏病毒就会被激活，转移到计算机上，并驻留在Normal模板上。从此以后，所有自动保存的文档都会感染上这种宏病毒，而且如果其他用户打开了感染病毒的文档，宏病毒又会转移到他的计算机上。

因此，设置宏的安全设置是十分必要的。

2.修改宏的安全级

为保护系统和文件，请不要启用来源未知的宏。如果想有选择地启用或禁用宏，并能够访问需要的宏，可以将宏的安全性设置为“中”。这样，在打开包含宏的文件时，就可以选择启用或禁用宏，同时能运行任何选定的宏。

1 单击【宏安全性】按钮

单击【开发工具】选项卡下【代码】选项组中的【宏安全性】按钮。

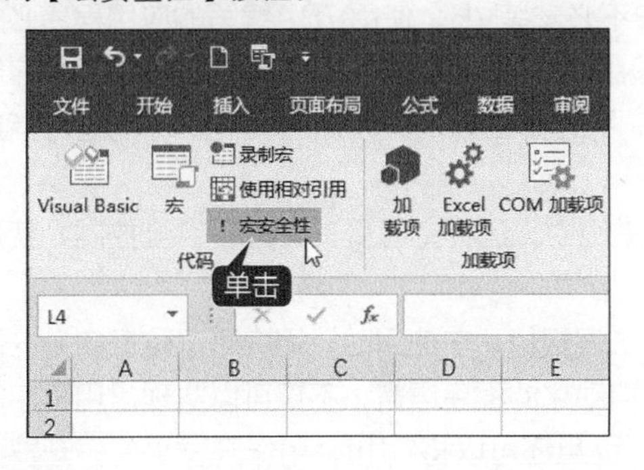

2 单击【确定】按钮

弹出【信任中心】对话框，单击选中【禁用所有宏，并发出通知】单选项，单击【确定】按钮即可。

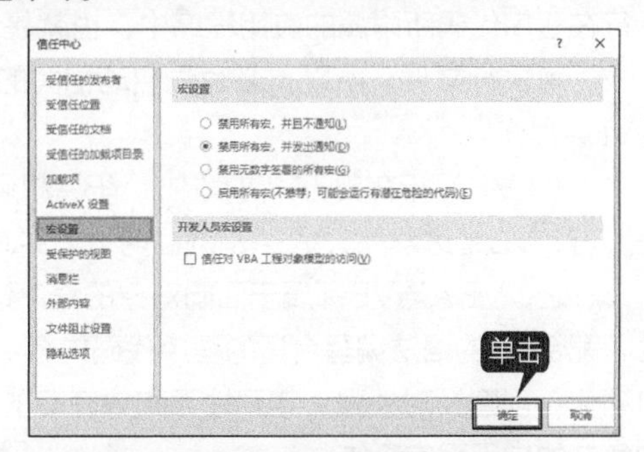

13.2 认识VBA

本节视频教学时间：7分钟

VBA（Visual Basic for Applications）是Microsoft公司在其Office套件中内嵌的一种应用程序开发工具。

VBA是一种应用程序自动化语言。应用程序自动化，是指通过脚本让应用程序（如Excel、Word）自动化完成一些工作。例如，在Excel里自动设置单元格的格式、给单元格充填某些内容、自动计算等，而使宏完成这些工作的正是VBA 。

13.2.1 VBA能够完成的工作

VBA在功能不断增强的同时，其应用领域也在逐步扩大，不仅包括文秘与行政办公数据的处理，还包括财务初级管理、市场营销数据管理和经济统计管理，以及企业经营分析与生产预测等相关领域。VBA可以完成以下主要工作。

（1）加强应用程序之间的互动，帮助使用者根据自己的需要在Microsoft Office环境中进行功能模块的定制和开发。

（2）将复杂的工作简单化，重复的工作便捷化。

（3）创建自定义函数，实现Microsoft Office内置函数未提供的功能。

（4）自定义界面环境。

（5）通过对象链接与嵌入（Object Linking and Embedding，OLE）技术与在Microsoft Office中的组件进行数据交互，从而实现跨程序完成任务。

13.2.2 VBA与VB的联系与区别

微软公司在结合VB与Office的优点后，推出了VBA，那么VBA和VB之间有什么联系吗？实际上可以将VBA看作是应用程序开发语言Visual Basic的子集，VBA和VB在结构上非常相似，但二者也有区别，主要体现在以下几个方面。

（1）VB具有独立的开发环境，可以独立完成应用程序的开发；VBA却必须绑定在微软公司发布的一些应用程序（如Microsoft Word、Microsoft Excel等）中，其应用程序的开发具有针对性，同时也具有很大的局限性。

（2）VB主要用于创建标准的应用程序；VBA可使其所绑定的办公软件(如Microsoft Word、Microsoft Excel等)实现自动化，同时也能实现高效办公的目的。

（3）使用VB编写的应用程序，只要通过编译（Compile）过程，制作成可执行文件，就可以成为一个独立于窗口文件的程序，随时都可以被运行，用户不必安装VB；使用VBA编写的应用程序必须运行在程序代码所附属的应用程序中。也就是说，在一般版本的Office中，用户并不能将VBA程序制作成为可执行文件。所以，必须先启动相关的应用程序，并打开程序代码所在的文件，才能运行指定的VBA程序。

（4）VB运行在自己的进程中；VBA却运行在其父进程中，运行空间受其父进程完全控制。就进程而言，VB是进程外，VBA是进程内，VBA的速度要比VB快。

总之，VBA与VB都属于面向对象的程序语言，其语法很相似，在使用时，用户可以依据自身的需求，配合VB的语法编写合适的程序代码内容。VBA作为自动化的程序语言，不仅可以实现常用程序的自动化，创建针对性强、实用性强和效率高的解决方案，而且还可以将Office用作开发平台，开发更加复杂的应用程序系统。

13.2.3 VBA与宏的联系与区别

在使用Office组件的时候，经常会遇到宏的问题。那么什么是宏呢？

宏是能够执行的一系列VBA语句，它是一个指令集合，可以使Office组件自动完成用户指定的各项动作组合，从而实现重复操作的自动化。也就是说，宏本身就是一种VBA应用程序，它是存储在VBA模块中的一系列命令和函数的集合，所以广义上说两者相同；狭义上说，宏是录制出来的程序，VBA是要人编译的程序，宏录制出来的程序其实就是一堆VBA语言，可以通过VBA来修改，但有些程序是宏不能录制出来的，而VBA则没有这个限制，所以可以通俗理解为VBA包含宏。

从语法层面上讲，二者没有区别，但通常宏只是一段简单的或是不够智能化的VBA代码，使用宏不需要具备专业知识，而VBA的使用则需要专业的知识，需要了解VBA的语法结构等，并且宏相比于VBA具有下面一些不足。

（1）记录了许多不需要的步骤，这些步骤在实际操作中可以省略。

（2）无法实现复杂的功能。

（3）无法完成需要条件判断的工作。

由于宏的录制和使用相比VBA来说，更为简单，本书主要介绍VBA的使用。

13.3 VBA编程环境

本节视频教学时间：14分钟

使用VBA开发应用程序时，有关的操作都是在VBE中进行的，使用VBE开发环境可以完成以下任务。下面就来认识一下VBA的集成开发环境。

13.3.1 打开VBE编辑器的3种方法

打开VBE编辑器有以下3种方法。

1.单击【Visual Basic】按钮

单击【开发工具】选项卡下【代码】选项组中的【Visual Basic】按钮，即可打开VBE编辑器。

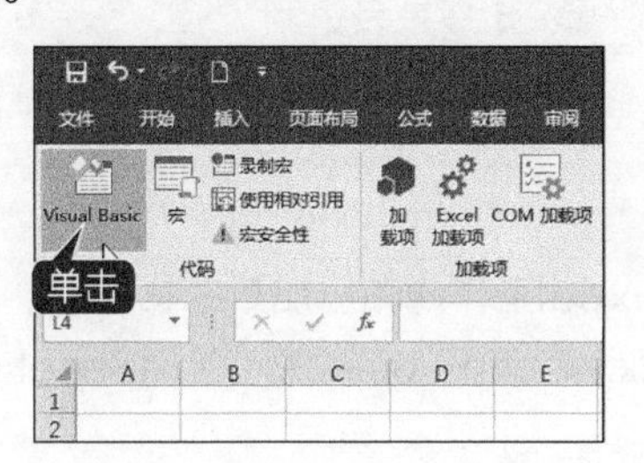

2.使用工作表标签

在Excel工作表标签上单击鼠标右键，在弹出的快捷菜单中选择【查看代码】菜单命令，即可打开VBE编辑器。

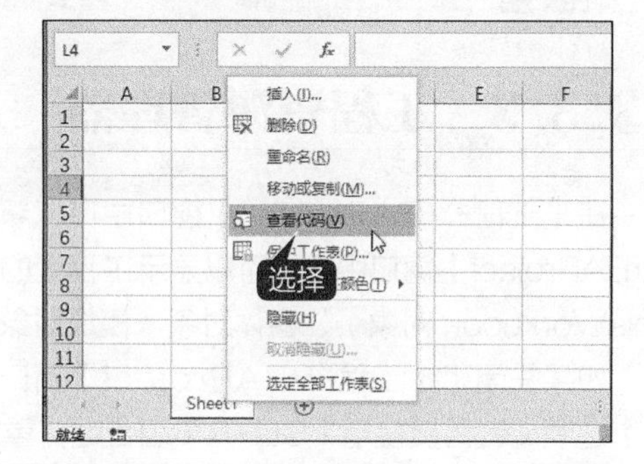

3.使用组合键

按【Alt+F11】组合键即可打开VBE编辑器。

13.3.2 菜单和工具栏

进入VBE编辑器后，首先看到的就是VBE编辑器的主窗口，主窗口通常由【菜单栏】、【工具栏】、【工程资源管理器】和【代码窗口】等组成。

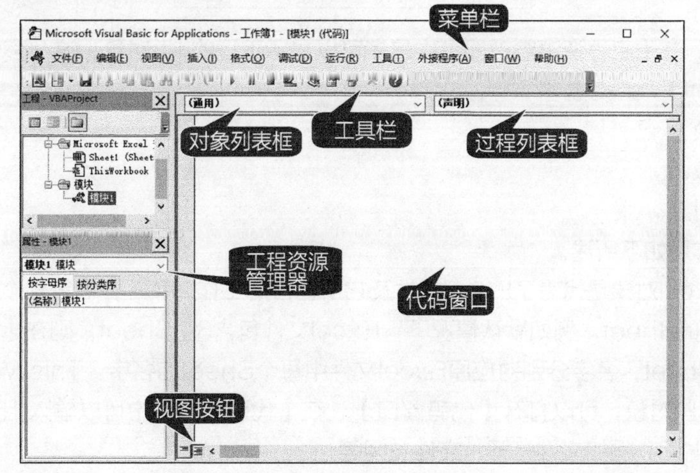

1. 菜单栏

VBE的【菜单栏】包含了VBE中各种组件的命令。如下图即为VBE编辑器的菜单栏。

文件(F) 编辑(E) 视图(V) 插入(I) 格式(O) 调试(D) 运行(R) 工具(T) 外接程序(A) 窗口(W) 帮助(H)

单击相应的命令按钮，在其下拉列表中可以选择要执行的命令，如单击【插入】命令按钮，即可调用【插入】的子菜单命令。

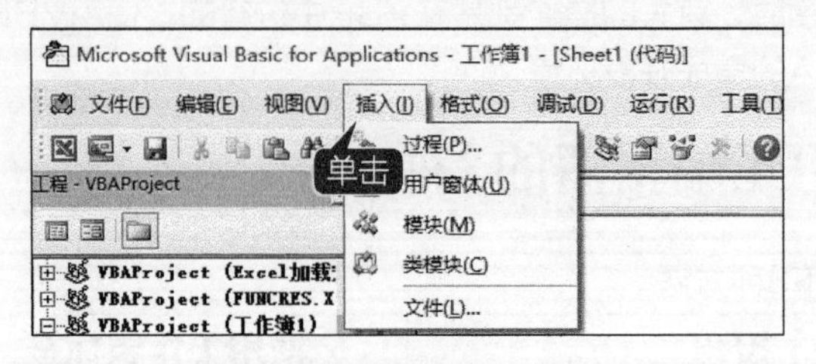

2. 工具栏

默认情况下，工具栏位于菜单栏的下方，显示各种快捷操作工具。

行 1，列 1

13.3.3 工程资源管理器

在【工程-VBAProject】窗口中可以看到所有打开的Excel工作簿和已加载的加载宏。【工程-VBAProject】窗口中最多可以显示工程里的4 类对象，即Microsoft Excel对象（包括Sheet 对象和ThisWorkbook 对象）、窗体对象、模块对象和类模块对象。

如果关闭了【工程-VBAProject】窗口，需要时可以单击【视图】菜单栏中的【工程资源管理器】选项或者直接使用【Ctrl+R】组合键，重新调出【工程-VBAProject】窗口。

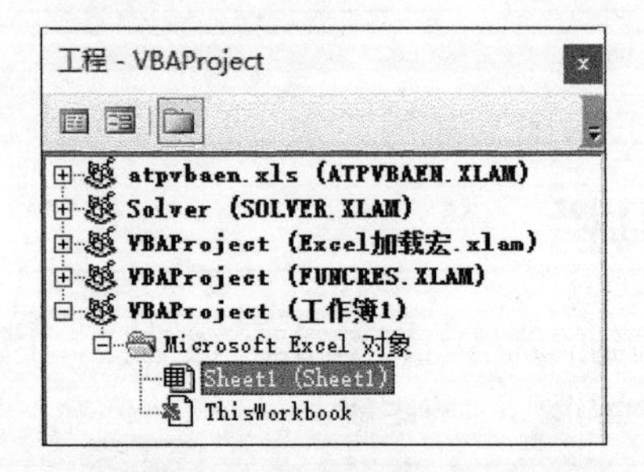

对于一个工程，在【工程资源管理器】中最多可以显示工程的4类对象，这4类对象分别如下。

（1）Microsoft Excel对象。

（2）窗体对象。

（3）模块对象。

（4）类模块对象。

这4类对象的作用如下所述。

Microsoft Excel对象是代表了Excel文件及它所包含的工作簿和工作表等几个对象，即包括一个Workbook和所有的Sheet。例如默认情况下，Excel文件包含3个Sheet，则在【工程资源管理器】窗口中就包括3个Sheet，名字分别对应原Excel文件中每个Sheet的名字。ThisWorkbook代表当前Excel文件,双击这些对象，可以打开【代码窗口】，在【代码窗口】中可以输入相关代码，相应工作簿或者文件的某些时间，例如文件打开、文件关闭等。

（1）窗体对象是指所定义的对话框或者界面。在VBA设计中经常会涉及窗体或者对话框的设计，在后面章节中我们将陆续介绍。

（2）模块对象是指用户自定义的代码，是所录制的宏保存的地方。

（3）类模块对象是指以类或者对象的方式编写代码保存的地方。

（4）这些对象的具体使用方法在后面会进一步地介绍。

但并不是所有工程都包含这4类对象，新建的工程文件就只有一个Microsoft Excel对象。在后期工程编辑过程中，可以根据需要灵活增加和删除对象。对工程名“VBAProject（工作簿1）”单击鼠标右键，在弹出的子菜单中选择【插入】命令，即可选择插入其他的3个对象。类似地也可以将这些对象从工程中导出或者移除，也可以将一个工程中的某一模块用鼠标拖曳到同一个【工程资源管理器】窗口的其他工程中。

13.3.4 属性窗口

使用【F4】键可以快速调用属性窗口。

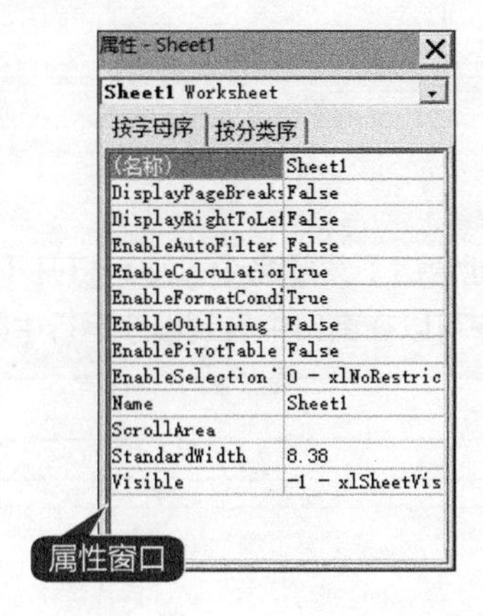

13.3.5 代码窗口

代码窗口是编辑和显示VBA代码的地方，由对象列表框、过程列表框、代码编辑区、过程分隔线和视图按钮组成。

在【工程资源管理器】窗口中，每个对象都对应一个代码窗口，其中窗体对象不仅有一个代码窗口，还对应一个设计窗口。通过双击【工程资源管理器】窗口中这些对象，可以打开【代码窗口】，在【代码窗口】中可以输入相关代码。在代码窗口的顶部有两个下拉列表，左侧的列表用于选择当前模块中包含的对象，右侧的列表用于选择Sub过程、Function过程或者对象特有的时间过程，选择好这两部分内容后，即可为指定的Sub过程、Function过程或事件过程编辑代码。

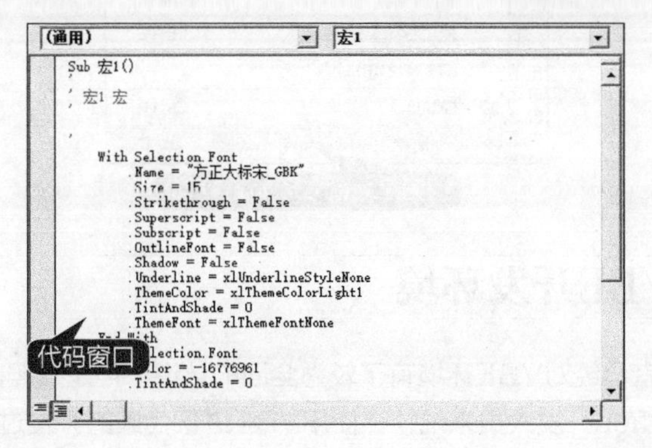

13.3.6 立即窗口

【立即窗口】在VBE中使用频率相对较少，主要用在程序的调试中，用于显示一些计算公式的计算结果，验证数据的计算结果。在开发过程中，可以在代码中加入Debug.Print语句，这条语句可以在【立即窗口】中输出内容，用来跟踪程序的执行。

从菜单栏中执行【视图】➤【立即窗口】菜单命令，或者按【Ctrl+G】组合键，都可以快速打开【立即窗口】，在【立即窗口】中输入一行代码，按【Enter】键即可执行该代码。如输入“Debug.Print 3+2”后，按【Enter】键，即可得到结果“5”。

13.3.7 本地窗口

从菜单栏中执行【视图】➤【本地窗口】菜单命令，即可打开【本地窗口】。【本地窗口】主要是为调试和运行应用程序提供的，用户可以在窗口中看到程序运行中的错误点或某些特定的数据值。

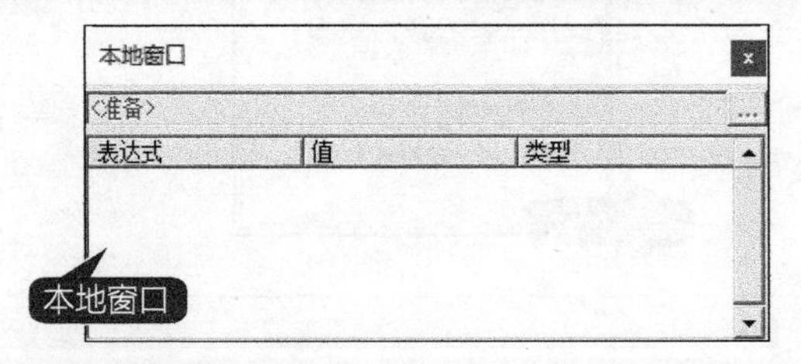

13.3.8 退出VBE开发环境

使用VBE开发环境完成VBA代码的编辑后，可以选择【文件】➤【关闭并返回到Microsoft Excel】命令或按【Alt+Q】组合键，返回Microsoft Excel 2019操作界面。

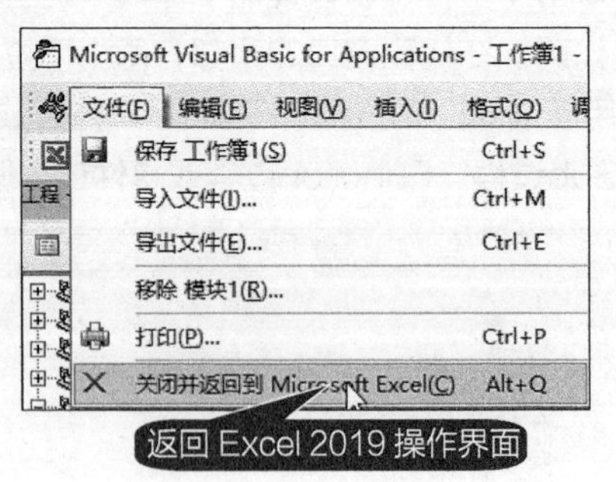

13.3.9 定制VBE开发环境

通过上面的学习，读者已经对VBE环境有了较为全面的认识。但是按照前面的方法打开的VBE环境是默认的环境，对于Office开发人员来说，在使用VBE进行代码的开发过程中，许多人都有自己的习惯，即对所使用的VBE环境进行某些方面的个性化定制，使得VBE环境适合开发人员自身的习惯。

定制VBE环境可以通过【工具】➤【选项】命令，打开【选项】对话框，如下图所示，该对话框包括4个选项卡，可以通过这些选项卡对VBE环境进行定制。

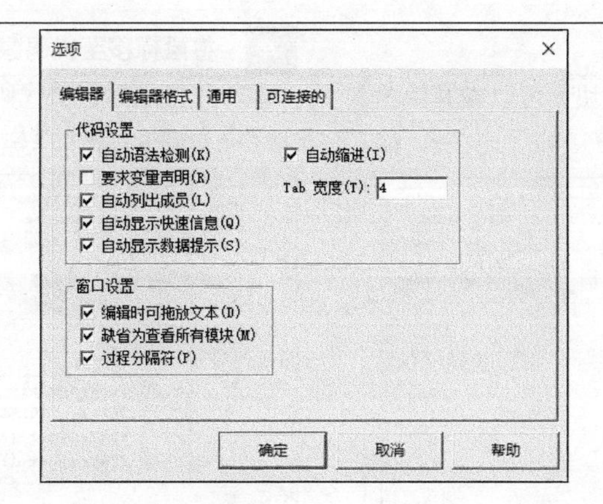

这4个选项卡分别实现以下个性化的环境定制。

（1）【编辑器】选项卡：用于定制代码窗口的基本控制，例如自动语法检测、自动显示快速信息等、设置Tab宽度、编辑时是否可以拖放文本、过程控制符等。

（2）【编辑器格式】选项卡：用于设置代码的显示格式，例如代码的显示颜色、字体大小等内容。

（3）【通用】选项卡：用于进行VBA的工程设置、错误处理和编译处理。

（4）【可连接的】选项卡：用于决定VBA中各窗口的行为方式。

例如，【编辑器】选项卡中【自动语法检测】选项，如果选中该项，在输入一行代码之后，将进行自动检查语法;如果未选中该复选框，VBE通过使用与其他代码不同的颜色来显示语法错误的代码，并且不弹出提示对话框。

这些个性化定制因人而异，开始学习的时候直接按照默认配置即可，不需另行设置，等熟练使用VBE后，再根据个人情况进行个性化设置。

13.3.10 从零开始动手编写VBA程序

认识了VBA的集成开发环境，下面先通过一个简单的例子，了解一下如何编写VBA程序。由于我们还没有开始学习VBA的语法，因此就用一个简单的例子演示一下如何使用VBE开发环境，这个例子是在VBE环境中加入一个提示对话框，显示提示信息“您好，这是我的第一个VBA小程序”。

1 打开 Excel 2019

打开Excel 2019，按【Alt+F11】组合键即可打开VBE编辑器。

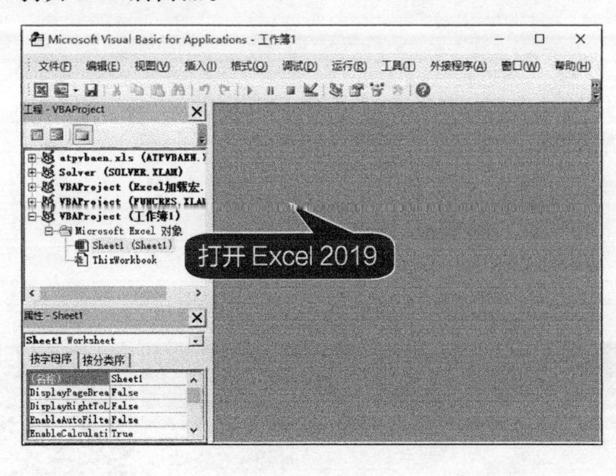

2 如图所示

单击【插入】➤【模块】菜单命令。

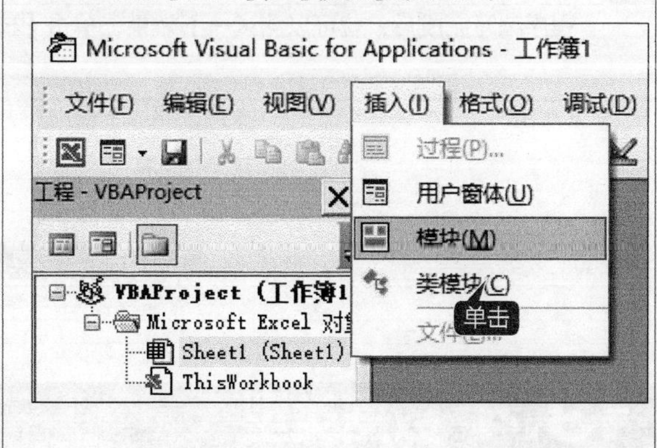

3 插入一个模块

此时，即可插入一个模块，可以在其中输入VBA代码。

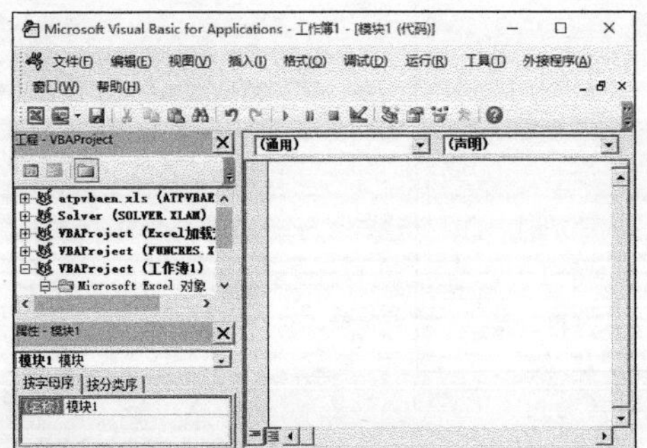

4 将鼠标移至代码窗口

将鼠标移至代码窗口，单击鼠标左键，并执行【插入】➤【过程】菜单命令。

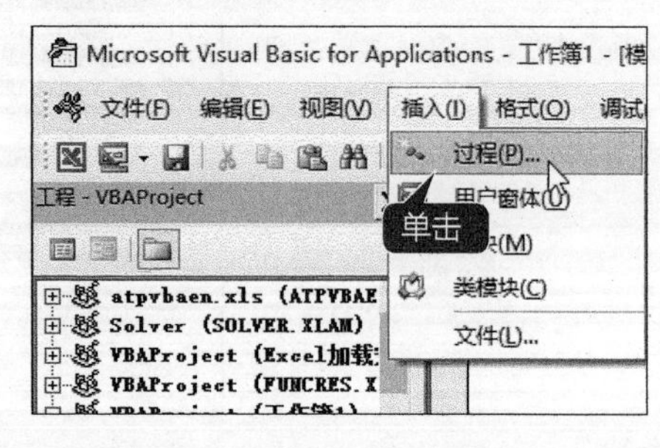

5 单击【确定】按钮

在弹出的【添加过程】对话框中，在名称后面文本框中输入“first”，单击【确定】按钮。

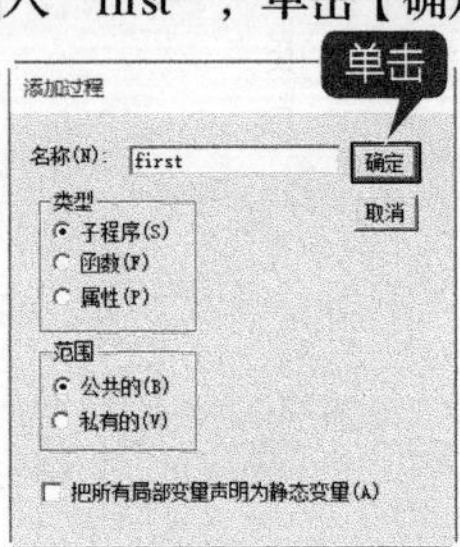

6 输入如下代码

在弹出的【代码窗口】中输入如下代码。

```
MsgBox " 您好！这是我的第一个 VBA 小程序 "
```

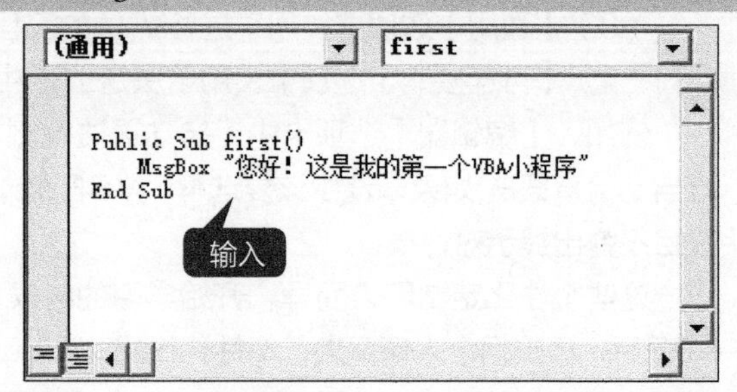

小提示

在输入代码时，输入一行后按【Enter】键，该行即被检查是否有语法错误。如果没有语法错误，该行代码将被重新格式化，关键字被加上颜色和标识符。如果有语法错误将弹出消息框，并把该行显示为另一种颜色。在执行这个宏之前，用户需要改正错误。

7 单击【F5】键

程序编写完成后，就可以测试一下效果，单击【F5】键，即可运行该程序。

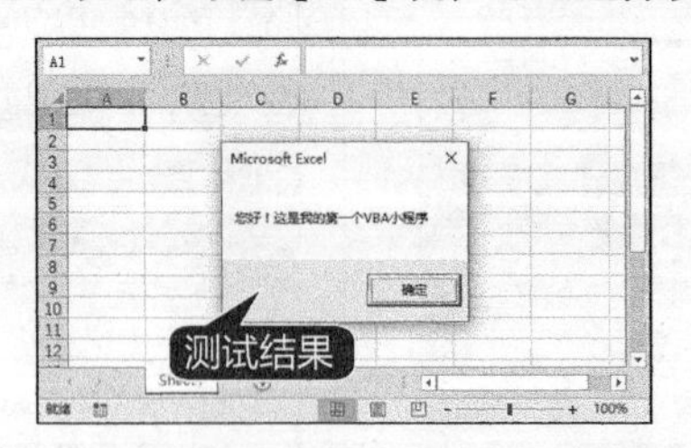

13.4 数据类型

本节视频教学时间：6分钟

数据是程序处理的基本对象，在介绍语法之前，有必要先了解数据的相关知识。VBA提供了系统定义的多种数据类型，并允许用户根据需要定义自己的数据类型。

13.4.1 为什么要区分数据类型

在高级程序设计语言中，广泛使用“数据类型”，通过使用数据类型可以体现数据结构的特点和数据用途。请看下面这个Excel表。

	A	B	C	D	E
1	学号	姓名	出生日期	籍贯	入学成绩
2	1001	张三	1997-5-1	北京	563
3	1002	李四	1997-10-3	上海	589
4	1003	王五	1996-2-14	天津	571
5	1004	赵六	1998-1-23	重庆	612
6					

Sheet1

在这个Excel表格中，有5列基本数据：学号、姓名、出生日期、籍贯、入学成绩。每一列的数据都是同一类的数据，例如“入学成绩”都是数值型的数据，“出生日期”都是日期型的数据。将同一类数据统称为数据类型，类似容器一样，里面可以装入同一类型的数据。这样便于程序对数据的统一管理。

不同的数据类型所表示的数据范围不同，因此定义数据类型的时候，如果定义错误会导致程序的错误。

13.4.2 VBA的数据类型

在VBA中有很多数据类型，不同的数据类型有不同的存储空间，对应的数值范围也不同。有些数据类型常用，有的并不常用，读者在使用过程中会慢慢体会到。下面分类介绍。

1.数值型数据

（1）整型数据（Integer）：就是通常所说的整数，在机器内存储为两字节（16位），其表示的数据范围为-32 678~32 767，整型数据除了表示一般的整数外，还可以表示数组变量的下标。整型数据的运算速度较快，而且比其他数据类型占用的内存少。

（2）长整型数据（Long）：通常用于定义大型数据时采用的数据类型，在机器内存储为4字节（32位），其表示的数据范围为-2 147 483 648~2 147 483 647。

（3）单精度型浮点数据（Single）：主要用于定义单精度浮点值，在机器内存储为4字节（32位），通常以指数形式（科学计数法）来表示，以“E”和“e”表示指数部分，其表示的数据范围对正数和负数不同，负数范围为-3.402 823 E38~-1.4 012 98E -45，正数范围为1.4 012 98E -45~3.402 823 E38。

（4）双精度型浮点数据（Double）：主要用于定义双精度浮点值，在机器内存储为8字节（64位），其表示的数据范围对正数和负数不同，负数范围为-1.7 976 931 348 62E 368~ -4.9 406 564 584 124 7E- 324，正数范围为4.94065645841247E-324~1.79769313486232E308。

（5）字节型数据（Byte）：主要用于存放较少的整数值，在机器内存储为1字节（8位），其数据范围为0~255之间的数值。

2. 字符串型数据

字符串是一个字符序列，字符串型数据在VBA中使用非常广泛，在VBA中，字符串包括在双引号内，主要有以下两种。

固定长度的字符串：是指字符串的长度是固定的。该固定长度可以存储1~64 000（216位）个字符。对于不满足固定长度设定的字符串，使用“差补长截”的方法。例如，定义一个长度为3的字符串，输入一个字符“a”，则结果为“a”，其后面补2个空格，若干输入“student”，则结果为“stu”。

可变长度的字符串：是指字符串的长度是不确定的。最多可以存储2亿个（231位）字符。

小提示

包含字符串的双引号是半角状态下输入的双引号"",不是全角状态下的双引号“”，这一点在使用的时候一定要注意，初学者会出现这种定义错误。

长度为零的字符串（即双括号内不包含任何字符）称为空字符串。

3. 其他数据类型

日期型（Date）：主要用于存储日期。在机器内存储为8字节（64位）浮点数值形式，所表示的日期范围为100年1月1日~9999年12月31日之间的数值。而时间从00:00:00到23:59:59。

可以辨认的文本日期都可以赋值给日期型的变量，日期文字必须用数字符号“#”括起来，例如：

#10/01/2008#，#May 1,2009#

货币性(Currency)：主要用于货币表示和计算。在机器内存储为8字节（64位）的整数数值形式。

布尔型(Boolean)：主要用于存储返回结果的Boolean值，其值主要有两种形式，即真（TRUE）和假（FALSE）。

变量型（Variant）：是一种可变的数据类型，可以表示任何值，包括数据、字符串、日期、货币等。

4. 枚举类型

枚举是指将一个变量的所有值逐一列举出来，当一个变量具有几种可能值的时候，可以定义枚举类型。

例如可以定义一个枚举类型星期来表示星期几。

```
Public Enum WorkDays
星期一
星期二
星期三
星期四
星期五
星期六
星期日
End Enum
```

其中WorkDays就是所定义的枚举型变量（变量在下一节介绍），其取值可以从星期一到星期日中选取。

5. 用户自定义数据类型

在VBA中，还可以根据用户自身的实际需要，使用Type语句定于用户自己的数据类型。其格式为。

```
Type 数据类型名
数据类型元素名 As 数据类型
数据类型元素名 As 数据类型
… …
End Type
```

其中，“数据类型”是前面所介绍的基本数据类型，“数据类型元素名”就是要定义的数据类型的名字，例如：

```
Type Student
SNum As String
SName As String
SBirthDate As Date
SSex As Integer
End Type
```

其中“Student”为用户自定义的数据类型，其中含有“SNum”“SName”“SBirthDate”“SSex”4种数据类型。

13.4.3 数据类型的声明与转换

要将一个变量声明为某种数据类型，其基本格式为。

```
Dim 变量名 As 数据类型
```

例如：

```
Dim X1 As Integer
```

定义一个整型数据变量X1；

```
Dim X2 As Boolean
```

定义一个布尔型数据变量X2。

13.5 VBA的基本语法

本节视频教学时间：37分钟

如果要深入学习并掌握VBA的应用，就需要熟悉VBA的基本语法，这样才能帮助你快速根据需求定义代码，并高效应用。

13.5.1 常量和变量

常量是指在程序执行过程中其值不发生改变；而变量的值则是可以改变的，它主要表示内存中的某一个存储单元的值。

1. 常量

在程序执行过程中值不发生变化的量称为常量（或者常数），VBA中常量的类型有3种，分别是直接常量、符号常量和系统常量。

（1）直接常量

是指在程序代码中可以直接使用的量，例如：

```
Height=10+input1
```

其中数值10就是直接常量。

直接常量也有不同的数据类型，其数据类型由数值本身所表示的数据形式决定。在程序中经常出现的常量有数值常量、字符串常量、日期/时间常量和布尔常量。

数值常量：由数字、小数点和正负符号所构成的量。例如：

```
3.14 ； 100； -50.2
```

都是数值常量。

字符串常量：由数字、英文字母、特殊符号和汉字等可见字符组成。在书写时必须使用双引号作为定界符。例如：

```
"Hello，你好"
```

特别注意，如果字符串常量中本身包含双引号，此时需要在有引号的位置输入两次双引号。例如：

```
"他说：""下班后留下来。"""
```

中间两个双引号是因为内容中有引号；最后出现3个双引号，其中前两个双引号是字符串中有引号，最后一个双引号是整个字符串的定界符。

日期/时间常量：用来表示某一体或者某一个具体时间，使用“#”作为定界符。例如：

```
#10/01/2019#
```

表示2019年10月1日。

布尔常量：也称为逻辑常量，只有两个值：True（真）、False（假）。

（2）符号常量

如果在程序中需要经常使用某一个常量，可为该常量命名，在需要使用这个常量的地方引用该常量名即可。使用符号常量有以下优点。

① 提高程序的可读性。

② 减少出错率。

③ 易于修改程序。

符号常量在程序运行前必须有确定的值，其定义的语法格式如下。

```
Const <符号常量名>=<符号常量表达式>
```

其中Const是定义符号常数的关键字，符号常数表达式计算出的值保存在常量名中。

例如：

```
Const PI=3.14
Const Name="精通 VBA"
```

小提示

在程序运行时，不能对符号常量进行赋值或者修改。

（3）系统常量

也称内置常量，就是VBA系统内部提供的一系列各种不同用途的符号常量。为了方便使用和记忆这些系统常量，通常采用两个字符开头指明应用程序名的定义方式，在VBA中的常量，开头两个字母通常以vb开头，例如“vbBlack”。可通过在VBA的对象浏览器中显示来查询某个系统常量的具体名称及其确定值。

单击【开发工具】选项卡中的【Visual Basic】按钮，打开VBE编辑环境，然后选择菜单【视图】➤【对象浏览器】命令（或按【F2】键），如下图所示。

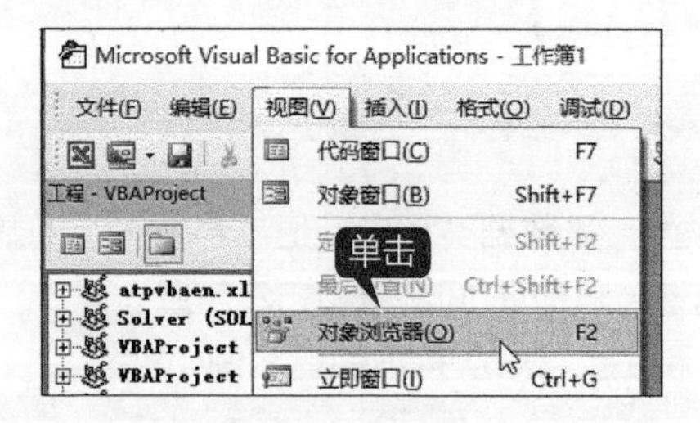

此时弹出下图，在箭头所指处输入要查询的系统常量，即可查询。

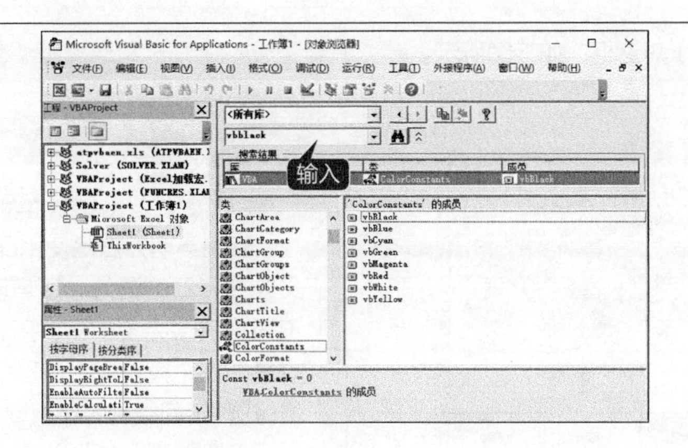

2.变量

变量用于保存程序运行过程中的临时值。对于变量，可以在声明时进行初始化，也可以在后面使用中再初始化。每个变量都包含名称与数据类型两部分，通过名称引用变量。变量的声明一般有两种：显式声明和隐式声明。下面分别介绍。

显式声明变量

是指在过程开始之前进行变量声明，也称为强制声明。此时VBA为该变量分配内存空间。显式声明变量的基本语法格式为。

```
Dim 变量名 [As 数据类型 ]
```

其中：Dim和As为声明变量的关键字；数据类型是上一节介绍的对应类型，例如：String、Integer等；中括号表示可以省略。

例如：

```
Dim SName AS String;
Dim SAge As Integer;
```

表示分别定义两个变量，其中变量SName为String类型，变量Sage为Integer类型。当然，上述声明变量也可以放到同一行语句中完成。

```
Dim SName AS String,  SAge As Integer;
```

变量名必须以字母（或者汉字）开头，不能包含空格、感叹号、句号、@、#、&、$，最长不能超过255个字符。

隐式声明变量

是指不在过程开始之前显式声明变量。在首次使用变量时，系统自动声明的变量，并指定该变量为Variant数据类型。前面已经提到，Variant数据类型比其他数据类型占用更多的内存空间，当隐式变量过多时，会影响系统性能。因此，在编写VBA程序时，最好避免声明变量为Variant数据类型，也就是说强制对所有变量进行声明。

强制声明变量

有两种方法可以确保编程的时候强制声明变量。

方法1：在进入VBE编程环境后，选择菜单【工具】➤【选项】命令。如下图所示。

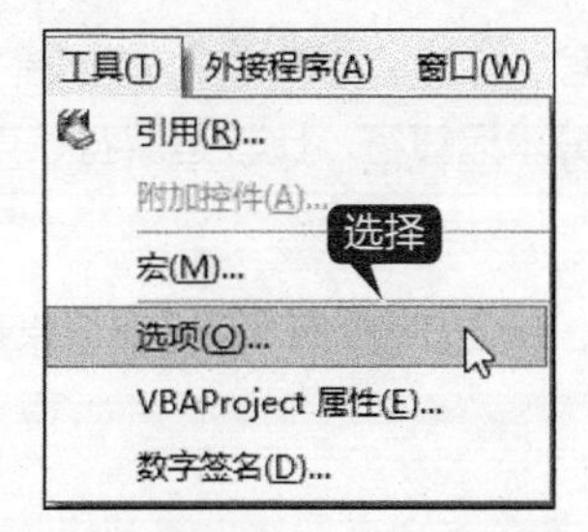

此时弹出【选项】对话框，如下图所示。

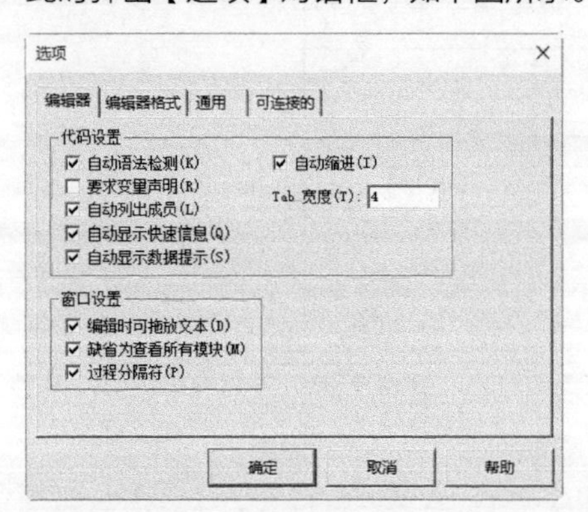

在【编辑器】选项卡里勾选【要求变量声明】复选项，即可实现在程序中强制变量声明。

方法2：在模块的第一行手动输入“Option Explicit”。

具体实现过程是首先打开VBE编程环境，选择菜单【插入】➤【模块】命令，在弹出的“模块”代码框中的第一行输入代码“Option Explicit”。

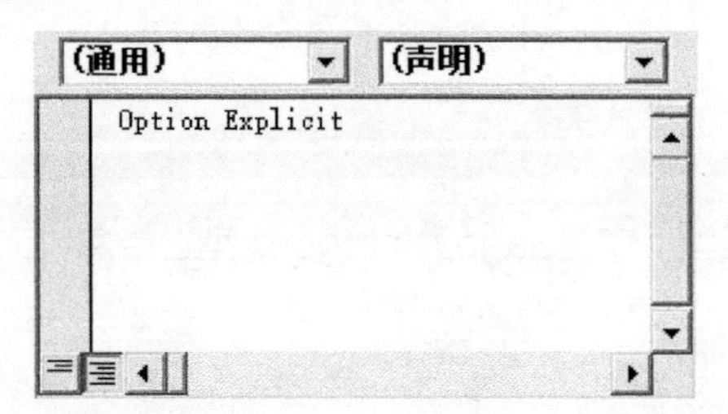

这样即可实现强制变量声明，如果程序中某个变量没有声明，编译过程中会提示错误。

变量的作用域

和其他程序设计语言类似，VBA也可以定义3种公共变量：公共变量、私有变量和静态变量。它们的定义格式如下。

公共变量。

```
Public 变量名 As 数据类型
```

私有变量。

```
Private 变量名 As 数据类型
```

静态变量。

```
Static 变量名 As 数据类型
```

变量声明方法是使用Dim关键字。这3种定义公共变量的语句，所声明的变量只是作用域不同，其余完全相同。所谓变量的作用域是指变量在哪个模块或者过程中使用，VBA中的变量有3种不同级别的作用域，如下所述。

本地变量：在一个过程中使用Dim或Static关键字声明的变量，作用域为本过程，即只有声明变量的语句所在的过程可以使用它。

模块级变量：在模块的第一个过程之前使用Dim或Private关键字声明的变量，作用域为声明变量的语句所在模块中的所有过程，即该模块中所有过程都可以使用。

公共变量：在一个模块的第一个过程之前使用Public关键字定义的变量，作用域为所有模块，即所有的模块里的过程都可以使用它。

变量的赋值

把数据存储到变量中，称为变量的赋值，其基本语法格式为。

```
[Let] 变量名称 = 数据
```

其中关键字Let可以省略，其含义是把等号右面的数据存储到等号左边的变量里。例如：

```
Sub test()
Dim x1 As String, x2 As Integer
X1="Hello! VBA"
X2=100;
End sub
```

上面的程序中先定义两个变量X1和X2，其中X1为String类型，X2为Integer类型，然后分别为两个变量赋值。

13.5.2 运算符

运算符是指定某种运算的操作符号，如“+”和“-”等都是常用的运算符。按照数据运算类型的不同，在VBA中常用的运算符主要有算术运算符、比较运算符、连接运算符和逻辑运算符。

1.算数运算符

算术运算符用于基本的算术运算，例如5+2,14×7等都是常用的算术运算。常用的各种算术运算符如下表所示。

算术运算符	名称	语法 Result=	功能说明	实例
+	加法	expression1 +expression2	两个数的加法运算	1+2=3
–	减法	expression1–expression2	两个数的减法运算	3–1=2
*	乘法	expression1 *expression2	两个数的乘法运算	5*7=35
/	除法	expression1 /expression2	两个数的除运算	10/2=5
\	整除	expression1 \expression2	两个数的整除运算	10\3=3
^	指数	number ^exponent	两个数的乘幂运算	3^2=9
Mod	求余	expression1 mod expression2	两个数的求余运算	12 mod 9=3

2.比较运算符

比较运算符用于比较运算，例如2>1、10<3等，其返回值为Boolean型，只能为True或者False。常用的各种比较运算符如下表所示。

比较运算符	名称	语法 Result=	功能说明	实例
=	等于	expression1 =expression2	相等返回 True，否则返回 False	True:：1=1 False：1=2
>	大于	expression1 >expression2	大于返回 True，否则返回 False	True：2>1 False：1>2
<	小于	expression1 <expression2	小于返回 True，否则返回 False	True：1<2 False：1<2
<>	不等于	expression1 <>expression2	不相等返回 True，否则返回 False	True：1<>2 False：1<>1
>=	大于等于	expression1 >=expression2	大于等于返回 True，否则返回 False	True：1>=1 False：1>=2
<=	小于等于	expression1 <=expression2	小于等于返回 True，否则返回 False	True：1<=1 False：2<=1
Is	对象比较	Object1 is object2	对象相等返回 True，否则返回 False	
Like	字符串比较	String like pattern	字符串匹配样本返回 True，否则返回 False	True: "abc" like "abc" False: "ab" like "bv"

在比较运算的时候，一些通配符经常会用到，如下表所示。

通配符	功能	示例
*	代替任意多个字符	True: " 学生 " like " 学 *"
?	代替任意一个字符	True: "abc" like "a?c"
#	代替任意一个数字	True: "ab12cd" like "ab#2cd"

3.连接运算符

连接运算符用于连接两个字符串，只有两种：“&”和“+”。

“&”运算符将两个其他类型的数据转化为字符串数据，不管这两个数据是什么类型。例如：

```
"abcefg"="abc"&"efg"
"3abc"=3+"abc"
```

“+”连接两个数据时，当两个数据都是数值的时候，执行加法运算，如果两个数据是字符串的时候，执行连接运算。例如：

```
"123457"="123"+"457"
46=12+34
```

4.逻辑运算符

逻辑运算符用于判断逻辑运算式结果的真假，返回结果为Boolean型，只能为True或者False，常用的各种比较运算符如下表所示。

逻辑运算符	名称	语法 Result=	功能说明	实例
And	逻辑与	expression1 and expression2	两个表达式同为 True 返回 True，否则返回 False	True: True and True False: True and False
Or	逻辑或	expression1 or expression2	两个表达式同为 False 返回 False，否则返回 True	False: False or False True: True or False
Not	逻辑非	Not expression1	表达式为 True 返回 False，否则返回 True	True: Not False False: Not True
Xor	逻辑异或	expression1 xor expression2	两个表达式相同结果为 False，否则为 True	True: True xor False False: True xor True
Eqv	逻辑等价	expression1 eqv expression2	两个表达式相同结果为 True，否则为 False	True: True eqv True False: True eqv False
Imp	逻辑蕴涵	expression1 imp expression2	表达式 1 为 True 并且表达式 2 为 False 时结果为 False，其余情况结果为 True	True: True imp False False: False imp True

5.VBA表达式

表达式是由操作数和运算符组成，表达式中作为运算对象的数据称为操作数，操作数可以是常数、变量、函数或者另一个表达式。例如：

```
X2=X1^2*3.14 and 1>2
```

6.运算符的优先级

当不同运算符在同一个表达式中出现的时候，VBA按照运算符的优先级执行，其优先级如表所示。

运算符	运算符名称	优先级（1 最高）
( )	括号	1
^	指数运算	2
−	取负	3
*，/	乘法和除法	4
\	整除	5
Mod	求余	6
+，−	加法和减法	7
&	连接	8
=,<>,>,<,>=,<=,like,is	比较运算（同级运算从左向有右）	9
And,or,not,xor,eqv,imp（从大到小）	逻辑运算	10

例如：

```
100 >（24-14）and 12*2 <15
= 100 > 10 and 24<15
=True and false
=false
```

13.5.3 过程

在编写VBA代码过程中，使用过程可以将复杂的VBA程序以不同的功能划分为不同的单元。每一个单元可以完成一个功能，在一定程度上方便用户编写、阅读、调试，以及维护程序。VBA中每一个程序都包含过程，所有的代码都编写在过程中，并且过程不能进行嵌套。录制的宏是一个过程，一个自定义函数也是一个过程。过程主要分为3类：子过程、函数过程和属性过程。

1. 过程的定义

Sub过程是VBA编程中使用最频繁的一种，它是一个无返回值的过程。在VBA中，添加Sub过程主要有两种，分别是通过对话框添加和通过编写VBA代码添加。

（1）通过编写VBA代码添加

在代码窗口中，根据Sub过程的语法结构也可以添加一个Sub过程，它既可以含参数，也可以无参数。Sub过程的具体语法格式如下。

```
[Private | Public | Friend] [Static] Sub
过程名 [(参数列表)]
语句序列
End Sub
```

其中各参数的功能如下表所示。

参数	功能
Private	表示私有，即这个过程只能从本模板内调用
Public	表示共有，其他模板也可以访问这个过程
Friend	可以被工程的任何模板中的过程访问
Static	表示静态，即这个过程声明的局部变量在下次调用这个过程时仍然保持它的值

过程保存在模块里，所以编写过程前应先插入一个模块，然后在代码窗口输入过程即可。前面步骤和手工插入函数的方法一样。下面给出一个简单插入过程的例子，如图所示，在代码窗口中输入过程代码即可。

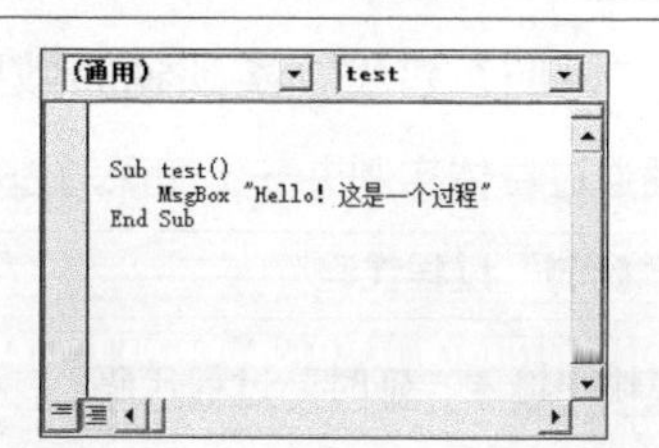

（2）通过对话框添加

和前面介绍的插入函数的方法相似，在代码窗口中定位文本插入点，选择【插入】➤【过程】命令，在打开的【添加过程】对话框的【名称】文本框中输入过程的名称，在【类型】栏中选中【子程序】单选项，在【范围】栏中设置过程的级别，单击【确定】按钮添加一个Sub过程，如右图所示。

2.过程的执行

在VBA中，通过调用定义好的过程来执行程序，常见的调用过程的方法如下。

方法一：使用Call语句调用Sub过程。

用Call语句可将程序执行控制权转移到Sub进程，在过程中遇到End Sub或Exit Sub语句后，再将控制权返回到调用程序的下一行。Call语句的基本语法格式如下。

```
Call 过程名（参数列表）
```

使用的时候，参数列表必须要加上括号，如果没有参数，此时括号可以省略。

方法二：直接使用过程名调用Sub过程。

直接输入过程名及参数，此时参数用逗号隔开。注意，此时不需要括号。

3. 过程的作用域

Sub过程与所有变量一样，也区分公有和私有，但在说法上稍有区别。过程分模块级过程和工程级过程。

（1）模块级过程

模块级过程即只能在当前模块调用的过程，它的特征如下所述。

① 声明Sub过程前使用Private。

② 只有当前过程可以调用，例如在“模块1”中有以下代码。

```
Private Sub 过程一 ()
 MsgBox 123
End Sub
Private Sub 过程二 ()
 Call 过程一
End Sub
```

执行过程二时可以调用过程一，但如果过程二存放于“模块2”中，则将弹出“子过程未定义”的错误提示。

小提示

所有事件的代码都是过程级的，默认状态下只能在当前过程调用。

（2）工程级过程

工程级过程是指在当前工程中的任意地方都可以随意调用的过程。它的特征刚好与模块级过程相反：在Sub语句前置标识符Public。非当前过程也可以调用，可以出现在【宏】对话框中。

如果一个过程没有使用“Public”和“Private”标识，则默认为工程级过程，任何模块或者窗体中都可以调用。

4. 调用“延时”过程，实现延时效果

下面通过具体实例进一步加深对过程的理解，通过一个调用“延时”过程，实现延时的效果。

1 输入“延时”过程代码

在模块中输入“延时”过程代码。

```
Sub test2(delaytime As Integer)
  Dim newtime As Long        '定义保存延时的变量
  newtime = Timer + delaytime   '计算延时后的时间
  Do While Timer < newtime     '如果没有达到规定的时间，空循环
  Loop
  End Sub
```

其中使用系统函数Timer获得从午夜开始计算的秒数，把这个时间加上延时的秒数，即延时后的时间，然后通过一个空循环语句判断是不是超过这个时间，超过就退出程序。

输入调用过程代码。

```
Sub test1()
  Dim i As Integer
  i = Val(InputBox(" 开始测试延时程序，请输入延时的秒数：", " 延时测试 ", 1))
  test2 i
```

```
    MsgBox "已延时" & i & "秒"
End Sub
```

2 调用 test2 过程

程序要求用户输入延时的秒数，然后通过“test2 i”来调用test2过程，实现延时效果。整个过程代码如右图所示。

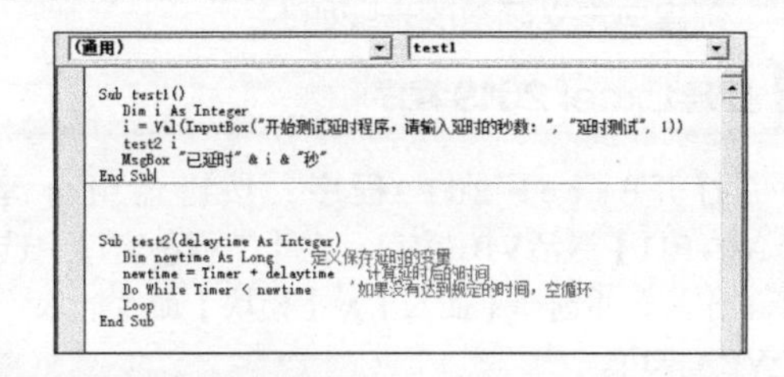

3 按【F5】键运行过程

按【F5】键运行过程，如下图所示。

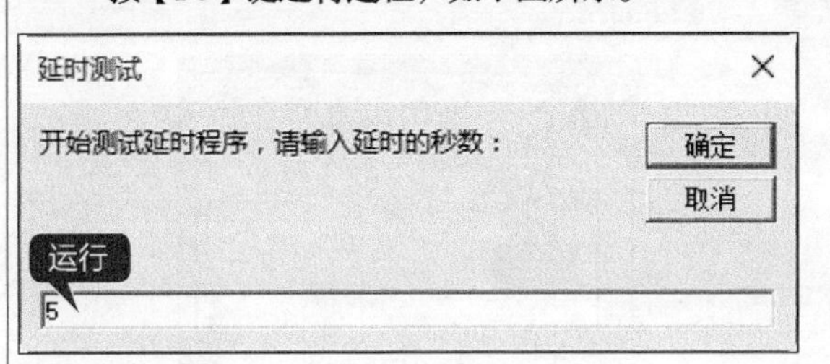

4 输入需要延迟的时间

在【延时测试】对话框中输入需要延迟的时间，然后单击【确定】按钮，弹出如下图所示的对话框。实现了延时效果。

13.5.4 VBA函数

在日常工作中，经常使用各种函数，例如求和、求最大值等。在VBA中也可以定义各种各样的函数，每个函数完成某种特定的计算。在VBA中函数是一种特殊的过程，使用关键字Function定义。VBA中有许多内置的函数。

1. VBA函数概括

用户可以在以下两种情况下使用VBA编写的函数程序。

- 从另一个VBA程序中调用函数。
- 在工作表的公式中使用函数。

在使用Excel工作表函数或者VBA内置函数的地方使用函数程序。自定义的函数也显示在【插入函数】对话框中，因此实际上它也成了Excel的一部分。

一个简单的自定义函数如下所示。

```
Function checkNum(longNum)
Select Case longNum
Case Is < 0
checkNum=" 负数 "
Case 0
checkNum=" 零 "
Case Is > 0
checkNum=" 正数 "
End Select
End Function
```

上述例子检验输入参数longNum的值：当值小于0时，函数返回字符串值“负数”；当值等于0时，函数返回字符串值“零”；当值大于0时，函数返回字符串值“正数”。

2.函数程序

函数程序与子程序之间最关键的区别是函数有返回值。当函数执行结束时，返回值已经被赋值给了函数名。

创建自定义函数的步骤如下。

1 打开 Excel 2019 程序

打开Excel 2019程序，按键盘组合键【Alt+F11】激活VBE窗口，在【工程】窗口中选择工作簿，并选择【插入】➤【模块】命令插入一个VBA模块。

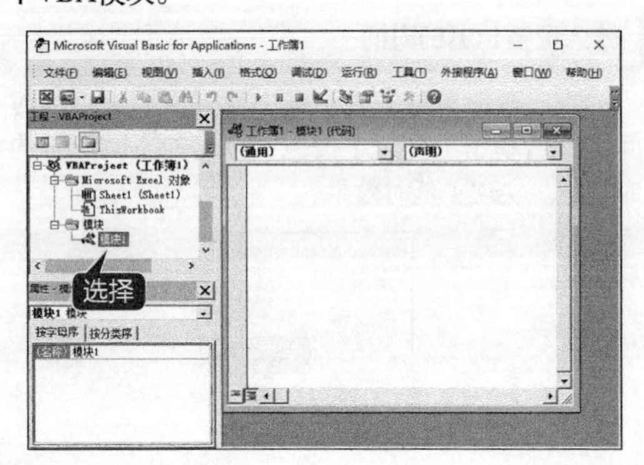

2 输入 Function 关键词

输入Function关键词，后面加函数名，并在括号内输入参数列表，输入VBA代码，设置返回值，使用End Function语句结束函数体。如下图所示，输入以下代码。

```
Function 求平均数 (a,b,c)
  求平均数 =(a+b+c)/3
End Function
```

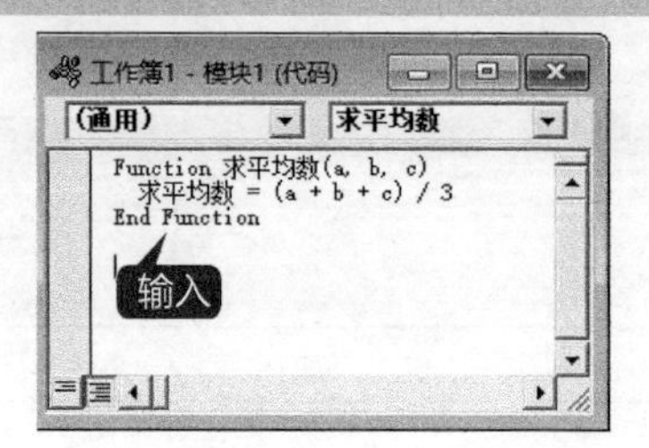

3 计算结果

输入代码后，按【Alt+F11】组合键或者单击VBE工作栏中的【视图Microsoft Excel】按钮，返回Excel界面，如在单元格中输入公式“=求平均数(2,5,8)”，并按【Enter】键即可计算出结果。

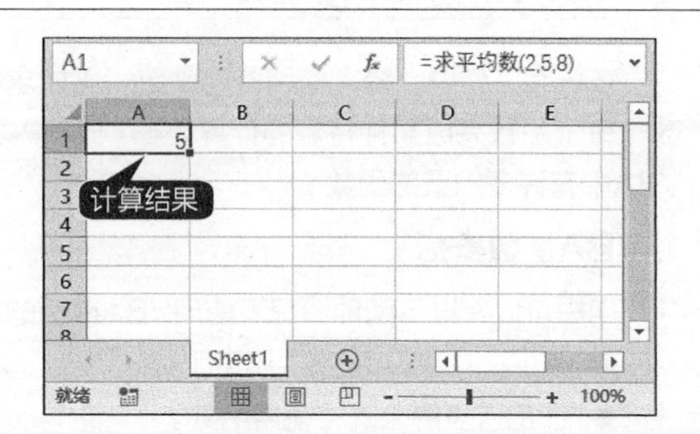

3. 执行函数程序

执行函数程序的方法有以下两种。

- 从其他程序中调用。
- 从工作表公式中使用该函数。

用户可以像调用内置VBA函数一样从其他程序中调用自定义函数。例如在定义了名为checkNum函数的后面，用户可以输入下面的语句。

```
strDisplay=checkNum(longValue)
```

在工作表公式中使用自定义函数就好像使用其他内置的函数一样，但是必须保证Excel可以找到该函数程序。如果这个函数程序在同一工作簿中，则不需要进行任何特殊的操作；如果该函数是在另一个工作簿中进行定义的，那么必须要告诉Excel如何找到该函数。

（1）在函数名称的前面加文件引用

例如用户希望使用名为test的工作簿中定义名为checkNum的函数，则可使用下面的语句。

```
="test.xlsx"!checkNum(A1)
```

（2）建立到工作簿的引用

如果自定义函数定义在一个引用工作簿中，则不需要在函数名的前面加工作簿的名字。用户可以在VBE窗口中选择【工具】➤【引用】菜单命令，建立到另一个工作簿的引用。用户将得到一个包括所有打开的工作簿在内的引用列表，然后选中指向含有自定义函数的工作簿的项即可。

（3）创建插件

如果用户在含有函数程序的工作簿创建一个插件，也不需要在公式中使用文件引用，但前提是必须正确安装。

4. 函数程序中的参数

关于函数程序中的参数，需要注意以下几点。

- 参数可以是变量、常量、文字或者表达式。
- 并不是所有的函数都需要参数。
- 某些函数的参数的数目是固定的。
- 函数的参数既有必需的，也有可选的。
- 在使用没有参数的函数时，必须在函数名的后面加上一对空括号。
- 可以在VBA程序中使用几乎全部的Excel工作表函数，而那些在VBA中有相同功能的函数外。例如在VBA中有产生一个随机数的RAND函数，此时就不能再在VBA函数中使用Excel的RAND函数。

5. 自定义函数计算阶乘

上面介绍了VBA中自定义函数的定义和使用方法，下面通过具体的实例，帮助读者进一步熟悉Function的功能。

阶乘公式在数据分析中经常使用到，其数学计算公式为$n!=n\times(n-1)\times(n-2)\times\cdots\times2\times1$，当$n=0$时，阶乘值为1。下面应用实例将阶乘实现过程编程为自定义函数，在主过程中调用。

1 打开 VBE 编辑器

打开VBE编辑器，在代码窗口中输入主过程程序。

```
Sub test()
Dim result As Long
Dim i As Integer
i = Val(InputBox(" 请输入您需要计算的阶乘数 "))
'输入需要计算的阶乘数
result = jiecheng(i)   '调用阶乘函数
MsgBox i & " 的阶乘为：" & result
'显示结果
End Sub
```

其中通过输入函数输入需要计算阶乘的数值，然后调用阶乘函数result = jiecheng(i)，并把值赋值给result，再使用输出函数显示结果。

2 创建阶乘函数

创建阶乘函数，代码如下。

```
Function jiecheng(i As Integer)
If i = 0 Then   '如果 i=0, 则阶乘为 1
 jiecheng = 1
ElseIf i = 1 Then  '如果 i=1, 则阶乘
为 1
 jiecheng = 1
Else
 jiecheng = jiecheng(i - 1) * i  '递归
调用阶乘函数
End If
End Function
```

计算阶乘中，需要递归调用阶乘函数jiecheng = jiecheng(i - 1) * i，实现阶乘的计算。

3 按【F5】键

按【F5】键，运行程序，如下图所示。

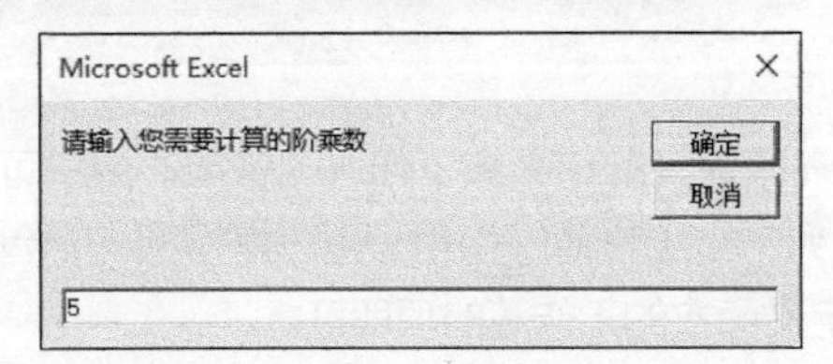

4 输入需要计算的阶乘数

在对话框中输入需要计算的阶乘数，例如输入数值5，然后单击【确定】按钮，会显示如下结果。

13.5.5 语句结构

VBA的语句结构和其他大多数编程语言相同或相似，本节介绍几种最基本的语句结构。

1. 条件语句

程序代码经常用到条件判断，并且根据判断结果执行不同的代码。在VBA中有If…Then…Else和Select Case两种条件语句。

下面以If…Then…Else语句根据单元格内容的不同而设置字体的大小。如果单元格内容是“龙马”则将其字体大小设置为“10”，否则将其字号设置为“9”，代码如下。

```
If ActiveCell.Value=" 龙马 "Then
    ActiveCell.Font.Size=10
Else
    ActiveCell.Font.Size=9
End If
```

2. 输入输出语句

计算机程序首先接收用户输入的数据，再按一定的算法对数据进行加工处理，最后输出程序处理的结果。在Excel中，可从工作表、用户窗体等多处获取数据，并可将数据输出到这些对象中。本节主要介绍VBA中标准的输入/输出方法。

ＶＢＡ提供的InputBox函数可以实现数据输入，该函数将打开一个对话框作为输入数据的界面，等待用户输入数据，并返回所输入的内容。语法格式如下。

```
InputBox(prompt[,title][,default] [,xpos] [,ypos] [,helpfile,context])
```

使用MsgBox函数打开一个对话框，在对话框中显示一个提示信息，并让用户单击对话框中的按钮，使程序继续执行。MsgBox有语句和函数两种格式，语句格式如下。

```
MstBox prompt[,buttons][,title][,helpfile,context]
```

函数格式如下。

```
Value=MsgBox(prompt[,buttons][,title][,helpfile,context]
```

3. 循环语句

如果需要在程序中多次重复执行某段代码就可以使用循环语句。在VBA中有多种循环语句，如For…Next循环、Do…Loop循环和While…Wend循环。

如下代码中使用For…Next循环实现1到10的累加功能。

```
Sub ForNext Demo()
    Dim I As Integer,iSum As Integer
    iSum=0
```

```
    For i=1 To 10
        iSum=iSum+i
    Next
    Megbox iSum "For…Next 循环 "
End Sub
```

4. With语句

With语句可以针对某个指定对象执行一系列的语句。使用With语句不仅可以简化程序代码，而且可以提高代码的运行效率。With…End With结构中以“.”开头的语句相当于引用了With语句中指定的对象，在With…End With结构中无法使用代码修改With语句所指定的对象，即不能使用With语句来设置多个不同的对象。例如：

```
Sub AlignCells()
With Selection
.HorzontalAlignment=xlCenter
.VericalAlignment= xlCenter
.WrapText=False
.Orientation=xlHorizontal
End With
End Sub
```

5. 错误处理语句

执行阶段有时会有错误的情况发生，利用On Error语句来处理错误，启动一个错误的处理程序。语法如下。

```
On Error Goto Line  '当错误发生时，会立刻转移到 line 行去。
On Error Resume Next  '当错误发生时，会立刻转移到发生错误的下一行去。
On Erro Goto 0  '当错误发生时，会立刻停止过程中任何错误处理过程。
```

6. Select Case语句

Select Case语句也是条件语句之一，而且是功能最强大的条件语句。它主要用于多条件判断，而且其条件设置灵活、方便，在工作中使用频率极高。

Select Case语句的语法如下。

```
Select Case testexpression
[Case expressionlist-n
[statements-n]] ...
[Case Else
[elsestatements]]
End Select
```

参数	描述
testexpression	必要参数。任何数值表达式或字符串表达式
expressionlist-n	如果有 Case 出现，则为必要参数
statements-n	可选参数
elsestatements	可选参数

7. 判断当前时间情况

通过上面VBA语句结构的学习，下面以Select Case语句为例，根据当前的时间判断是上午、中午，还是下午、晚上、午夜，具体操作步骤如下。

1 输入代码

在代码窗口输入如下代码。

```
Sub 时间 ()
Dim Tim As Byte, msg As String
Tim = Hour(Now)
Select Case Tim
Case 1 To 11
msg = " 上午 "
Case 12
msg = " 中午 "
Case 13 To 16
msg = " 下午 "
Case 17 To 20
msg = " 晚上 "
Case 23, 24
msg = " 午夜 "
End Select
MsgBox " 现在是: " & msg
End Sub
```

2 保存代码

保存代码，设定当前电脑系统时间为19:00分，按【F5】键，执行该代码，得出结果如下。

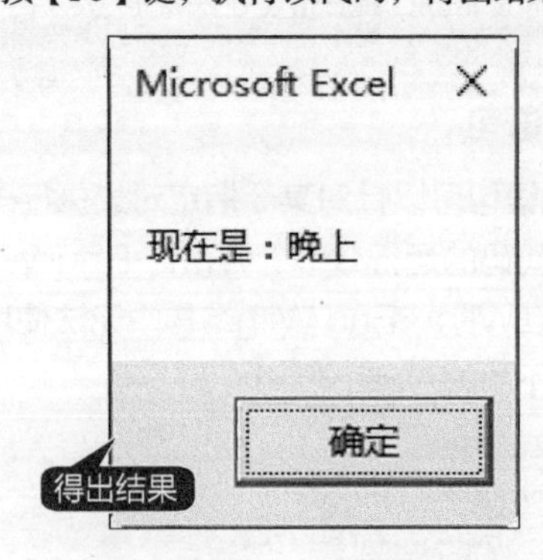

13.5.6 常用控制语句的综合运用

在程序设计过程中，程序控制结构具有非常重要的作用，程序中各种逻辑和业务功能都要依靠程序控制结构来实现。

（1）顺序结构

顺序结构是指程序按照语句出现的先后次序执行。可以把顺序结构想象成一个没有分支的管道，把数据想象成水流，数据从入口进入后，依次执行每一条语句直到结束。

（2）选择结构

选择结构是指通过对给定的条件进行判断，然后根据判断结果执行不同任务的一种程序结构。

（3）循环结构

当程序需要重复执行一些任务时，就可以考虑采用循环结构。循环结构包括计数循环结构、条件循环结构和嵌套循环3种。

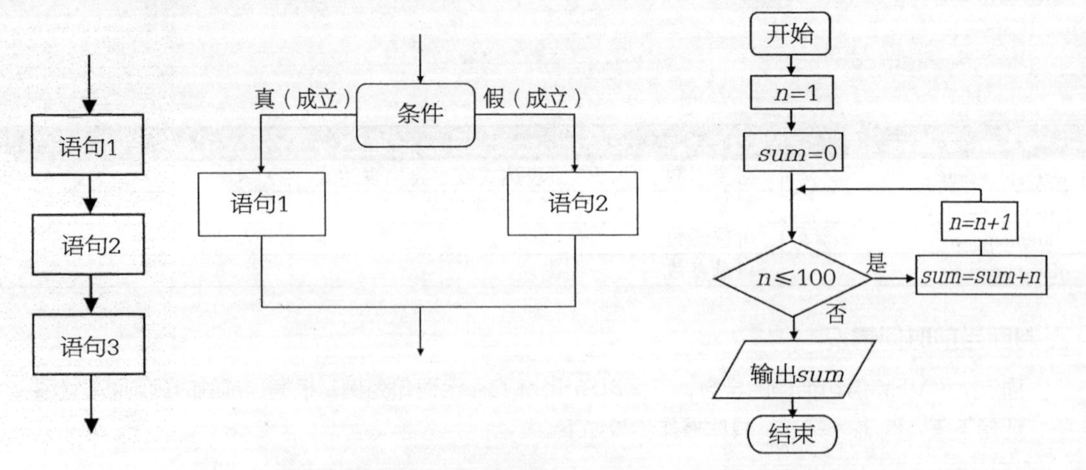

如果要将10元钱能换成零钱，并将各种的可能都考虑进去，如可换为100个1角、50个2角、20个5角或2个5元等就可以使用多重循环。具体操作步骤如下。

1 打开素材

打开“素材\ch10\换零钱.xlsx”文件，单击【开发工具】选项卡下【代码】选项组中的【Visual Basic】按钮，打开【Visual Basic】窗口，选择【插入】➤【模块】菜单命令，新建模块，并输入如下代码。

```
Sub 换零钱 ()
    Dim t As Long
    For j = 0 To 50                           '2 角
        For k = 0 To 20                       '5 角
            For l = 0 To 10                   '1 元
                For m = 0 To 2                '5 元
                    t2 = 2 * j + 5 *k + 10 * l + 50 * m
                    If t2 <= 100 Then
                        t = t + 1
                        i = 100 − t2
                        Sheets(1).Cells(t + 1, 1) = i
                        Sheets(1).Cells(t + 1, 2) = j
                        Sheets(1).Cells(t + 1, 3) = k
                        Sheets(1).Cells(t + 1, 4) = l
                        Sheets(1).Cells(t + 1, 5) = m
                    End If
                Next
            Next
        Next
    Next
    MsgBox "10 元换为零钱共有 " & t & " 种
方法！ "
End Sub
```

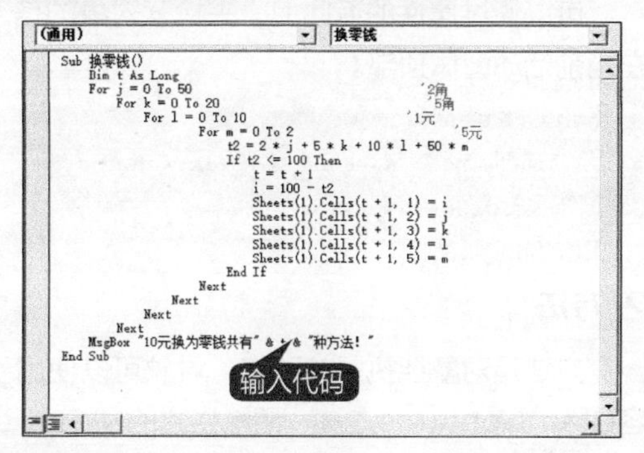

2 执行代码

按【F5】键，执行代码，运行结果如下图所示。

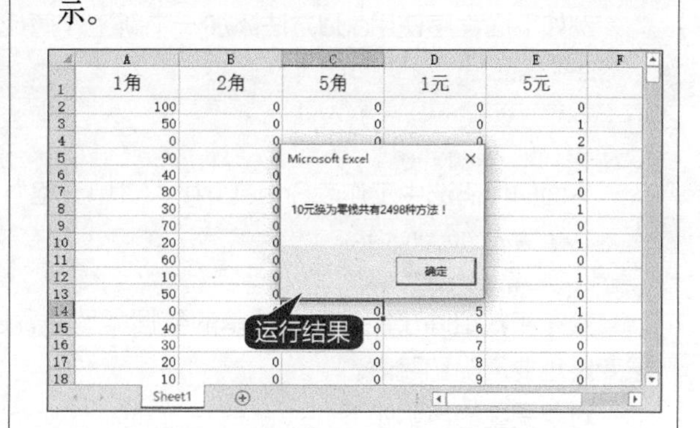

13.5.7 对象与集合

对象代表应用程序中的元素，如工作表、单元格和窗体等。Excel应用程序提供的对象按照层次关系排列在一起成为对象模型。Excel应用程序中的顶级对象是Application对象，它代表Excel应用程序本身。Application对象包含一些其他对象，如Windows对象和Workbook对象等，这些对象均被称为Application对象的子对象，反之Application对象是上述这些对象的父对象。

集合是一种特殊的对象，它是一个包含多个同类对象的对象容器，Worksheets集合包含所有的Worksheet对象。

一般来说，集合中的对象可以通过序号和名称两种不同的方式来引用。如当前工作簿中有“工作表1”和“工作表2”两个工作表，以下两个代码都是引用名称为“工作表2”的Worksheet对象。

```
ActiveWorkbook.Worksheets（" 工作表 2"）
ActiveWorkbook.Worksheets（2）
```

1. 属性

属性是一个对象的性质与对象行为的统称。它定义了对象的特征，例如大小、颜色或屏幕位置；或某一方面的行为，例如对象是否有激活或可见的。可以通过修改对象的属性值来改变对象的特性。

若要设置属性值，则在对象的引用后面加上一个复合句。复合句是由属性名加上等号 (=) 以及新的属性值所组成的。例如，下面的过程通过设置窗体中的Caption属性来更改Visual Basic窗体的标题。

```
Sub ChangeName(newTitle)
    myForm.Caption = newTitle
```

```
End Sub
```

有些属性不能设置。每一个属性的帮助主题，会指出是否可以设置此属性（读与写），或只能读取此属性（只读），还是只能写入此属性（只写）。

可以通过属性的返回值，来检索对象的信息。下列的过程使用一个消息框来获取标题，标题显示在当前活动窗体顶部。

```
Sub GetFormName()
  formName = Screen.ActiveForm.Caption
  MsgBox formName
End Sub
```

2. 方法

方法是对象能执行的动作，对象可以使用不同的方法。例如，区域(Range)对象有清除单元格内容ClearContents方法、清除格式的ClearFormats方法以及同时清除内容和格式的Clear方法等。在调用方法的时候，使用点操作符引用对象，如果有参数，在方法后加上参数值，参数之间用空格隔开。在代码中使用方法的格式如下。

```
Object.method
```

例如下面程序使用add方法添加一个新工作簿或工作表。

```
Sub addsheet()
ActiveWorkbook.Sheets.Add
End sub
```

下面的代码选中工作表Sheet1中“A1单元格”，然后再清除其中内容。

```
Sheet1.range("A1").Select
Sheet1.range("A1").clear
```

变量和数组除了能够保存简单的数据类型外，还可以保存和引用对象。与普通变量类似，使用对象变量也要声明和赋值。

对象变量的声明如下。

和普通变量的定义类似，对象变量也使用Dim语句或其他的声明语句（Public、Private或Static）来声明对象变量，引用的对象变量必须是Variant、Object或是一个对象的指定类型。例如：

```
Dim MyObject
Dim MyObject As Object
Dim MyObject As Font
```

其中第一句“Dim MyObject”声明MyObject为Variant数据类型，此时因为没有声明数据类型，则默认是Variant数据类型；第二句“Dim MyObject As Object”声明MyObject为Object数据类型；第三句“Dim MyObject As Font”声明MyObject为Font类型。

给对象变量赋值如下。

与普通变量赋值不同，对象变量赋值必须使用Set语句，其语法为：

```
Set 对象变量 = 数值或者对象
```

除了可以赋值一般数值外，还可以把一个集合对象赋值给另一个对象。

例如：

```
Set Mycell=WorkSheets(1).Range("C1")
```

把工作表中C1单元格中的内容赋值给对象变量Mycell。

下面语句同时使用New关键字和Set语句来声明对象变量。

```
Dim MyCollection As Collection
Set MyCollection = New Collection
```

3. 事件

在VBA中，事件可以定义为激发对象的操作，例如在Excel中常见的有打开工作簿、切换工作表、选择单元格、单击鼠标等。

而行为可以定义为针对事件所编写的操作过程。针对某个事件发生所编写的过程称为事件过程，也叫Sub过程。事件过程必须写在特定对象所在的模块中，而且只有过程所在的模块中的对象才能触发这个事件。

下面给出几种Excel中常见的事件。

（1）工作簿事件

当特定的工作簿打开（Open）、关闭之前（BeforeClose）或者激活任何一张工作表（SheetActivate）都是工作簿事件。工作簿事件的代码必须在ThisWork对象代码模块中编写。

（2）工作表事件

当特定的工作表激活（Activate）、更改单元格内容（Change）、选定区域发生改变（SelectionChange）等都是工作表事件，工作表事件的代码必须写在对应工作表的代码模块中。

（3）窗体和控件事件

窗体打开或者窗体上的控件也可响应很多事件，例如单击(Click)、鼠标移动(MouseMove)等，这些事件的代码必须编写在相应的用户窗体代码模块中。

（4）不与对象关联的事件

还有两类事件不与任何对象关联，分别是OnTime和OnKey，分别表示时间和用户按键这类事件。

4. Excel中常用的对象

Excel VBA是面向对象的程序设计语言。在Excel中有各种层次的对象，不同的对象又有其自身的属性、方法和事件，对象是程序设计中的重要元素。本节只选择几个重要对象进行介绍。

（1）Application

它是最基本的对象，与Excel应用程序相关，它影响活动的Excel。通常情况下，Application对象指的就是Excel程序本身，利用其属性可以灵活地控制Excel应用程序的工作环境。

常用的属性有ActiveCell（当前单元格）、ActiveWorkBook（当前工作簿）、ActiveWorkSheet（当前工作表）、Caption（标题）、DisplayAlerts（显示警告）、Dialogs（对话框集合）、Quit（退出）和Visible等。

（2）Workbooks

它包含在当前Excel中打开的工作簿，它最常用的属性和方法如下。

Add <模板>：此方法返回指定的Workbooks对象的地址。

Count：此属性返回当前打开的工作簿的数目。

Item <Workbook>：此方法返回指定的Workbooks对象。<Workbook>要么是一个数字，对应着工作簿在集合中的索引号，要么是工作簿的名称。

Open <filename>：此方法打开指定的文件，并返回包含文档的Workbooks对象的地址。

（3）Workbook

保存在当前Excel会话中打开的单个工作簿的信息。该对象最有用的属性、方法和对象如下。

Activate：此方法使指定的工作簿成为活动的工作簿，然后用ActivateWorkbook对象引用这个工作簿。

Close<savechanges>：此方法关闭Workbook对象，如果要求保存，它将修改的内容保存到工作簿中。

Name：此属性返回工作簿的名称。

Sheets：该对象包含工作簿中的一系列工作表和图表。

（4）Worksheet

Worksheet对象是Worksheets集合的成员，该集合包含工作簿中所有的表（包括工作表和图表）。当工作表处于活动状态时，可直接用ActiveSheet属性引用。

常用的Worksheets对象和Worksheet对象的属性和方法有ActiveSheet（活动工作表）属性、Name（名称）属性、Visible（隐藏）属性、Select（选定）方法、Copy（复制）和Move（移动）方法、Paste（粘贴）方法、Delete（删除）方法以及Add（添加）方法等。

（5）Range

保存工作表上一个或多个单元的信息。

Range对象的属性和方法主要有Cells（单元格）属性、UsedRange（已使用的单元格区域）属性、Formula（公式）属性、Name（单元格区域名称）属性、Value（值）属性、Autofit（自动行高列宽）方法、Clear（清除所有内容）方法、ClearContents（清除内容）方法ClearFormats（清除格式）方法、Delete（删除）方法、Copy（复制）、Cut（剪切）和Paste（粘贴）等方法。

5. 创建一个工作簿

下面通过一个实例，详细介绍如何创建一个新的工作簿，并保存到指定位置。

1 打开 VBE 编辑环境

打开VBE编辑环境。创建模块，在模块中输入以下代码。

```
Sub test()
Dim WB As Workbook
Dim Sht As Worksheet
Set WB = Workbooks.Add
Set Sht = WB.Worksheets(1)
Sht.Name = " 学生名册 "
Sht.Range("A1:F1") = Array(" 学号 "," 姓名 "," 性别 "," 出生年月 "," 入学时间 "," 是否团员 ")
WB.SaveAs "c:\ 学生花名册 .xlsx"
ActiveWorkbook.Close
End Sub
```

Workbook对象和WorkSheet对象，在04行创建一个工作簿Wb，05行指定工作表，然后分别在06到07行为工作表标签命名，并在单元格“A1:F1”设置表头。最后08行保存新建的工作簿到所指定的位置，并命名文件名；09行关闭新建的工作簿。

其中08行可以修改为。

```
WB.SaveAs ThisWorkbook.Path & "\ 学生花名册 .xlsx"
```

2 输入代码

按【F5】键，可以在C盘上找到文件“学生花名册.xlsx”，打开该文件，如下图所示。

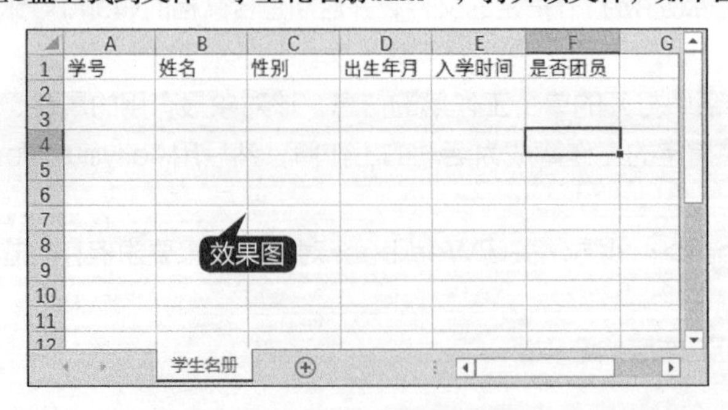

高手私房菜

技巧1：启用被禁用的宏

设置宏的安全性后，在打开包含代码的文件时，将弹出【安全警告】消息栏。如果用户信任该文件的来源，可以单击【安全警告】信息栏中的【启用内容】按钮，【安全警告】信息栏将自动关闭。此时，被禁用的宏将会被启用。

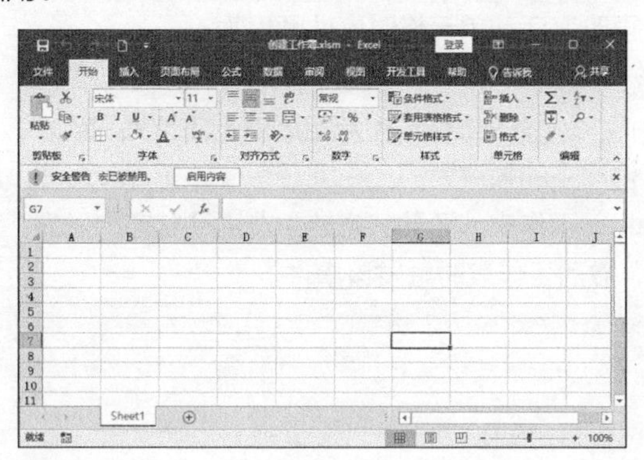

技巧2：使用变量类型声明符

前面介绍变量声明的基本语法格式为。

```
Dim 变量名 As 数据类型
```

在实际定义过程中，有部分数据类型可以使用类型声明符来简化定义，例如：

```
Dim str$
```

在变量名称的后面加上$，表示把变量“str”定义为string类型。这里$就是类型声明符。常见的类型声明符见下表。

数据类型	类型声明符
Integer	%
Long	&
Single	!
Double	#
Currency	@
String	$

例如：

```
Dim M1@ 等价于 dim M1 as currency
Dim M2% 等价于 dim M2 as Integer
```

技巧3：事件产生的顺序

本章已经介绍到工作簿和工作表的事件，那么如果同时定义了多个事件的情况下，系统如何响应呢？因此需要了解事件的产生顺序，这将有助于在各事件中编写代码，完成相应的操作。

1. 工作簿事件的顺序

对于常见的工作簿事件，其发生顺序依次如下所述。

Workbook_Open:打开工作簿时触发该事件。

Workbook_Activate：打开工作簿时，在Open事件之后触发该事件；或者多个工作簿之间切换时，激活状态的工作簿触发该事件。

Workbook_BeforeSave：保存工作簿之前触发该事件。

Workbook_BeforeClose：关闭工作簿之前触发该事件。

Workbook_Deactivate：关闭工作簿时，在BeforeClose事件之后触发该事件；或者多个工作簿时非激活态的工作簿触发该事件。

2.工作表事件的顺序

对于常见的工作表事件，其发生顺序依次如下所述。

修改单元格中内容后，再改变活动单元格时事件顺序为：

Worksheet_Change，更改工作表中单元格时触发该事件；

Worksheet_SelectionChange，工作表中选定区域发生改变时。

更改当前工作表时，事件产生的顺序为：

Worksheet_Deactivate，工作表从活动状态转为非活动状态时触发；

Worksheet_Activate，激活工作表时触发该事件。

第 14 章

Excel 2019 的协同办公

本章视频教学时间：19 分钟

Excel 2019 和其他 Office 组件之间可以非常方便地协同处理数据，Excel 2019 的共享功能方便了多个用户对同一文档同时查看，使工作事半功倍。

【学习目标】

通过本章的学习，掌握 Excel 2019 在协同办公中的应用。

【本章涉及知识点】

- 不同文档间的协同应用
- 使用 OneDrive 协同处理 Excel
- Excel 2019 文件的其他共享方法

14.1 不同文档间的协同

本节视频教学时间：12分钟

在使用Excel时，可以与Word、PowerPoint协作，如在Excel中调用Word文档、PowerPoint演示文稿，也可以在Word或PowerPoint中插入Excel表格。

14.1.1 Excel与Word的协同

在使用比较频繁的办公软件中，Excel可以与Word文档实现资源共享和相互调用，从而达到提高工作效率的目的。

1. 在Excel中调用Word文档

在Excel工作表中，可以通过调用Word文档来实现资源的共用，避免在不同软件之间来回切换，从而大大减少了工作量。

1 单击【浏览】按钮

新建一个工作簿，单击【插入】选项卡下【文本】选项组中的【对象】按钮，弹出【对象】对话框，选择【由文件创建】选项卡，单击【浏览】按钮。

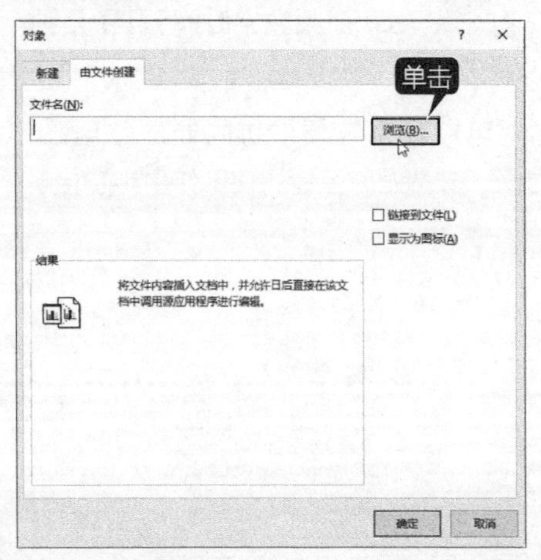

2 单击【插入】按钮

弹出【浏览】对话框，选择“素材\ch14\考勤管理工作标准.docx”文件，单击【插入】按钮。

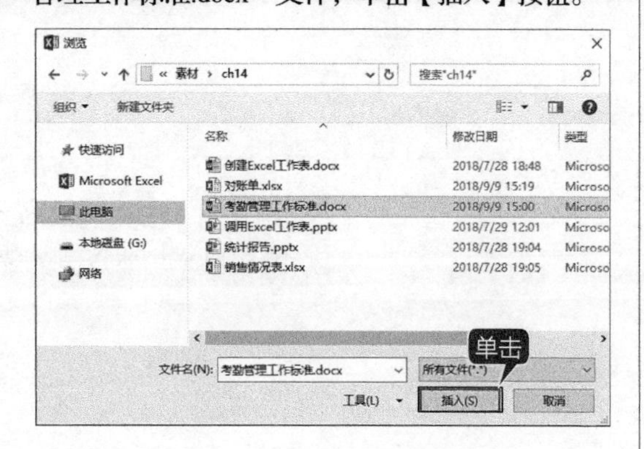

3 单击【确定】按钮

返回【对象】对话框，单击【确定】按钮。

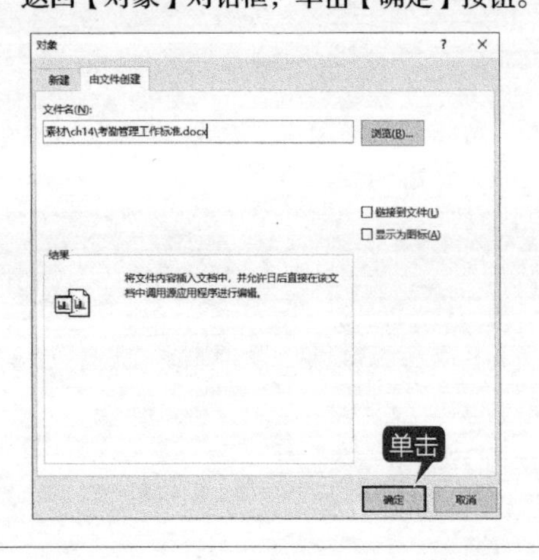

4 编辑插入的文档

在Excel中调用Word文档后的效果如图所示。双击插入的Word文档，即可显示Word功能区，便于编辑插入的文档。

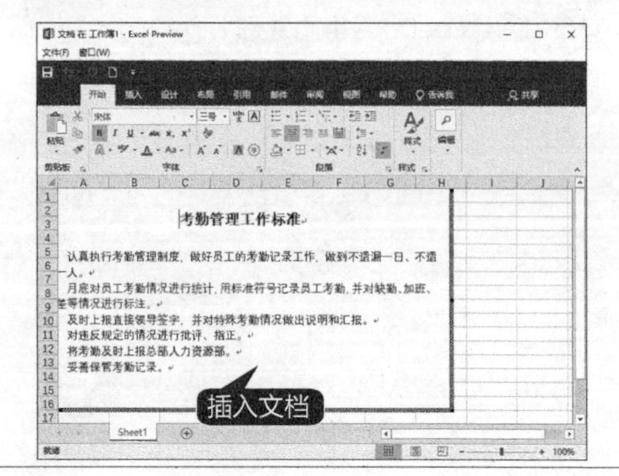

2. 在Word中插入Excel工作表

当制作的Word文档涉及报表时，我们可以直接在Word中创建Excel工作表，这样不仅可以使文档的内容更加清晰、表达的意思更加完整，而且可以节约时间，其具体的操作步骤如下。

1 打开素材

打开“素材\ch14\创建Excel工作表.docx”文件，将鼠标光标定位至需要插入表格的位置，单击【插入】选项卡下【表格】选项组中的【表格】按钮，在弹出的下拉列表中选择【Excel电子表格】选项。

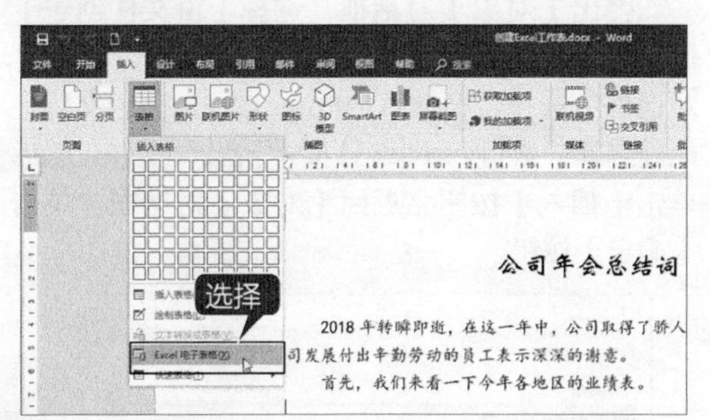

2 返回Word文档

返回Word文档，即可看到插入的Excel电子表格，双击插入的电子表格即可进入工作表的编辑状态。

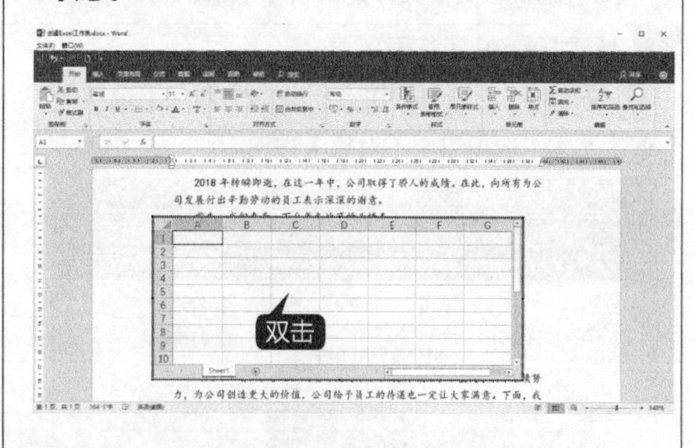

3 设置文字

在Excel电子表格中输入如图所示的数据，并根据需要设置文字及单元格样式。

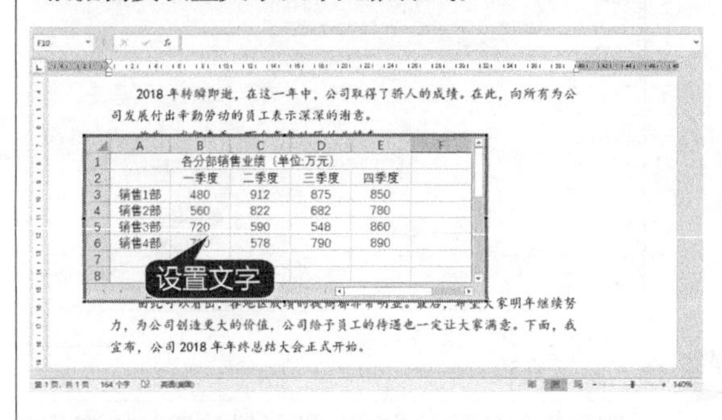

4 选择【簇状柱形图】选项

选择单元格区域A2:E6，单击【插入】选项卡下【图表】选项组中的【插入柱形图】按钮，在弹出的下拉列表中选择【簇状柱形图】选项。

5 调整表格的大小

在图表中插入下图所示的柱形图，将鼠标光标放置在图表上，当鼠标变为“✥”形状时，按住鼠标左键，拖曳图表区到合适位置，并根据需要调整表格的大小。

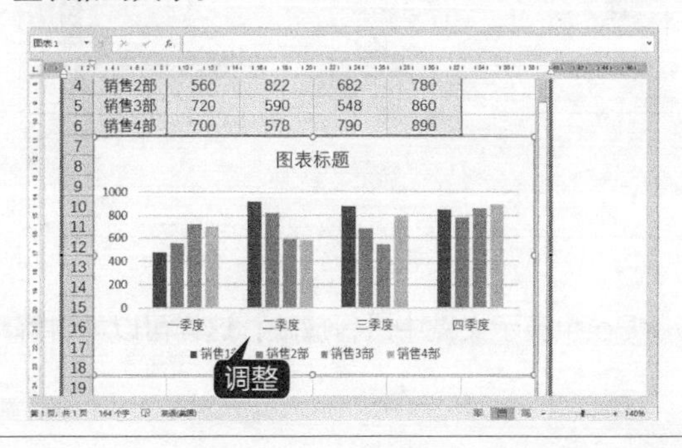

6 效果图

在图表区【图表标题】文本框中输入“各分部销售业绩”，并设置其【字体】为“华文楷体”、【字号】为“14”，单击Word文档的空白位置，结束表格的编辑状态，效果如下图所示。

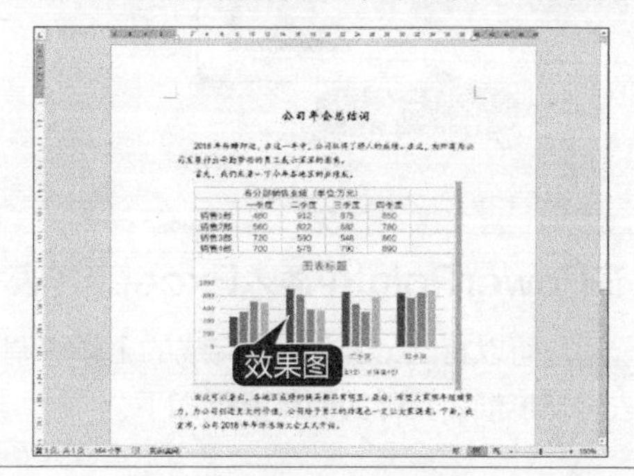

14.1.2 Excel与PowerPoint的协同

Excel的数据图表化，PPT的多媒体一体化，二者的协同，使得在处理数据分析时，更加生动、更加清晰。

1. 在Excel中调用PowerPoint演示文稿

在Excel中可以调用PowerPoint演示文稿，可以节省软件之间来回切换的时间，使我们在使用工作表时更加方便，具体的操作步骤如下。

1 新建 Excel 工作表

新建一个Excel工作表，单击【插入】选项卡下【文本】选项组中【对象】按钮。

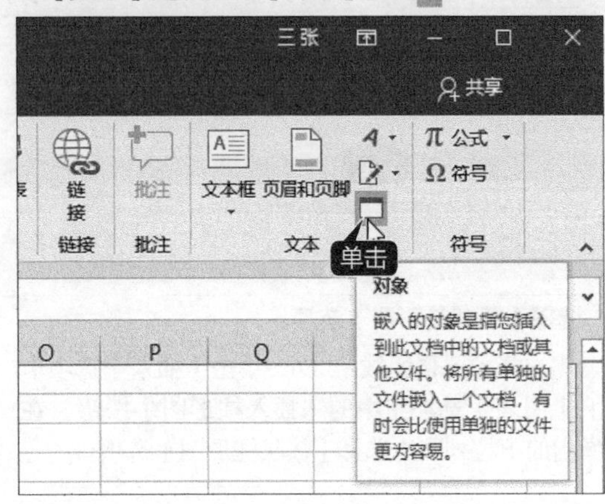

2 单击【确定】按钮

弹出【对象】对话框，选择【由文件创建】选项卡，单击【浏览】按钮，在打开的【浏览】对话框中选择将要插入的PowerPoint演示文稿，此处选择“素材\ch14\统计报告.pptx”文件，然后单击【插入】按钮，返回【对象】对话框，单击【确定】按钮。

3 调整演示文稿

此时就在文档中插入了所选的演示文稿。插入PowerPoint演示文稿后，还可以调整演示文稿的位置和大小。

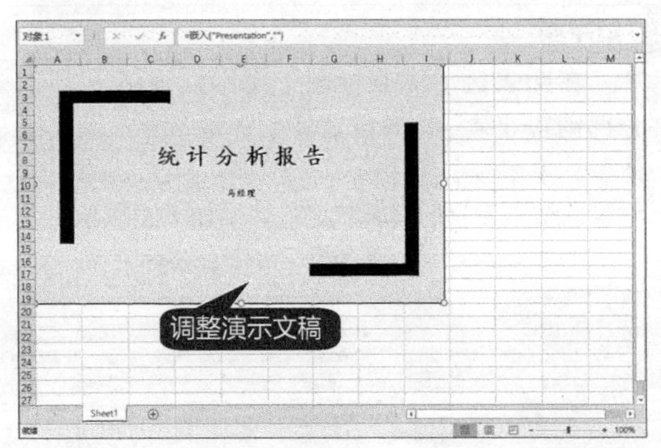

4 插入演示文稿

双击插入的演示文稿，即可播放插入的演示文稿。

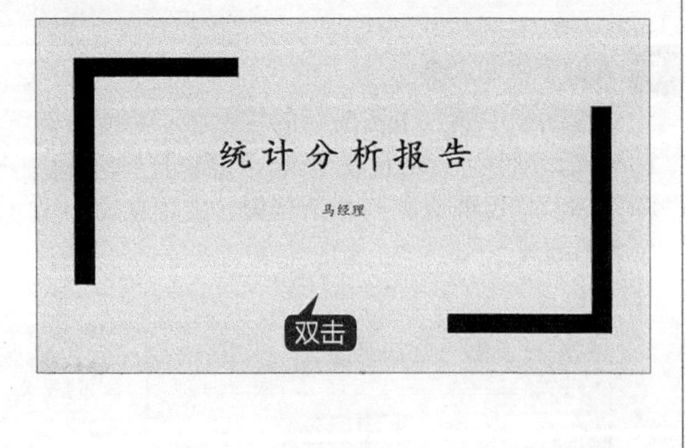

2. 在PowerPoint中插入Excel工作表

用户可以将Excel中制作完成的工作表调用到PowerPoint演示文稿中进行放映，这样可以为讲解省去许多麻烦，具体的操作步骤如下。

1 选择【仅标题】选项

打开“素材\ch14\调用Excel工作表.pptx”文件，选择第2张幻灯片，然后单击【新建幻灯片】按钮，在弹出的下拉列表中选择【仅标题】选项。

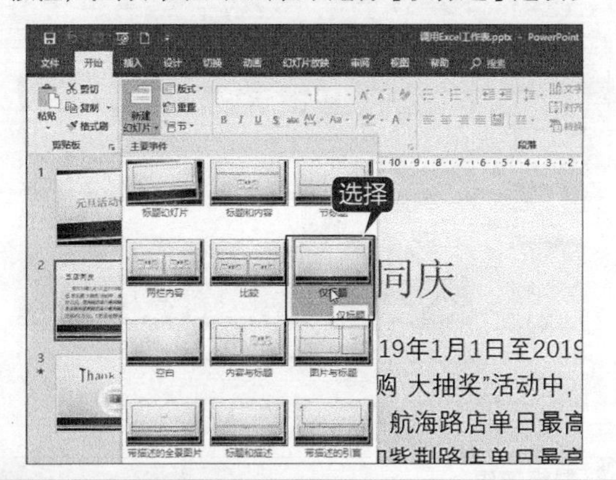

2 新建标题幻灯片

新建一张标题幻灯片，在【单击此处添加标题】文本框中输入“各店销售情况”。

3 单击【浏览】按钮

单击【插入】选项卡下【文本】选项组中的【对象】按钮▭，弹出【插入对象】对话框，单击选中【由文件创建】单选项，然后单击【浏览】按钮。

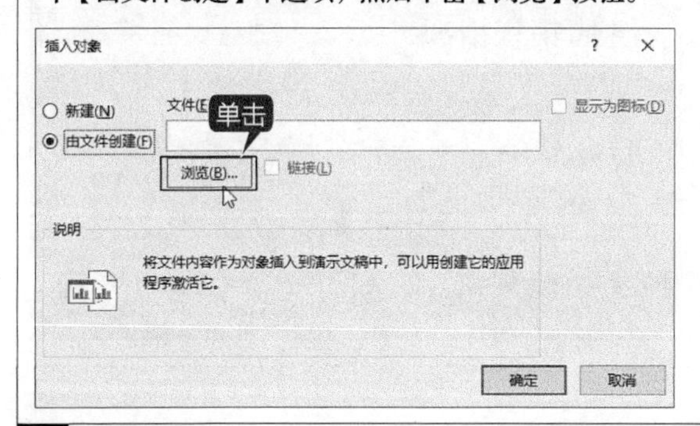

4 单击【确定】按钮

在弹出的【浏览】对话框中选择“素材\ch14\销售情况表.xlsx”文件，然后单击【确定】按钮，返回【插入对象】对话框，单击【确定】按钮。

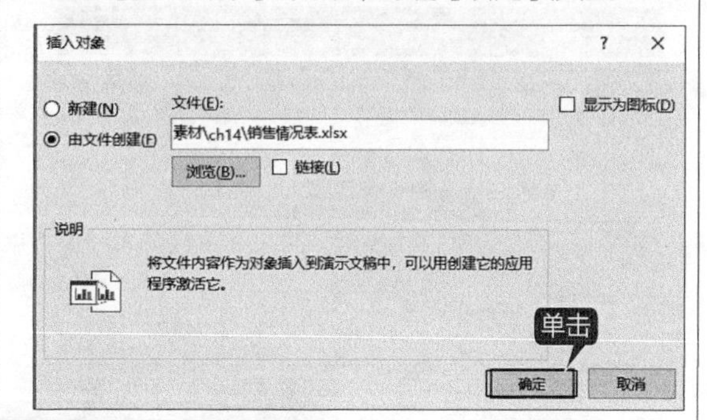

5 调整表格

此时就在演示文稿中插入了Excel表格，双击表格，进入Excel工作表的编辑状态，调整表格的大小。

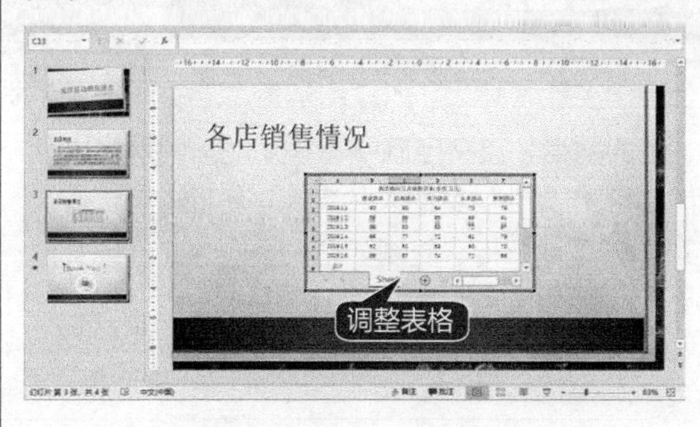

6 选择【SUM】函数

单击B9单元格，单击编辑栏中的【插入函数】按钮，弹出【插入函数】对话框，在【选择函数】列表框中选择【SUM】函数，单击【确定】按钮。

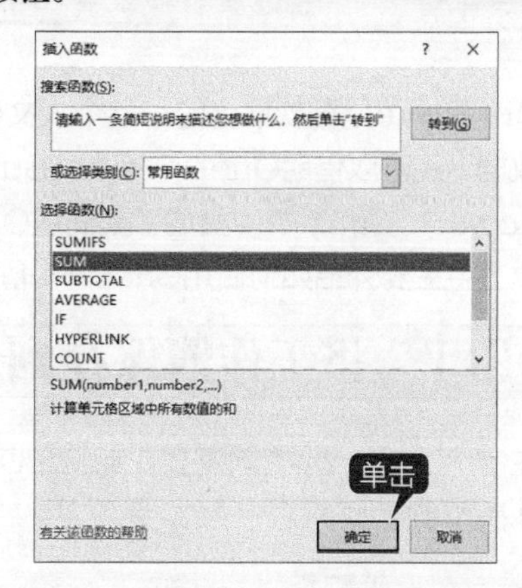

7 单击【确定】按钮

弹出【函数参数】对话框，在【Number1】文本框中输入“B3:B8”，单击【确定】按钮。

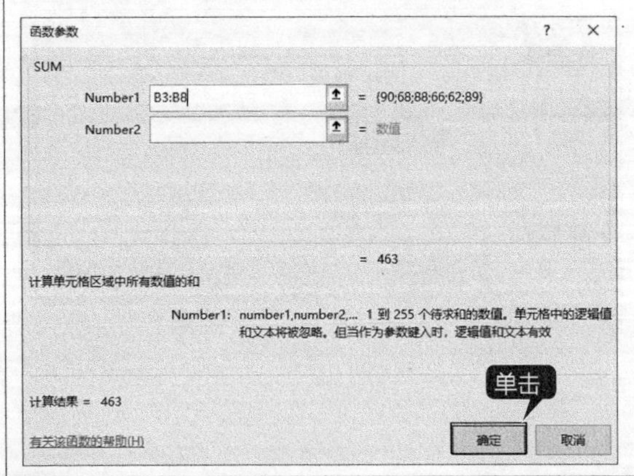

8 计算销售额

此时，就在B9单元格中计算出了总销售额，填充C9:F9单元格区域，计算出各店总销售额。

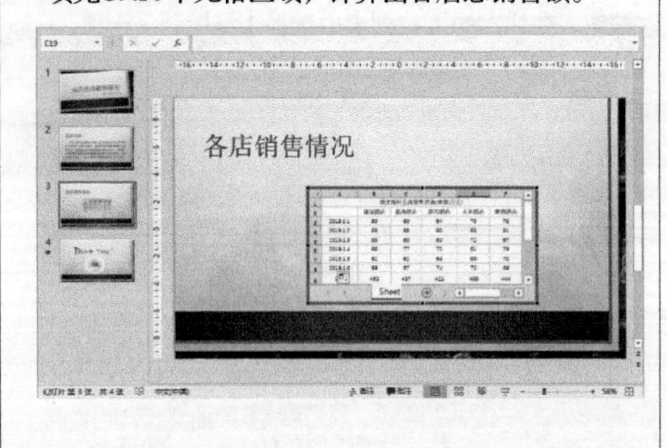

9 选择【簇状柱形图】选项

选择单元格区域A2:F8，单击【插入】选项卡下【图表】选项组中的【插入柱形图】按钮，在弹出的下拉列表中选择【簇状柱形图】选项。

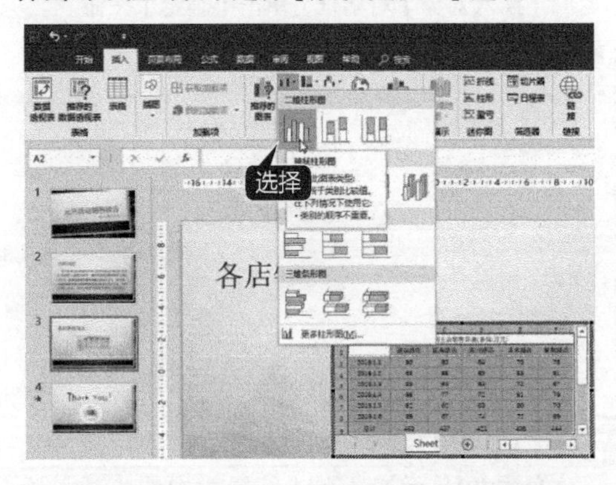

10 最终效果

插入柱形图后，设置图表的位置和大小，并根据需要美化图表。最终效果如下图所示。

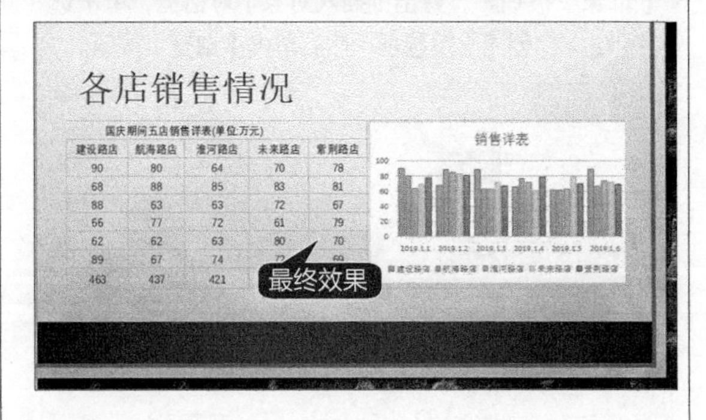

14.2 使用OneDrive协同处理Excel

 本节视频教学时间：4分钟

OneDrive是微软推出的一款个人文件存储工具，也叫网盘，支持电脑端和移动端访问网盘中存储的数据，还可以借助OneDrive for Business将用户的工作文件与其他人共享并与他们进行协作。Windows 10操作系统中集成了桌面版OneDrive，可以方便地上传、复制、粘贴、删除文件或文件夹。本节将主要介绍如何使用OneDrive协同处理Excel。

14.2.1 将工作簿保存到云

在使用OneDrive之前需要在电脑和Office中登录Microsoft账户，将工作簿保存到云端OneDrive的具体操作步骤如下。

1 打开工作簿

打开要保存的工作簿，单击【文件】➤【另存为】➤【OneDrive-个人】➤【OneDrive-个人】选项。

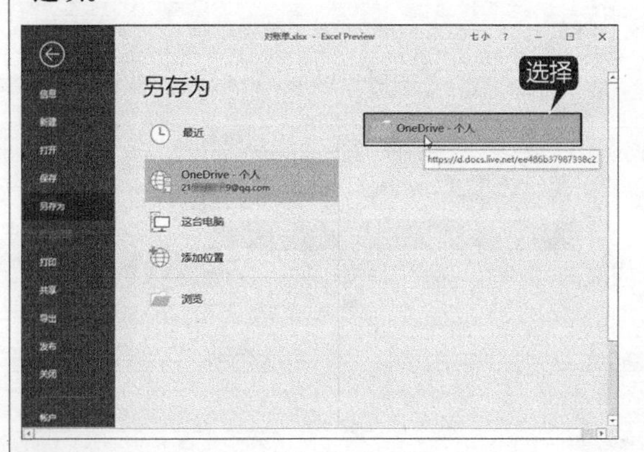

2 单击【保存】按钮

弹出【另存为】对话框，在对话框中选择文件要保存的位置，这里选择并打开【文档】文件夹，单击【保存】按钮。

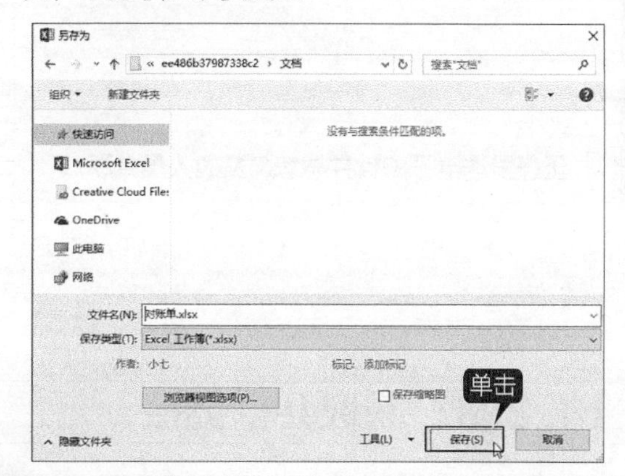

3 显示状态

此时状态栏就会显示“正在上传到OneDrive”字样。

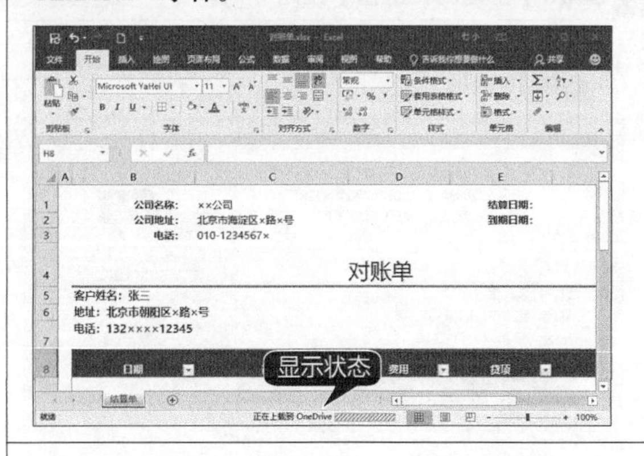

4 上传完毕

上传完毕后，打开【此电脑】窗口，单击左侧的【OneDrive】选项，打开【OneDrive】窗口，在【文档】文件夹中，可以看到保存的工作簿。

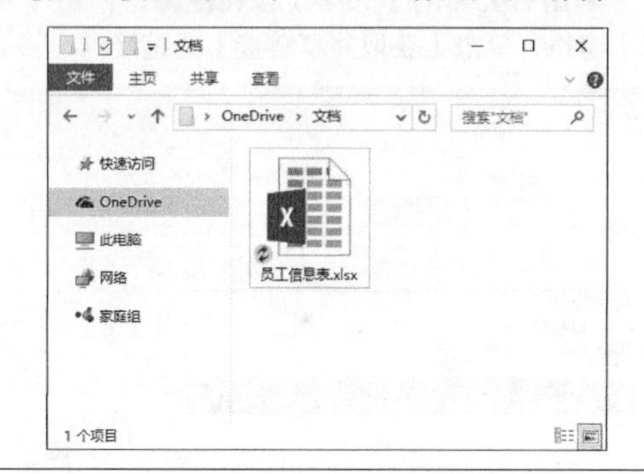

14.2.2 与他人共享文件

工作簿保存到OneDrive中，可以将该工作簿共享给其他人查看或编辑，具体操作步骤如下。

1 选择【可编辑】权限

单击右上角的【共享】按钮，弹出【共享】窗格，在【邀请人员】文本框中输入邮件地址，单击【可编辑】按钮弹出下拉列表，选择共享的权限，如这里选择【可编辑】权限，在【包括消息（可选）】对话框中可以输入消息内容。

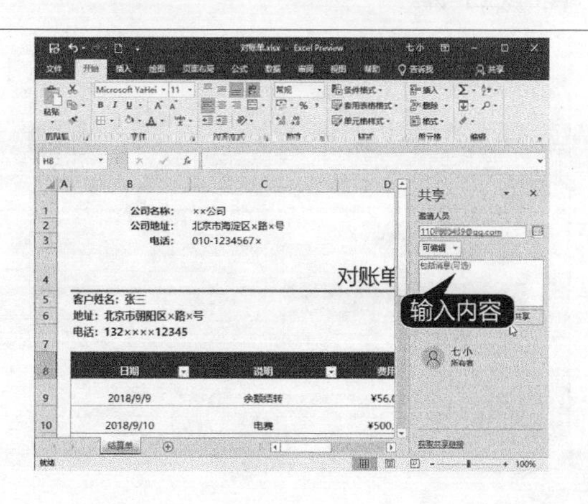

2 单击【共享】按钮

单击【共享】按钮，即可以电子邮件发送给被邀请人。

3 发送链接成功

发送链接成功后，被邀请人则显示在【共享】窗格中。

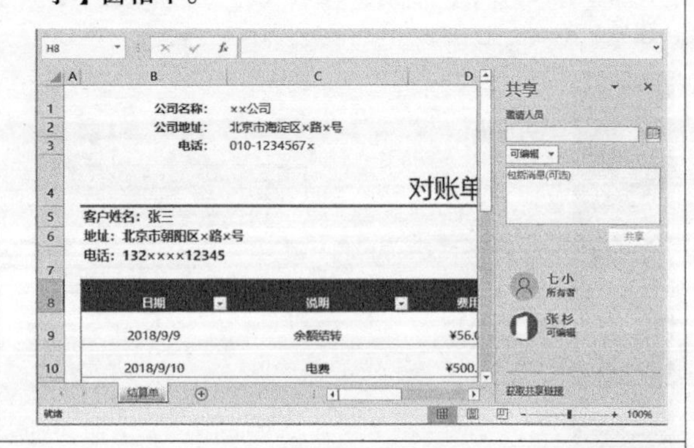

14.2.3 获取共享链接

除了以电子邮件的形式发送外，还可以获取共享链接，通过其他方式将链接发送给他人，具体步骤如下。

1 单击【获取共享链接】超链接

单击右上角的【共享】按钮，弹出【共享】窗格，单击【获取共享链接】超链接。

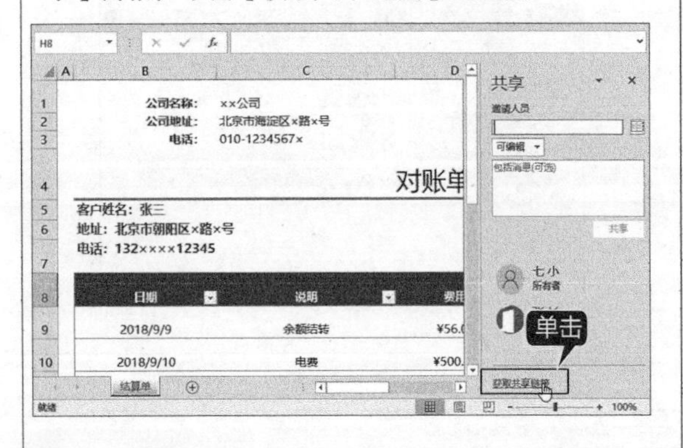

2 单击【创建编辑链接】按钮

在【获取共享链接】区域中，单击【创建编辑链接】按钮。

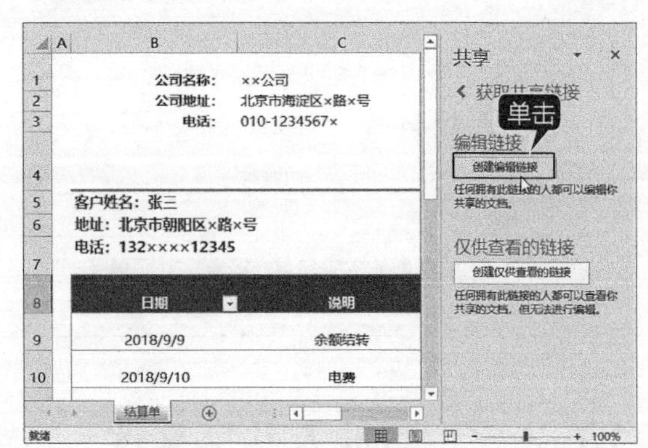

3 编辑该工作簿

此时，即可显示该工作簿的共享链接，单击【复制】按钮，将此链接发送给其他人，接到链接的人就可编辑该工作簿。

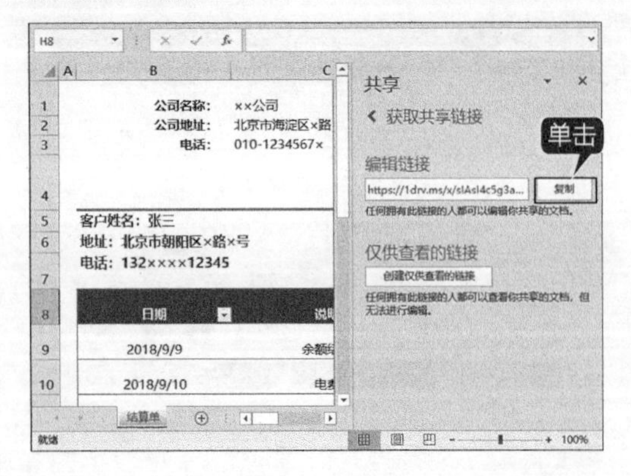

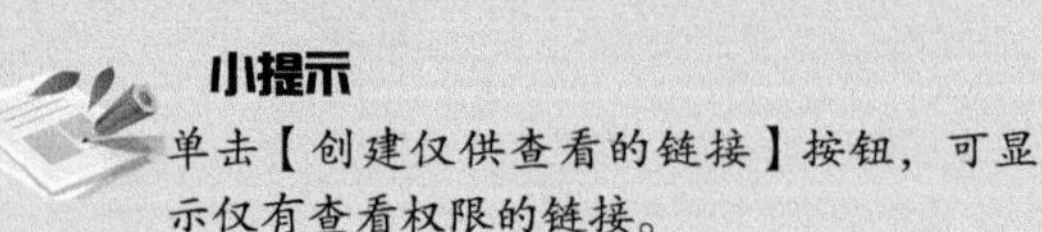

小提示

单击【创建仅供查看的链接】按钮，可显示仅有查看权限的链接。

14.3 Excel 2019文件的其他共享方式

本节视频教学时间：3分钟

除了使用OneDrive和局域网中共享外，用户还可以通过电子邮件和存储设备（如U盘、移动硬盘等），共享Excel工作簿。

14.3.1 通过电子邮件共享

Excel 2019可以通过发送到电子邮件的方式进行共享，发送到电子邮件主要有【作为附件发送】、【发送链接】、【以PDF形式发送】、【以XPS形式发送】和【以Internet传真形式发送】5种形式，其中如果使用【发送链接】形式，必须将Excel工作簿保存到OneDrive中。本节主要通过介绍以附件形式进行邮件发送的方法。

1 单击【作为附件发送】按钮

打开要发送的工作簿，单击【文件】选项卡，在打开的列表中选择【共享】选项，在【共享】区域选择【电子邮件】选项，然后单击【作为附件发送】按钮。

2 单击【发送】按钮

系统将自动打开电脑中的邮件客户端，在界面中可以看到添加的附件，在【收件人】文本框中输入收件人的邮箱，单击【发送】按钮即可将文档作为附件发送。

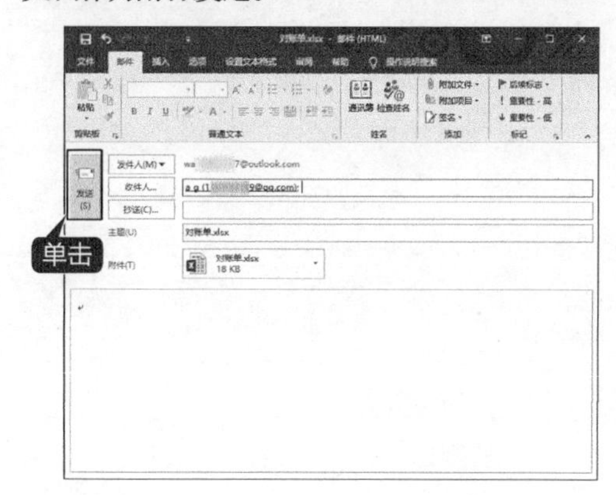

14.3.2 向存储设备中传输

用户还可以将Excel工作簿传输到存储设备中，具体的操作步骤如下。

1 单击【浏览】选项

将存储设备U盘插入电脑的USB接口中，打开要存储的工作簿，单击【文件】➤【另存为】选项，在【另存为】区域单击【浏览】选项。

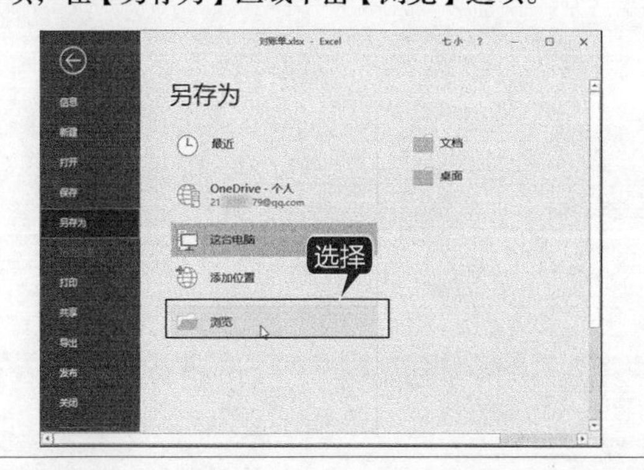

2 单击【保存】按钮

弹出【另存为】对话框，选择文档的存储位置为存储设备，这里选择【可移动磁盘(G:)】盘符，选择要保存的位置，单击【保存】按钮。

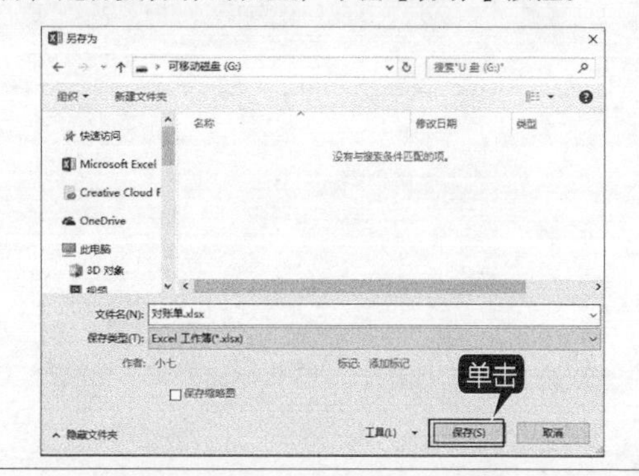

小提示

将存储设备插入电脑的 USB 接口后，单击桌面上的【此电脑】图标，在弹出的【此电脑】窗口中可以看到插入的存储设备。

3 打开存储设备

打开存储设备，即可看到保存的文档。

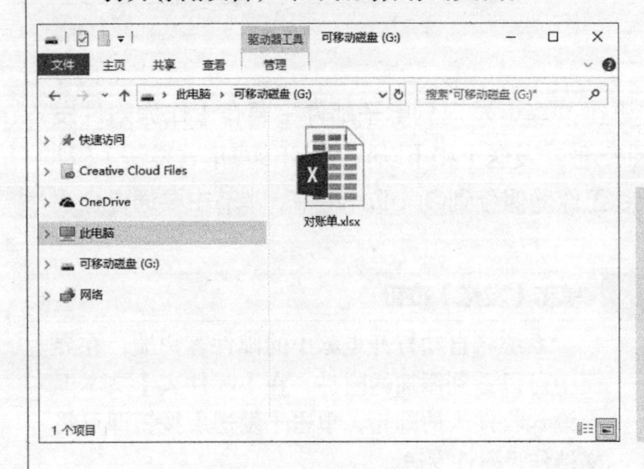

小提示

用户可以复制该文档，打开存储设备粘贴也可以将文档传输到存储设备中。在本例中的存储设备为 U 盘，如果使用其他存储设备，操作过程类似，这里不再赘述。

第 15 章

Excel 的跨平台应用——移动办公

本章视频教学时间：26 分钟

使用移动设备可以随时随地进行办公，轻轻松松甩掉繁重的工作。本章介绍如何将电脑中的文件快速传输至移动设备中，以及使用手机、平板电脑等移动设备办公的方法。

【学习目标】

- 通过本章的学习，掌握 Excel 跨平台进行移动办公的方法。

【本章涉及知识点】

- 配置微软 Office Excel
- 将电脑中的 Excel 文档发送到手机中
- 使用手机编辑 Excel 文档

15.1 认识常用的移动办公软件

本节视频教学时间：5分钟

随着移动办公的普及，越来越多的移动版Office办公软件也随之而生，最为常用的有微软Office 365移动版、金山WPS Office移动版及苹果iWork办公套件，本节主要介绍这3款移动版Office办公软件。

1. 微软Office 365移动版

Office 365移动版是微软公司推出的一款移动办公软件，包含了Word、Excel、PowerPoint三款独立应用程序，支持Android、iOS和Windows操作系统的智能手机和平板电脑。

Office 365移动版办公软件，用户可以免费查看、编辑、打印和共享Word、Excel和PowerPoint文档。如果使用高级编辑功能就需要付费升级Office 365，这样用户可以在任何设备中安装Office套件，还可以获取1TB的OneDrive联机存储空间及软件的高级编辑功能。

Office 365移动版与Office 2019办公套件相比，在界面上有很大不同，但是在其使用方法及功能实现上却是一脉相承的，因此熟悉了电脑版的使用，就可以很快上手移动版，对于习惯微软系列办公软件的用户是一个不错的选择。另外，本章也会介绍如何使用Excel 2019的移动版，下图即为微软Office Excel移动版界面。

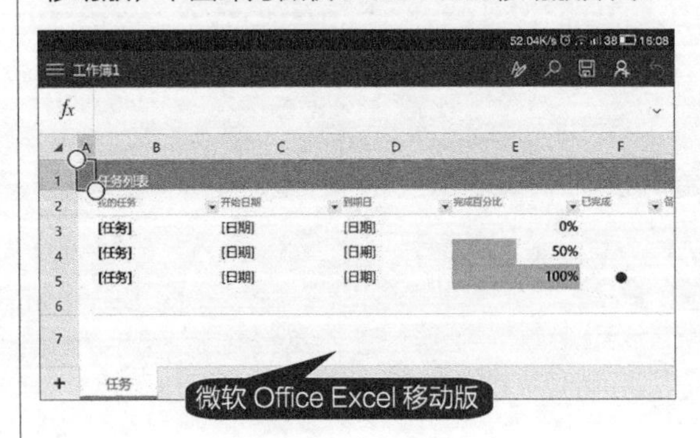

微软 Office Excel 移动版

2. 金山WPS Office移动版

WPS Office是金山软件公司推出的一款办公软件，对个人用户永久免费，支持跨平台应用。

WPS Office移动版内置文字Writer、演示Presentation、表格Spreadsheets和PDF阅读器四大组件，支持本地和在线存储的查看和编辑。用户可以用QQ账号、WPS账号、小米账号或者微博账号登录，开启云同步服务，对云存储上的文件进行快速查看及编辑、文档同步、保存及分享等。下图所示为WPS Office中表格界面。

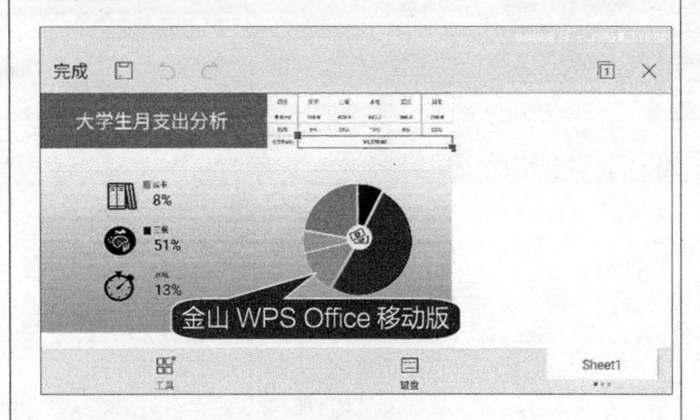

金山 WPS Office 移动版

3. 苹果iWork办公套件

iWork是苹果公司为OS X 以及 iOS 操作系统开发的办公软件，并免费提供给苹果设备的用户。

iWork包含Pages、Numbers 和 Keynote三个组件。Pages是文字处理工具，Numbers是电子表格工具，Keynote是演示文稿工具，分别兼容Office的三大组件。iWork同样支持在线存储 、共享等，方便用户移动办公。下图所示为Numbers界面。

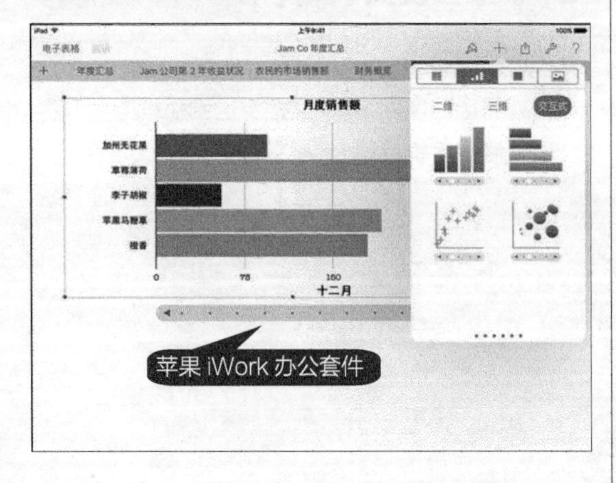

苹果 iWork 办公套件

15.2 配置微软Office Excel

本节视频教学时间：2分钟

在使用微软Office Excel之前，用户可以使用手机中的应用商店下载该软件，具体的安装方法和其他软件相同，这里就不赘述。本节主要讲述初次使用该软件是如何配置的。

1 安装微软 Office Excel

在手机中下载并安装微软Office Excel。安装完成后，单击手机屏幕中的“微软Office Excel”。

小提示

本节以安卓系统的手机为例进行讲解，不同的手机系统或软件版本，其界面或名称可能有所不同，但不影响学习。

2 单击【跳过】按钮

进入软件界面，用户单击【登录】按钮，登录微软账号，可以方便使用OneDrive服务。如果无账号，可以单击【免费注册】按钮，进行注册，如果不使用OneDrive服务则可单击【跳过】按钮。

3 单击【下一步】按钮

进入【登录】界面，在文本框中输入已注册微软账户的电子邮件地址或手机号码，单击【下一步】按钮。

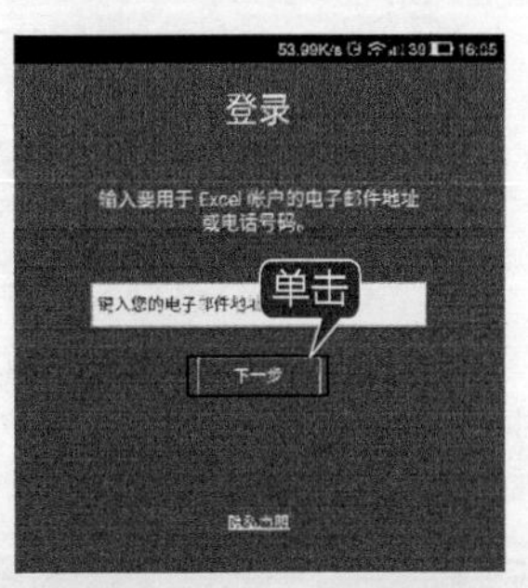

4 单击【登录】按钮

在【Microsoft账户】和【密码】文本框中输入账号信息，单击【登录】按钮。

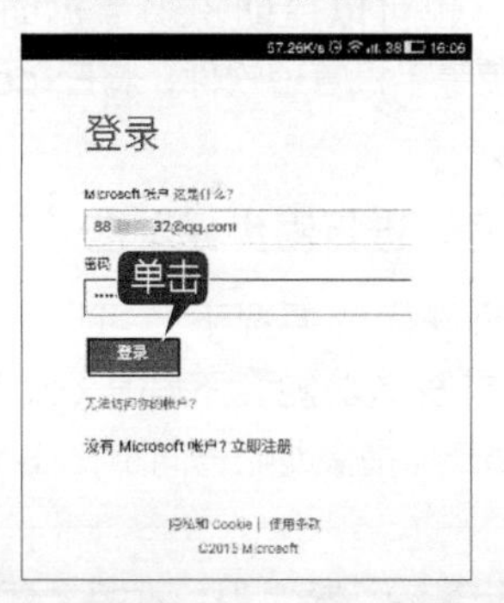

5 配置 Office 软件

软件即会配置Office软件，查找并获取账户中存储的内容。

6 进入 Excel 界面

配置完毕后，显示“一切已就绪!”，单击【开始使用Excel】按钮，即可进入Excel界面。

15.3 将电脑中的Excel文件发送到手机中

 本节视频教学时间：2分钟

在手机中处理和编辑Excel文件，需要将其传送到手机中，一般主要分为两种形式，主要如下。

1.手机连接电脑，进行发送

使用手机数据线，将手机和电脑相连。打开【此电脑】界面，即可看到识别的设备图标，单击进入内部存储设备，将Excel文档复制在任一文件夹或新文件夹中。

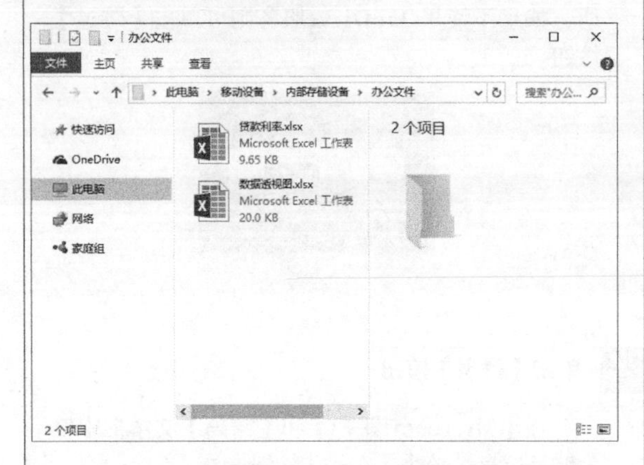

另外，也可以借助360手机助手、应用宝、豌豆荚等手机管理软件，将Excel文档发送到手机中。

2.使用账号，进行同步或发送

在手机联网的情况下，可以使用一些账号的同步或发送功能，下载Excel文档。如OneDrive云盘是借助账号同步，在手机中可下载和编辑文档。

用户还可以使用QQ的文件助手进行发送，前提是手机与电脑使用同一QQ账号，单击电脑上QQ界面中【我的设备】分组中的设备图标，打开对话框，将要发送的Excel文件拖曳到对话框中，即可发送。另一端，在手机中接收下载即可。

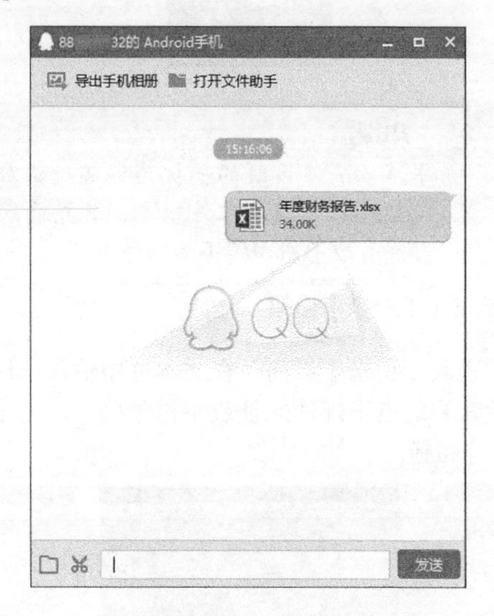

另外，用户可以使用云盘，如百度云盘、360云盘、乐视云盘等进行同步下载，还可以使用邮箱进行附件发送。

15.4 在手机中打开Excel文件

 本节视频教学时间：3分钟

在手机处理Excel表格时，经常会处理到OneDrive云盘中、手机中、邮件中的Excel文件，本节主要介绍如何打开这些路径中的Excel文件。

1. 打开OneDrive云盘中的Excel文件

将Excel文件保存至OneDrive中，在前面已经介绍，这里不赘述。打开OneDrive云盘中的Excel文件具体步骤如下。

1 单击【打开】按钮

在手机中，打开Excel程序进入其主界面，包含【打开】和【新建】两个按钮，以及最近使用Excel的记录列表。单击【打开】按钮。

小提示

本节以安卓系统的手机为例进行讲解，不同的手机系统或软件版本，其界面或名称可能有所不同，但不影响学习。

2 【打开】界面

在【打开】界面中，单击【OneDrive–个人】选项。

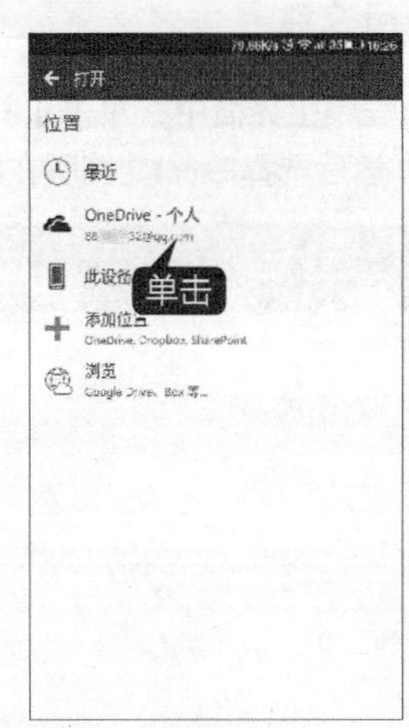

3 进入【OneDrive–个人】界面

进入【OneDrive–个人】界面，包括了多个存储文件夹。

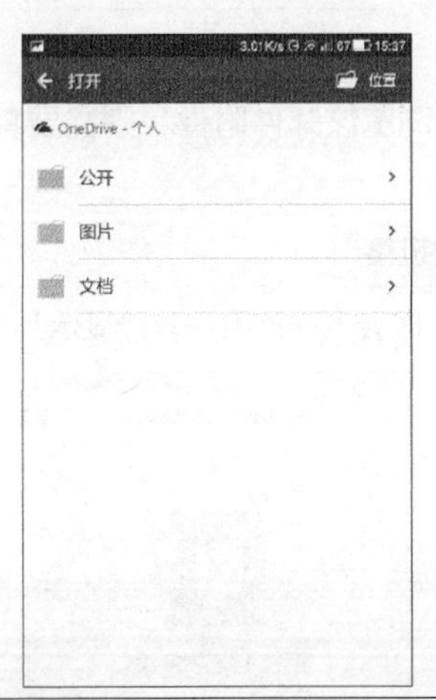

4 选择存储位置

选择存储的位置，如选择【文档】选项，即可看到存储的“员工信息表”。

5 下载工作簿

单击要下载的工作簿，Excel即会下载该工作簿。

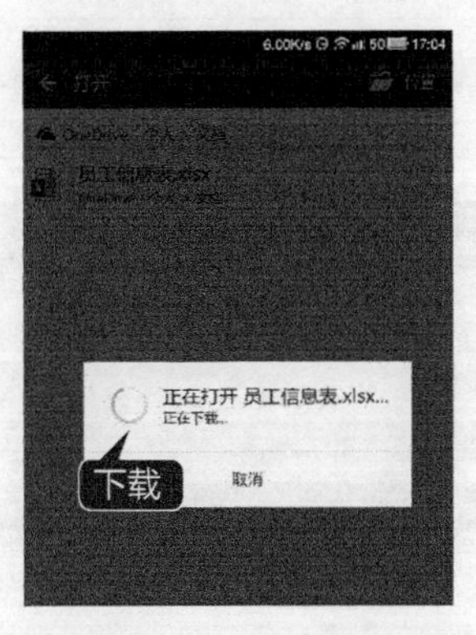

6 下载完成

下载完成后，自动打开该工作簿，用户可进行编辑和保存。

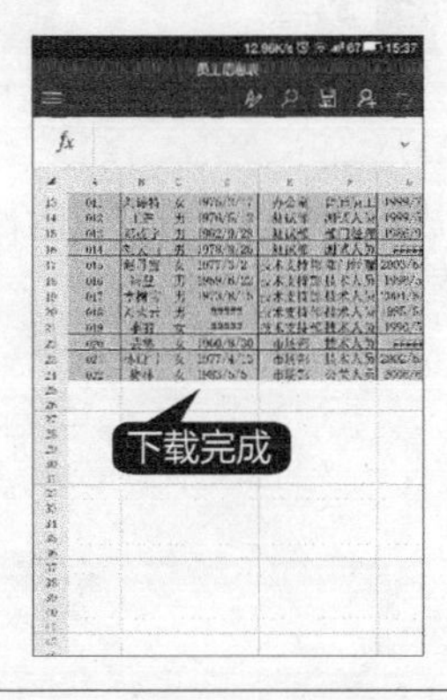

2. 打开手机中的Excel文件

打开手机中的Excel文件，不需要从OneDrive云端下载，可直接打开，具体操作步骤如下。

1 选择 Excel 文件

在Excel程序主界面中，单击【打开】➤【此设备】选项，然后选择Excel文档所在的文件夹。

2 打开工作簿

单击要打开的工作簿名称，即可打开该工作簿。

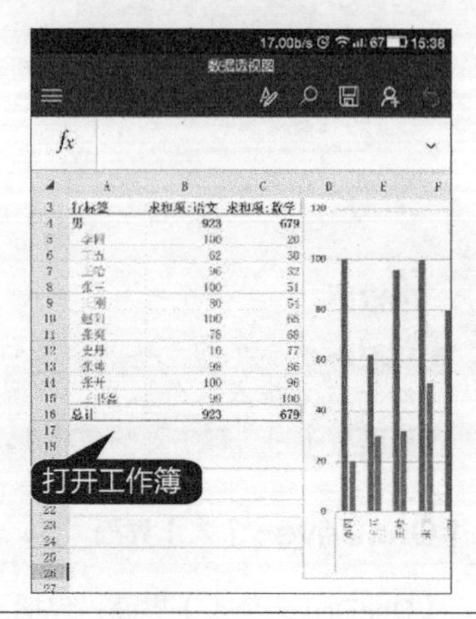

另外，也可以在手机文件管理器中，找到存储的Excel工作簿，直接单击打开。

3. 打开邮件附件中的Excel文件

在日常工作中，有时会收到含有附件的邮件，如果使用手机浏览该邮件附件，则需要将其下载后再进行查看和编辑，具体步骤如下。

1 选择【打开文件】选项

打开含有附件的邮件，单击邮件中的附件名称处，弹出如下对话框，选择【打开文件】选项。

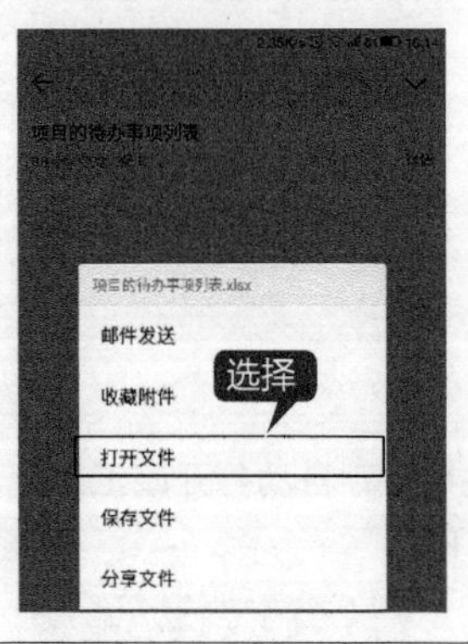

2 显示下载进度

此时，即会下载该附件，并显示其下载进度。

3 下载完成

下载完成后，则自动打开该附件，为方便浏览，以横屏显示，如右图所示。

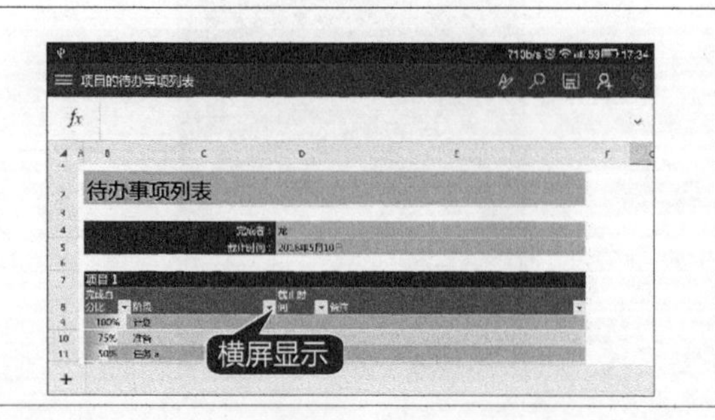

15.5 新建Excel工作簿

本节视频教学时间：4分钟

了解了Excel工作簿打开方式后，下面介绍如何新建Excel工作簿。

1 单击【新建】按钮

打开Excel程序，单击【新建】按钮。

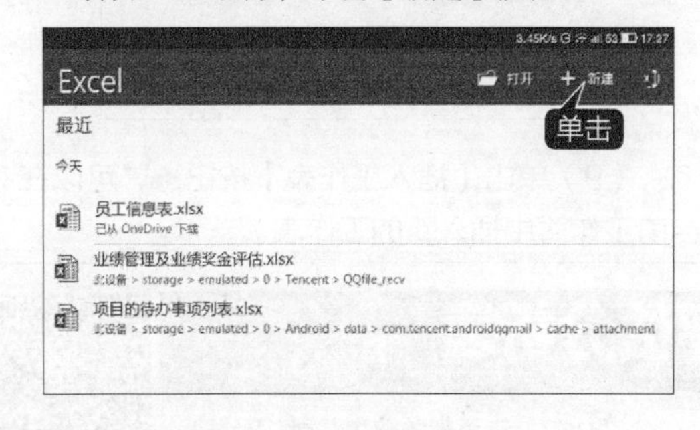

2 进入【新建】界面

进入【新建】界面，即可看到Excel模板列表，在手机屏幕上滑动屏幕，可浏览模板。

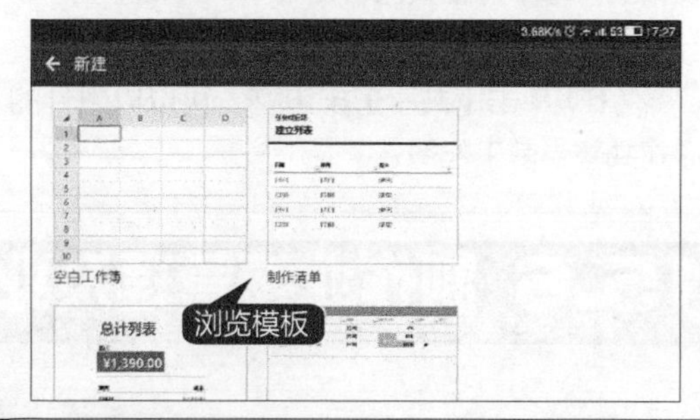

3 创建工作簿

单击要使用的模板，即可创建该工作簿，如选择“制作清单”模板，创建的工作簿如下图所示。

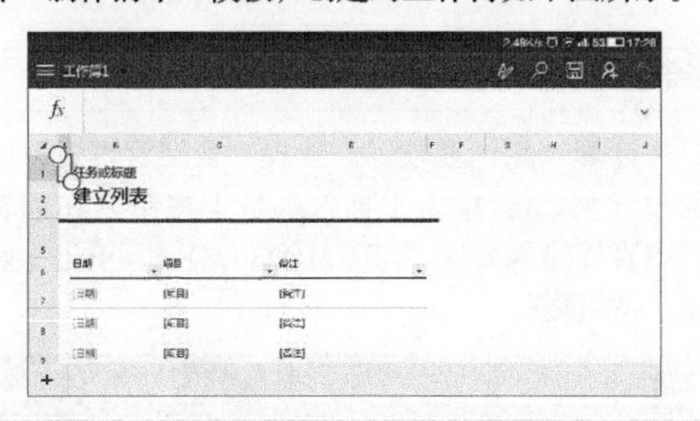

4 创建空白模板

如果要创建空白模板，则单击【空白工作簿】模板，即可创建下图所示的空白工作簿。

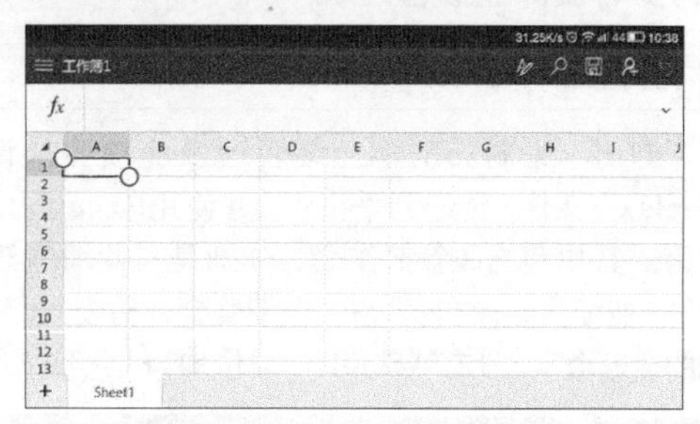

小提示

在工作簿界面除了工作区外，包含【设置】按钮、【编辑】按钮、【搜索】按钮、【保存】按钮、【共享】按钮、【撤销】按钮、【插入函数】按钮 fx 和【插入工作表】按钮 +。

（1）单击【设置】按钮，可以对工作簿进行操作，如新建、打开、保存、另存为、打印、共享和关闭工作簿操作。

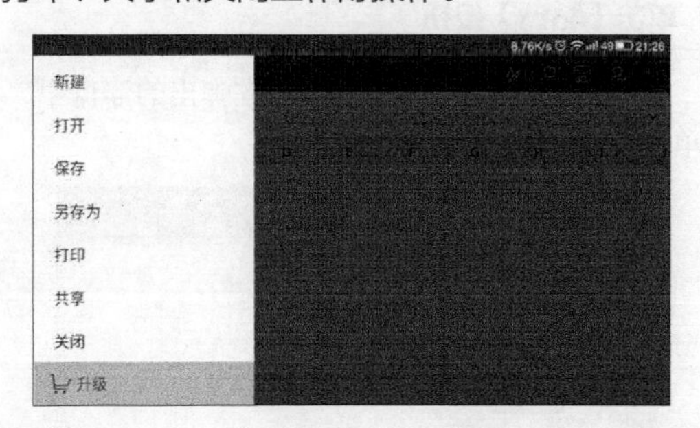

（2）单击【编辑】按钮，可以调出【开始】选项卡，设置单元格字体、段落格式、数字格式、排序筛选等。

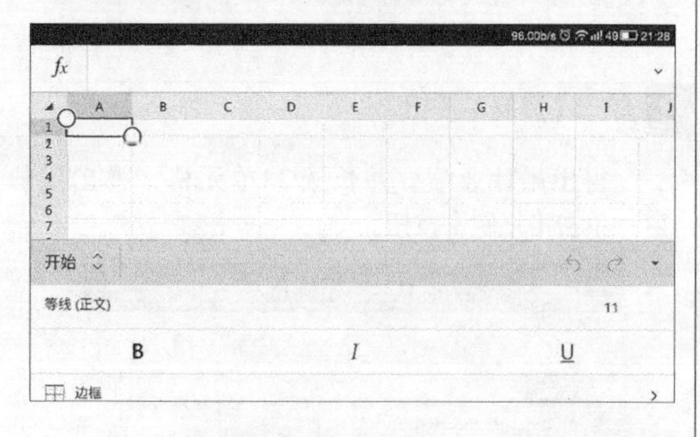

（3）单击【开始】按钮，可以调出功能选项卡，如【插入】、【公式】、【审阅】和【视图】等。

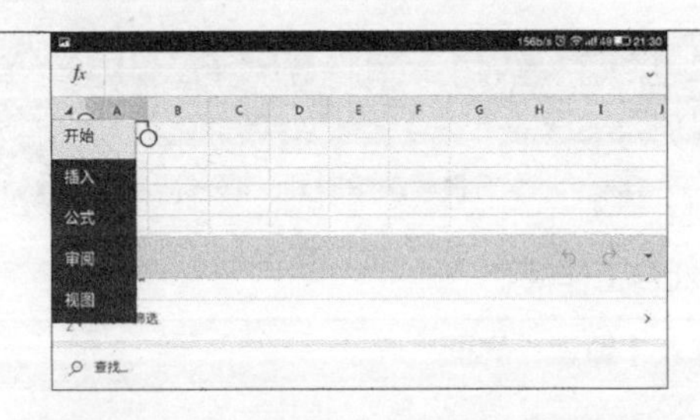

（4）单击【搜索】按钮，用于搜索工作表和工作簿中的相关内容。

（5）单击【保存】按钮，用于保存文档。

（6）单击【共享】按钮，可以以附件的形式共享当前工作簿。

（7）单击【撤销】按钮，可以撤销到上一步的操作。

（8）单击【插入函数】按钮 fx，可以打开函数列表，选择并插入函数。

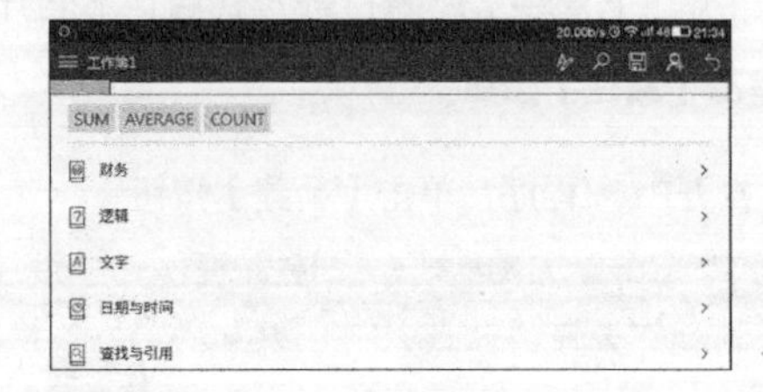

（9）单击【插入工作表】按钮+，可以在当前工作簿中插入新的工作表。

15.6 制作业绩管理及业绩评估分析表

本节视频教学时间：9分钟

员工取得的业绩好，公司的业务发展就好，所以公司业务的发展主要体现在员工的业绩表现上，因此人事部门在月底对员工的业绩进行管理是非常重要的。具体制作步骤如下。

第1步：设计业绩管理表

1 打开素材

打开“素材\ch15\业绩管理及业绩奖金评估.xlsx”文件，传送到手机中，并使用Excel程序打开，其中包含3个工作表，分别是“业绩管理表”“业绩奖金标准表”和“业绩奖金评估表”。其中的金额数字，没有特殊说明，单位均为“元”。

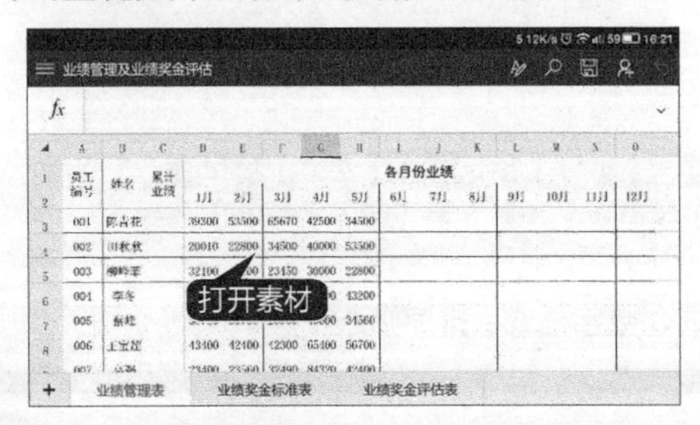

2 单击【确认】按钮

计算“累计业绩”。选择“业绩管理表”中的单元格C3，单击【插入函数】按钮 fx 在编辑栏中直接输入公式“=SUM(D3:O3)”，单击【确认】按钮。

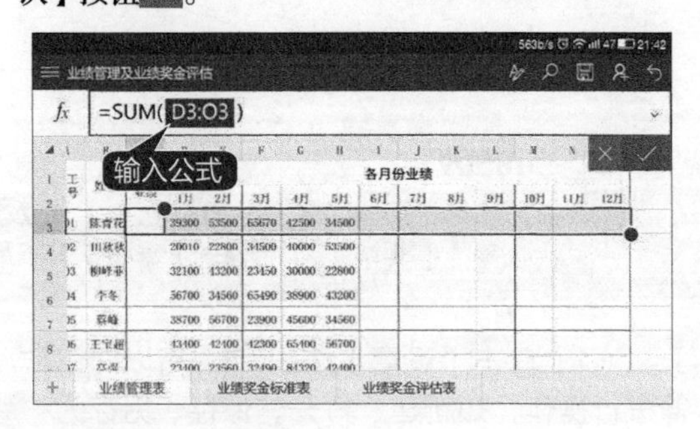

3 单击【复制】按钮

得出累计业绩，并长按C3单元格，弹出浮窗，单击【复制】按钮。

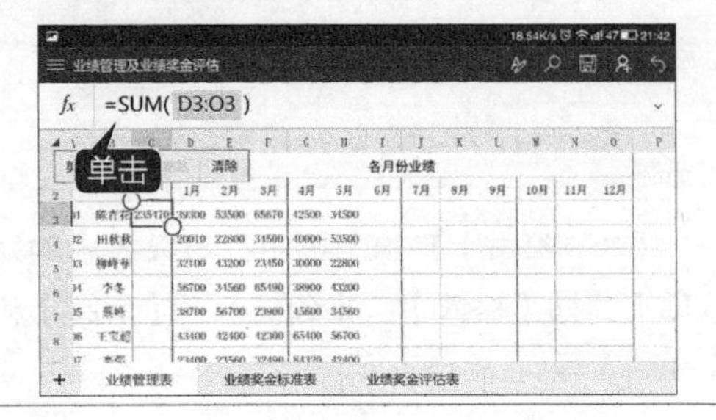

4 单击【粘贴】按钮

选择单元格区域C4:C11，在弹出的浮窗中，单击【粘贴】按钮。

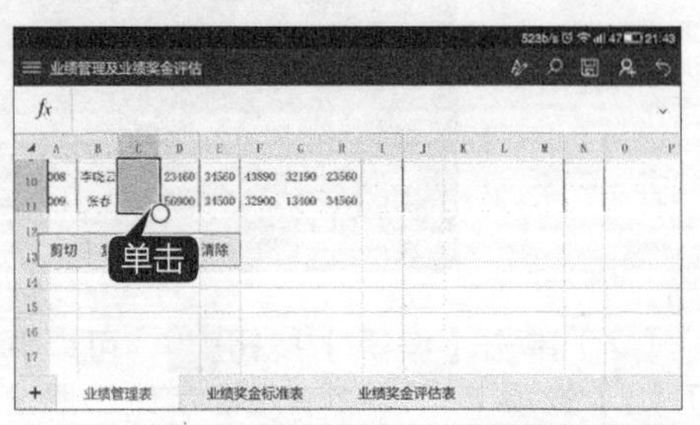

5 粘贴公式

此时，即可将公式粘贴到单元格区域C4:C11，并得出其他员工的累计业绩。

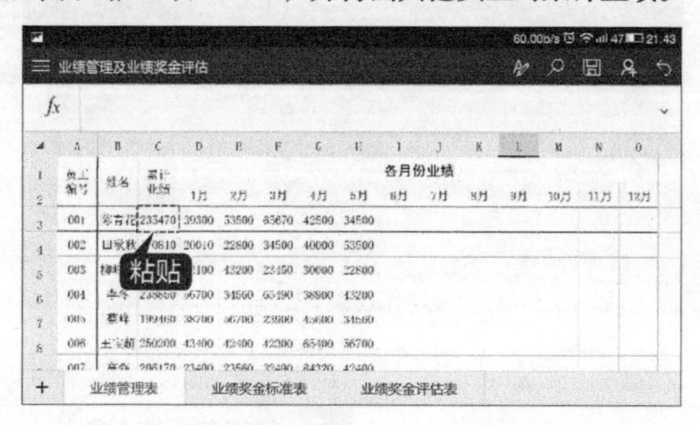

第2步：插入图表

1 选择【柱形图】选项

选择单元格区域D8:H8，单击【编辑】按钮，并选择【图表】选项卡，然后在弹出的图表列表中选择【柱形图】选项。

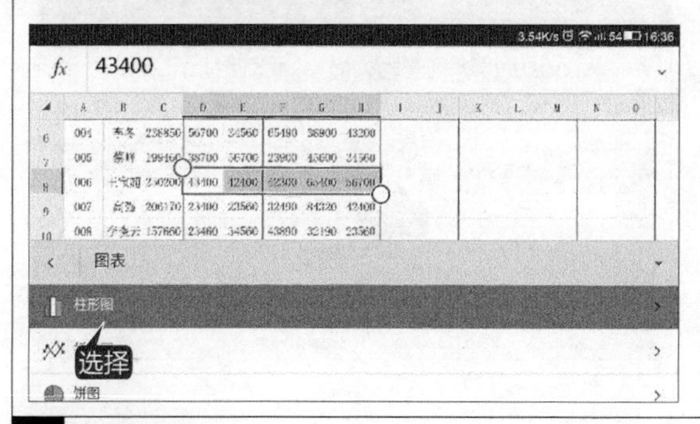

2 插入图表样式

在柱形图列表中，选择要插入的图表样式。

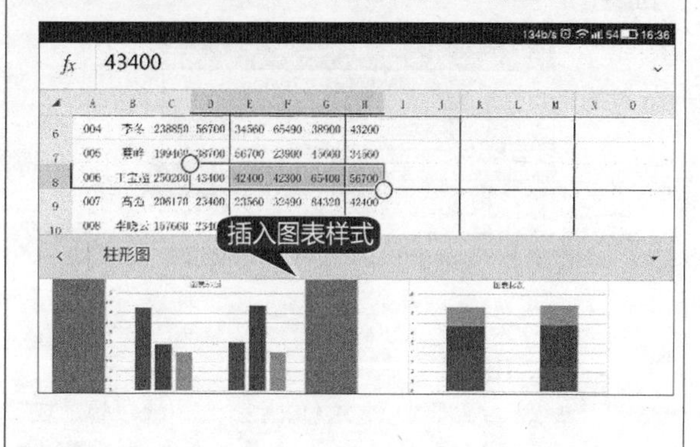

3 查看效果

这时可以看到工作表中生成了一个“王宝超”的业绩图表。

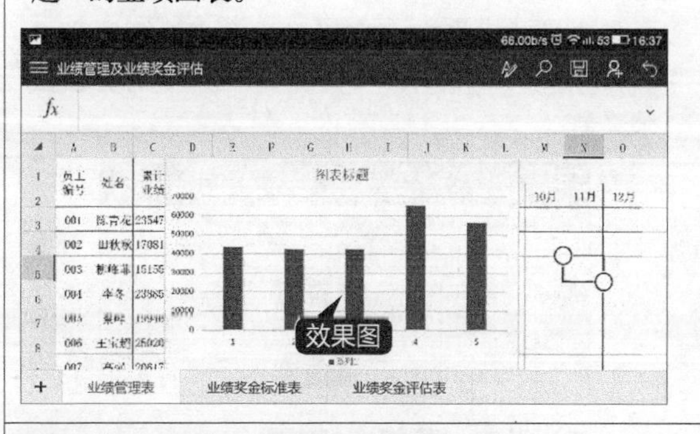

4 单击图表标题

单击图表标题，将其改为“王宝超的业绩”。

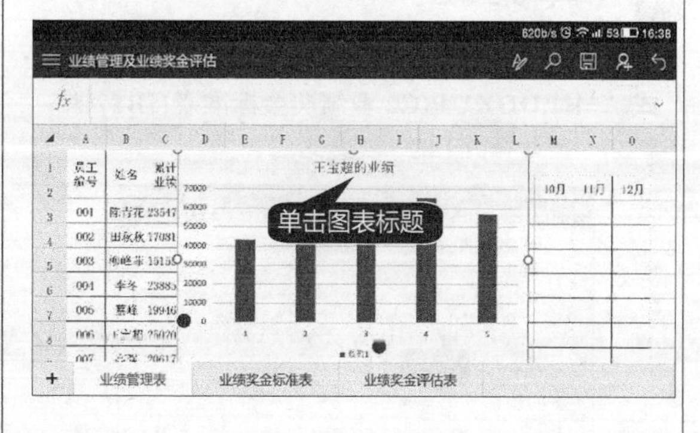

第3步：设计业绩奖金评估表

1 选择工作表

选择“业绩奖金标准表”工作表，数据是根据某企业的业绩奖金标准得来的，主要有以下几条：单月销售额在34 999元以下的，没有基本业绩奖；单月销售额在35 000～49 999元的，按销售额的3%发放基本业绩奖金；单月销售额在50 000～79 999元的，按销售额的6%发放基本业绩奖金；单月销售额在80 000～119 999元的，按销售额的9%发放基本业绩奖金；单月销售额在120 000元以上的，按销售额的12%发放基本业绩奖金，但基本业绩奖金不得超过48 000元；累计销售额超过220 000元，公司给予一次性18 000元的奖励。

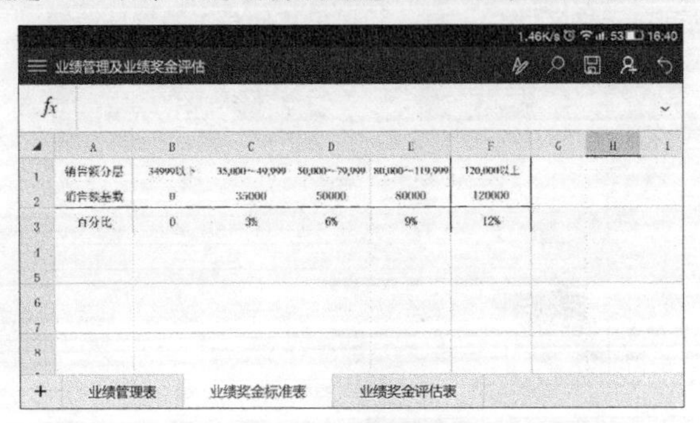

2 单击【确认】按钮

选择“业绩奖金评估表”工作表中的单元格C2，在编辑栏中直接输入公式“=VLOOKUP(A2,业绩管理表!$A$3:$H$11, 8,1)”，单击【确认】按钮，。

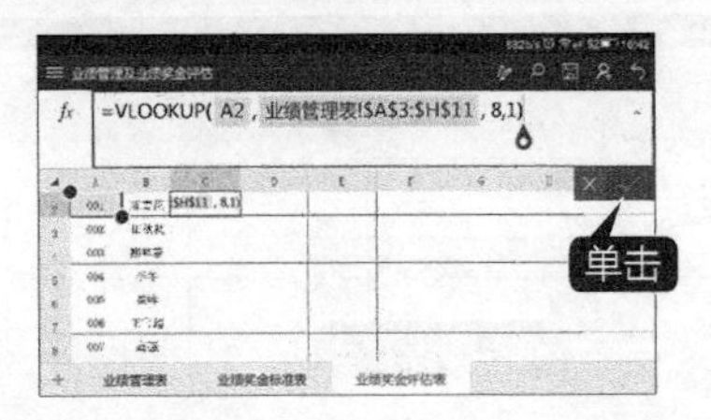

小提示

公式“=VLOOKUP(A2, 业绩管理表!$A$3:$H$11,8,1)”中第3个参数设置为“8”，表示取满足条件的记录在“业绩管理表!$A$3:$H$11”单元格区域中第8列的值。

3 选择单元格E2

在单元格C2中自动显示了员工“陈青花”5月份的业绩量。选择单元格E2，在编辑栏中直接输入公式“=VLOOKUP(A2,业绩管理表!$A$3:$C$11,3,1)”，计算员工“陈青花”的“累计业绩额”。

4 选择单元格D2

选择单元格D2，在编辑栏中直接输入公式“=HLOOKUP(C2,业绩奖金标准表!$B$2:$F$3,2)”，计算员工的“奖金比例”。

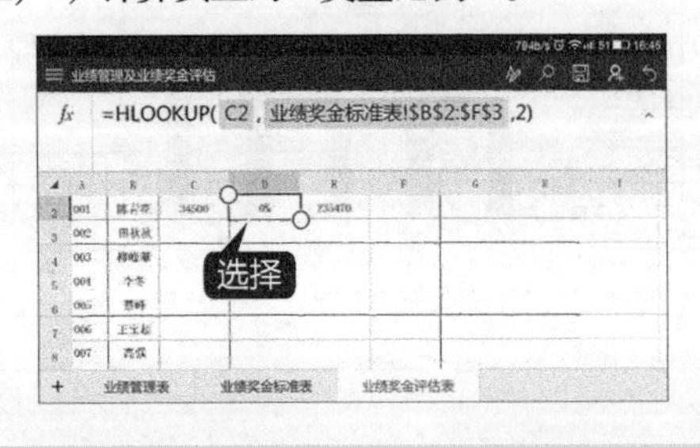

5 选择单元格F2

选择单元格F2，在编辑栏中直接输入公式“=IF(C2<=400000,C2*D2,"48,000")”，计算出业绩奖金。

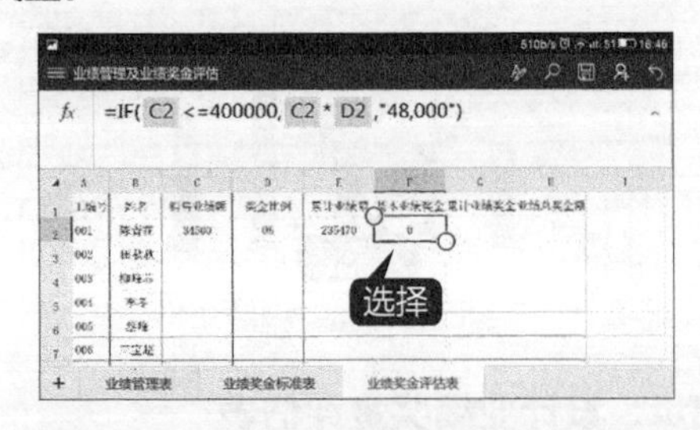

小提示

公式“=IF(C2<=400000,C2*D2,"48, 000")”的含义为：当单元格C2中的数据小于等于400 000时，返回结果为单元格C2乘以单元格D2，否则返回48 000。因为公司规定，单月销售额在120 000元以上的，按销售额的12%发放基本业绩奖金，但基本业绩奖金不得超过48 000元，基本业绩奖金48 000元对应的销售额为400 000元。

6 输入公式

在单元格G2中输入公式“=IF(E2>220000,18000,0)”，计算出“累计业绩奖金”。

7 输入公式

在单元格H2中输入公式“=F2+G2”，计算出“业绩总奖金额”。

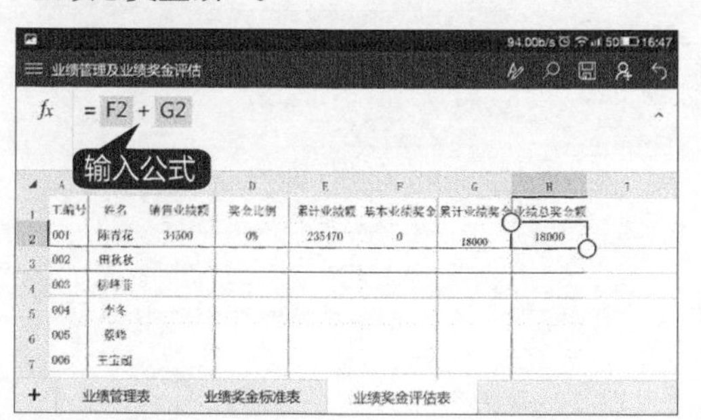

8 复制单元格区域

选择并复制单元格区域C2:H2。

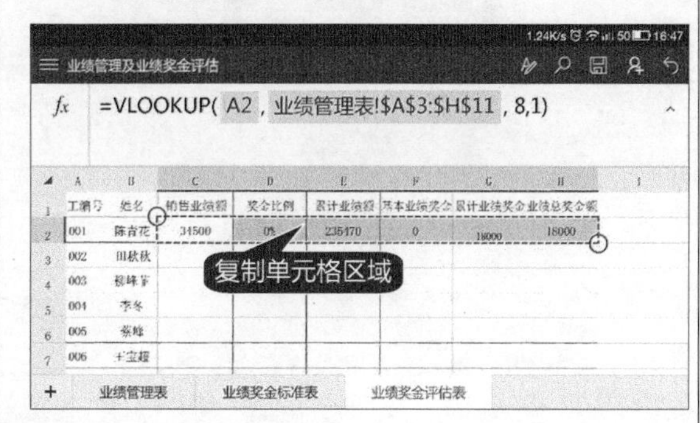

9 单击【粘贴】按钮

选择单元格区域C3:H10，在弹出的浮窗中单击【粘贴】按钮，计算出所有员工相应的业绩额。

10 单击【保存】按钮

单击【保存】按钮，在【另存为】界面中，选择保存位置，然后在文本框中输入工作簿名称，单击【保存】按钮，即可保存该工作簿。

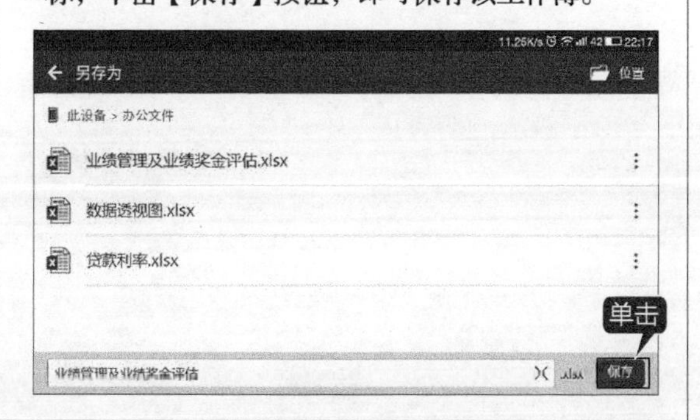

15.7 将工作簿以邮件附件发送给他人

本节视频教学时间：1分钟

工作簿编辑完成后，可以使用手机将其发送给他人，以便查看。

1 选择【电子邮件】选项

单击【共享】按钮，在弹出【作为附件共享】窗口中，选择【电子邮件】选项。

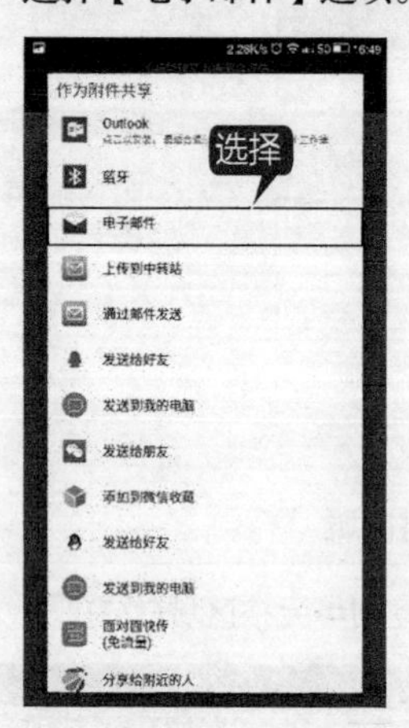

2 单击【发送】按钮

打开手机上的邮件客户端，在【写邮件】界面中，添加收件人，并输入邮件主题，单击右上角的【发送】按钮即可将其发送至对方的邮箱。

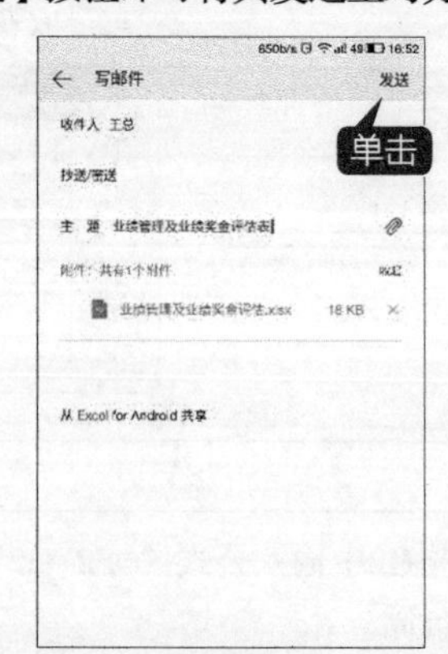